# 동물분자육종학

# 동물분자육종학

홍기창 외 지음

KOREA
UNIVERSITY
PRESS
고려대학교
출판문화원

# 머리말

세상은 늘 변해왔으며 지금도 변하고 있습니다. 그러나 우리는 지금 인류 역사상 한 번도 경험해보지 못한 세상을 맞이하고 있습니다. 그것은 이제까지와는 달리 급변하고 있다는 것입니다. 수렵유목과 농경시대는 말할 것도 없이 1차산업혁명에서 2차로, 그리고 2차에서 3차산업혁명으로 전환되는 데는 각각 100여년이라는 시간이 소요되었습니다. 그러나 지금은 4차산업혁명의 시점조차도 명확히 규정지을 수 없을 뿐만 아니라 10여년 밖에 안되는 그 짧은 시간 안에 엄청난 변화가 일어나고 그 결과 우리의 생활양식도 급속히 변화되고 있습니다. 기존의 변화를 파도라고 한다면 지금의 변화는 쓰나미라 할 수 있을 정도로 강력합니다. 이에 더해 또 하나 이전과 다른 특성은 변화의 불확실성입니다. 이전에는 각각의 학문분야별로 이론이 기술을 선도하였으나 지금은 기술이 변화를 선도할 뿐만 아니라 학문영역의 벽을 허물고 기술과 기술이 융합되어 이론정립과 관계없이 아무도 예상치 못했던 새로운 현상을 만들어냅니다. 즉 변화의 방향을 예측하기 쉽지 않다는 것입니다.

동물육종분야도 이러한 새로운 변화의 물결에서 예외일 수 없습니다. 가시적인 방법을 통하여 유전능력을 직접적으로 확인할 수 없어 예전에는 외모를 중심으로 한 개량을 시도하다가, 멘델의 추론을 거쳐 통계적인 방법 등으로 추정을 통해 유전적인 능력을 간접적으로 파악해 그동안 혁혁한 개량의 성과를 거두어 왔습니다. 그러나 이는 어디까지나 추론이므로 육종을 수행함에 있어 가장 중요한 과제인 선발정확도의 문제를 근본적으로는 해결하지 못하여 개량속도가 저하되거나 심지어 정체되어있기도 합니다.

지금은 분자유전학적기법의 도움으로 유전적 특성을 직접 눈으로 확인할 수 있는 가능성이 열림으로써 선발의 정확도를 높이고 다시 개량속도에 박차를 가할 수 있게 되었습니다. 주유전자개념에 기초한 단일염기변이를 이용한 선발은 물론 DNA칩을 활용하여 전장유전체를 대상으로 형질관련성을 파악하는 선발(GWAS)까지도 실현가능해지고 있습니다. 또한 선발에 그치는 것이 아니라 유전정보의 발현까지도 확인할 수 있는 기술이 개발되어 선발의 효과를 미리 예측할 수 있게 되었습니다. 뿐만 아니라 특정유전자를 대상으로 한 유전자편집기술까지도 발전과정에 있어 다양한 질환모델동물의 작출과 유전자치료의 가능성을 열어가고 있습니다.

지금 우리는 4차산업혁명시대와 분자생명시대를 맞이하고 있습니다. 따라서 우리는 빅데이터 분석, 인공지능, 사물인터넷기술 등을 잘 접목하여 융합시대에 걸맞는 새로운 육종시대를 열어나가는 노력을 경주해야 할 것입니다. 우리보다 여러 분야에서 앞서 가고 있는 나라들조차도 이제 막 이와 같은 기술들이 시작되었기 때문에 그들과의 기술력격차가 별로 크지 않으므로 우리나라의 국가경쟁력을 신장시킬 수 있는 좋은 기회가 열려있습니다. 특히 그동안 개량이 미흡했던 번식, 생존율, 도체관련 형질들은 물론 전혀 개량이 불가능했던 질병저항성에 대한 연구개발로 첨단기술을 선점하는 계기를 마련해 나가야 할 것입니다.

따라서 새로운 시대에 걸맞게 우리나라가 육종분야에서 선진국으로 도약하기 위해서는 실기하지 않고 후학들을 위해 새로운 학문과 기술을 정리해 교육에 힘써야 하며, 이에 많은 학자들이 뜻을 같이 하여 새로운 육종시대를 열어가기 위해 동물분자육종학을 저술하게 되었습니다. 작은 정성이 모여 큰 열매가 맺어지기를 기대해봅니다.

다만 아직까지는 분자육종이 시작점에 있으므로 현장에서의 적용결과가 축적되지 않아 각론 부분에서 미흡한 면이 있는 것으로 생각되며, 가능하면 빠른 시일 내에 국내외의 적용결과와 관련된 내용을 보충한 개정판이 나올 수 있도록 지금부터 바로 준비해 나갔으면 합니다.

저의 정년퇴임을 기념하는 의미로 이 책을 만드는데 바쁘신 중에도 흔쾌히 참여를 결정해주시고 집필하느라 애써주신 22분의 교수님과 박사님께 깊이 감사드립니다. 또한 처음 기획단계부터 모든 과정을 총괄하느라 수고해주신 박희복박사님과 원고정리를 도맡아 해 준 이은아박사님께도 고마움을 전합니다. 마지막으로 읽기 편한 예쁜 책이 될 수 있도록 최상의 편집을 해주신 고려대학교 출판문화원에도 감사드립니다.

2018년 6월

저자대표 벽곡(碧谷) **홍기창**

# 차 례

# 제1장
# 동물분자육종의 개요

## 1.1 동물육종의 개념

동물육종(animal breeding)이란 인간의 목적에 의해 동물의 특정 형질(trait)을 유전적으로 개량(genetic improvement)하는 것을 말하며, 야생동물(wild animals)이 아닌 가축(livestock)을 대상으로 한다. 따라서, 가축은 야생으로부터 가축화(domestication)를 통해 사람에게 길들여지고, 유전적으로 개량되어 인간생활에 유용하게 이용되고 있는 동물로 정의할 수 있다. 좁은 의미로 가축은 가축화된 동물 중 포유류를 말하며, 넓은 의미로는 가금류와 곤충, 반려동물 등을 모두 포함한다. 이 때 가금류란 닭, 오리, 칠면조 등을 말하며, 곤충에는 대표적으로 꿀벌이 있다.

동물육종의 개념을 말할 때, 우리가 흔히 혼동하는 부분은 품종개량과 형질전환동물(transgenic animal)의 개발이다. 품종(breed)이란 동일한 종(species)에 속하고 형태 · 생리학적 특성이 유사하며, 그 고유한 형질이 자손에게 잘 유전되어 하나의 동일한 단위로 관리하기 용이한 개체군으로 정의된다. 반면, 형질전환동물은 해당 동물에 없던 유전자를 삽입하여 새로운 능력을 가지거나, 특정 유전자의 발현이 억제 또는 제거된 동물을 말한다. 예를 들어, '한우'는 고기소(beef cattle)로서 지속적으로 개량되어온 우리나라 고유의 품종이며, 빈혈치료제 에리스로포에틴(erythropoietin, EPO)을 생산할 수 있는 돼지 '새롬이'는 돼지 수정란에 사람의 EPO유전자를 삽입하는 방식으로 개발된 형질전환동물이다(그림 1-1). 따라서, 이 두 용어의 차이로부터, 동물육종은 그 동물이 속한 종 본연의 생리적인 범주안에서 개량하는 것이라는 것을 알 수 있다.

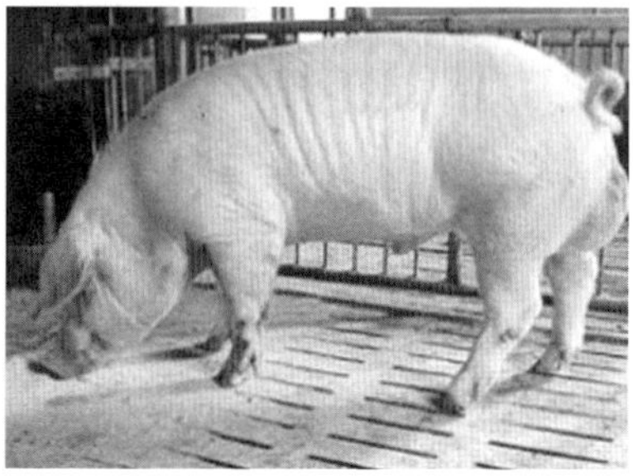

그림 1-1. 한우와 형질전환돼지 새롬이(농촌진흥청 국립축산과학원)

동물육종에서 말하는 '개량'이란 유전적 능력(genetic potential)의 향상을 의미한다. 이는 각 개체들간의 능력차이가 아닌 세대간의 집단의 유전적 능력의 차이, 즉 부모세대와 비교하여 그 자식세대의 유전적 능력이 얼마만큼 변화했는가에 초점을 맞추고 있는 것이다.

동물육종의 기본적인 방법은 선발(selection)과 교배(mating)이다. 선발이란 다음 세대의 가축을 생산하기 위해 특정한 가축을 종축(seed breed)으로 고르는 것이다. 교배란 어느 집단내에 있는 유전자를 가장 바람직한 유전자 조합으로 만들기 위해 선발된 종축을 최적의 조건으로 배우자를 결정하는 것이다. 이를 바탕으로 동물육종의 개념을 다시 살펴보면, 동물육종이란 경제형질에 대한 가축의 유전적 능력을 평가하고, 유전적으로 우량한 개체의 선발 및 교배를 통해 유전적으로 향상된 후대집단을 생산하는 것으로 정의할 수 있다. 따라서, 우량종축의 선발은 개량대상형질에 대한 정확한 유전적 능력의 평가로부터 시작된다. 개체의 유전능력은 육종가(breeding value)로 표현되어지며, 집단의 표현형 관찰만으로는 정확한 육종가추정(estimated breeding value, EBV)이 어렵기 때문에, 다양한 육종학적 접근방법들이 시도되고 있다. 근대 육종초기에는 집단의 표현형질과 가계정보만을 이용해 통계유전학적인 분석이 주를 이루었지만, 분자유전학적기법의 발달로 DNA유전정보를 함께 이용할 수 있게 됨에 따라서 육종가추정과 선발방법도 함께 발달하였다.

## 1.2 동물육종의 역사

### 1.2.1 가축화

제일 먼저 가축화(domestication)된 동물은 개이다. 중동의 메소포타미아유적지에서 발견된 유골을 바탕으로 개는 BC12,000년경부터 인간과 함께 지내온 것으로 추정되며(Frantz *et al*. 2016), BC11,000년경에 순화되어 식용가축으로 축화된 것은 면양으로 추정하고 있다. 이어서 농경이 시작된 신석기시대(BC8,000~BC9,000)에 돼지, 염소 등이 가축화된 것으로 추정된다(Juliet Clutton-Brock & Museum 1999). 그리고 소와 말은 각각 BC6000년, BC4000년에 가축화가 되었는데, 이는 이집트벽화에 드러난 소를 이용해 농사를 짓고 젖을 짜는 그림을 통해서 추정할 수 있다. 가축화가 시작된 근거로는 과학역사학자 스티븐 부디안스키(Stephen Budiansky, 2000)가 그의 저서인 '개에 관한 진실(The Truth About Dog)'에서 늑대무리 중 집근처에 떨어진 음식을 먹던 온순한 개체끼리 교배해 개로 분화했을 것이라고 주장했으며, 돼지의 경우는 문화지리학자 칼 사우어(Carl Ortwin Sauer)가 사람을 잘 따르는 멧돼지가 마을로 찾아 들어와 음식물 찌꺼기를 먹어 치우면서 가축화가 이루어졌을 것이라는 가설을 제기하였다. 지구상에는 약 4000종이 넘는 포유류가 있는 것으로 밝혀졌지만 가축화가 이루어진 종은 10여종에 불과하다. 야생동물이 가축화 되기 위해서는 5가지 전제조건이 있다. 첫째는 식성이다. 동물은 섭취한 먹이량 대비 체내축적량이 매우 낮기 때문에 다른 동물을 잡아먹는 육식동물은 가축화하기 어렵다. 둘째는, 성장속도가 빨라야 사육가치가 있다. 고릴라, 코끼리 등은 성체로 자라는데 15년이상 걸리지만 대표적인 가축인 돼지는 6개월이면 출하를 시켜서 먹거리로 이용할 수 있다. 셋째는 번식방법이 용이해야 한다. 치타와 같이 정교한 구애과정이 필요하거나 번식성공률이 극히 낮은 동물은 가축화 시키기가 어렵다. 넷째, 온순한 성격을 가지고 있어 사육 또는 관리가 용이해야 하며, 마지막 다섯 번째는 우위서열이 잘 확립되고 무리지어 살 수 있는 동물들이 가축이 될 수 있다.

야생동물들은 세대에 세대를 거쳐 자연선택(natural selection)에 의해 그들이 살고 있는 자연환경에 적응(adaptation)하면서 번식이 이루어져 진화되고, 종의 다양성과 유효집단을 유지한다. 그러나 가축화된 동물은 인간에 의해 길러지게 되면서 인위선택(artificial selection)에 의해서 인간의 목적에 맞게 교배되어 종이나 품종의 능력이 개량되어져 왔다.

## 1.2.2
## 동물육종의 시작

야생동물들이 가축화된 이래로 가축들은 축군내에서 임의교배(random mating)가 되거나, 가축을 기르는 사람의 경험적 판단에 의한 교배가 이루어지고 있었다. 18세기에 이르러서야 동물육종의 개척자로 불리우는 영국의 로버트 베이크웰(Robert Bakewell, 1725-1795)에 의해 실직적인 동물육종의 개념이 태동하기 시작했다. 그의 나이 35세에 아버지로부터 물려받은 목초지에 말, 소, 양을 육종하기 시작했으며, 그를

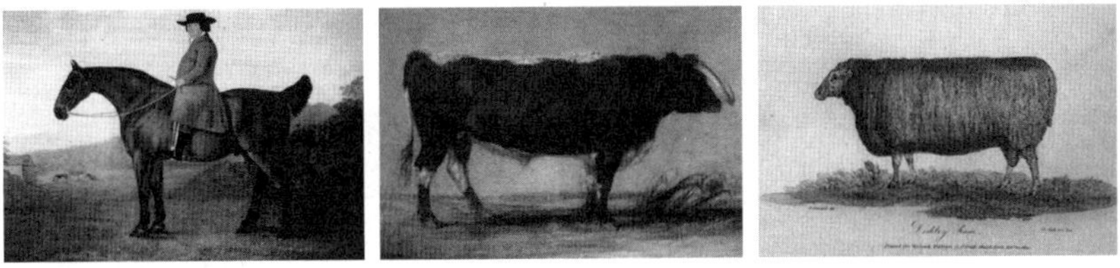

Shire horse Longhorn cattle Leicester sheep

그림 1-2. 로버트 베이크웰에 의해 최초로 정립된 품종(Portairt by John Boultbee, 1775; The Ginger Pig Ltd.; University of Leicester)

통해 샤이어 종마(Shire horse)와 롱혼 소(Longhorn cattle), 레스터 양(Leicester sheep) 세 품종이 정립되었다(그림 1-2).

베이크웰은 동물육종에서 가장 기초적인 방법인 개체별 표현형기록(recoding)과 근친교배(inbreeding), 그리고 후대검정(progeny test)에 대한 개념을 처음으로 제시하였다. 그는 다양한 지역에서 동물들을 들여왔으며, 형질들을 기록하여 가장 우수하다고 판단되는 개체들을 대상으로 세대를 거듭한 근친교배를 통해서 그가 원하는 우수한 능력을 품종으로 고정시키고자 노력하였다. 또한 자신의 농장에 있는 숫양(rams)과 숫소(bulls)를 다른 농장에 교배시켜주고, 그 자손들을 추적관리하여 모은 성적정보를 바탕으로 다시 종모축(sire)의 선발을 실시하는 방식으로 후대검정방법을 최초로 적용시키기도 했다.

이때부터 비로소 품종에 대한 개념이 생겨나기 시작했으며, 이러한 새로운 품종들에 대한 혈통기록서(herd book)가 18세기 후반에 등장하게 되었다. 최초의 혈통기록서는 1791년 영국의 경주말 품종인 써러브레드종(Thoroughbred)에서 시작되었고, 이어 영국 소품종인 쇼트혼종(Shorthorn)에서도 혈통기록서가 1822년 출간되었다. 이후 영국뿐만 아니라 프랑스, 독일에서도 서로 다른 품종의 말과 소에 대한 혈통기록서가 발간되기 시작했으며, 개의 혈통기록서는 1874년 네덜란드에서 처음 출간되었다. 돼지는 미국의 버크셔품종(Berkshire)에서 처음으로 국제적인 혈통기록서가 발간되기도 하였다(1876년). 초기의 혈통기록서는 단순히 가계정보(pedigree)만 담고 있었으나, 19세기 중반 이후 점차 형태학적 특성(morphological conformation) 및 생산능력관련성적(production ability performance)을 함께 기록하기 시작했다. 예를 들어 형질측정기술의 발달과 발맞추어 소에서는 유지방함량(1985년, 덴마크), 돼지에서는 성장률, 도체형질(1907년, 덴마크; 1923년 스웨덴) 등이 포함되었다.

지금까지 살펴본 바와 같이 18세기 말 베이크 웰 이후 체계적인 동물육종이 시작되었으나, 이 시기에는 우수한 개체를 선발하는 기준이 개체의 형태학적 특성(외모, 체형 등)에 국한되어 있었으며, 유전학적인 배경지식이나 근거가 아직 없던 시기였다. 육종가의 경험적인 판단에 따른 선발 및 강력한 근친교배는 유전적 능력의 고정화를 가속화 시켜, 품종정립에 크게 기여하기도 했지만, 그 이면에는 무수한 실패들이 숨어있었다. 영국의 콜링형제(Robert and Charles Colling)는 베이크 웰의 뒤를 이어 쇼트혼품종(Shorthorn)을 정립하였는데, 이 쇼트혼집단에서는 수정능력 감소 또는 불임증 등이 보고되었다. 이러한 현상을 근교퇴화(inbreeding depression)라고 하며, 이는 가까운 혈연관계를 가진 개체들간의 교배 즉, 근친교배로 인해 가축의 번식능력, 성장률, 산란능력 등이 저하되거나 선천적 불량형질들이 출현하는 현상을 말한다. 이와 관련한 부분은 9장에서 자세히 다루기로 한다.

### 1.2.3
### 유전학의 태동과 동물육종의 발전

이렇게 동물육종의 개념이 생겨나고 있는 가운데, 뉴턴(Isaac Newton,

Verhandlungen

naturforschenden Vereines

in Brünn.

IV. Band

1865

Versuche über Pflanzen-Hybriden.

Gregor Mendel

그림 1-3. 그레고르 멘델

1643-1727) 이래로 자연과학기술의 발달이 현저하고 그 속도는 가속화되던 시대였던 19세기말에 이르러 학술적인 도약을 할 수 있는 계기를 만나게 된다. 그 주인공은 바로 유전학의 아버지라 불리는 멘델(Gregor Mendel, 1822-1884)이다(그림 1-3). 오스트리아의 성직자였던 그는 1865년 완두콩의 유전양식에 대한 연구결과를 자연사학회(Natural History Society)에 "식물교배에 관한 실험(Experiments in Plant Hybridization)"이라는 논문을 통해 발표했다. 그는 이 논문에서 멘델의 유전법칙(The laws of mendelian inheritance)을 발표한다. 그러나, 발표 당시에는 큰 주목을 받지 못했고, 1900년에 이르러서야 세 명의 식물학자 드브리스(Hugo Marie De Vries), 코렌스(Karl Correns), 체르마크(Erich Tschermak von Seysenegg) 등이 달맞이꽃, 옥수수, 완두 등을 가지고 독립적으로 유전현상에 대해 비슷한 연구결과를 발표하며, 이보다 앞서 발표된 멘델의 발견을 재평가하게되었다. 멘델이 언급한 유전요소(element)는 유전자(gene)로서, 같은 형질을 표현하는데 관여하는 한 쌍의 유전요소는 대립유전자(allele)로 명명되었다. 멘델유전에 대한 내용은 4장에서 더 자세히 다루기로 한다.

이후, 베이트슨(William Bateson, 1861-1926)은 닭의 벼슬모양, 소뿔의 유무에 대한 유전양식을 발표하였으며(1902년), 이는 가축의 질적형질(qualitative trait)에 있어서 멘델유전이 보고된 최초의 예다. 또한 그는 멘델의 논문을 보다 명료하게 해석하였으며, 유전에 관한 연구를 하는 새로운 학문분야의 명칭으로 유전학(Genetics)을 최초로 제안하였다(1906년). 더불어, 1909년에 발간한 그의 책에서 유전자(gene), 유전자형(genotype), 표현형(phenotype)의 용어를 처음으로 사용했다.

멘델유전법칙에 집단의 개념을 이용한 통계학적 분석기법이 더해지면서 동물유전학(animal genetics)이 태동하였고, 대부분의 동물육종이론들이 연이어 20세기 초중반에 형성되었다. 영국의 수학자 하디(Godfrey Harold Hardy)와 독일의 산부인과 의사인 와인버그(Wilhelm Weinberg)는 가축집단의 유전적 구조변화를 분석한 하디-와인버그법칙(Hardy-Weinberg law, 1908년)으로 집단유전학의 기초를 형성한다. 이어 1918년 통계학자 피셔(Ronald A. Fisher, 1890-1962)는 멘델유전법칙을 기초로 혈연관계가 있는 개체사이의 상관관계를 밝혔고, 멘델의 유전요소(유전자)들이 다양한 표현형들에 관여할 수 있음을 보여주었다. 또한 그가 만든 분산분석방법(analysis of variance)은 동물육종학분야에도 큰 기여를 하였고, 라이트(Sewall Wright), 할데인(J.B.S. Haldane)과 함께 집단유전학(population genetics)을 창시하였다.

## 1.2.4

## 동물육종이론의 정립

집단유전학의 개념을 동물육종분야에 처음으로 적용한 사람은 현대동물육종의 아버지로 불리는 러쉬(Jay L. Lush, 1896-1982)이다. 그는 다양한 요인이 작용하는 양적형질(quantitative trait)에 대해서, 단순히 동물의 외관에 대한 주관적인 판단이 아닌 통계학적인 방법과 유전정보에 근거한 동물육종이 이루어져야 한다고 주장했고, 그가 1937년에 발간한 "Animal Breeding Plans"는 동물육종분야에 있어 전세계적으로 큰 반향을 불러 일으켰다. 이를 계기로 양적형질의 유전현상분석과 개체별 육종가추정, 선발효과추정 등 동물육종의 학술적인 기반이 마련되었다. 이후 1942년 헤이즐(Lanoy Nelson Hazel, 1911-1992)은 선발지수이론(selection index theory)을 제시하였고, 유전모수(genetic parameter)와 유전상관(genetic correlation)을 추정하는 통계적모형을 만들어 냈다. 한편, 1953년 핸더슨(Charles Roy Henderson, 1911-1989)은 개체의 육종가를 추정하는 방법을 발전시켜 최적선형불편추정법(best linear unbiased prediction, BLUP)을 고안하였다. 또한 그는 집단내 개체들간의 혈연정보를 포함하여 개체의 육종가를 추정하는 방법을 제안함으로써 개체모형(animal model)이라는 현대의 가축통계육종모형을 완성하였다. 이러한 통계육종모형에 근거하여 현대의 가축육종프로그램이 정립되었고(그림 1-4), 이러한 모

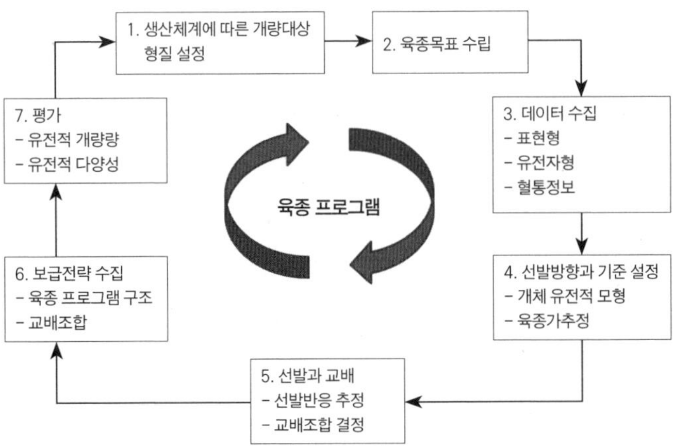


그림 1-4. 가축육종 프로그램 모식도

식도에 의해 선발지수가 제시되고 다수의 형질을 대상으로 개량이 이루어졌다. 또한, 개체별로 육종가를 추정하여, 선발의 정확도를 높이고 개량효과를 극대화시킴으로써, 단위시간당 유전적개량량(genetic gain)을 향상시키고 단기간 내에 축산업 발전을 일굴 수 있는 학술적 기반을 마련하였다.

## 1.3 동물육종전략의 변화

### 1.3.1 분자유전학의 발전

멘델의 유전법칙이 재발견되고, 멘델이 언급한 유전인자가 무엇인가에 대한 근원적인 질문과 함께 답을 밝히는 연구가 이루어졌다. 서턴(Walter Sutton, 1877-1916)의 염색체설(1903) 그리고, 모건(Thomas Hunt Morgan, 1866-1945)의 유전자설(1926)을 통해 멘델의 유전인자는 염색체 위에 선상으로 배열되어 있는 유전자임이 밝혀졌다. 이후 집단유전학, 양적유전학 등 세분화 되어 발전해온 유전학분야에서는 유전의 기본이 되는 최소단위는 유전자로 받아들여졌지만, 유전자의 본질에 대해서는 의문으로 남아 있었다. 예를 들어 물리학자인 슈레딩어(Erwin Schrödinger)는 1944년에 발간한 "생명이란 무엇인가?(What is Life?)"라는 저서에서 유전자의 물리, 화학적 본질에 대하여 논하였다. 이후, 이러한 유전자의 본질에 대한 원천적인 질문에 해답을 구하기 위하여 많은 물리학자들과 화학자들이 그들이 가진 이론적, 실험적 경험을 유전학 연구에 적용시키면서 1950년대에 이르러 유전자의 본질을 분자수준에서 연구

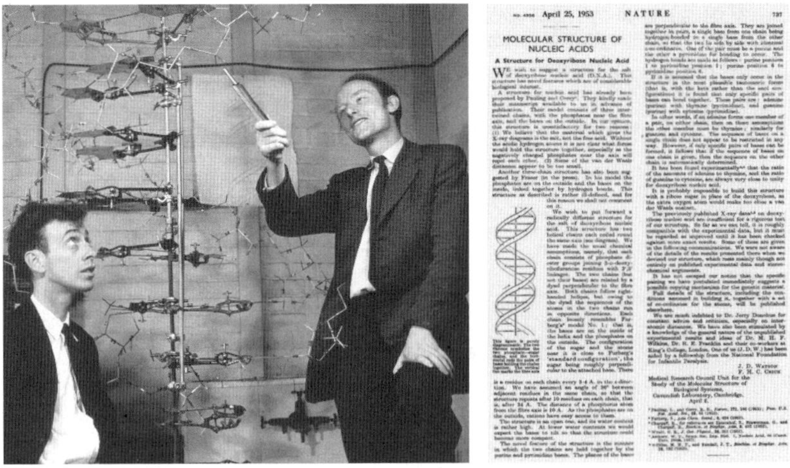
April 25, 1953 NATURE

MOLECULAR STRUCTURE OF NUCLEIC ACIDS

A Structure for Deoxyribose Nucleic Acid

그림 1-5. 왓슨과 크릭의 DNA구조 발표 (Watson & Crick, 1953)

하기 위한 분자유전학(molecular genetics)이 태동하게 됐다. 일련의 실험들을 거쳐 단백질이 아닌 핵산(DNA, deoxyribose nucleic acid)이 유전물질이라는 것이 밝혀졌고, 1953년 왓슨(James Watson, 1928~)과 크릭(Francis Crick, 1916-2004)은 "핵산의 분자구조: 디옥시리보핵산의 구조(Molecular structure of Nucleic Acids: A Structure for Deoxyribose Nucleic Acid)"라는 논문을 통해 DNA의 이중나선구조를 밝혀냈으며, 유전물질이 DNA서열로 이루어져 있음을 증명하였다(그림 1-5).

이후 유전암호(genetic code), 전사(transcription), 번역(translation) 등 분자생물학적 요소들이 설명되었다. 1970년대 들어 DNA의 특정위치를 자를 수 있는 제한효소(restriction enzyme)가 발견되고, 1980년대에 중합효소연쇄반응(PCR, polymerase chain reaction)이 발명되면서, 특정 DNA절편을 선택적으로 자르거나 증폭시킬 수 있게 되었다. 이러한 분자유전학의 발전으로 특정 염색체에 위치한 염기서열변이를 발굴하고, 변이에 따른 유전자형을 개체수준에서 정확하게 분석할 수 있게 되었다. 이는 전통적인 가축의 통계육종전략에 변화를 가져왔으며, 기존 형질자료와 가계정보를 바탕으로 한 통계육종모형에 DNA변이에 의한 마커(DNA marker)정보를 포함하는 동물분자육종기법(animal molecular breeding)이 태동하게 되었다.

## 1.3.2
## 동물분자육종의 필요성

가축의 개량대상형질은 경제형질(economic traits)로 일컬어지며, 대부분 양적형질로 구성된다. 동물분자육종의 필요성은 바로 양적형질과 이들의 유전력(heritability, $h^2$)에서 찾을 수 있다. 각 형질의 표현형에는 다수의 유전자가 동시에 관여하는 유전요인(polygenic factors) 뿐만 아니라 환경요인(environmental factors)의 영향도 포함되어 있으며, 따라서, 한 개체에서 겉으로 드러난 능력의 전부가 아닌 일부만 다음 세대로 전해지게 된다. 이렇게 전체표현형 중에서 부모로부터 자식에게 전달되는 유전능력의 비율을 유전력으로 나타내며, 이러한 유전력을 바탕으로 개체의 유전적인 능력 즉, 육종가(breeding value, BV)를 추정(estimation)할 수 있다. 따라서, 유전력이 높은 형질일수록 선발의 정확도(accuracy)도 높아 개량이 용이하다.

전통적인 통계육종방법은 짧은 시간 동안에 성장능력 등 유전력이 높은 형질에 대해 급속한 개량을 이루어낼 수 있었던 반면, 번식형질과 같이 유전력이 낮은 형질들에 대해서는 단위시간당 유전적개량량 증가에 한계가 나타났다. 그러나 분자유전학기술의 발달로 인하여, 형질에 관여하는 각각의 유전자를 직접 발굴하고 그 안의 유전적변이를 탐구함으로써, 밝혀진 정보를 적용시키는 분자육종방법으로 그 한계를 뛰어넘을 수 있는 계기가 마련되었다. 동물분자육종은 유전력이 낮은 형질 외에도, 암컷에서만 측정되는 산자수, 산유량과 같은 한성형질이나, 근육pH, 보수력, 연도 등 육질관련형질과 같이 도축을 해야만 측정할 수 있는 형질, 암퇘지의 생애총생산성 등과 같이 성체에서만 측정가능한 형질, 질병에 대한 저항능력 같은 특정한 제한적인 상황에서만 측정할 수 있는 형질, 개량대상형질간에 서로 유전적으로 부(-)의 상관관계를 갖고 있는 형질 등의 개량에 효과적일 수 있다. 뿐만 아니라, 비상가적 유전효과[non-additive genetic effect; 우성효과(dominance), 상위성효과(epistasis)] 추정 등 숨겨져 있던 유전력(missing heritability)을 발굴하고(그림 1-6), 품종간교배(crossbreeding), 유전자이입(introgression)에 대한 효과추정 등의 다양한 시도도 가능하다. 따라서, 유의적인 DNA마커를 발굴하고 분자육종에 적용하게 되면, 개체가 어릴 때 간단한 DNA검사만으로도 손쉽게 당대검정을 통해 종축을 선발할 수 있다. 또한 이러한 조기선발을 통하여 세대간격을 줄이고, 정확한 능력검정으로 인해 선발

그림 1-6. 동물분자육종의 활용: 숨겨진 유전력추정(Maher, 2008)

의 정확도를 증가시킴으로써 단위시간당 유전적개량량을 획기적으로 증대시킬 수 있는 장점이 있다.

## 1.3.3
## 분자유전학기법의 적용

동물분자육종에 있어서 분자유전학적인 기법의 적용은 마커도움선발(marker-assisted selection, MAS)과 유전체선발(genomic selection, GS)로 크게 두 가지 방향으로 나누어서 볼 수 있다. 두 방법 모두 가축의 주요경제형질들이 양적형질들로 구성되어 있다는 전제는 같지만, 전자는 형질에 관여하는 유전자들 중 그 영향이 매우 큰 주유전자가 존재하고 이를 찾아 발굴하고 선발에 이용하고자 하는 것(major gene theory)이고, 후자는 수없이 많은 유전자들의 극미한 영향들이 더해져 그 능력이 구성되어진다는 가설(infinitesimal theory)에 의해서 유전체 전반에 흩어져있는 전체의 마커를 이용해 선발하고자 하는 것에서 분석방법과 해석에 큰 차이점을 둔다.

1990년대 이후, 가축의 경제형질과 관련한 다수의 양적유전자좌위(quantitative trait loci, QTL)가 보고되면서 본격적으로 마커도움선발의 시대가 열렸다. 초창기에는 특정유전자의 단일염기다형성(single nucleotide polymorphism, SNP)을 찾고 형질과의 연관성을 밝히는 후보유전자분석법(candidate gene approach)이 주를 이루었으나, 분석기술의 발달과 함께 DNA마커의 종류가 다양해지고 양도 많아짐에 따라서 후보유전자의 기능을 밝히는 연구가 수행되는 등 보다 진보된 연구로 발전을 거듭하고 있다. 동물분자육종에서 활용되는 DNA마커의 종류 및 유전자형결정방법은 제3장에서 자세히 다루도록 할 것이다.

2002년에 인간유전체지도프로젝트(Human Genome Project, HGP)에 의해 인간의 표준유전체지도(reference genome map)가 세상에 알려진 이후, 동물분야에서는 닭(2004년)을 시작으로 개(2005년), 소와 말(2009년), 돼지(2012년) 등의 전체염기서열이 보고되었다. 이러한 염기서열분석법의 발달은 동물분자육종의 흐름을 바꾸어 놓았다. 대용량 SNP들을 발굴하게 됨에 따라 이용 가능한 분자표지의 수가 급격히 늘어났으며, 다수의 SNP들을 고밀도칩(high density SNP chip)으로 제작하여, 한 번에 유전체 전반에 걸친 수십만개의 SNP에 대한 유전자형분석이 가능하게 되었다(Boichard *et al*. 2012). 이에 따라 전장유전체관련성분석법(genome-wide association analysis, GWAS)이 시도되었고, QTL분석에도 점점 더 많은 DNA 마커정보를 이용할 수 있게 됨으로써 보다 정밀한 QTL지도작성이 가능하게 되었다. 이러한 흐름 속에서 2010년 전후로 유전체전장에 걸친 SNP정보를 선발에 이용하는 유전체선발의 개념이 도입되었다. 소와 양 등 대가축을 위주로 유전체선발이 시도, 적용되고 있으며, 일부 국제적인 종돈회사에서도 유전체선발이 최근 이루어지고 있다(Goddard *et al*. 2010). 이러한 마커도움선발과 유전체선발로 획기적으로 선발정확도를 향상시키고 당대검정 등을 통해서 선발강도를 극대화시킬 수 있게 되었고, 기존의 통계육종에서 이룰 수 없었던 한계를 극복해 낼 것으로 향후 활용성이 기대되고 있다(Boichard et al. 2016). 뿐만 아니라, 최근에는 가축의 질병이나 바이러스 등에 의한 질환에 관련된 유전자를 발굴하고 육종에 바로 적용시키는 등 축산업의 심각한 현안 해결에도 도움이 될 것으로 기대된다.

## 1.4 동물분자육종학의 정의와 목표

동물육종은 가축의 경제형질과 관련한 유전적인 능력을 정확하게 평가하고 선발하는 것이며, 유전적으로 우수한 종축을 선발하여 보다 나은 다음세대를 생산하는데 그 목표를 두고 있다. 동물육종이 시작된 17세기 말에는 뿔모양, 피모색 등 단순한 외형적 특징만이 선발기준이 되었으나, 측정기술이 발달하고 구체적으로 정립됨에 따라서 도체형질, 유량, 지방, 근섬유특성 등 다양한 경제형질들이 개량대상형질로서 다루어질 수 있게 되었다. 또한, 최근에는 질병저항성, 강건성 뿐만 아니라 동물복지측면에서 사회성 등 다양한 개량목표들이 설정되고, 이에 대한 새로운 형질들이 끊임없이 개발되고 있다. 이렇게 동물육종의 정의 아래 개량의 목표와 방향은 끊임없이 변화하고 있으며, 정확한 개량방향 설정 또한 끊임없이 요구되어지고 있다. 따라서, 현대의 동물분자육종학이란 기존의 전통적인 통계육종이론에 분자적 수준(molecular level)의 유전체정보를 더하여 보다 더 정확하고 효과적으로 유전모수를 추정하고, 선발강도를 높여 단위시간당 개량량을 극대화하기 위한 학문으로 정의할 수 있다. 또한, 가축을 개량함에 있어 전통의 통계육종방법과 분자육종방법이 완전히 별개의 방법이 아니며, 형질 및 가계자료와 함께 전통적인 통계육종모형에 기반하여 효과적으로 DNA마커를 발굴하고 적용시킴으로써 유전적으로 우수한 개체를 정확하게 선발함에 궁극적인 목표를 둔다.

## 〈참고문헌〉


1. Boichard D., Chung H., Dassonneville R., David X., Eggen A., Fritz S., Gietzen K.J., Hayes B.J., Lawley C.T., Sonstegard T.S., Van Tassell C.P., VanRaden P.M., Viaud-Martinez K.A., Wiggans G.R. and for the Bovine L.D.C. (2012) Design of a Bovine Low-Density SNP Array Optimized for Imputation. *PLoS One* 7, e34130.
2. Boichard D., Ducrocq V., Croiseau P. and Fritz S. (2016) Genomic selection in domestic animals: Principles, applications and perspectives. *Comptes Rendus Biologies* 339, 274-7.
3. Budiansky S. (2000) The Truth About Dog. Viking Adult.
4. Frantz L.A., Mullin V.E., Pionnier-Capitan M., Lebrasseur O., Ollivier M., Perri A., Linderholm A., Mattiangeli V., Teasdale M.D., Dimopoulos E.A., Tresset A., Duffraisse M., McCormick F., Bartosiewicz L., Gal E., Nyerges E.A., Sablin M.V., Brehard S., Mashkour M., Balasescu A., Gillet B., Hughes S., Chassaing O., Hitte C., Vigne J.D., Dobney K., Hanni C., Bradley D.G. and Larson G. (2016) Genomic and archaeological evidence suggest a dual origin of domestic dogs. *Science* 352, 1228-31.
5. Goddard M.E., Hayes B.J. and Meuwissen T.H. (2010) Genomic selection in livestock populations. *Genet. Res. (Camb)* 92, 413-21.
6. Johansson I. and Rendel J. (1968) Genetics and animal breeding. Freeman company.
7. Juliet Clutton-Brock and Museum N.H. (1999) A Natural History of Domesticated Mammals. Cambridge University Press, Cambridge.
8. Khatib H. (2015) Molecular and Quantitative Animal Genetics. Wiley-Blackwell.
9. Lasley J.F. (1978) Genetics of Livestock improvement. 3rd Edition. Prentice-Hall.
10. Maciejowski J and Zieba J. (1982) Genetics and animal breeding. Elsevier.
11. Maher B. (2008) Personal genomes: The case of the missing heritability. In: *Nature*, pp. 18-21.
12. Miko I. (2008) Gregor Mendel and the principles of inheritance. *Nat. Education* 1, 134
13. Misao O. (2012) Infectious diseases of animals. 2nd Edition. Kindai Shuppan Co.
14. Mott R. Talbot C.J. Turri M.G. Collins A.C. and Flint J. (2000) A method for fine mapping quantitative trait loci in outbred animal stocks. *Proc. Natl. Acad. Sci. USA* 97, 12649-12654.
15. National Human Genome Research Institute. All About The Human Genome Project (HGP). https://www.genome.gov/10001772/all-about-the--human-genome-project-hgp/
16. Oldenboek K. and van der Waaij L. (2014) Textbook animal breeding: Animal breeding and genetics for BSc students. https://wiki.groenkennisnet.nl/display/TAB/.

17. Edwards A.W.F. (2008) G. H. Hardy (1908) and Hardy-Weinberg Equilibrium. *Genetics* 179(3), 1143-1150.

18. Schrödinger E. (1944) What is Life? The Physical Aspect of the Living Cell. Cambridge Unversity Press.

19. Van Vleck L.D, Pollak E.J. and Oltenacu E.A.B. (1987) Genetics for the animal sciences. Freeman company.

20. Vignal A. Milan D, SanCristobal M and Eggen A. (2002) A review on SNP and other types of molecular markers and their use in animal genetics. *Genet. Sel. Evol.* 34, 275–305.

21. Watson J.D. and Crick F.H.C. (1953) Molecular Structure of Nucleic Acids: A Structure for Deoxyribose Nucleic Acid. *Nature* 171, 737-8.

22. Zimmerman J.J. (2012) Diseases of swine. 10th Edition. Wiley-Blackwell.

23. 손시환, 신영수, 양영훈, 여정수, 이정구, 이학교, 조병욱, 최연호, 한재용 & 홍영호 (2002) 동물유전의 이해. 선진문화사.

24. 김계웅, 김내수, 김정우, 김철욱, 노순창, 박정길, 박홍양, 상병찬, 윤종만, 이길왕, 정의룡 & 홍기창 (1996) 동물유전학. 정문각.

# 제2장
# 표현형질의 변이

# 2.1 표현형질의 다양성과 복합성

## 2.1.1 표현형질의 다양성

인류는 오래전부터 생물체의 관찰로부터 자손세대들이 부모세대들을 대체로 닮고 있다는 것과 그 모양이나 형태가 다양하다는 것(similarities and differences)을 경험적으로 알게 되었고, 그 원인과 요인들에 대해 고대 그리스학자들은 자신들의 철학적 · 과학적 논리들을 전개하였다. 현재 지구상에 존재하는 수많은 생물체들은 분류학적으로 같은 종(species)에 속할지라도 모습이나 형태 및 기능이 다양하며 지역적 분포 또한 다양하게 얽혀있다. 유전을 통해 자손세대가 부모세대를 서로 닮게 되지만 완전히 같지 않으며, 이렇듯 생물의 종 · 품종 · 계통 · 개체 사이에 모습이나 형태 및 능력 등에서 차이가 생기는 것을 변이(variation)라 하며, 생물체가 변이를 나타내는 성질을 변이성(variability)이라고 한다. 이러한 내용은 1859년 찰스 다윈이 '종의 기원'에서 언급한 부분에서도 엿볼 수 있다.

특히 변이에 대한 사전적 정의를 살펴보면, "variation is the divergence among individuals of a group, specifically a difference of an individual from others of the same species that cannot be ascribed to a difference in age, sex, or position in the life cycle. The variations of evolutionary significance are gene-controlled phenotypic differences of adaptive significance."로 변이란 개체군내 각 구성원간의 차이라고 언급하고 있다.

생물체는 유전적 조성이 동일한 개체라고 하더라도 자세한 관찰이나 검사를 해보면 차이에 많고 적음이 있지만 분명한 차이가 있음을 알 수 있다. 그러므로 변이는 생물계에서 가장 보편적이며 다양성(diversity)으로 발현되는 현상이며 생물체의 다양성은 곧 유전적 다양성에서 출발한다. 인간을 포함한 고등동식물들은 대부분이 양성생식(bisexual reproduction)을 하며, 양성생식을 하는 생물체(이배체생물, diploid organism)는 유전적 및 표현형질에서 다양성(diversity)을 보이게 된다. 사람의 경우, 나와 유전자형으로나 표현형으로 같은 사람이 있었을까? 혹은 앞으로도 있을까? 하는 의구심에서 출발해 보자. 이 지구상에 인류가 출현하고 현재까지 생존했던 인간의 총 수는 얼마나 될까? 미국의 비영리단체이며 연구목적으로 인구정보를 제공하는 인구통계국(Population Reference Bureau)에 의하면 인류의 역사를 약 50만년으로, 한 세대를 약 20년으로 본다면, 대략 1,000억 명 정도라고 한다. 이들 중 일란성 쌍생아를 제외하면, 유전적으로 동일한 사람은 단 한명도 없었으며 앞으로도 동일한 사람이 태어날 확률은 없다. 왜 일까? 바로 고등동식물이 배우자(생식세포)를 만들 때 일어나는 감수분열에 있다. 유전적 다양성이 만들어지는 경우를 생식세포의 분열인 감수분열에서 간략히 살펴보면, 우선 이해가 쉽게 아래의 그림 2-1과 같이 염색체가 2쌍(2n = 4)이 있고,

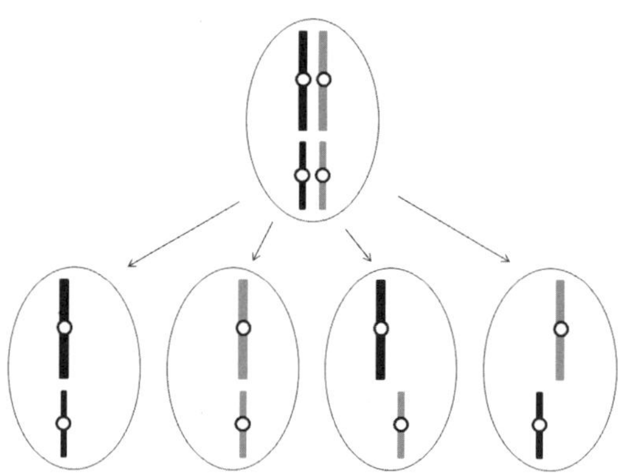

그림 2-1. 상동염색체의 감수분열

상응하는 크기의 검은색과 회색이 상동염색체일 경우 2회의 감수분열로 염색체의 수가 반(4 → 2)으로 줄어들며, 이들은 무작위로 배분된다. 그러므로 2쌍의 상동염색체를 가진 세포가 감수분열을 통해 염색체를 기준으로 만들어지는 세포의 종류는 $2^2$ = 4 가지가 된다.

사람의 경우 23쌍의 상동염색체가 존재하므로 이들이 만들 수 있는 경우는 모두 $2^{23}$=8,388,608개나 된다. 이것의 의미는 염색체가 서로 다른 정자세포는 모두 약 840만개라는 것이며, 난자세포 또한 같은 확률로 약 840만개가 만들어 질 수 있다는 것이다. 이들의 조합(곱)으로 새로운 생명이 탄생하게 되므로, 무려 70조개 이상의 다양한 염색체 조합이 가능해진다. 여기서 끝이 아니다. 이들 상동염색체간에는 교차를 통한 새로운 조합의 염색체를 만들기 때문에 즉, 검은색과 회색이 부분부분 뒤섞인 염색체가 되어 훨씬 더 다양한 생식세포를 만들어 이들의 조합으로 새로운 생명이 탄생하게 되는 것이므로 이를 모두 고려한다면 무한대에 가깝다. 그러므로 앞으로도 지구상에 인류가 멸종하지 않고 지속된다할지라도 지금의 나와 유전적으로 동일한 사람이 태어날 확률은 없는 것이다. 포유류, 조류 등의 양성생식을 하는 동물들의 염색체 수를 떠올리고, 각 상동염색체당 교차(cross-over)가 약 10번 정도(사람의 경우 염색체당 10회 정도의 교차가 일어난다고 보고됨)가 일어난다고 보면 유전적 다양성은 얼마나 방대한지를 이해하게 될 것이다. 여기에서 특이한 것은 성염색체, 사람을 포함한 대부분의 포유류에서는 XX (female), XY (male)가 있는데, 이중 Y 염색체는 아비개체에서 아들개체에게만 물려준다(부계유전; paternal inheritance). 또한 유전정보를 담고 있는 세포질내 미토콘드리아 DNA는 어미개체에서 아들 및 딸 개체에게로 물려주지만, 아들개체는 딸개체와 달리, 어미로부터 물려받은 미토콘드리아 DNA는 더 이상 후손에게 물려주지 못한다(모계유전; maternal inheritance). 이러한 현상은 상염색체 이외의 유전물질을 물려주는데 대한 생명의 신비가 있으며, 동물의 암컷과 수컷간의 근본적 유전조성에서 차이가 발생하게 되는 것이다.

그렇다면, 왜 이렇게 방대하게 유전적 조성 및 표현형적으로 다양성이 존재하는지, 고등동식물은 왜 양성을 가지며 생식하는지, 이것은 생명의 신비에 속하며, 지금껏 많은 생물학자 등 연구자들이 이에 대해 연구한 결과 성이 존재하는 이유, 다시 말해 고등동식물이 양성생식을 하는 이유는 바로 유전적 다양성을 확보하기 위함이며, 이는 변화무쌍하게 바뀌는 환경에서도 살아남아 그 종을 종속시키기 위함이라는 것이 가장 유력하다. 유전적으로 다양성이 풍부하면 그중에서는 변화된 환경에 더 잘 적응하는 개체가 있을 것이며 이들은 그 종의 생존을 지속시킬 수 있기 때문이라는 것이다. 그 외 병충해적응이론, 세대간격이론 등이 있으나 여기서는 설명을 생략하겠다.

그렇다면, 여기서 '표현형에 다양성을 보이는 생명, 생명체는 무엇인가?'라는 의문이 생길 수도 있겠다. 여러 생물학도서를 살펴보면, 대략 다음과 같이 정리할 수 있다. 첫째, 생명체는 출생하고 성장을 하며 언젠가 죽게 되는데 이 과정에서 물질대사를 한다. 영양분을 공급 · 섭취하고, 나머지는 배설하면서 생물은 매우 정교한 형태를 지속적으로 유지한다. 둘째, 생명체는 환경의 자극에 대해 적극적으로 반응한다. 전혀 움직이지 않는 것처럼 보이는 식물도 빛과 온도에 반응하고 느리지만 생리적으로도 반응한다. 셋째, 모든 생물은 지속되는 환경에 대해 적응하는 특성을 보인다. 추운 지역에 사는 동물들은 지방이 풍부하고 대체로 뚱뚱한 반면 열대적도지역에 사는 동물들이 대개 날씬한 특성을 보이는 것, 지역 특유의 종이나 품종이 형성되는 것 등이 환경에 대한 적응 때문이라고 할 수 있겠다. 넷째, 생명체는 모두 영원히 살 수 없기때문에 생식을 통해 자손을 남기며, 유전이 일어난다. 다섯째, 모든 생물은 느리게 또는 빠르게 진화단계에 있다는 것이다. 현재 지구상의 모든 생명체는 진화과정 중에 있으며, 현재로서는 최종승리자이다.

이와 같이 물질대사, 자극반응, 환경적응, 생식과 진화 가운데 가장 핵심적인 생명의 요소를 꼽으라면 번식(reproduction)과 진화(evolution)일 것이다. 이의 다른 용어는 복제(replication)와 변이(variation)라고 할 수 있을 것이다. 번식이란 자신과 닮은 자손을 복제하는 것이고, 진화(evolution)란 복제과정에서 일어나는 작은 실수들, 즉 변이가 축적되면서 서서히 생물체가 바뀌어가는 것을 말하기 때문이다.

## 2.1.2

## 표현형질의 다양성에 관여하는 요인

### 2.1.2.1 표현형질의 종류

표현형질은 관찰 또는 측정되어지는 형태 및 원인에 따라 범주형형질(categorical characteristics) 및 수치형형질(numerical characteristics)로 크게 분류할 수 있다.

범주형형질은 둥근 것과 주름진 것, 검정색과 하얀색과 같이 형질의 표현이 2종류밖에 없어서 두 형질의 구분이 뚜렷하고 그 중간적 계급이 없는 형질인 대립형질(alternative characteristics)과, 성별, 색깔, 혈액형, 비만도, 질병의 정도 등과 같이 질적(qualitative)인 형태를 가지며, 그 형질들이 상호독립적이고 순서가 없는(unordered) 성별, 품종, 임신여부 등과 같은 명목형(nominal)과, 상호독립적이지만 순서가 있고(ordered) 좋고 나쁨(desirable/undesirable)이 있는 비만도, 질병의 정도, 신체지수 등의 순서형(ordinal)으로 분류되며 이들 형질은 대체로 불연속변이(discontinuous variation)의 특성을 가진다.

수치형형질은 개수, 길이, 무게 등과 같이 양적(quantitative)인 형태를 가지며, 이산형(불연속형)과 연속형으로 분류된다. 이중 유한하거나 무한하지만 그 값들이 구분가능한(셀 수 있는) 즉 연령, 분만회수, 돼지의 산자수, 공태일수 등과 같은 이산형(discrete)과 유량, 체중, 사료효율, 등지방두께 등과 같이 최저값과 최고값 사이에 명백하게 끊어지지 않고 연속적으로 변하는 연속형(continuous)으로 분류되며 이에 속하는 형질은 대부분 연속변이(continuous variation)를 가진다(그림 2-2).

그리고 표현되는 형질이 단지 1개 또는 소수의 유전자에 의해 영향을 받는 형질을 단순유전형질(simply inherited traits)이라 하며, 이에는 완두콩의 둥근 것과 주름진 것, 소의 모색중 단순한 모색(예, 흑색/적갈색), 무각/유각, 및 사람의 빈혈증(헤모글로빈 구조이상) 유발 유전자, ABO혈액형 등이 있으며, 이들의 발현은 질적이거나 정성적(qualitative)이다. 이에 반

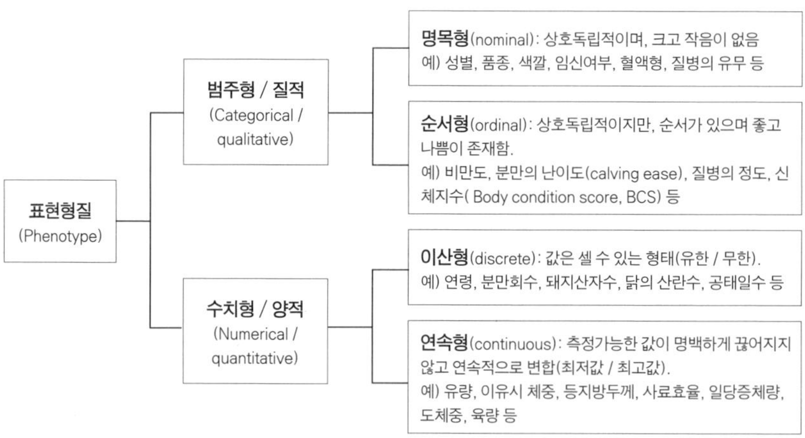


그림 2-2. 표현형질의 형태에 따른 분류(Khatib, H. 2015. Molecular and Quantitative Animal Genetics, John Wiley & Sons, Inc.)

해 다유전자형질(polygenic traits)은 다수의 유전자에 의해서 영향(환경의 영향을 비교적 많이 받음)을 받으며, 이에는 산자수, 번식관련형질, 성장률, 산유량, 육량, 사료효율 등이 있고, 이들 형질의 발현은 일반적으로 양적(quantitative)이거나 연속적(continuous)이다.

또한 표현형질의 변이중 자손에게 물려주는 변이인 유전적 변이가 있고 물려주지 못하는 비유전적 변이가 있다. 유전적 변이는 다세포생물에서의 생식세포에서 일어나는 전달이 가능한 변이를 말하며, 가축개량의 주요대상이 될 수 있는 것은 이 유전적 변이이다. 비유전적변이는 유전자형이 완전히 동일한 개체사이에서도 일어나는 환경작용에 의한 변이를 의미하며, 이를 환경적 변이(environmental variation), 일시적 변이 또는 체세포에서 일어나는 변이를 의미한다. 동물의 경우 출생이후 가지게 되는 체세포성 돌연변이 즉, 비유전적 원인에 의한 변이는 유전되지 않으며, 식물의 경우 품질이나 생산량 개선을 위해 접목 또는 꺾꽂이에 의한 방법인 영양번식은 자손세대에 전달될 수 있다.

#### 2.1.2.2 표현형질의 다양성에 관여하는 요인

생명체는 지구상에 존재하며 서식하기에 당연히 환경의 지배를 받는다. 하지만, 생물체의 표현형에 영향을 미치는 가장 먼저 출발시작점은 DNA, 즉 유전물질(유전자형)이다. 여기서부터 출발하여 유전자조절 및 발현, 단백질의 생성 등의 유전정보전달과정 및 대사과정 중에서 환경적 요인들의 작용여부와 정도에 따라 다양하게 관찰 또는 검출되는 것이다. 그러므로 표현형질의 변이는 유전적 요인에 기인하는 경향이 강하지만, 어떤 형질에서는 유전적 원인보다는 환경적 요인이 더 강하게 작용하기도 하고, 유전과 환경의 복합적 작용에 의해 형질이 표현되기도 한다.

유전자와 형질의 관계를 지배하는 데는 세 가지의 법칙이 있다.

1. 형질은 하나 이상의 유전자에 의해 지배된다. 멘델유전의 형질들은 하나의 유전자(두개의 대립인자)에 의해 발생되지만, 자연계에는 이 보다 훨씬 많은 형질들의 표현들을 볼 수 있다. 분자유전학 및 그 기법이 개발되면서 이전에는 한 개정도의 유전자가 관여하는 것으로 알고 있었지만, 다수의 유전자가 관여하는 원리를 밝혀낸 경우가 있다. 특정 동물의 모색이나 눈의 색과 같은 아주 단순한 형질에도 복수의 유전자가 관여하는 것으로 알려져 있다.
2. 하나의 유전자는 하나 이상의 형질에 2차적 또는 간접적인 효과를 미치기도 한다. 이러한 현상을 다면작용(pleiotropy)이라고 하는데 형질간의 유전상관이 강하게 작용할 때 나타나기도 한다.
3. 형질은 유전자에 의해서 지배되지만 또한 환경의 영향을 받기도 한다.

#### 2.1.2.2.1 유전적 요인

생물체에 있어 중요한 특성 중 하나가 복제성이며 자식을 낳고 번식시키는 행위를 복제성이라 할 수 있고 생물체는 자손을 번성시키기 위해 놀라운 행동도 보여주는데, 이런 것들은 장구한 진화과정을 통해 그 생물종이 터득한 것이다. 즉, 자연이 조금이라도 번식에 도움이 되는 행동을 하는 개체들을 지속적으로 선택한 것이며, 이러한 의미에는 행동이나 형태 등의 변화, 즉 돌연변이(mutation)라는 것이 존재하게 된다. 생물종의 개체 중에 특정한 성질을 가진 개체를 자연이 선택하기 위해서는 개체들 간의 차이가 필요한데, 돌연변이가 바로 이런 차이의 궁극적 원천인 것이다. 대부분의 돌연변이는 자연발생적(spontaneous)인데, 이것은 그들이 통계상으로 무작위적이며 예측할 수 없는 사건이라는 것을 의미한다. 그럼에도 불구하고, 각 유전자는 단일세대의 짧은 기간에 DNA염기서열이 변경될 확률로 측정되는 특징적인 돌연변이율(rate of mutation)을 가지고 있다.

돌연변이의 첫 번째 원인은 바로 DNA의 복제시 실수이다. DNA가 복제되기 위해서는 DNA중합효소의 작용이 필요하며, 이 효소는 모든 생물체가 가지고 있고 인간의 정밀한 과학기술도 흉내낼 수 없는 정확성을 가지고 있다. 하지만, 약 1,000만 개의 유전자를 복제할 때 한 번꼴로 실수를 하는데, 인간이 지금껏 만든 어떠한 장비나 기계도 이같은 정확도를 가지지 못했다. 아마 앞으로도 그럴 것이다. DNA중합효소는 이와 같은 엄청난 정확성에도 불구하고 복제실수를 일으킨다. 그리고 그 실수는 생물체의 게놈에 조금씩 축적되는데 이들 중 특별히 생물의 표현형에 영향을 미치고 자손의 번성에 도움을 주는 복제실수는 자연에 의해 선택된다. 두 번째 변이의 원인은 화학적 이유로서, DNA염기 중 시토신(C)은 대부분 아미노형태(amino type)로 존재하지만 1만 개당 하나 꼴로 이미노형태(imino type)로 존재하는데, 아미노형태의 시토신(C)은 정상적인 염기쌍 구아닌(G)과 결합하지만 이미노형태는 아데닌(A)과 결합한다. 이때 염기쌍의 짝짓기에서 실수가 일어나게 되는 것이다. 생물체에는 이런 실수가 일어났을 때 이것들을 발견 · 수정하는 DNA수선기작이 마련되어 있지만, 수선기작이 미처 찾아내지 못한 실수는 다음 세대로 유전될 수도 있다. 이러한 실수는 드물 것이고, 더구나 생식세포에서 일어나야 한다는 조건때문에 생물체의 변이는 그렇게 빠른 속도로 진행되지는 않는다. 이러한 다양한 돌연변이요인들 때문에 사실 우리 생물체에는 돌연변이를 막기 위한 여러 가지 분자메커니즘을 가지고 있다. 우선 DNA중합효소는 빠른 속도로 DNA복제를 진행하면서도 동시에 염기쌍이 잘못 짝지어졌을 때 이를 수정하는 기능을 가지고 있다.

염색체수준에서의 변이도 발생되는데, 트랜스포존(transposon)으로 알려져 있는 점핑유전자(jumping gene)는 게놈내를 이리저리 옮겨 다닐 수 있다. 이들은 다양한 종류 및 다양한 크기로 존재(인간게놈의 경우 약 44%)하므로 장소를 이동하기 위해 점핑하는 과정에서 염색체의 큰 덩어리를 함께 옮겨갈 때 재배열이 일어난다. 감수분열과정 중 일어나는 교차시 실수가 발생할 수 있는데, 이는 게놈 내 존재하는 반복서열이 교차과정에서 엄청난 실수, 즉 염색체 간 잘못된 짝짓기를 유발시키기도 한다. 그렇게 잘못 짝지어진 상태로 교차가 일어나면 새로운 조합의 염색체가 등장하게 된다.

#### 2.1.2.2.2 환경적 요인

DNA에 돌연변이가 일어나는 이유로 환경적 요인을 들 수 있다. 즉 DNA에서 일어나는 돌연변이가 자연발생적이기도 하지만, 근본적으로 주위환경으로부터 초래되는 경우가 있다. 주변환경에는 엄청나게 다양한 돌연변이원이 있는데, 먼저 햇빛속에 존재하는 자외선이 있으며, 인간의 경우 불을 사용되게 되면서 불에 탄 음식, 가축의 경우 공급되는 사료내 식물체로부터 유래한 2차대사산물들이 있을 수 있다. 이러한 환경요인 중에는 온도, 밤낮의 길이, 진동, 화학약품, 심지어 영양물질 등 주위에 많은 물리적 · 화학적 요인들이 상존하고 있다고 보아야 할 것이다.

#### 2.1.2.2.3 유전과 환경의 상호작용

한 개체의 표현형은 유전자와 환경에 의해 결정된다. 표현형은 살아있는 생명체가 보여주는 형태적, 생리적, 생화학적, 행동양식 등의 특성이기 때문이다. 만약 유전적 요인이 강하게 작용하는 형질이라면 관여하는 유전자의 수는 적게 되어 단일유전자에 가깝게 되고, 반대로 유전적 요인이 약하게 작용하면 즉 환경적 영향이 강해지면, 다수의 유전자가 관여하고 각각의 유전자가 미치는 영향력은 그만큼 약해진다. 형질의 표현은 유전물질의 지배에 기인하지만 그 표현과정에는 환경요인이 작용한다. 그 이유는 유전정보는 생물체의 형질발현에 대하여 가능성을 결정하는 것이지만, 그 가능성의 발현 여부 및 정도는 유전물질이 기능을 발휘하는 환경에 의하여 결정되기 때문이다. 그러므로 동일한 유전물질을 가진 생물이라 하더라도 환경이 다르면 상이한 변이를 나타낸다.

환경에 의한 표현형질의 변이는 실험동물에서 고도의 근교계, 식물의 순계(pure line), 가축의 일란성 쌍생아(monozygotic twin) 등에서만 잘 알 수 있다. 즉, 유전자형이 동일한 수준에서 환경에 의한 표현형질의 차이를 알 수 있기 때문이다. 그리하여 현실적으로 볼 수 있는 변이는 아무리 근연끼리의 사이에 있어서도 유전적 변이와 환경적 변이가 함께 있는 것이다.

『네이처(Abzhanov *et al.*, 2006)』에 보고된 진화사례 중 갈라파고스 핀치새의 분자진화학적 분석연구는 유전과 환경의 상호작용을 보여주는 좋은 예가 될 것이다. '다윈의 핀치새'라 불리는 다양한 부리모양을 가진 갈라파고스의 핀치새는 여러 종들이 부리의 굵기와 길이 등에 따라 갈라파고스섬의 다양한 생태적 위치를 점하고 살고 있다. 이들의 부리모양은 어떤 서식지에 살 것인가(어떤 열매를 섭식할 것인가)를 결정하는 매우 중요한 요인인데, 이 부리 모양을 결정하는 분자기작이 칼모듈린과 BMP4라는 단백질의 활성 여부이다. 이 활성은 두 유전자 프로모터부위의 간단한 염기서열 차이에 따라 달라진다. 즉 두 유전자 프로모터부위의 염기서열 상 돌연변이가 다양한 부리의 형태를 결정지었고, 이들이 저마다 적합한 서식지에 생존하게 되면서 종분화가 진행되었다는 것이다.

### 2.1.3
### 유전체의 다양성과 복합성

게놈프로젝트(유전체 해독사업)를 통해 밝혀진 많은 생명체(미생물, 동물, 식물)의 유전체(genome) 크기를 살펴보면, 일반적으로 바이러스는 100 ~ 1,000 kb 정도, 박테리아의 유전체는 1 ~ 10 Mb, 진핵세포는 100 ~ 1,000 Mb 정도이다. 그러나 진핵생물 중에는 매우 가까운 종임에도 불구하고 유전체크기가 엄청나게 다른 경우가 종종 있다. 원생동물의 종 사이에서 유전체크기는 약 5,800배나 되며, 어류에서는 350배, 조류(algae)에서는 5,000배 등, 이렇게 유전체크기와 생물체의 대사, 발생 또는 행동 등의 형질의 복잡성간에는 일정한 관련성이 없는 경향이 있는데, 이를 'C 값의 역설(content value paradox, C-value paradox)'이라 한다. 'C값의 역설'의 한 예로 같은 척추동물에 속하는 일본복어는 유전체의 크기가 400 Mb인데 비해, 불도마뱀은 90,000 Mb이다. 반면에 단백질을 생산하는 유전자의 수에 있어서는 크게 차이가 나지 않아, 복잡성(complexity)에 있어서는 일본복어가 훨씬 크다. 식물에서도 벼와 옥수수는 대략 같은 수의 유전자를 가지지만 4,500 Mb의 유전체를 가지는 옥수수는 400 Mb인 벼의 유전체보다 약 11배 더 크다. 이러한 현상은 고등생물에서 DNA가 단백질을 암호화하는 것 이상의 기능을 가지고 있기 때문이다.

인간게놈프로젝트가 출범하면서 수많은 생물종들의 유전체가 해독되었는데, 진핵생물로서 최초로 게놈서열이 결정된 생물은 예상대로 효모(1996년)였고, 동물로서 가장 먼저 된 것은 예쁜꼬마선충(1998년)이었다. 식물로서 가장 먼저 된 것은 애기장대라는 쌍떡잎잡초(2000년)였으며, 초파리는 2000년에 완성되었고, 벼는 2004년에 게놈 서열이 발표되었다. 인간과 유사한 척추포유류동물인 생쥐의 게놈서열은 2002년에 발표되었다. 말하자면 1990년대 말과 2000년대 초반에 주요생물의 게놈염기서열이 집중적으로 분석된 것이다. 이로부터 대장균의 유전자 총 수는 약 4,000개 정도, 효모는 약 6,000개의 유전자를, 초파리는 약 1만 4,000개를 가지고 있다. 사람은 인간게놈프로젝트가 본격적으로 착수될 무렵 10만개로 추정하였지만, 게놈프로젝트가 완료될 무렵 과학자들은 많이 놀라게 되는데, 약 2만 여개의 유전자밖에 되지 않았기 때문이다. 인간과 침팬지의 게놈염기서열을 비교해보면 겨우 1.7퍼센트의 차이밖에 나지 않았다. 한편 인간 개개인 간의 게놈염기서열 차이는 약 0.1퍼센트 정도 된다. 말하자면 0.1퍼센트에서 1.7퍼센트 사이의 어떤 차이가 인간을 인간으로 만들어준 것이다. 최근에 발견된 언어유전자 *FOXP2*에 돌연변이가 있는 어느 영국가족은 문장을 정확히 구성하지 못하는 문법장애와 발음을 정확히 못하는 발음장애를 가지고 있다고 한다(Enard *et al.*, 2002). 이 유전자는 대뇌피질부위에서 발현되는 전사조절단백질에 대한 명령어인데, 발성기관의 정상적 작동과 문법구조의 이해를 위해 필요한 유전자이다. 이 유전자의 염기서열을 인간과 침팬지에서 비교해보았더니 두 영장류 사이에서는 고작 아미노산 2개의 차이밖에 없었다고 한다. 이것은 고작 염기서열 2개의 차이만으로 인간과 침팬지의 언어능력차이를 설명할 수 있음을 시사한다.

유전체해독과 관련된 대형 프로젝트를 몇 가지 소개하자면, 먼저 인간게놈프로젝트(Human Genome Project)를 들 수 있겠다. 이는 인간게놈의 전체염기서열을 완전히 읽어내겠다는 프로젝트로, 1990년대 초반에 시작되었다. 이 당시 많은 생물관련학자들은 공공연히 반대하고 있었지만, 제임스 왓슨은 이 프로젝트에 확신을 가지고 의회를 설득하여 장장

15년간 총 30억 달러를 들여야 하는 사업을 계획하여 시작했다. 더구나 그는 예산부담을 나눠가질 수 있도록 전세계과학자들을 설득하여 인간게놈국제컨소시엄을 출범했는데, 이때 이 프로젝트에 참여한 나라가 미국, 영국, 독일, 프랑스, 일본, 중국 등 6개국이다. 인간게놈프로젝트가 진행되면서 비약적으로 발전한 학문영역이 유전체학(genomics)이며, 유전체학의 확산은 염기서열결정기술의 비약적 발전으로 이어졌다. 1990년대 초반에는 인간게놈전체를 해독하는 데 들어가는 비용이 30억 달러가 필요했으나, 지금은 수백 달러밖에 들지 않을 정도로 가격이 하락되었고 동시에 양질의 데이터를 얻을 수 있게 되었다. 그 결과 우리 생물학계는 한 번도 겪어보지 못한 정보의 홍수속에 휘말리게 된다. 매일같이 쏟아져 나오는 대량정보들을 적절히 처리하는 것이 무엇보다 중요한 일이 된 것이다. 이러한 필요성에서 만들어진 학문이 생물정보학(Bioinformatics)으로 생물학과 계산통계학이 만난 융합학문이다. 인간게놈프로젝트를 통해 우리는 처음으로 생명체의 설계도 전체의 모습을 들여다볼 수 있게 되었고, 각종 질병, 노화 등의 원인을 이해할 수 있는 기반을 마련하여 보건 및 의료에 비약적 발전을 꾀할 수 있게 된 것이다. 더불어 기초과학적 측면에서도 1990년대 초반 우리가 이해하지 못했던 많은 생명현상들이 드러나며 새로운 학문의 흐름이 등장하게 되었다. 대표적 흐름이 유전체학과 RNA월드일 것이다.

다음으로는 ENCODE프로젝트가 있는데 이 프로젝트는 일종의 포스트게놈프로젝트로 전체게놈의 98.5퍼센트에 해당하는 다른 부위에서 인간의 생물학적 복잡성에 대한 해답을 얻고자 했던 것이다. 이 프로젝트는 세포의 종류에 따라 유전자발현패턴이 다를 것이므로 전체 147종의 세포유형을 분석대상으로 삼았고 1,640개의 유전체 분석(genome wide analysis, GWA)을 수행하였으며 442명의 연구자가 2억 8,800만 달러의 돈을 들여 진행한 프로젝트이다. 인간 게놈 내에 들어 있는 정보는 인간이 인간이기 위해 필요한 유전자정보이다. 유전자정보란 말은 유전자목록만을 의미하지는 않는다. 유전자목록에 못지않게 중요한 것이 각 유전자들의 발현이나 활용순서에 대한 정보이다. 게놈에는 어떤 유전자들이 어떤 조직에서 언제 사용되어야 하는지에 대한 정보 또한 담겨 있으며, 약 98.5퍼센트의 게놈이 기능을 알 수 없는 부분으로 이루어져 있다. 그러므로 이들의 기능을 전체적으로 이해해야만 우리가 생명체를 완전히 이해하게 되는 것이다. 이와 같이 전체적 게놈을 이해하려는 노력의 일환으로 제안된 프로젝트가 'ENCODE프로젝트'이다. ENCODE란 'Encyclopedia of DNA Elements'의 약어로서 유전자의 구조나 형태, 프로모터 부위에 대한 분석을 포함하여 DNA가 감고 있는 히스톤단백질의 구조에 대한 게놈수준의 분석, DNA메틸화패턴, DNA칩을 통한 전사체분석 등을 망라한다. 한 생명체에 대한 총체적인 분석을 통해 게놈을 이해하고자 하는 프로젝트인데, 2003년부터 1년간 파일럿프로젝트로 인간게놈 내 약 3,000만 염기쌍에 대해, 즉 전체게놈 중 100분의 1을 미국의 35개 연구실에서 분석하여 게놈속에는 유전자 외에 어떤 정보들이 들어 있는지, 게놈속의 암흑물질이 무엇인지 탐색했다. 이후 2004년부터 본격적으로 ENCODE프로젝트가 진행되어 인간게놈전체에 대한 분석결과가 얻어졌는데, 그 결과 2012년 9월 ≪네이처≫의 논문 6편을 포함해서 30여 편의 논문이 발표되었다.

마지막으로 FAANG프로젝트가 있는데, 이는 2014년 1월 Animal Biotechnology Working Group의 워크숍에서 FAANG(Functional Annotation of Animal Genomes) 컨소시엄의 구성을 위한 기본원칙과 프로젝트의 사업계획 초안이 마련되었다. 이 컨소시엄은 대부분의 표현형질이 본성적으로 복합적이고 양적이라는 것과 생물학 전분야의 최근 진전은 유전체정보(genome sequence information)에 의한다는 것, 또한 시작점인 유전자형에서 결과물인 표현형이 나타난다는 원리들을 깨우치면서 현대 생물학은 설명적이거나 서술적인 단계에서 예측하는 단계로 전환되고 있다는 배경을 가지고, 가축(domesticated animal)의 유전체들에 대한 기능적 요소(functional elements)를 광범위하게 해명하는 것이다. ENCODE 프로젝트에서 많은 교훈을 얻어, 보다 진전된 대용량 처리 절차 및 방법 등으로 좀 더 용이하고 효율적으로 처리할 수 있게 되었다. 그러므로 근본적으로는 ENCODE프로젝트의 수행목적이나 방법, 연구내용 등과 유사하다. 주요 실험이나 분석내용을 소개하면, 우선 닭, 돼지, 소 및 면양의 유전체정보와 광범위한 조직, 세포 및 생리상태에 근거한 시료로부터 광범위한 RNA-seq를 수행하여 유전체내 전사위치를 데이터화한다. 두 번째로는 염색사(chromatin)의 구조와 성분 및 유전자발현에 대한 ATAC-seq 및 ChIP-seq를 수행하여 전사조절인자들의 DNA결합위치 및 세포간의 차이와 염색사구성도간의 관련성 등 분석을 단일세포수준(single-cell epigenomics)까지 수행하는 것이며, 세 번째로 히스톤단백질의 변형과 DNA염기의 결합에 대한 해석으로 ENCODE프로젝트에서 확보된 중요한 정보가 출발재료가 된다. 여기에는 Histone H3 lysine 4 trimethylation(H3K4me3), Histone H3 lysine 27 acetylation(H3K27ac) 등이 포함된다. 추가적으로 염소, 어류 등도 분석대상이며 전체 컨소시엄 안에 종별 또는 품종별로 조직이나 세포 등의 소위원회를 구성하여 활동하고 있다. 이로부터 분자적수준에서의 표현형으로 실제 복합형질의 표현형을 예측가능하게 할 것이며, 상가적 효과(additive genetic effect)뿐만 아니라 비상가적 유전현상(non-additive genetic mechanisms)인 우성효과와 상위성효과에 대한 이해를 향상시킬 것으로 기대하고 있다.

## 2.2 단순유전형질과 변이

생물종에서 발견되는 가장 단순한 표현형질의 변이양상은 우리가 이미 이해하고 있는 유전현상의 가장 근본적인 것으로 염색체에 존재하는 유전자(gene) 또는 그의 위치인 유전좌위(locus)에 존재하는 대립인자(allele)가 두 개(우성대립인자 dominant allele, A와 열성대립인자 recessive allele, a)일 경우 관찰되어지는 양상이다. 예를 들면, 우성과 열성의 대립인자를 가진 단일유전좌위(locus)는 2종류의 표현형, 정상(야생형, wild type) 또는 비정상(변이형, variant type)의 표현형, 여기서 비정상(변이형)의 표현형은 열성대립인자가 호모일 때 나타나게 된다. 이러한 유전 현상에서는 해당 유전자의 대립인자가 표현형에서 뚜렷한 차이를 야기하는데 충분히 큰 영향력을 가지며, 이와 같이 표현형의 변화에 매우 크게 작용하는 대립인자를 가지고 있는 유전자를 단일유전자(single gene)라 할 수 있으며 이런 유전자들을 주유전자(major genes)라고도 부른다.

한 유전좌위에서 대립인자들이 상가적(additive) 또는 불완전우성(incomplete dominance)의 영향력을 가질 경우, 대립인자 *A*의 동형접합체(*AA*), 이형접합체(*Aa*) 및 대립인자 *a*의 동형접합체(*aa*)인 3가지의 형태로 나타나게 된다. 그러므로 특정 표현형에 대해 단일 유전자(또는·주 유전자)의 의미는 이 단일유전좌위(locus)에 위치하는 대립인자들의 작용에 의해 2개 또는 3개의 표현형만을 가지게 된다.

## 2.2.1
## 멘델의 실험

멘델이 완두로 실험을 하던 시대는 유전에 대한 과학적 이해를 위해 여러 가지 노력들이 있었고 나름 유전에 대한 패러다임이 존재했다. 당시 보편적으로 받아들여졌던 유전의 패러다임은 혼성유전(blending inheritance)이었다. 이는 자식이 양친의 형질을 어느 정도수준에서 닮지만, 양친의 형질이 마치 물감이 섞이듯 혼합되어 유전된다는 것으로 이해하고 있었다. 그러나 이러한 혼성유전으로는 해석되지 않는 많은 유전현상들 즉, 영국 빅토리아왕가의 혈우병, 어린 소년의 흑뇨증 등이 이미 알려져 있었다. 이런 질환들은 유전된다는 것은 알고 있었지만 혼성유전의 개념으로 설명되기에는 많이 부족하였다.

멘델이 평생을 보냈던 수도원은 전임 수도원장이 종묘원을 건립하여 과수 및 포도나무의 육종기법이 개발되고 있어 어느 정도의 기반이 마련되어 있었다고 할 수 있고, 19세기 중반 유럽의 과학자들은 모든 자연현상을 과학적으로 설명할 수 있다고 믿었고 물리학, 화학, 수학, 통계학 등의 연구방법이 자연을 이해하는데 적극적으로 활용되던 시기였다. 발생과 수정에 관한 해명이 시도되기도 하고, 생명체는 세포로 이루어져 있다는 세포설(cell theory)이 알려져 있었다. 또한 독일의 식물학자에 의해 완두콩의 형질은 쌍으로 이루어져 있다는 논문과 영국에서는 완두콩유전에서의 우성과 잡종분리에 관한 논문 등이 발표되어 있었다. 이런 상황에서 멘델이 당시의 신진과학지식이나 정보를 얼마나 접했는지는 자세히 파악되지 않으나, 오랜 기간 순계순종의 실험재료 준비, 치밀한 실험설계, 세심한 실험일지의 작성 및 무엇보다 실험결과의 통계학적 분석을 통해 유전법칙을 밝혀낸 부분은 위대한 업적임에는 분명하다. 멘델에게는 행운도 따랐다고 할 수 있는데, 바로 완두콩이라는 실험 재료의 선택과 수도사로서 충분한 시간적 여유가 있었다는 것이다.

멘델이 밝혀낸 유전의 두 가지 법칙은 바로 분리의 법칙(The principle of segregation)과 독립의 법칙(The principle of independent assortment)이다. 여기서 분리의 법칙은 순계 양친의 교잡에 의해 생성된 잡종제1세대($F_1$)에서 표현되는 형질(우성, dominant)과 표현되지 않는 형질(열성, recessive)이 잡종제2세대($F_2$)에서는 일정한 비율(3:1)로 분리되어 표현되어진다는 것인데, 이때 분리되는 것은 입자적 성격을 띤 유전요소라는 것이며, 이것은 쌍으로 존재하며 자손으로 물려줄 때는 둘 중 하나씩만 전해진다는 것이다. 그리고 독립의 법칙은 둥근 콩/주름진 콩 및 노란색 콩/녹색 콩으로 분리의 법칙에서 보인 한 쌍의 유전요소와 달리 두 쌍의 유전요소(여기서는 형태와 색깔)가 필요하다. 둥글고 노란색 콩을 주름지고 녹색인 콩과 교배하면 잡종제1세대에서는 모두 둥글고 노란색 콩만 나온다. 둥근 것이 주름진 것에 대해 우성이며, 노란색이 녹색에 대해 우성이기 때문이다. 잡종제1세대를 자가수분시켜 생성된 잡종제2세대의 표현형질별 분리비는 둥글고 노란색 9 : 둥글고 녹색 3 : 주름지고 노란색 3 : 주름지고 녹색 1의 비율로 나타난다. 이는 잡종1세대의 배우자를 무작위로 조합하는 방법인 퍼넷스퀘어(punnett square)를 이용하여 확률적 개념의 곱하기와 더하기 공식에 의해 분리의 법칙을 그대로 따르며, 색깔을 지배하는 유전요소는 형태를 지배하는 유전요소와 독립(확률상 용어로 배반)이라는 것이다.

이러한 유전에 있어 분리의 법칙과 독립의 법칙은 유전인자가 입자성을 가지며, 기존의 패러다임인 혼성유전의 개념을 뛰어넘어 새로운 유전양식의 패러다임을 제공하게 된 것은 이후 35년이 지난 1900년 세 명의 과학자에 의해서 가능하게 되었다.

## 2.2.2
## 단순형질에 관여하는 다양한 변이

1900년대 이후에 유전현상에 대한 많은 연구들이 수행되었는데, 이런 연구들 중 표현형이 양친의 중간 정도로 나타나는 이형접합체가 멘델의 유전원리를 검정하던 중에 발견되었다. 대립인자쌍의 한 우성대립인자가 다른 대립인자를 지배하는 현상의 예외가 발견되어졌고, 이러한 예외는 많은 생물체에서 흔히 볼 수 있다.

그 중에 불완전우성(incomplete dominance)이 있는데, 금어초(Antirrhinum)의 빨간색 꽃과 상아색 꽃을 교배시키면 $F_1$세대의 식물은 그들 양친사이의 중간색인 분홍색꽃만을 피웠고, 이 핑크색의 잡종제1세대($F_1$)를 자가수정하여 생성된 제2세대의 표현형 분리비는 붉은색 1 : 분홍색 2 : 상아색 1을 얻었고, 이는 멘델의 분리법칙인 1 우성동형접합자 : 2 이형접합자 : 1 열성동형접합자와 아주 일치하였다. 또한 제2세대의 붉은꽃을 자가수정하면 붉은꽃의 자손만을 생성하고, 상아색을 자가수정하면 상아색의 자손만을 생산하였고, 분홍색을 자가수정하면 붉은색 1/4 : 분홍색 1/2 : 상아색 1/4의 비율로 생산되어 멘델의 유전현상에 잘 부합된다는 것을 확인하였다. 불완전우성은 소의 쇼트혼종(Shorthorn) 모색에서도 볼 수 있는데, 백색모색(*N*)과 적색모색(*n*)간의 교배로 태어난 $F_1$은 조모색(*Nn*)을 나타내고, 말에서 흰색(*DD*) 과 밤색(*dd*)의 교배로 팔로미노(*Dd*)가 태어난다. 또한 닭 품종인 안달루시안종은 검은색과 얼룩진 흰색간의 교배로 푸른색(깃털에 고르지 않은 검은색소가 띄엄띄엄 있는 계통)이 생성된다. 이도 검은색과 얼룩진흰색은 깃털색에 있어 동형접합, 푸른색은 이형접합으로 불완전우성으로 밝혀졌다.

사람의 ABO혈액형에서 항원-항체관계는 1900년에 발견되었고, 항원-항체결합에 의해 응집반응이 일어나는 여부를 기초로 해서 사람의 혈액형은 4종류(A형, B형, AB형, O형)로 구별될 수 있었고, 그동안은 한 유전좌위에 오직 2개의 대립인자들로서만 형질을 발현시키는 경우를 살펴보았는데, ABO혈액형에서는 유전좌위에 2개의 대립인자보다 더 많은 대립인자가 관여함을 보여 주었고, 이런 현상은 유전학발달초기에 이미 인식된 것이었고 특정유전자가 3개 이상의 많은 대립인자를 가질 수 있다고 할지라도 대부분의 고등생물체에서는 이들 대립인자들 중 단 두개의 대립인자만으로 어느 한 개체의 유전자형을 이룰 수 있다. 사람의 ABO혈액형유전에서는 우성(A, B형이 O형에 대해), 복대립유전자(A, B, O형) 및 공동우성(A와 B형)을 볼 수 있는 경우이다. 이러한 복대립유전자는 토끼의 색원체유전자(C, $C^{ch}$, $C^{h}$, c)에서도 관찰된다.

멘델이 독립의 법칙에서 각기 다른 두 개의 유전자(예: 종자의 형태와 꽃의 색깔)가 두 형질을 지배하는 현상을 설명하면서 잡종제2세대에서 그들의 분리비가 9 : 3 : 3 : 1로 설명하였지만, 두 개의 유전자가 어떤 한 형질의 발현에 관여하여 양친에서 관찰되지 않은 표현형이 출현하는 경우에는 닭의 볏모양인 호도관(*R-P-*), 장미관(*R-*), 완두관(*P-*) 및 단관(*rrpp*)으로 발현되는 보족유전자작용(complementary gene effects)이 있으며, 또한 두 개의 유전자중 하나의 유전자가 다른 유전자의 발현을 억제하는 상위유전자작용(epistasis)이 있는데, 닭의 레그혼품종에서 관찰되는 깃털색은 백색(*I-C-*)인데, 이는 색깔을 지배하는 우성대립인자 C (유색)의 발현을 방해하는 상위성대립인자 *I*의 결과이다. 이는 그림 1-3에서 보는 바와 같이 $F_2$에서 13 : 3의 분리비를 가지게 한다. 또한 라브라도 리트리버(Labrador Retriever) 개의 모색은 검은색(유전자형 *B-E-*에 의해 결정됨), 갈색(초코렛색에 가까운)(*bbE-*), 혹은 노란색(황색)(*--ee*)색으로 9 : 3 : 4 (또는 9 : 4 : 3)의 분리비를 가지는데, 이는 열성동형유전자형(*ee*)이 다른 유전

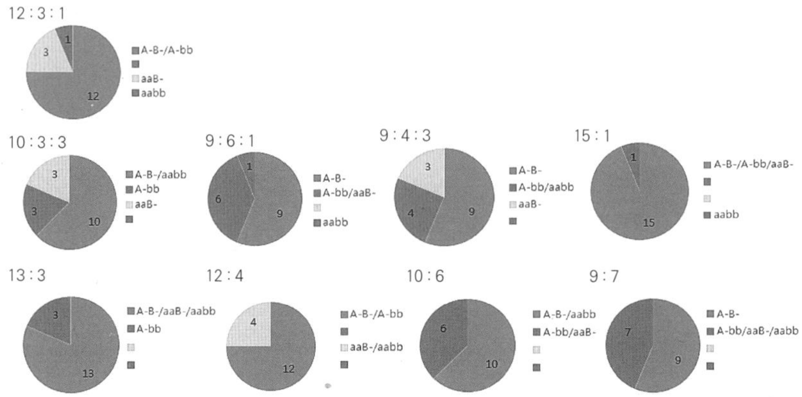


그림 2-3. 두 유전자에 의한 잡종 제2세대($F_2$)에서의 변화된 분리의 비(Hartl, D. L. 2011. Essential Genetics A Genomic Perspective, 5/e. Jones and Bartlett Publishers, LLC)

자의 유전자형발현을 숨길 때 관찰된다. 그리고 9 : 6 : 1의 분리비는 돼지 듀록종에서 관찰되었는데, 듀록의 빨간색은 두 개의 유전자에서 우성대립인자가 존재하면(*R-S-*) 나타나게 되고, 두개의 유전자 중 하나가 열성동형접합자(*R-ss*, *rrS-*)이면 동일한 표현형인 모래색(모래 빛깔과 같은 회황색)으로 나타나고, 두 유전자가 모두 열성동협접합자(*rrss*)이면 다른 표현형인 흰색이 관찰된다. 이와 같이 한 형질에 두 개의 유전자가 관여하여 다양한 표현형의 분리비가 나타날 수 있다(그림 2-3).

### 2.2.3
### 동물육종에서 단일유전자작용

가축에 있어 유전현상에 대한 체계적연구는 멘델의 유전법칙이 재발견되면서 1900년대 시작되었으며, 이 당시 주목받은 형질들은 피모색(coat color), 뿔의 유무(polled/horned) 및 Dexter품종의 왜소증(dwarfism)등이다. 1906년 Science와 Journal of Heredity에 W.J. Spillman이 소의 뿔

형질은 멘델의 유전현상을 따르며 무각이 우성형질이라는 확증과 함께 게재되었다. 그렇지만, 1993년 뿔의 유무를 지배하는 유전자를 찾는 연구에서 BTA1에 위치한다는 연구결과만 보고되었을 뿐, 2005년에 보다 상세한 위치를 발견하고 소의 유전체 완전해독이 이루어진 이후에도 아직 정확한 유전자를 찾지 못하고 있는 실정이 아이너리하다.

소의 경우 DNA수준의 연구로부터 멘델유전형질로 밝혀진 것들은 적어도 71개이다. 이러한 형질들은 Online Mendelian Inheritance in Animals(OMIA)에 지속적으로 등록되어 관리되고 있으며, 다른 동물종의 유전형질에 대한 연구결과들도 소개하고 있다. 여기에 등록된 대부분의 형질들은 선천적 유전질환에 관한 것들이며, 모색관련 유전자, 왜소증, 우유의 성분 등에 관한 형질도 보고되어 있다.

소에 있어 위치 · 기능적 후보유전자 접근방법(positional candidate gene approach)에 의해 myostatin유전자(*MSTN*)의 미스센스 돌연변이(missense mutation)가 이중근육(double muscling or muscular hypertrophy)의 원인이라는 것이 밝혀졌으며(Charlier *et al*., 1995, Grobet *et al*., 1998), 이는 Belgian Blue 품종(myostatin mutation)과 Holstein Friesian품종(wild type)과의 backcross design으로 초위성체마커(microsatellite marker)를 이용하여 2번염색체 내 위치추적의 결과로 알려지게 되었다. 이후 면양에서는 muscular hypertrophy의 원인이 *MSTN*유전자내 microRNA 결합부위의 점돌연변이(point mutation)라고 밝혀졌다(Clop *et al*., 2006).

면양에서 정상보다 증가된 배란율과 번식능력(산자수)은 *Bone morphogenetic protein 15*유전자(*BMP15*)의 미성숙 종결코돈(premature stop codon)에 의해 야기되어진다고 보고되었으며, 이는 이전에 알려진 *Booroola* 또는 *BMPR1B* (Bone morphogenetic protein receptor 1B) 유전자 연구결과의 후속으로 추진된 결과이다(Galloway *et al*., 2000).

## 2.2.4
## 동물의 모색 유전

가축화의 가장 뚜렷한 상징 중의 하나가 모색의 변화라고 할 수 있으며, 현재까지 마우스 및 랫트의 유전실험 및 연구를 통해 피모색과 관련된 300개 이상의 유전좌위에서 변이가 발굴되었다. 비록 특정 동물종 및 품종에서는 전신 단일모색(solid coat color)이 나타나 모색유전(coat color inheritance)이 단순해 보이기는 하나, 모색 및 발현양상은 단순표현형질이 아니며 상위성작용(epistasis)의 유전자상호작용으로 발현되는 복합형질이고, 피부 및 털의 색소형성과 관련하여 광범위한 연구에도 불구하고 아직 완전히 이해되지 못하고 있다. 동물에 있어 피모색은 세 가지 단계를 거치는데, 배아시기에 melanoblast(색소세포인 melanocyte의 전구세포)의 체표면을 이루는 피부세포 및 모근세포 등으로의 이동과 분화(melanocyte migration and differentiation), 두 번째로는 색소형성에 필요한 세포들사이의 신호전달(intercellular signaling and regulation)이며, 마지막으로 색소의 완성(production and transport of melanin in the melanosome)이다. 이러한 과정중 관여하는 유전자 및 효소 등의 작용에 변경이 일어나면 반점형성(spotting patterns), 색의 희석(color dilutions), 색상(색조)의 변경(changes in hue) 등이 발생하게 된다.

대부분의 포유류에서 모색발현은 크게 두 가지 형태에 의하는데, MC1R(melanocortin 1 receptor)을 통한 신호에 의해 phaeomelanin을 생산하면 적색계통, 또는 eumelanin을 생산하면 흑색계통으로 발현되며, MC1R은 eumelanin생산을 지시하는데 있어 특히 중요하며, 이 기능에 변이가 생기면 적갈색을 만든다. 이 유전자의 다형성은 많은 동물종에서 보고되었고, 소에서 우성흑색과 열성적색표현형은 MC1R의 다형성

결과이다. MC1R의 작용은 멜라닌세포자극호르몬(melanocyte stimulating hormone)과 결합하여 이루어지는데, 이 단계에서 MC1R에 MC1R의 경쟁적 억제자(agouti signaling protein, ASIP)가 결합함으로써 저해된다. 즉 MC1R receptor에 ASIP가 결합함으로써 melanocyte안에서 eumelanin의 생산을 감소시킨다.

*ASIP*유전자내에 LINE삽입에 의해 Normande 소품종에서 줄무늬(stripe)가 있는 얼룩덜룩한 반점이 생긴다고 보고하였고(Girardot et al., 2006), 또 다른 소품종에서 이런 모색의 발현은 LINE 삽입과 *MC1R*의 $E^{+}$ 대립인자에 의해 발생한다고 보고하였지만 조사된 소품종에서는 유전자형이 모두 e/e 이었다. 또한 말의 경우 ASIP는 eumelanin과 phaeomelanin 생산량을 조절함으로써 우리에게 친숙한 bay 모색(짙은 밤색)을 생성한다. 또한 MC1R에 의한 모색발현은 단순하지 않으며, 마우스와 사람에서 MC1R 변이(recessive red phenotypes)가 통증에 매우 민감성을 보인다고 보고하였다(Delaney et al., 2010, Mogil et al., 2005).

*KIT* 유전자의 다형성이 포유류의 흰반점(white spotting in mammals)을 야기하는 가장 일반적인 원인 중의 하나이다. 이 좌위에서의 일반적 표현형은 조모(황갈색바탕에 흰색 또는 회색 털 산재, roaning), 반점(spotting)과 우성백색(dominant white)이다. 돼지의 특정품종에서, 이 유전자의 중복과 exon-skipping($I^{P}$ *and I*)이 얼룩덜룩한 반점과 우성백색을 발현하는 것으로 보고되었다(Marklund et al., 1998). 말의 경우 이 유전자는 ECA3에 위치하며 *KIT*유전자의 45Mb역위로 인한 변이가 매력적인 Tobiano spotting 패턴을 야기하는 것으로 보고되었다(Brooks et al., 2007). 많은 동물종에서 *KIT*유전자의 돌연변이는 동형접합체일경우 불임이거나 치사작용(lethal gene effects)을 하며, 말의 경우 동형접합체우성백색일경우 치사작용이 일어나는 것으로 알려져 있다(Haase et al., 2010).

melanocytes에서 색소를 생산해내는데 필요한 세포내기관인 melanosome은 색소생산에 필요한 효소들을 가지고 있으며, 이러한 melanosome의 구조적통합은 부분적으로 PMEL (PMEL17) 좌위의 당단백질생산물에 의해 어느 정도 유지되어진다. 소에서 이 좌위에 적어도 2개의 대립인자가 발견되었고, Simmental과 Hereford품종에서 PMEL 코딩서열에서 열성돌연변이가 모색의 희석과 피모의 선천적 무모증(hypotrichosis)을 야기시키는 것으로 알려져 있다(Jolly *et al.*, 2008). 닭에서도 이 유전자에서 세 가지 대립인자가 발견되었고, 우성백색 등 다양한 모색을 생성하는 것으로 알려져 있으며, 우성백색은 레그혼(산란계)의 특징인 백색을 유발하며, 닭에서 PMEL좌위는 분명한 상위성작용을 보이는데, 이는 행동과 관련있으며, 우성백색개체는 덜 공격적이며 온순한 성격을 보이는 것으로 보고되고 있다(Natt *et al.*, 2007, Karlsson *et al.*, 2010).

## 2.3 복합유전형질과 변이

단순유전형질은 집단내 관찰되어지는 표현형이나 유전자형이 소수이며 유전자형과 표현형간의 대응관계가 비교적 단순한 경우인데 반해, 동물이나 식물의 육종 및 품종개량을 위한 대부분의 형질들은 다유전자형질에 속하는 데, 이는 일반적으로 다수의 유전자 및 환경의 지배를 받고, 어떤 경우에는 단 하나의 유전자형이 여러 가능한 표현형 중 - 환경이나 조건에 따라 - 단 하나의 표현형만을 나타낼 수 있고, 유사한 표현형이 여러 다른 유전자형에서 생겨날 수도 있기 때문에 다유전자형질을 다인자형질(multifactorial traits) 또는 복합형질(complex traits)로 부르기도 한다.

생물들의 집단에서 변화되는 대부분의 형질들이 복합형질이며, 이전에는 단순유전형질로 여겨졌던 형질 중에도 발현양상에서 복합형질로 분석해야 이해할 수 있는 것들이 있다. 이러한 형질 중에는 "Monogenic traits are not simple"이라는 논문에 소개된 선천성대사이상의 질병 중 하나인 페닐케톤뇨증(phenylketonuria: PKU)의 경우와 같이 다면작용(pleiotropy)이 있는데(Scriver & Waters, 1999), 이는 한 유전자가 여러 표현형질을 지배하는 현상으로 PKU의 경우에는 대사기작의 저해, 신경발달의 저해로 정신박약(IQ의 저하), 피부색의 변화 등을 유발한다. 마우스의 $A^y$ 유전자는 치사작용을 하는 유전자이지만, 이 유전자는 황색모색, 낮은 대사율과 비만, 큰 골격을 발현시키고 유방암에 대해 저항성을 갖는 것으로 알려져 있다.

## 2.3.1
## 복합형질의 유전적 기초

자연환경에서 발견되는 많은 생물종은 발현되는 표현형의 대부분에서 복잡한 표현형을 보이며 이러한 표현형에는 최소한 한 개 이상의 유전좌위가 관여되고 각 좌위당 2개 이상의 대립인자가 관련되어 있다는 것을 암시한다.

1900년에 멘델의법칙이 재발견된 직후, 수많은 형질들은 단일좌위에 있는 유전자형들에 의해 간단히 결정되는 멘델유전현상에 따르지 않는다는 사실이 확실하게 되었다. 이 수많은 형질들은 여러 유전자들에 의해서 영향을 받을 뿐 아니라, 환경의 효과에 의해서도 영향을 받는다.

이러한 형질들에 관해서 개체의 표현형은 다음 2가지 요인에 의해 잠재적으로 영향을 받는다.

1. 유전요인(genetic factor): 2개 또는 그 이상의 좌위에 있는 유전자형의 형태로서 유전요인들
2. 환경요인(environmental factor): 예를 들면 동물에서 성장률의 경우에 영양물질, 온도 등 또는 재배작물의 경우에 비료, 강우량 및 재식밀도 등을 들 수 있다.

집단에서의 개체들의 표현형들은 양적으로나 수적으로 표현될 수 있고 표현형의 값들이 연속적으로 분포되어 있기에 다인자형질을 흔히 양적형질 또는 복합형질이라고도 부른다. 양적형질은 보편적으로 둘이상의 대립인자 뿐만 아니라 환경의 영향을 받는다. 동물 등 품종개량에서 핵심적이고 경제적으로 중요한 형질은 흔히 양적형질들이다. 가축에서 주요한 양적형질들은 육질, 육량, 젖소의 비유량, 닭의 산란수, 양의 털무게, 돼지의 산자수 등이 있다.

복합형질에 관한 유전적 구조(genetic architecture)는 발현형질에 영향을 주는 유전적 요인과 환경적 요인으로 설명되며, 각 요인의 효과 및 요인들 사이의 상호작용으로 설명된다. 원칙적으로 멘델식 분리 및 유전자지도(genetic map)작성에 의해 결정된 위치로 유전요소를 명확히 밝히는 것은 가능하다. 그러나 환경적 요인은 각각이 나타내는 효과 및 그들의 상호작용을 추려낼 수 있는 요인들을 일일이 분리하기란 쉽지 않다. 대부분의 양적형질들은 한 유전자의 대립인자 분리효과가 다른 유전자들의 효과로 가려질 수 있고, 동일한 유전자형이 환경효과로 다른 표현형을 나타내게 할 수 있기 때문에 일반적인 가계도방법(pedigree method)이나, 우성, 열성, X-연관 등의 간단한 형태의 방법으로 분석하는 것은 용이하지 않다. 그렇지만, 양적형질에 미치는 유전효과는 그들이 지니고

있는 유전자들의 어떤 부분을 공통적으로 갖고 있어야 하는 방계친척(relatives)의 표현형을 비교하여 평가될 수 있다. 그러한 연구는 집단유전학의 개념을 적극 활용한다.

집단내 유전자집합(gene pool)에 변화가 일어난다는 것은 처음과는 달리 집단내에 유전적 변이가 이미 존재한다거나 유전적 변이를 일으킬 수 있는 길이 있다는 것을 가정한다. 즉 집단이 계속 유지되기 위해서는 유전변이를 증가시키거나 만들어내는 기작(예; 돌연변이, 이주)과 변이를 감소시키는 기작(예; 자연선택과 유전적 부동)이 있어야만 가능하다.

## 2.3.2
## 양적형질의 특성

어떤 양적형질에 관해서 표현형차는 여러 개 혹은 수많은 좌위에 있는 유전자형차에서 대부분 기인하며 그때의 환경은 그리 큰 역할을 하지 못한다. 반면에 어떤 다른 양적형질에 관해서 표현형차는 환경효과에서 대부분 기인하며, 유전요인은 별로 중요한 역할을 하지 않는다. 그러나 대부분의 양적형질들은 이 두 극단사이에 있으며, 유전자형과 환경은 형질들의 분석에서 고려되어야 한다.

유전학적으로 이질집단에서 수많은 유전자형들은 분리와 재조합과정에 의해 형성될 것이다. 유전자형의 변이는 수많은 좌위에서 동형인 근친계(inbred line)나, 혹은 양친 동계교배계들이 모든 다른 좌위에서 일률적으로 이형인 동계교배계들의 교배에서 나온 $F_1$세대를 조사함으로써 제거될 수 있다. 실험자가 집단의 모든 개체들에 대해 환경 등 비유전적 요인들을 동일하게 아무리 노력한다 해도, 환경변이를 완전히 배제하기는 불가능하다. 예를 들어 한 농장의 한우리에서 같이 사육하는 가축이라고 하더라도, 사료섭취량, 음수량, 소의 경우 반추횟수 및 반추시간 등에서 약간이라도 상이한 환경을 가지게 된다. 이러한 양적형질은 연속적인 변이값을 가지므로 분산과 평균값을 가지며, 또한 분산과 표준편차를 이용하여 분석을 하게 된다. 어떤 표현형이 수많은 개별적 요인들의 누적효과에 의해 결정된다면, 이때의 표현형은 정규분포를 형성할 것이라고 예상한다. 다인자성 형질에 관한 유전학을 고찰함에 있어서, 중요한 목적은 유전자형 대 환경의 상대적인 중요성을 평가하는 것이다. 실험생물들의 어떤 경우에 평균에 대한 효과에 관련하여 유전자형과 환경을 분리하는 것은 가능한 일이다. 예를 들어서 식물육종가는 재배할 때의 조밀도나 시비량에서 서로 차이가 있는 환경군에서 성장된 일련의 동계교배계의 산출을 연구할 수도 있다. 따라서 (1) 상이한 환경에서 성장한 동일유전자형의 산출량들을 비교함으로써 산출량에 관한 유전자형들의 효과와 관련하여 환경효과의 분석이 가능하며, (2) 동일환경에서 성장한 상이한 유전자형들의 산출량을 비교함으로써 산출량에 관한 유전자형들의 효과와 관련하여 유전자형들을 분석하는 것도 가능할 것이다.

(i) **유전자형분산** 개체들 가운데서 유전자형의 차이에 기인한 표현형의 차이를 유전자형분산(genotypic variance; $V_G$)이라고 한다. 우리가 앞에서 살펴보았듯이 일반적으로 1개의 유전자(한 쌍의 대립인자; *A*, *a*)에는 3개의 유전자형(*AA*, *Aa aa*)이 발현되며, 이 대립인자간의 상호작용이 알려져 있다면 유전자형에 따른 표현형값을 분석해 낼 수 있다. 동물의 특정 표현 형질에 2개 이상의 유전자가 관여된다고 가정하면 유전자형의 수는 더 많아 질 것이다 (표 2-1).

표 2-1. 유전자수에 따른 발생가능한 유전자형의 수

| 유전자의 수 | 유전자형의 수 |
|---|---|
| 1 | 3 |
| 2 | 9 |
| 3 | 27 |
| 4 | 81 |
| 5 | 243 |
| n | $3^n$ |

만약 개체의 표현형값이 유전자형값으로만 이루어지고(표현형 값 = 유전자형 값; P = G), 1개의 유전자가 표현형을 지배할 경우(*A/a*), 각각의 대립인자에 값을 부여하여 대립인자 *A*인 경우 2단위 값을, 대립인자 *a*에는 1단위를 갖는다고 하면, 아래의 표 2-2와 같다.

표 2-2. 1개의 유전좌위에서의 유전자형에 따른 표현형값 및 빈도

| 유전자형 | 표현형 값(단위) | $F_2$집단에서의 빈도 | 상대빈도 |
|---|---|---|---|
| *aa* | 2 | 1 | 0.25 |
| *Aa* | 3 | 2 | 0.50 |
| *AA* | 4 | 1 | 0.25 |

또한 어떤 특정형질을, 즉 표현형을 2개의 유전자가 지배할 경우(*AB/ab*), 그리고 각각의 대립인자의 값이 표 2-2에서와 같다면(*A* 또는 *B* 대립인자 2단위, *a* 또는 *b* 대립인자 1단위), 아래 표 2-3의 표현형값과 빈도로 나타나게 된다.

그리고 확장된 개념에서 3개의 유전자가 어떤 형질을 완전 지배한다면(*ABC/abc*), 그리고 각각의 대립인자의 값이 표 2-2에서와 같다면(각 대립인자 *A, B, C*는 2단위, 대립인자 *a, b, c*는 1단위), 아래 표 2-4와 같이 나타나게 된다.

표 2-3. 2개의 유전좌위에서의 유전자형에 따른 표현형 값 및 빈도

| 유전자형 | 표현형 값(단위) | $F_2$집단에서의 빈도 | 상대빈도 |
|---|---|---|---|
| *aabb* | 4 | 1 | 0.0625 |
| *aaBb* | 5 | 2 | 0.125 |
| *aaBB* | 6 | 1 | 0.0625 |
| *Aabb* | 5 | 2 | 0.125 |
| *AaBb* | 6 | 4 | 0.25 |
| *AaBB* | 7 | 2 | 0.125 |
| *AAbb* | 6 | 1 | 0.0625 |
| *AABb* | 7 | 2 | 0.125 |
| *AABB* | 8 | 1 | 0.0625 |

표 2-2, 2-3, 2-4의 $F_2$집단내 표현형 값에 따른 상대빈도를 그래프로 나타내면 그림 2-4와 같다. 그림 2-4에서 유전좌위가 많아질수록 점점 종모양의 정규분포를 보이게 되며, 각 표현형값(여기서는 유전자형 값)들이 조밀해지며 범위(최소값과 최대값의 범위)가 넓어지기도 한다. 이는 표현형의 값들이 연속적으로 변해간다는 의미이며 그만큼씩 각 표현형값의 상대적 빈도도 감소해 감을 알 수 있다.

그러나 위의 그림 2-4에서는 유전자간의 특별한 상호작용이 존재하지 않고 단지 유전자들의 효과가 상가적(additive)으로 작용하는 경우에만 해당하는 것으로 오히려 자연 상태에서는 보기드문 경우이며, 대립인자간의 상호작용인 완전우성, 불완전우성, 초우성의 효과와 비대립인자간의 상호작용인 상위성작용(epistasis)이 관여하게 되면 연속형질인 양적형질의 유전자형 값은 많이 달라지게 된다. 또한 양적형질의 표현형은 실제 유전적 작용, 뿐만 아니라 환경적 작용이 포함되어지므로 훨씬 복잡하게 분포하게 된다. 또한 특정형질의 표현형에 더 많은 유전자들이 작용한다면 정규곡선에 근접하며 이런 정규분포에서는 표현형들의 값을 구분한다는 것은 상당히 어렵다.

표 2-4. 3개의 유전좌위에서의 유전자형에 따른 표현형 값 및 빈도

| 유전자형 | 표현형 값(단위) | $F_2$집단에서의 빈도 | 상대 빈도 |
|---|---|---|---|
| *aabbcc* | 6 | 1 | 0.016 |
| *aabbCc* | 7 | 2 | 0.031 |
| *aabbCC* | 8 | 1 | 0.016 |
| *aaBbcc* | 7 | 2 | 0.031 |
| *aaBbCc* | 8 | 4 | 0.063 |
| *aaBbCC* | 9 | 2 | 0.031 |
| *aaBBcc* | 8 | 1 | 0.016 |
| *aaBBCc* | 9 | 2 | 0.031 |
| *aaBBCC* | 10 | 1 | 0.016 |
| *Aabbcc* | 7 | 2 | 0.031 |
| *AabbCc* | 8 | 4 | 0.063 |
| *AabbCC* | 9 | 2 | 0.031 |
| *AaBbcc* | 8 | 4 | 0.063 |
| *AaBbCc* | 9 | 8 | 0.125 |
| *AaBbCC* | 10 | 4 | 0.063 |
| *AaBBcc* | 9 | 2 | 0.031 |
| *AaBBCc* | 10 | 4 | 0.063 |
| *AaBBCC* | 11 | 2 | 0.031 |
| *AAbbcc* | 8 | 1 | 0.016 |
| *AAbbCc* | 9 | 2 | 0.031 |
| *AAbbCC* | 10 | 1 | 0.016 |
| *AABbcc* | 9 | 2 | 0.031 |
| *AABbCc* | 10 | 4 | 0.063 |
| *AABbCC* | 11 | 2 | 0.031 |
| *AABBcc* | 10 | 1 | 0.016 |
| *AABBCc* | 11 | 2 | 0.031 |
| *AABBCC* | 12 | 1 | 0.016 |

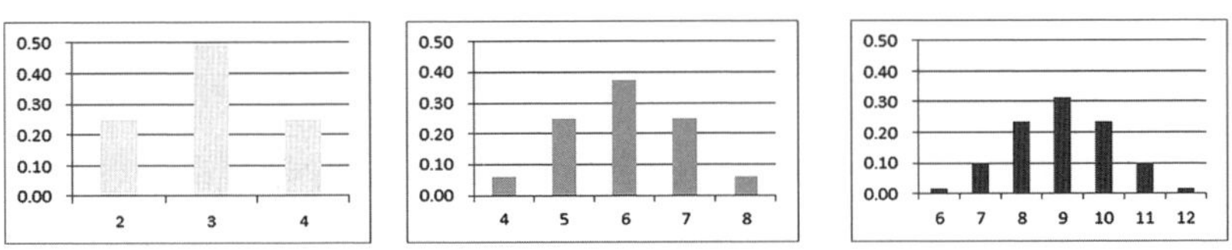


그림 2-4. 유전자형 값에 따른 빈도분포

그러나 연속적으로 변해가는 연속변이인 가축의 양적형질에 영향을 주는 유전좌위의 수는 가축의 유전적 개량에 중요한 잠재성을 가진다고 볼 수 있다.

(ii) **환경분산** 개체들 간에 환경차이에 따른 표현형의 변이를 환경분산(environmental variance; $V_E$)이라고 한다. 어느 집단의 개체 모두가 유전적으로 동일한데 평균값을 중심으로 표준편차를 보인다면 이때의 표현형 변이는 전부 환경분산에 기인한다. 즉 표현형(P) = 유전자형(G=0) + 환경(E)이 된다. 우리가 사전에 아무런 정보나 지식이 없이 특정 형질의 표현형분포를 볼 경우 유전자형과 환경의 상대적 비중이나 중요도를 전혀 알 수 없으며, 형질의 표현형변이는 전적으로 유전적이거나, 전적으로 환경적이거나 또는 양쪽의 영향이 합쳐진 결과이다. 또한 유전자형분산과 환경분산은 서로 명확하게 구분되지 않는다, 이는 일반적으로 동시에 발생하여 각 유전자형에 따라 다양한 환경변이의 영향을 받기 때문이다. 일반적으로 표현형에 대해서 유전자형 값과 환경의 영향이 독립적이라고 가정하기에 표현형분산(phenotypic variance, $V_P$) 또는 전체분산(total variance, $V_T$)은 유전분산($V_G$)과 환경분산($V_E$)을 합친 것과 같다. 즉 $V_P = V_G + V_E$ 이다. 하지만 이는 표현형에 미치는 유전분산과 환경분산이 독립적일 경우에 한한다. 대개의 경우 환경에 따라 유전자형의 효과가 달리 나타나며 이는 유전자형과 환경간의 상호작용(genotype and environment interaction)이 관여하기 때문이다. 그러므로 전체 분산은 유전분산 + 환경분산 + 유전과 환경 상호작용이 되며 공식으로는 $V_P = V_G + V_E + V_{GE}$ 이다.

유전과 환경의 상호작용은 유전자형의 상대적 등급을 변화시킬 수도 있으며, 일정한 환경에서 우수한 유전자형들은 다른 환경에서는 열등할 수도 있다. 유전과 환경 상호작용이 발생하였는데 무시될 때 환경분산이 실제보다 더 큰 값으로 추정될 수 있다.

동물육종의 중요한 수단인 선발을 수행하기 위해서는 환경분산도 주요한 요인으로 작용하지만, 선발된 개체로부터 후대에 물려주는 것은 유전적 요인이기 때문에 표현형분산에 대한 유전분산이 더욱 중요한 요인이 되는 것이다. 그러므로 표현형질의 유전력(표현분산 대비 유전분산의 비율)을 추정하고 이를 근거로 선발을 수행해 나가는 양적유전학이 태동되고 발전을 거듭하게 되었다.

## 〈참고문헌〉


1. Abzhanov, A., Kuo, W. P. Hartmann, C., Grant, B. R., Grant, P. R. and Tabin, C. J. (2006) The calmodulin pathway and evolution of elongated beak morphology in Darwin's finches. *Nature* 442, 563-567
2. Bamber, R. C. (1933) Correlation between white coat colour, blue eyes and deafness in cats. *J. Genet.* 27, 407.
3. Botstein, D., White, R.L., Skolnick, M. and Davis, R. W. (1980) Construction of a genetic linkage map in man using restriction fragment length polymorphisms. *Am. J. Hum. Genet.* 32, 314-331.
4. Brown, T. A. (2007) Genomes 3. Garland Science
5. Charlier, C., Coppietters, W., Farnir, F., Grobet, L., Leroy, P.L., Michaux, C., *et al.* (1995) The MH gene causing double-muscling in cattle maps to bovine Chromosome 2. *Mamm. Genome* 6, 788-792.
6. Clop, A., Marcq, F., Takeda, H., Pirottin, D., Tordoir, X., Bibe, B., *et al.* (2006) A mutation creating a potential illegitimate microRNA target site in the myostatin gene affects muscluarity in sheep. *Nat. Genet.* 38, 813-818.
7. Delaney, A., Keighren, M., Fleetwood-Walker, S., M. and Jackson, I. J. (2010) Involvement of the melanocortin-1 receptor in acute pain and pain of inflammatory but not neuropathic origin. *PLoS One* 5, e12498
8. Enard, W., Przeworski, M., Fisher, S.E., Lai, C.S.L., Wiebe, V., Kitano, T., Monaco, A.P., and Paabo, S. (2002) Molecular evolution of FOXP2, a gene involved in speech and language. *Nature* 418, 869-872.
9. Falconer, D.S. and Mackay, T.F. (1996) Introduction to Quantitative Genetics, 4th ed. Longman, Harlow, Essex, England.
10. Ferguson, L. C. (1941) Heritable antigens in the erythrocytes of cattle. *J. Immunol.* 40, 213.
11. Ferguson, L.C., Stormont, C. and Irwin, M. R. (1942) On additional antigens in the erythrocytes of cattle. *J. Immunol.* 44, 147
12. Galloway, S.M., McNatty, K.P., Cambridge, L. M., Laitinen, M.P., Juengel, J.L., Jokiranta, T. S., *et al.* (2000) Mutations in an oocyte-derived growth factor gene (BMP15) cause increased ovulation rate and infertility in a dosage-sensitive manner. *Nat. Genet.* 25, 279-283.
13. Gee, H., Howlett, R. and Campbell, P. (2009) 15 Evolutionary Gems. Nature, 07740
14. Girardot, M., Guibert, S., Laforet, M.P., Gallard, Y., Larroque, H., and Oulmouden, A. (2006) The insertion of a full-length Bos taurus LINE element is responsible for a transcriptional deregulation of the Normande Agouti gene. *Pigment Cell Res.* 19, 346-355.

15. Grobet, L., Poncelet, D., Royo, L.J., Brouwers, B., Pirottin, D., Michaux, C., et al. (1998) Molecular definition of an allelic series of mutations disrupting the myostatin function and causing double-muscling in cattle. *Mamm. Genome* 9: 210-213.

16. Hartl, D. L. (2011) Essential Genetics A Genomic Perspective, 5/e. Jones and Bartlett Publishers, LLC

17. Hartl, D. and Clark. E. (1989) Principles of Population Genetics, Sinauer, Sunderland, Mass.

18. Hutt, F. B. and Rasmusen, B. A. (1982) Animal Genetics (2nd Ed.). John Wiley and Sons.

19. Irwin, M. R. (1974) Comments on the early history of immunogenetics. *Anim. Blood Grps. Biochem. Genet.* 5, 65.

20. Jeffreys, A.J., Brookfield, J.F. and Semeonoff, R. (1985) Positive identification of an immigration test- case using human DNA fingerprints. *Nature* 317, 818-819.

21. Karlsson, A.C., Kerje, S., Andersson, L. and Jensen, P. (2010) Genotype at the PMEL17 locus affects social and explorative behaviour in chickens. *Br. Poult. Sci.* 51, 170-177.

22. Khatib, Hasan. (2015) Molecular and quantitative Animal Genetics. John Wiley & Sons, Inc., Hoboken, New Jersey.

23. Klungland, H., Olsen, H. G., Hassanane, M. S., Mahrous, K., and Vage, D. I. (2000) Coat color gene in diversity studies. *J. Anim. Breed. Genet.* 117, 217.

24. Klungland, H., Vage, D. I., Gomez-Raya, L., Adalsteinsson, S., and Lien. S. (1995) The role of melanocyte-stimulating hormone(MSH) receptor in bovine coat colour determination. *Mamm. Genome* 6: 636-639.

25. Lander, E. S. and Schork, N. J. (1994) Genetic dissection of complex traits. *Science* 265, 2037-2048.

26. Lango-Allen, H. *et al.* (2010) Hundreds of variants clustered in genomic loci and biological pathways affect human height. *Nature* 467, 832-838.

27. Lynch, M. and Walsh, B. (1998) Genetics and Analysis of Quantitative Traits. Sinauer Associates, Sunderland, MA.

28. MaCoubery, C. M., Sales, D. I. and Archibald, A. L. (1983) Testing genetic models in populations which contain pedigree errors. *Anim. Blood Grps. Biochem. Genet.* 14, 257.

29. Marklund, S., Kijas, J., Rodrigues-Martines, H., Ronnstrand, L., Funa, K., Moller, M., Lange, D., Edfors-Lilja, I. and Andersson, L. (1998) Molecular Basis for the Dominant White Phenotype in the Domestic Pig. *Genome Res.* 8, 826-833.

30. Mendel, G. "Experiment in plant hybridization." (Translation) *In* C. I. Davern, ed. (1981) Genetics, A Scientific American Reader. W. H. Freeman.

31. Miller, W. J. (1966) Evidence for two new systems of blood groups in cattle. *Genetics* 54, 151-158.

32. Mogil, J. S., Ritchie, J., Smith, S. B., Strasburg, K., Kaplan, L., Wallace, M. R., *et al.* (2005) Melanocortin-1 receptor gene variants affect pain and mu-opioid analgesia in mice and humans. *J. Med. Genet.* 42, 583-587.

33. Natt, D., Kerje, S., Andersson, L. and Jensen, P. (2007) Plumage color and feather pecking – behavioral differences associated with PMEL17 genotypes in chicken (*Gallus gallus*). *Behavior Genet.* 37, 399-407.

34. Pirchner, F. (1983) Population Genetics in Animal Breeding. 2nd ed. Plenum, New York.

35. Poulik, M. D. (1957) Starch gel electrophoresis in a discontinuous system of buffer. *Nature* 180, 1477.

36. Ritchie, M.D., Holzinger, E.R., Li, R., Pendergrass, S.A. and Kim, D. (2015) Methods of integrating data to uncover genotype-phenotype interactions. *Nat. Rev. Genet.* 16, 85-97.

37. Roff, D. A. (1997) Evolutionary Quantitative Genetics. Chapman and Hall.

38. Scriver, C. R. and Waters, P. J. (1999) Monogenic traits are not simple: Lessons from phenylketonuria. *Trend. Genet.* 15, 267-272.

39. Smithies, O. (1955) Zone electrophoresis in starch gels: group variations in serum protein of normal human adult. *Biochem. J.* 61, 629.

40. Smithies, O. and Poulik, M. D. (1956) Two-dimensional electrophoresis of serum protein. *Nature* 177, 1033.

41. Smithies, O. (1955) Grouped variations in the occurrence of new protein components in normal human serum. *Nature* 175, 307-308.

42. Spooner, R. L. (1967) Blood groups in animals and their practical application. *Vet. Record.* 81, 699.

43. Stormont, C. and Cumley, R. W. (1943) Cellular antigens in cattle blood. *Heredity* 34, 35.

44. Stormont, C., Irwin, M. R. and Owen, R. O. (1945) A possible allelic series of genes affecting cellular antigens in cattle. *Genetics* 30, 25.

45. Van Vleck, L. D., Pollak, E. J. and Oltenacu, E. A. (1987) Genetics for the Animal Sciences. W. H. Freeman and Company.

46. Venter, J. C., Adams, M. D., Myers, E. W., *et al.* (2001) The sequence of the human genome. *Science* 291, 1304-1351.

# 제3장
# 분자표지와 유전자형의 결정방법

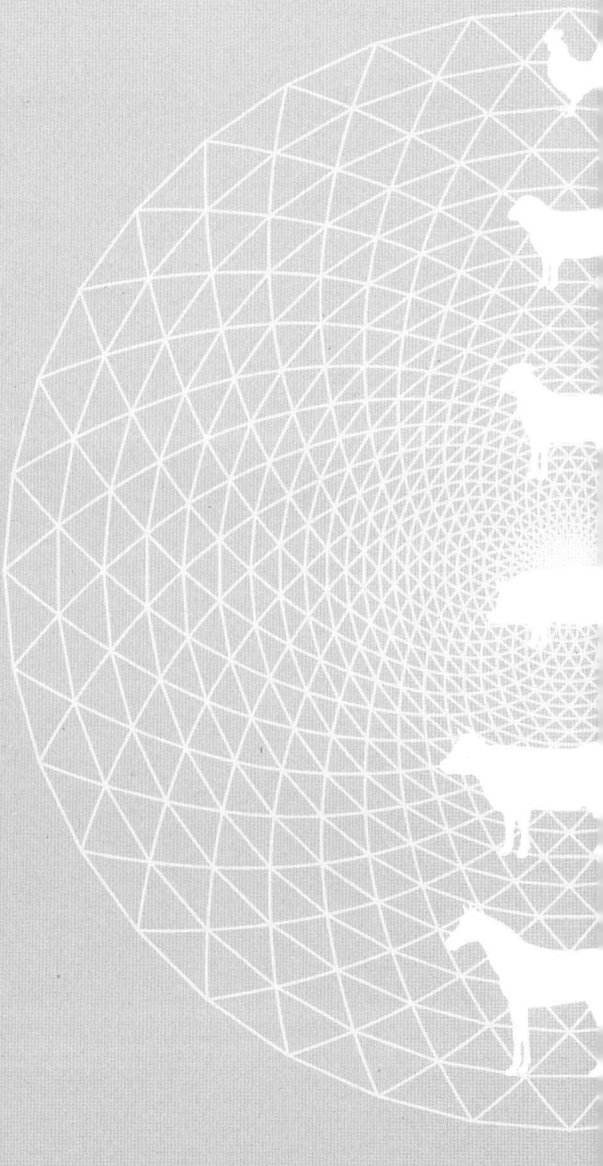

# 3.1 분자표지의 종류와 활용

## 3.1.1 분자표지란 무엇인가

동물분자육종에 앞서 분자수준에서 생명체를 정의하는 것이 필요할 것이다. 모든 생명체는 세포를 기본단위로 한다. 그리고 번식을 통해 자손에게 유전물질을 전달하며, 영양분을 섭취하여 성장하고 외부환경에 대해 어떤 식으로든 반응을 하면서 적응하고 진화한다. 따라서 유전물질인 DNA정보는 생명현상의 핵심이라고 할 수 있으며, 생명체의 역사는 유전정보의 흐름이라고 할 수 있다. 이러한 유전정보의 흐름은 부모가 자손에게 유전정보를 전달하는 것을 의미할 수 있으며, 세포 안에서는 DNA정보가 RNA로 전사되고 단백질이 만들어지는 과정을 의미할 수 있다(그림 3-1). 분자수준에서 생명체를 바라볼 때에는 이 두가지 점을 모두 염두에 두어야 한다.

현재 지구상에서 인류가 알아낸 생물체는 총 190만종이라고 한다. 이들 종들은 서로 고유의 유전정보를 가지고 있으며, 같은 종에서도 똑같

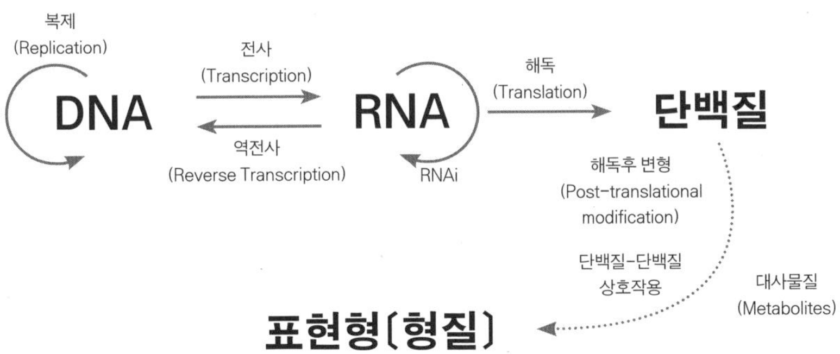


그림 3-1. 분자생물학에서의 중심원리(central dogma)로 알려져 있는 유전정보의 흐름도

은 유전정보를 가지고 있는 것이 아니라 다양한 변이정보를 포함하고 있다. 즉, 생명체가 환경에 적응하여 진화하기 위해서는 유전정보의 변이가 필수 원동력이라고 할 수 있다. 사람의 경우, 부모의 유전정보가 자손에게 전달될 때, 약 100~200개 돌연변이가 전달된다고 한다. 사람과 침팬지는 같은 유인원에 속하지만 약 1%의 DNA정보가 다른 이유로 다른 종으로 분류된다. 그리고 인종 간에는 약 0.1%가 다른 DNA정보를 가지고 있는 것으로 밝혀졌다. 이러한 유전정보의 차이가 오랜 세월 동안 다양한 환경에 적응하며 진화할 수 있도록 한 것이다. 여기서 돌연변이(mutation)와 다형성(polymorphism)의 차이를 정의해 보면, 돌연변이는 집단에서 1% 미만의 빈도를 보이는 경우이고, 다형성은 1% 이상의 빈도를 보이는 경우로 그 변이가 집단에서 퍼지고 있는 상태라고 할 수 있다. 따라서 유전정보의 차이로 인해 표현형이 다르게 나타난다. 결국 일란성쌍둥이를 제외하고 지구상에 같은 유전정보를 갖는 개체는 존재하지 않는 것이며, 각 개체들은 나름의 고유한 표현형을 갖고 있는 것이다. 하지만 일란성쌍둥이라도 환경적 요인에 의해 다른 표현형을 보이는 것으로 밝혀졌으며, 이러한 차이를 연구하는 학문을 후성유전학(epigenetics)이라고 한다. 다시 말해 유전적변이와 환경의 영향에 의해 표현형이 다양하게 결정된다고 할 수 있다.

분자표지(molecular marker)란 종, 품종, 집단, 개체, 세포들을 구별해 낼 수 있는 생체분자이다. 이러한 생체분자에는 DNA정보가 대표적이지만, RNA나 단백질, 대사물질 정보도 이에 속한다. 하지만 RNA, 단백질, 대사물질도 DNA유전정보에 의해 결정된다는 점에서 여기서는 DNA정보, 즉, 유전적표지(genetic marker)에 대한 이해를 높이는데 중점을 두도록 하겠다. 이러한 유전적표지는 가축의 친자감별, 개체식별, 형질개량, 품종보존 등 축산분야에서 핵심정보로 활용되고 있다.

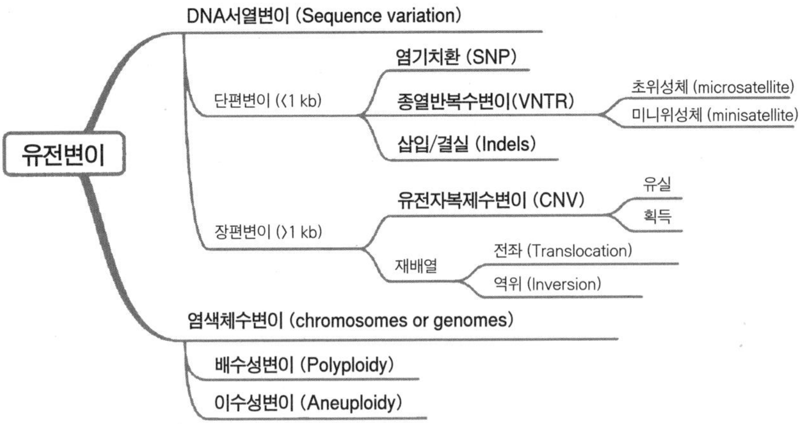


그림 3-2. 크게 DNA서열정보변이와 염색체수변이로 구분되는 유전변이에 대한 분류

유전정보의 다양한 변이는 크게 둘로 나누어 볼 수 있다(그림 3-2). 하나는 DNA서열정보의 변이이고, 다른 하나는 염색체수의 변이를 들 수 있다. DNA 서열정보 변이에는 1,000염기쌍(base pair, bp) 이하의 단편변이(short lengths variation)와 1,000염기쌍 이상의 장편변이(long lengths variation)로 구분된다. 단편변이에는 작은 규모의 염기치환(base substitution), 짧은 서열반복 및 삽입/결실(insertion or deletion, indel) 등이 속한다. 단일염기다형성(single nucleotide polymorphism, SNP)은 대표적인 염기치환 변이라고 할 수 있다. 또 다른 변이는 염기서열이 계속 반복해서 나타나는 구간에서 개체마다 그 반복되는 횟수가 다른 경우로서 종열반복수변이(variable number tandem repeat, VNTR)라고 하며, 2개에서 7개 정도의 염기가 단위로 반복해서 나타나는 경우를 초위성체(microsatellite) 또는 단편반복서열(short tandem repeat, STR)라고 하며, 10개에서 100개 정도의 염기쌍이 단위로 반복되는 경우를 미니위성체(minisatellite)라고 한다. 그 밖에도 유전정보가 삽입 또는 결실되는 형태로 유전자의 틀을 깨

트릴 수 있는 변이(frameshift)로서 이 또한 표현형에 영향을 줄 수 있는 변이라고 할 수 있다. 삽입(insertion) 또는 결실(deletion)은 유전자 영역에서 아미노산 암호를 변경시킬 수 있고, 실제로 개체마다 수십만개의 삽입 또는 결실이 발견되고 있다. 비교하는 기준에 따라 삽입과 결실을 구분하는 것이 어려운 관계로 이들을 합쳐서 indel이라고 표기하기도 한다(그림 3-3).

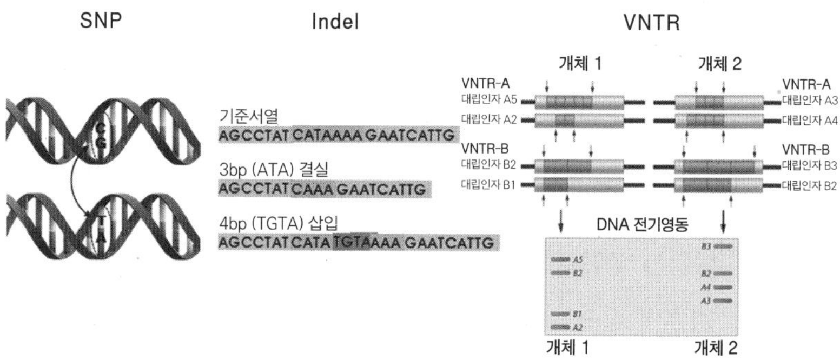


그림 3-3. SNP, indel, VNTR에 대한 모식도(http://bio3400.nicerweb.com)

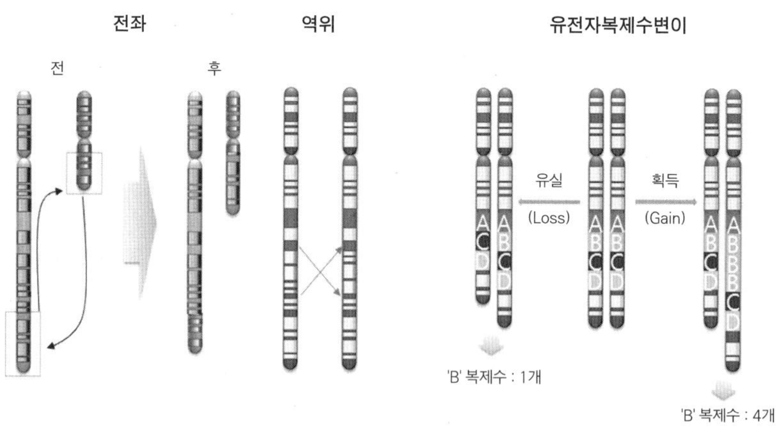


그림 3-4. 전좌, 역위, 유전자복제수변이에 대한 모식도

장편변이를 살펴보면, 염색체상에서 수천~수십만 염기쌍이 통째로 같은 염색체 혹은 다른 염색체로 위치를 옮겨 가는 전좌(translocation)와 그 순서가 바뀌는 역위(inversion)가 있으며, 최근에는 이러한 장편들이 같은 혹은 다른 염색체에 반복하여 나타나는 경우들이 발견되면서 이를 유전자복제수변이(copy number variation, CNV)라고 부르게 되었다(그림 3-4). 현재까지는 장편변이의 생물학적 기능을 연구하는 수준이며, 조만간 장편변이를 이용한 실용기술이 개발될 것으로 예상된다.

염색체수변이는 생식세포 형성과정인 감수분열의 감수1분열에서 특정 상동염색체(homologous chromosome)가 분리되지 않거나 감수2분열에서 염색분체(chromatid)가 분리되지 않을 경우에 발생하는 이수성변이(aneuploidy)와 감수분열시 모든 염색체가 분리되지 않게 되어 수정된 자손이 3n, 4n과 같이 염색체총량이 배로 증가하는 배수성변이(polyploidy)로 구분될 수 있다. 이수성 변이는 대체로 심각한 질환과 관련되는 경우가 많은데, 21번 염색체가 3개인 경우는 특이한 안면구조와 작은 키, 심장질환, 호흡기질환을 보이는 다운증후군(Down syndrome)을 유발하며, 18번 염색체가 3개인 경우는 정식박약증세 및 기형적인 심장 형태를 보이는 에드워드증후군(Edwards' syndrome)의 원인이라고 알려져 있다. 클라인페터증후군(Klinefelter's syndrome)과 터너증후군(Turner syndrome)은 성염색체의 이수성변이로 인행 발생하는 것으로 잘 알려져 있다(그림 3-5). 배수성변이는 식물에서 자연상태에서도 흔하게 발견되며, 우장춘박사의 씨 없는 수박(3배체)은 배수성 변이를 활용한 가장 유명한 예라고 할 수 있다(그림 3-6).

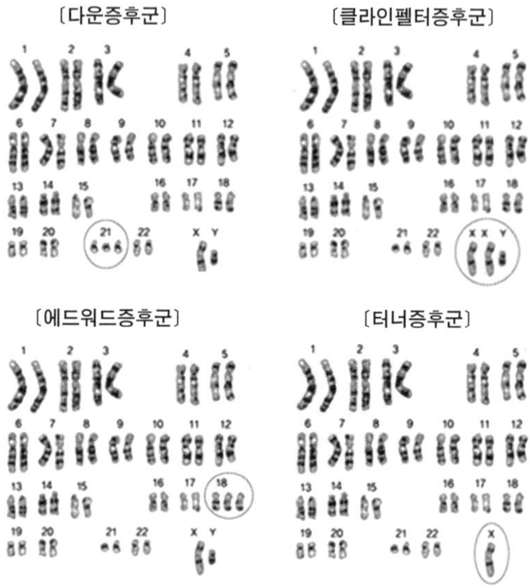


그림 3-5. 주요 이수성 변이에 대한 핵형 예(서울아산병원 질환백과)

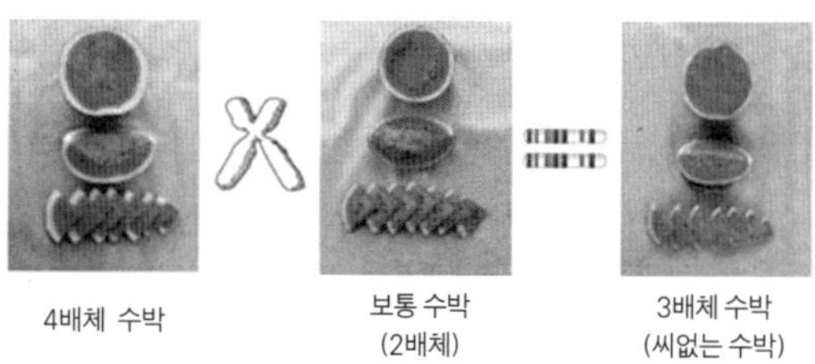

그림 3-6. 3배체 씨없는 수박 생산 예와 이를 연구한 우장춘박사 사진(농촌진흥청 국립원예특작과학원 자료)

## 3.1.2
## 분자표지의 종류와 활용

개체의 전체 혹은 특정 유전자형을 결정하는 방법에서 DNA를 해독하는 방법이 가장 정밀하다고 할 수 있다. 하지만 분석대상이 많고 분석해서 알고자 하는 분자표지영역이 그 개수가 작으면 많은 비용을 들여 DNA를 해독하는 것은 비효율적이며, 분석하는데 시간이 많이 소요되므로 1980년대부터 현재까지 실험실 혹은 산업현장에서 유용하게 사용되고 있는 유전자형결정방법을 소개하고자 한다. 이 방법들은 서던블롯혼성화(southern blot hybridization)와 같이 탐침자(probe)에 의한 혼성화 기술에 바탕을 둔 표지와 중합효소연쇄반응(polymerase chain reaction, PCR)에 기초한 표지로 나눌 수 있다.

### 3.1.2.1 제한효소절편다형성 (restriction fragment length polymorphism, RFLP)

DNA제한효소(restriction endonuclease)는 DNA염기서열 중에 특정부위(recognition site)를 인식하여 절단하는 효소로서, 박테리아가 자신의 유전정보인 DNA에 메틸기를 달아놓고 외부에서 세포 내로 침입한 메틸기가 달리지 않은 핵산을 잘게 자르는 효소에서 유래한 것이다. DNA제한효소가 특정한 서열부위를 인식하여 절단하는 성질을 이용한 것이 RFLP방법이다. 전통적인 RFLP방법을 간략히 기술하면, 분석하여 비교하고자 하는 유전체 전체 DNA를 제한효소로 완전히 절단한 후, 이를 아가로스겔(agarose gel)에 전기영동(electrophoresis)을 한다. 전기영동된 아가로스겔에서 서던블롯방식으로 나이트로셀룰로스필터와 같이 DNA가 흡착할 수 있는 지지체에 DNA를 옮긴다. 그리고 한 개 이상의 이미 알고 있는 유전자 정보를 PCR로 증폭하여 방사선 동위원소나 바이오틴(biotin)으로 표식된 탐침자를 필터에 옮겨진 DNA에 혼성화한 후, 감광하여 제한효소로 절단된 단편들의 패턴을 비교하여 확인한다.

전통적인 RFLP방법은 정확도가 높은 편이지만 많은 양의 DNA를 필요로 하고, 시간이 오래 소요되며 숙련된 기술이 필요하다. 그리고 절편의 위치가 달라지는 정도만 알 수 있다는 점에서 한계가 있었다. 하지만 유전체정보가 많이 밝혀진 2000년대 이후에는 비교하고자 하는 유전체 영역을 PCR 방법으로 약 500bp 정도로 증폭한 후, 이를 제한효소로 처리하여 자르고 나서, 간단히 아가로스겔 전기영동으로 확인하는 방법을 많이 사용하고 있다. 이러한 방법을 PCR-RFLP방법이라고 하며, 대표적인 예가 한우와 홀스타인(Holstein) 젖소를 판별하는 기술이다.

PCR-RFLP를 이용한 한우와 홀스타인 젖소를 구분하는 기술을 간략히 소개하겠다. 소의 18번 염색체에 위치하여 멜라닌색소합성에 관여하는 melanocortin 1 receptor(MC1R) 유전자에는 현재까지 소에서 3가지 대립인자 ED, $E^{+}$, e로 구성되어있는 것으로 알려져 있다. $E^{+}$는 야생형(wild-type)이고, ED 와 e는 변이형이다. ED 는 99번째 아미노산인 류신(leucine)을 암호화하는 CTG에서 CCG로 바뀌어 프롤린(proline)으로 아미노산이 바뀌어 결과적으로 흑색 우성을 나타나게 한다. 그리고 e는 104번째 아미노산인 글리신(glycine)을 암호화하는 GGT에서 첫번째 G(guanine) 염기를 가진 뉴클레오티드가 결실(deletion)되어 번역틀을 이동시킨다(frame shift). 결과적으로 e는 156번째 아미노산 위치에서 해독이 종결되도록 하며, e/e 동형접합일 경우에 적색 또는 황갈색을 나타나게 한다. 한우에는 $E^{+}$와 e 대립인자만 존재하며, 홀스타인 젖소는 ED 대립인자를 갖고 있다. 정확하게 대립인자형을 구별하기 위해 두 가지 제한효소 AciI(C↓CGC/GGC↑G)와 MspI(C↓CGG/GGC↑C)를 이용하여 그림

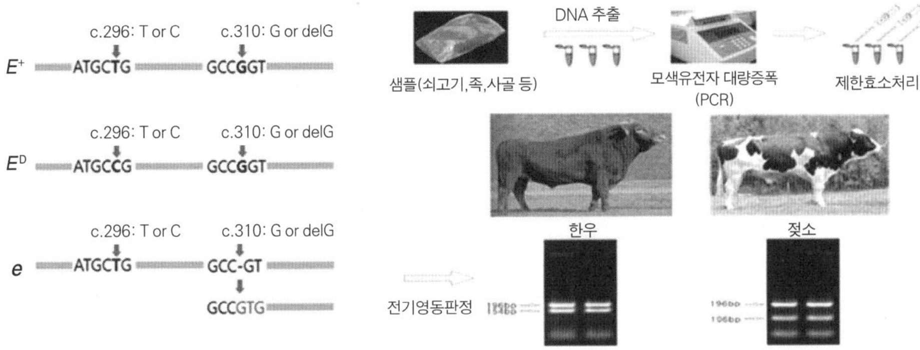


그림 3-7. 소의 MC1R 유전자의 3가지 대립인자형에 대한 상세 변이형태와 PCR-RFLP를 이용한 한우/젖소 판별 모식도 (농촌진흥청 국립축산과학원 자료)

3-7과 같이 PCR-RFLP를 통해 구분이 가능하다. 이와 같이 PCR-RFLP는 현재까지도 강력한 분석기법으로서 널리 사용되고 있다.

#### 3.1.2.2 임의증폭다형DNA (random amplified polymorphic DNAs, RAPD)

PCR-RFLP는 변이정보를 포함하도록 유전자를 증폭하고 이를 제한효소로 절단하여 그 패턴을 비교하는 방법인 반면, RAPD방법은 PCR을 위한 프라이머가 변이에 존재하도록 하여 증폭이 되는지 여부를 통해 유전자형을 결정하는 방식이다. Williams(1991)을 비롯한 여러 연구자들은 전통적 RFLP보다는 RAPD방법이 유전자원을 구분하는데 보다 높은 효율성과 경제성을 지닐 수 있다고 발표한 바도 있다. 이는 전통적 RFLP는 제한효소 처리 후, 서던블롯팅이라는 방식의 어려운 실험 단계가 수반하는데 비해, RAPD 방식은 목적변이서열에 직접 프라이머를 제작하여 PCR산물 생성여부로 유전자형을 결정하는 것이다(그림 3-8). 하지만 프라이머의 70% 상동성으로도 증폭이 가능하다는 점에서 증폭이 되지

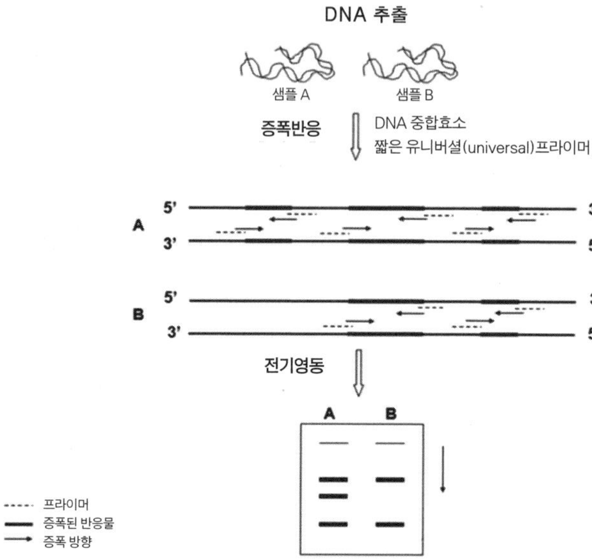


그림 3-8. RAPD 분석법에 대한 모식도(adapted from Pasqualone)

않아야 하는 경우에도 증폭이 되는 경우가 많다는 단점이 있다. 그럼에도 불구하고 특정 온도에서 증폭되는 산물이 다르게 나오는 점을 이용하여 유전적 다양성을 발굴한다는 점과 DNA혼성화단계가 없다는 점에서 효과적인 방법이라고 할 수 있다. 이러한 장점을 살리기 위해서는 유전체DNA가 많이 손상되지 않아야 하고, 2~3회 재현성실험을 동반해야 한다.

#### 3.1.2.3 증폭절편길이다형성 (amplifed fragment length polymorphism, AFLP)

AFLP방법은 RFLP와 RAPD방법의 혼합된 형태로서, 유전체DNA를 제한효소로 절단하고, 절단된 단편들에 인위적으로 12개 염기서열 정도의 뉴클레오티드 조각을 어댑터서열(adaptor)을 붙인 다음, 어댑터서열

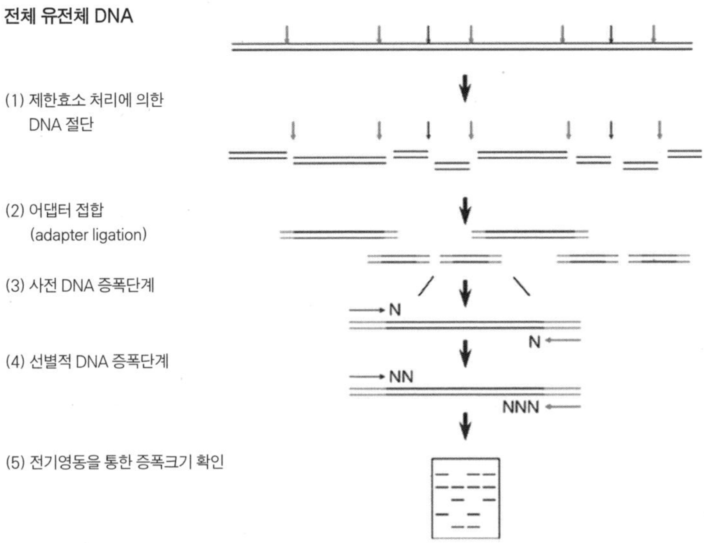


그림 3-9. AFLP 분석법에 대한 모식도(adapted from Vuylsteke *et al.*)

정보를 프라이머로 하여 어댑터가 붙여진 절편시료를 증폭하고 전기영동하여 비교하는 방법이다(그림 3-9). AFLP방법은 RAPD방법과 마찬가지로 재현성에 문제가 있을 수 있지만, 어댑터서열정보를 이용한다는 점에서 RAPD방법 보다는 특이성이 높다고 할 수 있다. 그리고 서열정보를 모르는 경우에도 활용할 수 있다는 점이 강점이다. 하지만 대부분의 가축의 서열정보가 밝혀져 있는 요즘에는 거의 활용되지 않고 있다.

#### 3.1.2.4 종열반복수변이 (variable number of tamdem repeats, VNTR)

앞에서 언급한 바와 같이, VNTR은 일정 크기의 단편서열이 반복된 유전체변이로서 일반적으로 유전체에서 약 0.5%를 차지하고 있는 것으로 알려져 있다. 이들 단편반복서열들은 집단에서 다양한 반복수를 보인다. 어느 특정 VNTR은 집단에서 반복수 변이양상이 10회, 15회, 20회, 23회 반복이 관찰될 수 있는데, 이러한 경우 집단 내 대립인자가 4가지라고 할 수 있다. 즉, 해당 VNTR은 이배체(diploid) 집단에서 6가지 종류의 유전자형이 존재한다. VNTR영역의 양쪽 끝 서열들은 모든 개체에서 잘 보존된 영역이 존재하며, 이 보존된 영역에서 특이적인 프라이머를 제작하여 VNTR을 증폭하게 되면 반복수에 따라 PCR산물의 크기가 다르게 나타나고, 이러한 특성을 이용하여 유전자형을 결정한다. 미니위성체를 증폭하기에는 PCR산물이 너무 커서 PCR증폭이 어려울 수 있다는 점과 초위성체를 증폭하는 경우에는 반복단위가 너무 작아서 일반적인 전기영동으로 구별하기가 어렵다는 점이 있다. 하지만 많은 경우에 초위성체영역을 증폭하여 아크릴아마이드(acrylamide)와 같은 지지체를 사용하는 고해상도전기영동(high-resulution electrophoresis)으로 반복수에 따른 유전자형을 결정하고 있다(그림 3-10). VNTR이 복대립변이(multi allelic variation)이라는 점에서 친자감별과 법의학분야에서 보편적으로 사용되고 있으며, 종판별 및 품종식별분야 등 많은 분야에 실질적으로 활용되고 있다(그림 3-11).

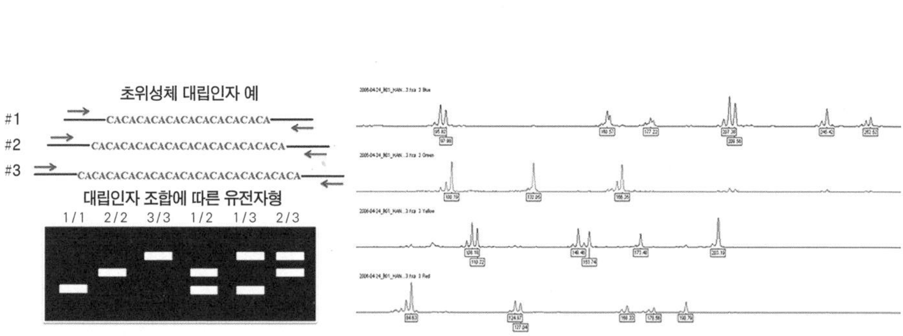


그림 3-10. 초위성체 대립인자 조합과 미세관(capillary)전기영동에 의한 분석 예 (http://genomics.cafs.ac.cn/ssrdb)

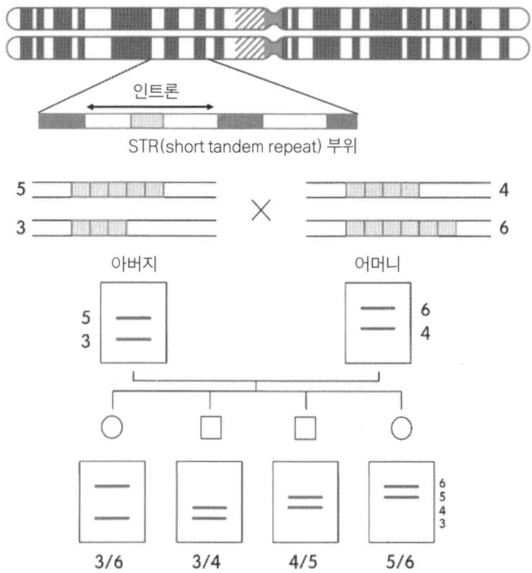


그림 3-11. 초위성체 분자마커를 이용한 친자확인(adapted from Lee)

### 3.1.2.5 단일염기다형성(single nucleotide polymorphism, SNP)

단일염기다형성은 개체간의 DNA변이 중에서 가장 많이 존재하는 형태로 DNA서열 중 한 개 염기서열 위치에서의 변이를 의미한다. SNP는 "스닙"이라고 부르기도 하며, 일반적으로 2개 대립변이(bi-allelic variation)로 존재하고 있다. 물론 한 위치에서 3가지 염기변이를 보이는 경우도 있지만, 그 빈도가 매우 낮기 때문에 2개 대립변이라고 해도 무방하다. 이들은 점돌연변이에 의해 축적된 변이로서, 퓨린(purine) 또는 피리미딘(pyrimidine) 중 같은 계열 간에 바뀐 경우(전이, transition)가 대부분으로, A/G형태가 30%, C/T형태가 30%정도 차지하며, 다른 계열 간의 변이(전위, transversion)는 상대적으로 빈도가 낮다. 그리고 집단에서 변이 빈도가 5%이상인 경우를 일반SNP(common SNP)라고 하고, 1~5%일 때는 희소

SNP(rare SNP)라고 구분하기도 한다.

SNP의 위치에 따라 생물학적 의미가 차이가 많이 나는데, 유전자발현 조절영역의 SNP를 rSNP(regulatory SNP), 아미노산을 암호화하는 영역에서 아미노산변화를 유발하는 SNP를 nsSNP(non-synonymous SNP)라고 하며, nsSNP는 아미노산만 변화시키는 미스센스(missense)와 종결코돈을 만들어 단백질합성을 중단시키는 넌센스(nonsense)로 다시 구분된다. 그리고 아미노산을 변화시키지 않는 sSNP(synonymous SNP)와 인트론영역의 iSNP, 유전자와 유전자 사이에 존재하는 gSNP(genomic SNP)로 나뉜다(그림 3-12). 최근에는 rSNP와 nsSNP를 포함하여 스프라이싱(splicing)이 일어나는 영역이라든가, 비암호화 RNA에 대한 기능변화유발과 같이 생물학적 기능에 영향을 끼치는 SNP를 유해 SNP(deleterious SNP)로 구분하기도 한다. 현재 많은 가축 종들에 대해 정밀 유전체지도가 밝혀지면서 많은 SNP들이 발굴되고 있다.

최근 유전체선발(genomic selection)을 통한 우량한 가축을 선발하는 방법이나 개체 식별분야 등 DNA분자표지로서는 SNP가 가장 많이 활용되고 있다. 분석에 사용하는 SNP의 수가 수십 개 정도이고 분석시료의 수가 수백 개인 경우에는 앞서 소개한 PCR-RFLP방법이나 실시간(real-time) PCR방법으로 유전자형을 결정할 수 있으나, 분석에 사용하는 SNP 수가 수천 개 정도인 경우에는 GBS(genotyping by sequencing)을 이용하기도 하며, 수만 개 SNP를 분석에 사용할 경우에는 SNP chip을 이용하여 유전자형을 결정한다. 분자표지에 대한 유전자형을 결정하는 방법 중 가장 많은 정보를 얻을 수 있는 방법은 DNA염기서열결정(DNA sequencing)이라고 할 수 있다.

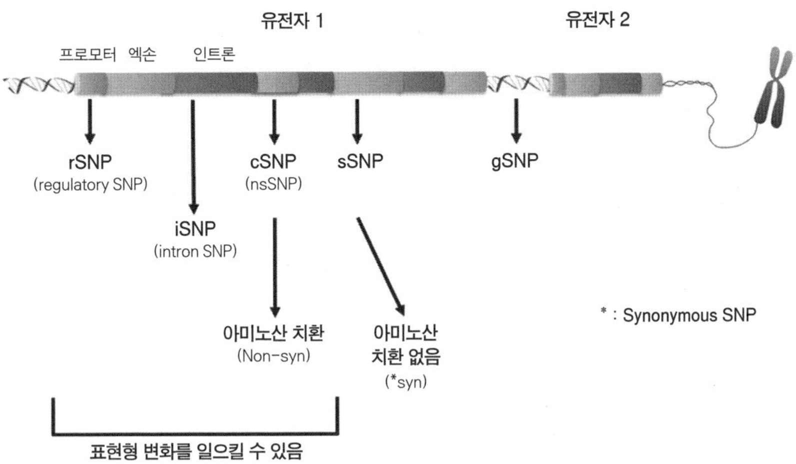


그림 3-12. 위치에 따른 SNP의 생물학적 의미와 그 명칭(adapted from Lee)

# 3.2 유전체 염기서열결정기법

## 3.2.1 DNA 염기서열해독방법

### 3.2.1.1 고전적 염기서열해독

대부분의 생명체가 그들의 유전정보를 DNA에 구아닌(guanine, G), 아데닌(adenine, A), 티민(thymine, T), 시토신(cytosine, C)의 배열에 따라 암호화하여 담고 있는데, 염기서열해독(DNA sequencing)이라 함은 DNA염기배열을 알아내는 작업을 일컫는 것이다. 대장균을 감염시키는 박테리오파아지 MS2 RNA바이러스의 3,569개 핵산서열이 벨기에 겐트대학교의 Walter Fiers에 의해 1976년에 최초로 해독되었다. 이는 특정영역에 대한 프라이머를 합성하여 붙여나가며 확인하는 방법에 따른 것으로, 이를 효소 반응으로 보다 쉽고 정확하게 기술을 개발한 것이 1977년 영국 Frederick Sanger가 발표한 '연쇄종료억제자에 의한 DNA해독(DNA sequencing with chain-terminating inhibitors)'이다. 이 방법은 DNA중합효소반응이 진행될 때, 합성이 종료되도록 방사선동위원소로 표지된 ddATP, ddTTP, ddCTP, ddGTP(4가지를 한번에 축약하여 ddNTP라고도 함)를 개별반응으로 넣어주어, 특정영역의 프라이머를 이용하여 확장시키는 과정에서 방사선동위원소로 표지된 ddATP가 들어간 반응액에서는 dATP 대신 ddATP가 들어간 경우, ddATP의 3번째 탄소에 하이드록실기(-OH)가 없기 때문에 다음 염기의 결합이 불가능하게 되어 합성이 종료된다. 이렇게 합성이 종료된 단편의 끝에 위치한 ddATP의 5번째 탄소에 붙어 있는 인산기(phosphate)가 방사선동위원소로 치환되어있으므로 합성 단편을 전기영동을 하면 해당 크기에서 방사선이 감지된다. 이 방법은 효소적 방법으로 같은 주형에 대해 ddATP, ddTTP, ddCTP, ddGTP 반응을 개별적으로 진행하여 아크릴아마이드겔 전기영동을 통해 X선 감광필름에서 전기영동 결과를 확인하고 판독하는 것으로, '한가지 색상, 4개 전기영동줄방식(One dye, Four lanes)'이라고도 한다. 1980년대에는 덜 위험하고 해독효율을 높이기 위해 방사선동위원소 대신 ddNTP에 각각 다른 형광물질로 표지하여 한 반응액에서 Sanger기법의 DNA해독반응이 일어나도록 하는데, 이를 '네가지 색상, 1개 전기영동줄방식(Four dyes, one lane)'이라고 하며, 염기서열 해독 생산량을 획기적으로 늘어나게 한 기술로서, 인간유전체해독기술의 전기를 마련한 중요한 아이디어 중 하나라고 할 수 있다(그림 3-13). 다른 방법으로는, 하버드대학의 Allan Maxam과 Walter Gilbert가 1977년에 발표한 것으로 '화학적 절단에 의한 DNA해독(DNA sequencing by chemical degradation)'이라고 한다. 이 방법

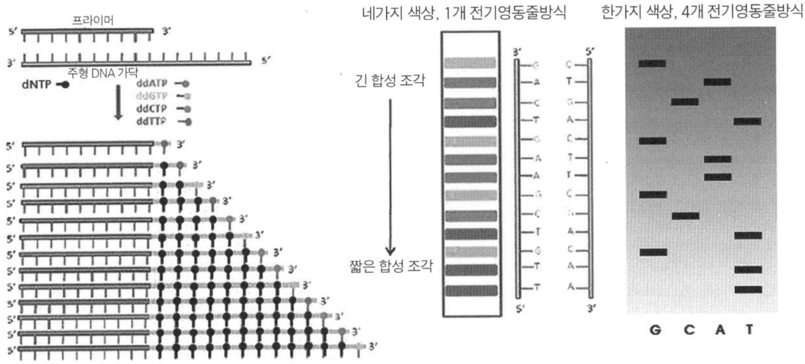


그림 3-13. 연쇄종료억제자에 의한 DNA해독(생어방식) 모식도(adapted from Aliyu)

은 별도의 DNA를 단일 가닥으로 클로닝할 필요 없이 정제된 일정 크기의 DNA 조각을 4가지 반응(G, A+G, C, C+T)으로 화학적 절단을 일으키고, 단편들을 방사선 동위원소로 표지한 후에 전기영동하여 DNA서열을 해독하는 방법이다. Walter Gilbert와 Frederick Sanger는 DNA서열해독기법개발의 공로로 1980년도에 노벨화학상을 수상하였다. 현재는 인체유해성이 낮으며, 해독속도가 상대적으로 높은 Sanger방법이 보편적으로 많이 사용되고 있다.

이러한 고전적인 방법을 이용하여 한 생명체의 유전체 모두를 해독하기 위해서는 대량의 유전자은행(genome library) 구축이 필요하였다. 즉, 한번에 생산할 수 있는 DNA염기서열길이가 400~800 염기(bp, base pair) 정보로, 유전체를 1,000bp 수준의 짧은 단편으로 클로닝하여 DNA 염기서열해독을 수행하였다. 이러한 방식으로 시작된 것이 인간유전체해독프로젝트(Human Genome Project, HGP)이며, 이 프로젝트는 먼저 염색체 단위로 150 ~ 200kb 크기의 BAC(bacterial artificial chromosome) 유전자은행을 구축하고, BAC클론에 대한 물리지도를 작성하여, 염색체 별로 6개 국가의 참여 연구소에 할당하여 대량의 BAC클론 염기서열해독을 수행하는 방식으로 진행되었다. BAC클론 하나는 2 kb와 5 kb 단편으로 서브클로닝(sub-cloning)을 하고, BAC클론 크기에 따라 10배수 정도의 서브클론 말단 염기서열을 생산한 다음 이를 조합하여 BAC클론의 전장염기서열정보를 확보하였다. 여기서 10배수는 BAC클론 크기가 150kb이면, 이의 10배 크기인 1,500kb의 데이터를 생산하는 것을 의미하며, Sanger방법으로 생산된 데이터의 평균 길이가 500bp라면, BAC클론 당 1,500개의 서브클론에 대해 양쪽으로 데이터를 생산하여 총 3,000개 데이터를 확보하는 것을 말하며, 이를 shot-gun sequencing전략이라 한다. 이러한 방식은 10년이라는 세월이 걸려도 끝이 나지 않는 과정에서 미국의Craig Venter박사는 컴퓨터계산용량과 분석장비의 발전에 따라 전체유전체에 대한 shot-gun sequencing전략을 제안하고 Celera Genomics라는 회사를 차려 단독으로 인간유전체정보를 완성하고자 하였다. 하지만 결국 2003년에 BAC기초데이터와 전체 shot-gun sequencing 유전체데이터를 통합하여 인간유전체해독을 완성하게 된다(그림 3-14). 이

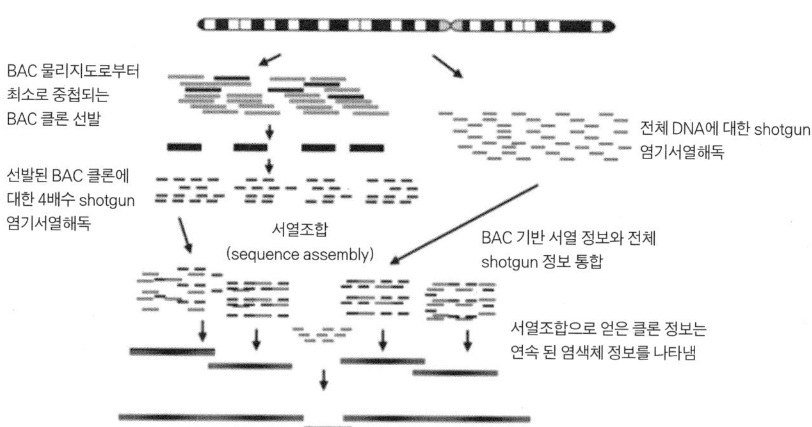


그림 3-14. 하이브리드전략을 이용한 선도(de novo)유전체지도 작성(Adapted from Archibald *et al.*)

러한 방식을 하이브리드전략이라고 하며, 이후 실험용마우스(2005)를 비롯하여, 닭(2004), 개(2005), 말(2006), 소(2009), 돼지(2012)와 같은 가축의 유전체 해독에도 하이브리드전략을 도입하여 유전체지도가 작성되었다. 하지만, 2005년 이후에는 차세대DNA염기서열해독기법(next generation sequencing, NGS)이 선보이면서 유전체해독을 통한 DNA정보 확보방식에 대규모 변화가 일어나게 된다.

#### 3.2.1.2 대용량 염기서열해독

고전적 DNA서열해독의 기본개념은 서열정보를 알 수 있도록 DNA 조각을 만들어 낸 다음, 이를 전기영동방법으로 해독해 나간다는 점이다. 하지만 차세대DNA염기서열해독기법(NGS)으로 알려진 기술은 실시간으로 합성을 하면서 나온 신호를 해독하여 정보를 얻는다는 점에서 큰 차이가 있다. 2005년 미국 코네티컷주의 브랜포드에 위치한 454 Life sciences라는 회사에서 GS20 sequencing machine이라는 이름으로 출시된 것이 세계 최초로 상용화된 NGS장비다. 이 장비의 기본원리는 'pyrosequencing'을 대용량으로 처리하도록 한 것으로, 그 원리는 프라이머에서 DNA중합효소가 합성하기 위한 원료인 dGTP, dATP, dTTP, dCTP를 차례로 넣어주고 합성된 신호를 감지하는 것이다. 합성이 일어나면 피로인산염(pyrophosphate, PPi)이 발생하고, 이 PPi는 주위의 sulfurylase에 의해서 APS(adenosine 5' phosphosulfate)를 ATP로 전환시키고, 이 ATP에 의해 루시페라아제(luciferase)가 정량적으로 발광하게 된다. 따라서 dGTP, dATP, dTTP, dCTP를 차례로 넣으면서, 이에 반응하여 발광하는 위치를 추적하여 DNA서열정보를 알아낸다. 그리고 반응하지 않은 뉴클레오티드와 ATP는 apyrase를 처리하여 모두 분해시킨다. 이러한 순환을 통해 평균 300~500bp길이의 서열정보를 얻을 수 있으며, 구슬 하나에 한 조각의 DNA가 붙게 하여 이를 에멀젼PCR(emulsion-PCR)이라는 기법으로 증폭한 후에 피코타이터(picotiter)라는 플레이트의 구멍에 한 개의 구슬이 들어가도록 하여 'pyrosequencing'을 진행하는 방식이 최초의 상용화된 NGS 기술이며, 8시간동안 최대 백만개의 서열과 500Mb 데이터를 생산할 수 있다(그림 3-15). 하지만 최초의 NGS인 454 플랫폼은 2016년까지만 생산되고 현재는 사용되지 않고 있다.

최근까지 가장 많이 사용하고 있는 NGS방식은 'Solexa sequencing' 기법이며, 이는 1997년 Pascal Mayer와 Laurent Farinelli가 개발한 'DNA colony sequencing'기술에 기초한 것이다. 현재는 Illumina라는 회사에서 여러 형태의 플랫폼을 개발하여 보급하고 있으며, 2017년에는

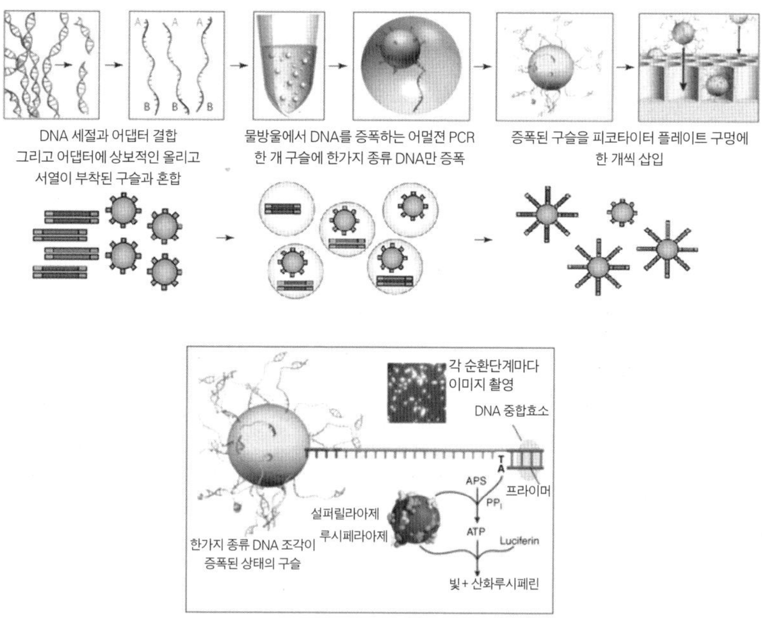


그림 3-15. 'Pyrosequencing'을 위한 시료준비 및 염기서열해독반응 원리 (adapted from https://www.qasimshinwari.com/chemistry-the-next-generation)

NovaSeq시리즈를 선보여 2일 동안 4Tb의 데이터를 생산할 수 있게 되어, 인간 개인유전체를 10배수 이상으로 해독하는데 10만원 수준에서 가능하게 되었다.

'Solexa sequencing'기법의 기본 원리를 간략히 살펴 보면, 먼저 목적 DNA를 잘게 자른 후, 단일가닥 DNA조각으로 준비한 다음, 여기에 어댑터라는 서열정보를 알고 있는 조각을 양 말단에 붙인다. 이렇게 준비된 시료를 슬라이드글라스와 같은 기판위에 희석하여 서로 겹치지 않을 정도의 거리로 고정하고, 고정된 단일가닥DNA를 기판 위에서 PCR방법으로 증폭을 하며, 이를 고형배지에서 단일박테리아가 자란 형태인 콜로니와 유사하다고 하여 'colony sequencing' 또는 PCR을 수행한 결과라고 해서 'polony sequencing'이라고도 한다(그림 3-16). DNA해독단계

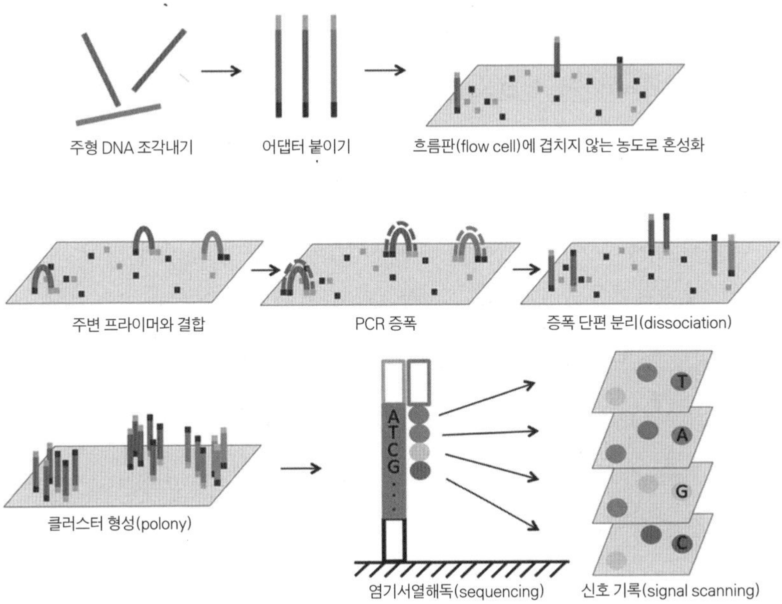


그림 3-16. 'Polony sequencing'방법의 기본 원리(adapted from Lu *et al.*)

는 Sanger방식과 454방식을 혼합한 형태와 같이, 4가지 형광물질로 구분되는 dNTP를 각 사이클마다 한가지 형광 뉴클레오티드만을 넣어 중합반응을 일으키고, 이전 재료를 모두 씻어 내고 나서 다음 형광뉴클레오티드를 넣어 합성반응을 일으킨다. 각 사이클 마다 카메라로 발광이미지를 찍어서 발광좌표를 추적하여 염기서열을 결정한다.

그밖에 실시간으로 DNA정보를 얻는 NGS방식으로는 반도체기술기반의 소형 DNA해독 장비인 PGM(personal genome machine)이 있으며, 이는 DNA합성반응이 일어날 때 생기는 pH변화를 직접 반도체에서 신호로 잡아내어 해독하는 방식이다. 3세대 DNA해독기술로 알려진 SMRT기법(single molecule, real-time)과 나노포어기법(nanopore)도 최근 많이 사용되고 있다. SMRT기법은 Pacific BioSciences사의 PacBio RS시스템에 적용된 것으로, 작은 구멍의 바닥에 DNA중합효소를 고정시키고 여기에 단일가닥 DNA가 상보적 가닥을 합성하게 하는 것이다. 이때 4가지 색의 형광단(fluorophore)이 부착된 뉴클레이티드가 결합하면서 합성이 진행이 되고, 합성될 때마다 형광단이 분리되면서 발광을 하는 것을 감지하여 DNA정보를 탐지한다. 10시간 운용하여 SMRT cell 당 평균 20kb 길이의 서열이 총 5~8 Gb의 데이터가 생산된다. 서열의 길이가 길어질수록 활용될 수 있는 분야는 다양하다는 것이 큰 장점이다. 나노포어기법은 Kasianowicz 등(1996)이 직경이 1.5nm의 생체 나노포어인 α-hemolysin을 이용하여 DNA 혹은 RNA가 나노포어를 통과하는 것을 측정할 수 있다는 결과를 발표한 것이 계기가 되어 개발되었다. 즉, 막 사이에 나노포어를 고정시키고 여기에 DNA를 통과시키면서 전류의 차이를 감지하여 DNA염기서열정보를 얻는 것이다. 현재 MiniON이라는 USB메모리 크기의 DNA해독장비가 사용되고 있으며, 이동이 간편하여 현장에서 바로 DNA서열해독이 가능하다는 점에서 활용 영역이 넓어질 것으로

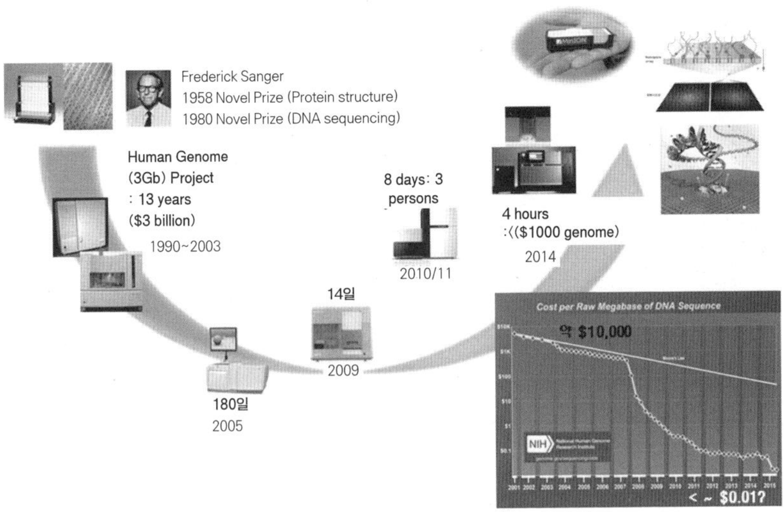


그림 3-17. DNA염기서열해독기술 변천사

보인다. 지금까지 소개한 차세대DNA염기서열기법은 몇 년 후에는 고전적인 방식으로 분류될 것이라고 확신한다. 따라서 생명정보를 포함하고 있는 DNA정보를 확보하는 것은 이제 누구나 손쉽게 할 수 있는 시대가 되었으며, 그 정보를 해석하고 활용하는 방법을 개발하는 것이 더욱 중요하게 되었다(그림 3-17).

## 3.2.2

## 대용량 DNA서열정보의 활용

전장유전체염기서열해독(whole genome sequencing)은 기본적으로 개체의 전장유전체의 DNA염기서열을 결정하는 과정으로 통칭할 수 있다. 이것은 말 그대로 동물에서 chromosomal DNA 뿐만이 아닌 mitochondrial DNA의 염기서열해독까지 포함하는 의미이다. 1977년

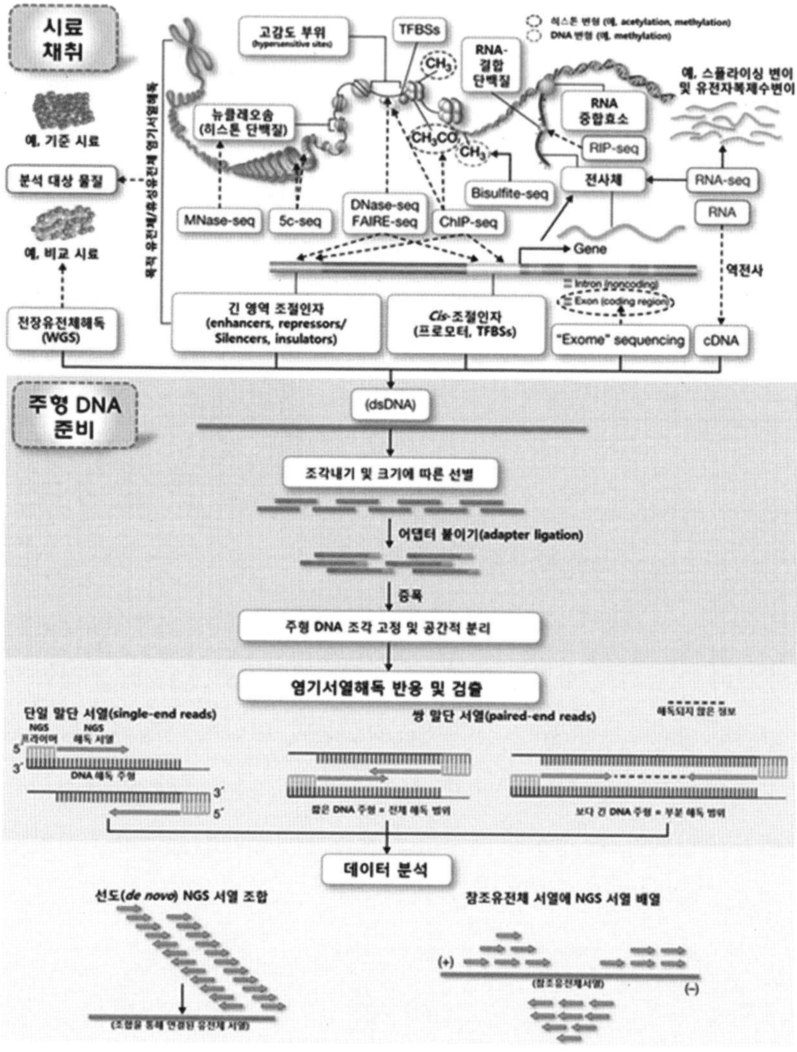


그림 3-18. NGS 실험의 기본 흐름도. NGS 실험의 4단계는 시료채취, 주형DNA준비, 염기서열해독 반응 및 검출, 데이터 분석으로 구성되며, 다양한 실험에 응용되고 있음(Adapted from Rizzo *et al.*)

Sanger박사의 'dideoxy chain termination sequencing' 방식의 개발 이후, 전장유전체염기서열해독은 21세기 초반까지 생어염기서열해독방식(Sanger sequencing)에 도입되어 수행되었으나, 전장유전체를 해독하는데 상당한 비용과 노동력이 요구되는 단점이 있었다. 이러한 단점은 최근 차세대염기서열해독법(NGS)의 개발 및 기술적 진보로 인해 상당부분 해소가 되었으며 각 개체, 더 나아가 집단수준에서의 전장유전체염기서열해독을 이용한 연구가 활발히 진행되고 있다(그림 3-18).

### 3.2.2.1 전장유전체정보활용

전장유전체염기서열분석기법은 최종목적에 따라 크게 두 가지로 분류가 가능한데, 그 한 가지는 표준유전체(혹은 참조유전체, reference genome) 작성에 주로 사용되는 선도(de novo) 유전체염기서열해독과 염기서열해독장비에서 생산된 대량의 서열조각을 표준유전체지도에 비교분석(aligning 또는 mapping)을 하는 전장유전체리시퀀싱방식(whole genome re-sequencing)으로 분류가 가능하다.

전장유전체리시퀀싱기법은 선도유전체염기서열해독기법에 비해 분석의 용이함 및 상대적으로 저렴한 비용으로 인해 동물 개체 더 나아가 집단수준에서의 전장유전체학적 분석이 활발히 이루어지고 있다. 리시퀀싱기법의 선제조건은 기본적으로 분석하고자하는 종의 표준유전체가 존재해야 하는데, 분석하고자 하는 개체 혹은 집단에서 생산된 대용량의 유전정보와 표준유전체와의 비교분석을 통해 대량의 단일염기다형성(SNP), 삽입/삭제(Indel) 및 유전체의 구조적변이(structural variation) 등을 발굴하는데 널리 활용되고 있다(그림 3-19). 통상적으로 유전체의 특정부위만을 비교하는 표적리시퀀싱(targeted resequencing)도 이 범주에 포함된다.

이러한 전장유전체리시퀀싱기법은 주로 연구수단으로서 사용되어 왔지만, 현재는 기초맞춤형의학 및 농업분야에서 주요 경제형질 연관 유전자군 발굴, 질병예측 유전자마커개발, 마커도움선발(marker assisted selection), 유전체선발(genomic selection) 등에 도입되어 활용이 되고 있다.

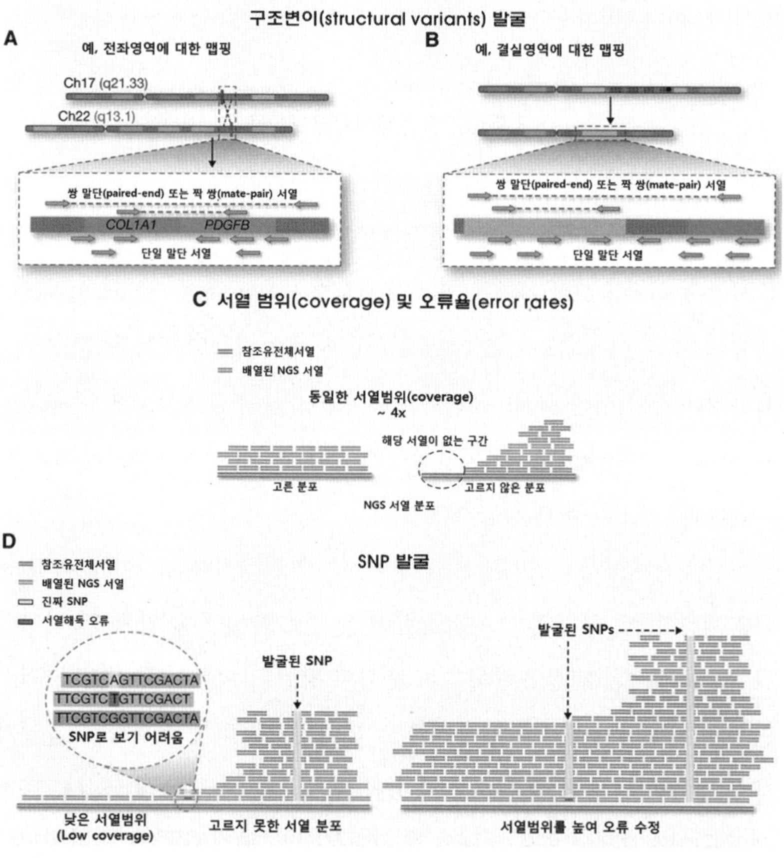


그림 3-19. NGS 데이터분석의 핵심 원리. 구조변이발굴(A, B)에서는 전좌와 결실영역을 발굴할 때, 단일 만단 서열보다는 쌍 말단 또는 짝 쌍 서열이 효과적임을 보여줌. (C) NGS 데이터 양이 동일하더라도 분포에 따라 유전체 또는 변이정보 발굴에 허점이 생길 수 있으며, (D) 서열해독 오류에 의해 발굴되지 못한 변이는 서열범위를 높임으로써 해결될 수 있음(adapted from Rizzo *et al.*)

### 3.2.2.2 차세대염기서열분석의 기본데이터 형태

전장유전체리시퀀싱을 통해 생산되는 대량의 정보는 현실적으로 사람의 눈으로 체계적이고 총체적인 분석을 하는 것이 불가능하며, 이러한 대형데이터의 정보분석을 위해서는 생물정보학에서 사용되는 언어 및 초기 염기서열해독데이터에 대한 기본적인 이해가 선행되어야 한다.

NGS기법을 통해 대용량으로 염기서열정보를 생산한 결과물은 염기서열조각(read)이고 염기서열조각은 FASTQ파일이란 형태로 저장될 수 있다. FASTQ포맷은 Wellcome Trust Sanger Institue에서 개발된 서열저장 파일포맷으로서 Illumina사의 차세대염기서열분석기의 높은 시장 점유율에 힘입어 현재 가장 널리 사용되는 염기서열저장포맷이다. FASTQ파일은 염기서열정보와 각 염기서열에 대한 품질점수(quality score)의 정보를 함께 담고 있다(그림 3-20). 기본적으로 각 read당 서열식별자(sequence identifier), 염기서열(raw sequence letter), 품질점수식별자(quality score identifier), 그리고 품질점수 등 4개의 행으로 이루어져 있다. 품질점수는 수치로 표현되는 것이 아닌 해당 수치에 해당하는 ASCII 문자로 입력하여 생성된 파일의 크기를 획기적으로 줄였다는 것이다(그림

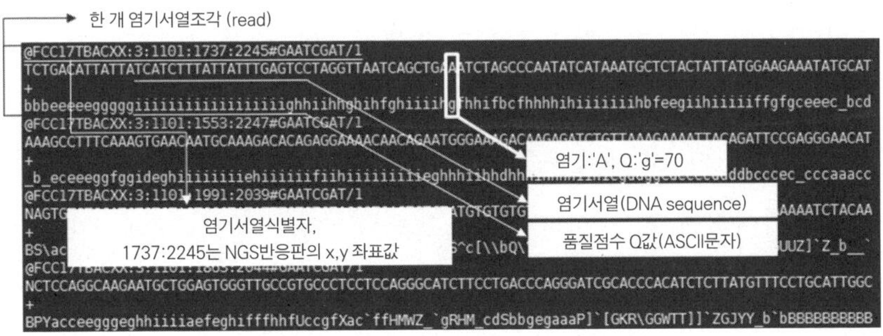


그림 3-20. FASTQ 파일형식의 예와 주요 부위에 대한 설명

| 10진수 | 16진수 | 문자 |
|---|---|---|
| 0 | 0x00 | NUL |
| 1 | 0x01 | SOH |
| 2 | 0x02 | STX |
| 3 | 0x03 | ETX |
| 4 | 0x04 | EOT |
| 5 | 0x05 | ENQ |
| 6 | 0x06 | ACK |
| 7 | 0x07 | BEL |
| 8 | 0x08 | BS |
| 9 | 0x09 | HT |
| 10 | 0x0A | LF |
| 11 | 0x0B | VT |
| 12 | 0x0C | FF |
| 13 | 0x0D | CR |
| 14 | 0x0E | SOH |
| 15 | 0x0F | SI |
| 16 | 0x10 | DLE |
| 17 | 0x11 | DC1 |
| 18 | 0x12 | DC2 |
| 19 | 0x13 | DC3 |
| 20 | 0x14 | DC4 |
| 21 | 0x15 | NAK |
| 22 | 0x16 | SYN |
| 23 | 0x17 | ETB |
| 24 | 0x18 | CAN |
| 25 | 0x19 | EM |
| 26 | 0x1A | SUB |
| 27 | 0x1B | ESC |
| 28 | 0x1C | FS |
| 29 | 0x1D | GS |
| 30 | 0x1E | RS |
| 31 | 0x1F | US |

| 10진수 | 16진수 | 문자 | Q |
|---|---|---|---|
| 32 | 0x20 | SP | |
| 33 | 0x21 | ! | 0 |
| 34 | 0x22 | " | 1 |
| 35 | 0x23 | # | 2 |
| 36 | 0x24 | $ | 3 |
| 37 | 0x25 | % | 4 |
| 38 | 0x26 | & | 5 |
| 39 | 0x27 | ' | 6 |
| 40 | 0x28 | ( | 7 |
| 41 | 0x29 | ) | 8 |
| 42 | 0x2A | * | 9 |
| 43 | 0x2B | + | 10 |
| 44 | 0x2C | , | 11 |
| 45 | 0x2D | - | 12 |
| 46 | 0x2E | . | 13 |
| 47 | 0x2F | / | 14 |
| 48 | 0x30 | 0 | 15 |
| 49 | 0x31 | 1 | 16 |
| 50 | 0x32 | 2 | 17 |
| 51 | 0x33 | 3 | 18 |
| 52 | 0x34 | 4 | 19 |
| 53 | 0x35 | 5 | 20 |
| 54 | 0x36 | 6 | 21 |
| 55 | 0x37 | 7 | 22 |
| 56 | 0x38 | 8 | 23 |
| 57 | 0x39 | 9 | 24 |
| 58 | 0x3A | : | 25 |
| 59 | 0x3B | ; | 26 |
| 60 | 0x3C | < | 27 |
| 61 | 0x3D | = | 28 |
| 62 | 0x3E | > | 29 |
| 63 | 0x3F | ? | 30 |

| 10진수 | 16진수 | 문자 | Q |
|---|---|---|---|
| 64 | 0x40 | @ | 31 |
| 65 | 0x41 | A | 32 |
| 66 | 0x42 | B | 33 |
| 67 | 0x43 | C | 34 |
| 68 | 0x44 | D | 35 |
| 69 | 0x45 | E | 36 |
| 70 | 0x46 | F | 37 |
| 71 | 0x47 | G | 38 |
| 72 | 0x48 | H | 39 |
| 73 | 0x49 | I | 40 |
| 74 | 0x4A | J | 41 |
| 75 | 0x4B | K | 42 |
| 76 | 0x4C | L | 43 |
| 77 | 0x4D | M | 44 |
| 78 | 0x4E | N | 45 |
| 79 | 0x4F | O | 46 |
| 80 | 0x50 | P | 47 |
| 81 | 0x51 | Q | 48 |
| 82 | 0x52 | R | 49 |
| 83 | 0x53 | S | 50 |
| 84 | 0x54 | T | 51 |
| 85 | 0x55 | U | 52 |
| 86 | 0x56 | V | 53 |
| 87 | 0x57 | W | 54 |
| 88 | 0x58 | X | 55 |
| 89 | 0x59 | Y | 56 |
| 90 | 0x5A | Z | 57 |
| 91 | 0x5B | [ | 58 |
| 92 | 0x5C | ₩ | 59 |
| 93 | 0x5D | ] | 60 |
| 94 | 0x5E | ^ | 61 |
| 95 | 0x5F | _ | 62 |

| 10진수 | 16진수 | 문자 | Q |
|---|---|---|---|
| 96 | 0x60 | | 63 |
| 97 | 0x61 | a | 64 |
| 98 | 0x62 | b | 65 |
| 99 | 0x63 | c | 66 |
| 100 | 0x64 | d | 67 |
| 101 | 0x65 | e | 68 |
| 102 | 0x66 | f | 69 |
| 103 | 0x67 | g | 70 |
| 104 | 0x68 | h | 71 |
| 105 | 0x69 | i | 72 |
| 106 | 0x6A | j | 73 |
| 107 | 0x6B | k | 74 |
| 108 | 0x6C | l | 75 |
| 109 | 0x6D | m | 76 |
| 110 | 0x6E | n | 77 |
| 111 | 0x6F | o | 78 |
| 112 | 0x70 | p | 79 |
| 113 | 0x71 | q | 80 |
| 114 | 0x72 | r | 81 |
| 115 | 0x73 | s | 82 |
| 116 | 0x74 | t | 83 |
| 117 | 0x75 | u | 84 |
| 118 | 0x76 | v | 85 |
| 119 | 0x77 | w | 86 |
| 120 | 0x78 | x | 87 |
| 121 | 0x79 | y | 88 |
| 122 | 0x7A | z | 89 |
| 123 | 0x7B | { | 90 |
| 124 | 0x7C | \| | 91 |
| 125 | 0x7D | } | 92 |
| 126 | 0x7E | ~ | 93 |
| 127 | 0x7F | DEL | 94 |

그림 3-21. ASCII 코드문자와 서열품질점수(Q) 값

3-21). 이 외에 다른 서열저장파일 포맷 역시 염기서열해독기의 종료에 따라 달라지는데, 대표적인 경우가 서열정보와 quality value를 분리된 파일형태로 생산하는 Life Technology의 솔리드(SOLiD) CSFASTA 파일 및 Roche 454의 SFF파일 등을 들 수 있을 것이다.

각 염기서열에 대한 quality score는 널리 활용되고 있는 Phred quality score의 개념을 따른다. Phred qualtiy score를 나타내는 Q값은 염기서열의 오류확률 P값에 지수적으로 연관돼있으며, 즉 10은 10%의 오류확률로 10개 염기마다 1개 정도의 오류가 나올 수 있다는 의미이고, 30은

1,000개의 염기마다 1개 정도의 오류가 나올 수 있다는 의미에서 0.1%의 오류확률을 의미한다. 하지만 수억개의 서열정보에 quality score를 두 자리 숫자로 표기하면 용량이 너무 크기 때문에 ASCII code를 사용하여 한 글자로 표기한다. ASCII code에서 10진법의 33에 해당하는 느낌표(!)를 quality score의 0에 해당하며 대문자 알파벳 A는 32, 소문자 알파벳 a는 64를 의미한다(그림 3-21). 염기서열해독장비마다 염기서열호출(base calling) 또는 색상호출(color call)의 값이 차이가 있을 수 있으므로, 다른 기종의 염기서열해독장치에서 생산된 quality score를 비교 및 해석할 때 주의해야 한다.

#### 3.2.2.3 유전다형성검출

동물유전체학에서 주요경제형질과 연관된 유전다형성(genetic polymorphism)을 발굴하는 연구는 최근 대용량 SNP chip과 NGS발달에 의해 보다 가속화되어지고 있다. 즉 개체나 집단의 전장유전체염기서열정보를 표현형정보와 함께 서로 비교하여 동물분자육종에 사용할 수 있는 유전변이를 발굴하는데 많은 연구가 수행되고 있다. 대표적으로 모든 염색체에 골고루 그리고 촘촘히 발견되는 유전다형성인 SNP정보를 활용하는 연구가 활발하며, 특히 전장유전체리시퀀싱의 지속적인 가격하락과 정확도 향상에 의해 대용량의 유전다형성정보가 대규모로 발굴되고 있다. 이러한 대량의 유전다형성발굴, 대표적으로 SNP의 발굴은 전장유전체리시퀀싱에서 생성된 개체나 집단의 대량 염기서열조각(read)을 해당 종의 표준유전체와 일종의 염기서열비교, 즉 배열(aligning)함으로써 가능하게 된다. 이를 위해 다양한 프로그램이 개발되어 사용되고 있으며, 이러한 프로그램들은 alignment방법에 따라 hash table과

Burrows-Wheeler compression의 알고리즘이 사용되고 있다. 대표적으로 사용되고 있는 open source application으로 BWA, MAQ, SOAP, Bowtie2 등 다양한 프로그램이 개발되어 있다.

### 3.2.2.4 집단유전체학적 분석

집단유전학은 각 개체에서 나타나는 유전자와 유전자형을 집단수준에서 다루는 학문으로서, 몇 개의 기능이 밝혀진 유전자를 집단수준에

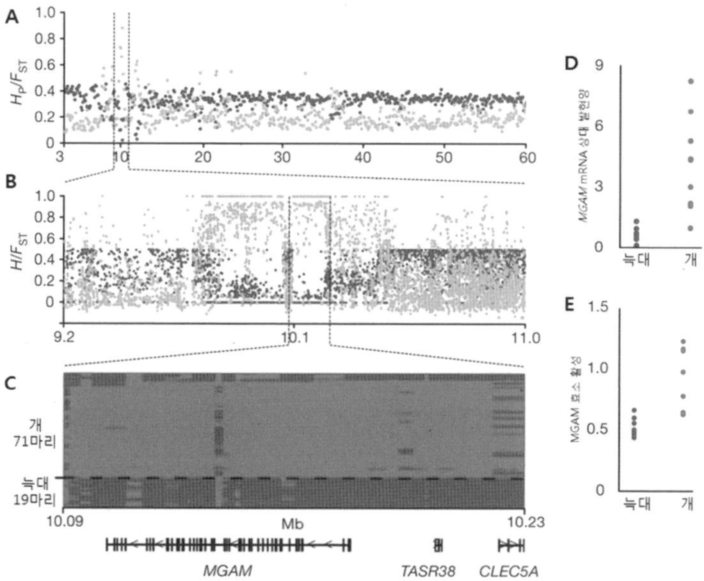


그림 3-22. NGS로 생산한 전장유전체염기서열정보로 개와 늑대를 비교하여 개의 가축화 과정에서 말토스분해효소(maltase-glucoamylase, MGAM) 활성이 관련된 증거를 밝힘(Axelsson *et al.*). 개의 16번 염색체 상의 SNP를 200kb 단위로 이형접합도(HP, 파란색)와 평균고정지수($F_{ST}$, 주황색)(a)를 산출하여 선발영역을 탐지하고(A), 개별 SNP의 HP와 고정지수를 비교하여 미세영역을 결정하였으며(B), 미세영역의 47개 SNP에 대해 71마리 개와 19마리 늑대를 비교하여(주요대립인자-빨간색, 소수대립인자-파란색)(C) MGAM 유전자가 가축화와 관련된 것을 확인하였음. MGAM 유전자의 mRNA 발현양에서도 개와 늑대가 차이가 나며(D), 효소의 활성면에서도 개의 MGAM 활성이 높다는 것을 확인함(E)(adapted from Axelsson *et al.*)

서 분석하던 것이 NGS기술과 대용량 SNP 유전자형 분석기술이 개발되면서 전장유전체를 대상으로 유전자빈도(allele frequency) 또는 유전다형성(polymorphism)을 분석하여 집단에 대한 진화학적연구 및 유용유전자 발굴연구가 진행되고 있다. 특히 전장유전체 수준에서의 집단유전학연구는 최근 전장유전체염기서열해독의 가격이 지속적으로 떨어지면서 가능하게 되었으며, 시료수의 한계를 극복하기 위해 Pool-Seq 등의 방식도 분석에 사용되고 있다. 그리고 전장유전체염기서열해독을 통해 발굴되는 대량의 유전다형성, 대표적으로 SNP를 사용하여 전장유전체관련성분석(genome-wide association study, GWAS), 선발신호(signature of selection, SOS, 그림 3-22) 등을 통해 주요경제형질 연관 유전자군 발굴 및 집단의 유전적 구성을 규명하는데 널리 활용되고 있다.

## 3.3 DNA chip제작기법 및 이를 이용한 유전자형결정법

DNA염기서열해독기법의 급속한 발전으로 인해 다양한 종의 참조유전체지도가 만들어 지고 있다. 결국 이러한 유전체정보지도를 만드는 이유는 집단의 유전적 특성을 규명하고, 유전자의 기능을 파헤쳐 생명체를 이해하는데 활용하고자 하는 것이 목적이다. 이러한 탐구과정에서 인간질병에 대한 유전적 원인을 밝혀내어 치료법을 개발할 수 있을 것이며, 축산분야에서는 가축개량, 질병예방 및 치료, 복지 등 가축의 생산성 향상을 위한 기술개발이 가능할 수 있을 것으로 기대된다. 1989년 Rade Drmanac 등이 DNA의 염기서열을 올리고뉴클레오티드와의 혼성화(hybridization)를 통해 결정하는 방법(sequencing by hybridization, SBH)을 고안한데서 DNA chip기술개발이 출발했다고 볼 수 있다. 1990년대 말부터 인간유전체지도정보가 어느 정도 밝혀지면서 포스트유전체시대(post genome)를 준비하고자 하는 연구자들이 유전자의 발현이나 변이 또는 다형성을 단시간에 대량으로 처리할 수 있는 HTS(high-throughput screening)기술을 개발하게 된다. 초기에는 미리 준비한 DNA조각들을 슬라이드 글라스나 실리콘판에 고정하는 방법(DNA microarray)과 기판위에

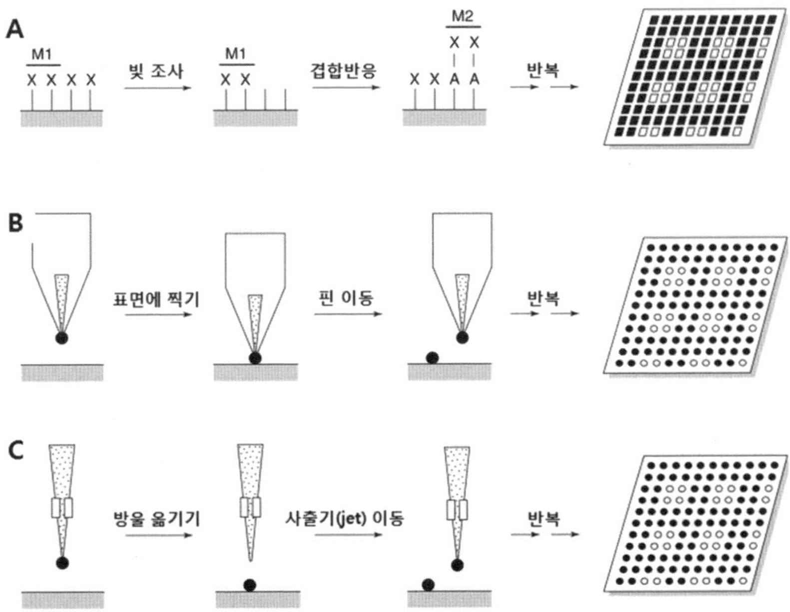


그림 3-23. 고전적인 마이크로어레이 제작기술. 광조형법(photolithography)를 이용하여 광저항막으로 비합성영역을 차단하고 원하는 부위만 노출하여 자외선 조사로 뉴클레오티드를 기판 위에서 합성해 가는 방법(A), 기계적 미세집적법(mechanical microspotting)은 끝이 갈라진 핀에 DNA 용액을 모세관현상으로 채운 뒤, 기판 위에 서 아래로 내려치면서 일정양의 DNA 용액을 집적하는 방법(B), 잉크젯방식(ink jetting)은 압전 프린트헤드(piezoelectric printhead)를 이용하여 미세압력으로 DNA 용액을 노즐에서 분사하여 기판 위에 집적하는 방식(C)(adapted from Shena M. *et al.*)

서 DNA를 합성하는 방법(photolithographic oligo microarray)으로 시작하였으며(그림 3-23), 최근에는 백만개 이상의 변이정보를 한번에 확인할 수 있는 SNP chip이 개발되어 활용되고 있다.

## 3.3.1 DNA microarray기법의 개발 및 응용

2000년대 초반에는 DNA chip이면 cDNA microarray chip을 의미하였다. 유전체지도로부터 밝혀진 유전자서열정보를 이용하여 수천에서 수만개의 유전자에 대해 cDNA를 PCR기법으로 증폭하고 이를 슬라이드글라스에 집적하여, 조직 간 또는 암세포와 정상세포에서의 유전자발현차이를 밝혀내는데 주로 활용이 되었다. PCR을 이용하여 증폭된 DNA를 집적하는데 많은 시간과 노동이 들어가고, 집적과정에서 균일한 DNA배열이 어려운 이유로 cDNA 형태의 DNA가 아닌 유전자의 특이영역서열을 자동으로 50~70mer의 긴 올리고 뉴클레오티드로 합성하여 집적하거나, 기판위에서 바로 긴 올리고 뉴클레오티드를 합성하는 방식으로 전환되어, 현재 사용하고 있는 대부분의 유전자발현분석용 DNA chip은 합성올리고가 집적된 것이라고 할 수 있다. 제한된 시료의 RNA에 대해 대량의 유전자 발현 정보를 알아낼 수 있기 때문에 현재까지도 유전자기능연구분야에 많이 활용되고 있다(그림 3-24). 최근에는 DNA염기서열해독기술의 비약적인 발전으로 인하여 RNA sequencing기술이 이를 대체하고 있지만, 여전히 유전자발현을 검증하는 용도로 널리 사용되고 있다.

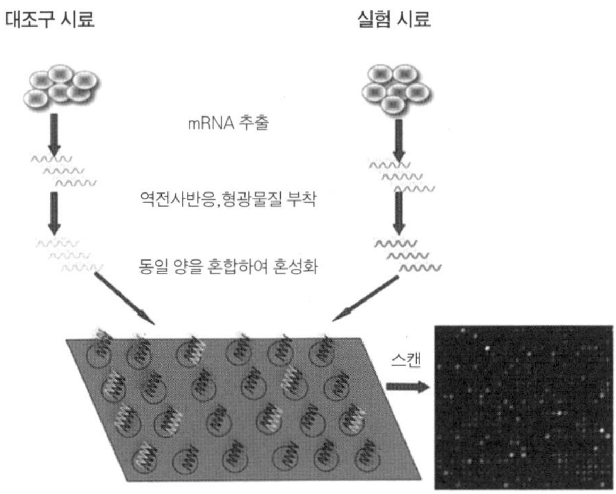


그림 3-24. 마이크로어레이를 이용한 유전자발현분석의 기본원리(adapted from https://bitesizebio.com/7206/introduction-to-dna-microarrays/)

## 3.3.2 SNP array개발 원리

DNA정보를 분석하는데 있어서 핵심은 서로가 다른 정도인 변이정보를 알아내는 것이다. DNA array개발과정에서 합성올리고뉴클레오티드 집적기술이 발전함에 따라 분석시료를 혼성화한 다음, 단일염기합성(single base extension, SBE)으로 변이를 탐지할 수 있는 기술로 발전하였다. SNP array의 핵심은 변이정보를 어떻게 확보할 것인가와 어떤 변이를 사용할 것인가를 결정하는 것이다. 이를 위해서는 먼저 SNP정보를 확보하는 것이 우선일 것이다. 이를 위해 현재 가축의 참조유전체지도가 대부분 작성되어 있다는 점에서 SNP를 발굴하는 것은 참조유전체지도가 없을 경우에 비하면 매우 손쉬운 작업이 될 수 있다. SNP정보를 확보하는 가장 손쉬운 방법은 NCBI(National Center for Biotechnology

Information)와 같은 공용데이터베이스에 저장되어있는 해당 가축의 품종 별 EST, BAC, GSS 등과 같이 이미 발표된 유전체정보를 참조유전체 정보와 비교하는 것이다. 하지만 품종에 따른 원하는 정보가 다양하지 않으며, 공용데이터베이스의 자료가 모두 양질의 데이터라고 할 수 없으므로 거짓정보생산의 위험성이 상대적으로 높다는 단점이 있다. 따라서 집단의 특성을 더 정밀하게 알기 위해 SNP정보를 직접 탐색하고 이를 이용하여 SNP array를 직접 만들고자 한다면 크게 2가지 방법을 사용할 수 있다. 먼저 앞에서 언급한 리시퀀싱방법을 이용하는 것이다. 여러 품종에 대해 각 품종에 따라 5두 이상의 개체 시료를 수집하여 이들 DNA에 대해 8배수 정도의 리시퀀싱데이터를 생산하고 이를 참조유전체지도와 비교하여 SNP를 발굴하는 것이다. 이 방법은 상대적으로 비용이 많이 소요된다는 점에서 불리하지만, 전장염기서열정보를 확보하여 SNP array를 제작한다는 점에서 큰 장점을 지닌다. 하지만 제한된 개발비에서 최대한 많은 품종과 개체의 정보를 전장수준에서 확보하기 위해서는 2000년도에 D. Altshuler 등이 방법을 고안하고 2008년도 Van Tassell 등이 NGS를 이용하여 발전시킨 축소대표라이브러리(reduced representation library, RRL) 방법이 효과적이라고 할 수 있으며, 많은 경우에 이 방법을 사용하여 SNP array를 개발하였다.

축소대표라이브러리방법의 가장 큰 특징은 같은 값으로 많은 수의 SNP를 확보할 수 있다는 것이다. RRL방법을 간략히 소개하자면, 한 품종에 대해 근연관계가 먼 여러 개체(약 10~20 개체) 또는 여러 품종에 대해 여러 개체의 DNA를 동일한 양(총 25 μg 이상)을 두 개의 튜브에 각각 넣어, 이를 Alu I(AG↓CT)과 Hha I(GCG↓C)와 같은 제한효소로 각각 절단한다. 이때 사용되는 제한효소의 인식부위가 4개 염기서열인 경우는 단순하게 평균 256($4^4$)bp마다 한번 정도 나타나게 된다. 하지만 생성된 절편을 전기영동하여 110 ~ 130bp 크기의 절편만 회수하여 20~40배수 정도 NGS로 염기서열결정을 진행한다(그림 3-25). 이미 서열정보가 밝혀져 있는 경우라면, 제한효소 인식부위가 전체 유전체에서 얼마만큼을 설명하는지 계산할 수 있다. 닭 유전체에서는 Alu I과 Hha I은 각각 4.1%와 0.2%를 대표하는 것으로 알려져 있다. 그리고 제한효소부위를 알고 있으므로 염기서열정보를 정확히 정리할 수도 있다. 따라서 제한효소부위의 염기서열정보를 기준으로 정렬한 다음 서열을 서로 비교하여 SNP를 추출한다. 이렇게 추출된 SNP정보는 유전체지도에서 어느 정도 일정한 간격으로 분포하는 것으로 알려져 있다. 이 중에서 합쳐진(pooling) 개체군에서의 최소대립인자빈도(minor allele frequency, MAF)가 낮은(< 5%) SNP

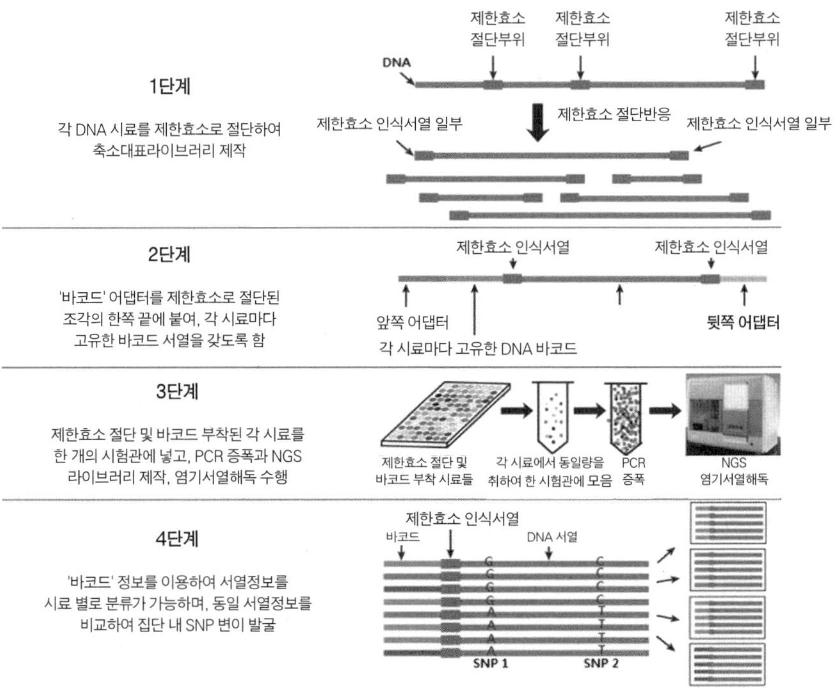


그림 3-25. 축소대표라이브러리(RRL)제작 및 SNP 발굴의 기본 단계 (adapted from Myles *et al.*)

는 SNP array제작 시 배제하기도 한다. 이와 같이 제한효소절편조각의 염기서열해독을 통해 SNP를 발굴 또는 결정하여 비교하는 방법을 염기서열해독기반유전자형결정(genotyping by sequencing, GBS)이라고도 한다.

## 3.3.3
## SNP array활용

SNP array는 전장유전체해독리시퀀싱기법과 비교하여 생물정보학적 분석파이프라인을 구축하여 상대적으로 분석이 빠르고, 많은 개체를 분석하기에 적합하다는 장점을 갖고 있다. 가축유전체학분야에서 SNP array는 주요형질등과의 연관분석을 위한 전장유전체관련성분석(genome-wide association study, GWAS, 그림 3-26) 및 높은 정확도의 육종가 추정을 위한 유전체선발(genomic selection) 등을 위해 많이 사용되고 있다. 소, 돼지, 닭 등 대표적인 주요 경제동물의 육종단계에서 SNP array를 활용한 연구가 활발히 진행되고 있으며 및 일부 산업에서는 SNP array를 적용한 유전체선발로 개체선발을 수행하여 경제적 이득을 보고 있다.

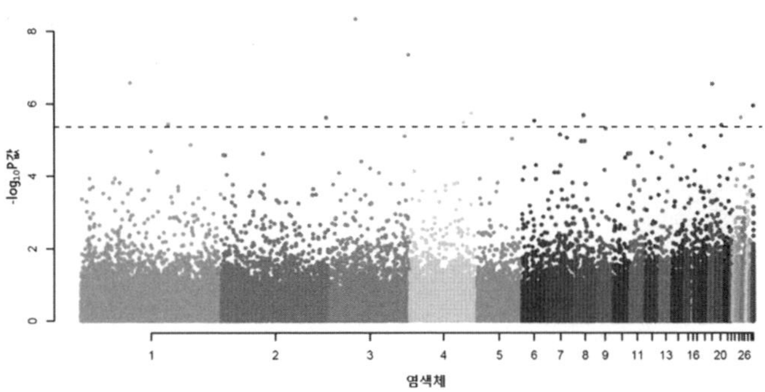


그림 3-26. 닭의 고밀도 SNP chip(일루미나사 60K SNP beadchip)을 사용하여 274수 닭의 유전다형성과 깃털색을 통합하여 전장유전체관련성분석(GWAS)한 결과를 보여주는 맨하탄 플롯. X축은 염색체별 SNP의 위치를 나타내는 것이며, Y축은 관련성을 나타내는 P값을 −log10로 나타내었음. 점선은 FDR<0.2 유의수준을 나타냄(adapted from Park *et al.*)

가축유전체학분야에서 가장 널리 활용되고 있는 SNP array로 Affymetrix사와 Illuimina사의 array를 들 수 있으며, 각 회사의 array는 일부 다른 형광물질과 시약을 사용함에도 불구하고 기본적으로 공통된 원리를 취하고 있다. 기본적으로 두 array형태 모두 DNA염기서열의 상보성에 기반을 하고 있으며, 조각난 단일가닥(fragmented single strand) DNA가 array에 집적된 각각의 탐침자(probe)와 혼성화(hybridization), 그리고 단일염기신장(single base extension)으로 인해 나타나는 나타나는 신호를 포착하여 유전자형을 결정한다(그림 3-27). 즉 이러한 혼성화된 상태에서 발광하는 형광신호의 강도(intensity)를 광학기구를 통해 가공 및 분석을 하여 각각의 마커의 유전자형을 결정하는 것으로, 정확성 역시 만족할 수준으로 높은 것으로 알려져 있다.

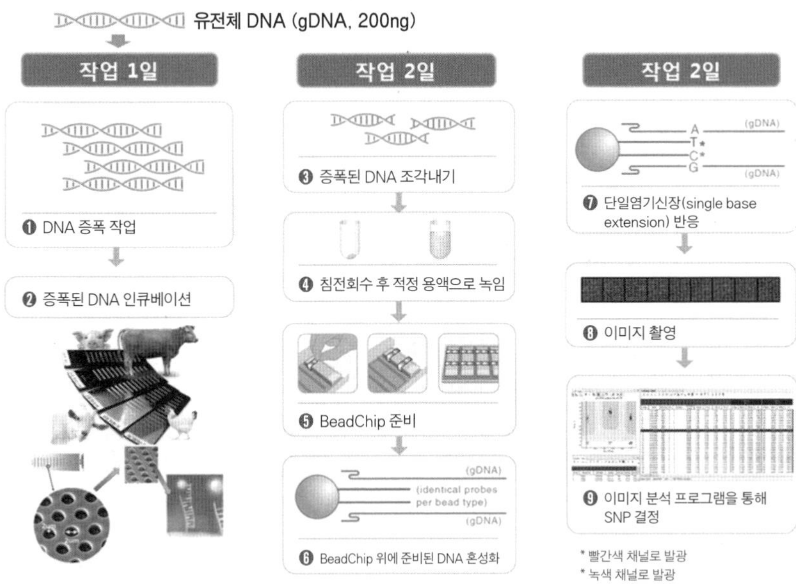


그림 3-27. 구슬나열(Bead-array)방식의 고밀도 SNP chip을 이용한 유전자형 결정 실험단계 (adapted from http://dnatech.genomecenter.ucdavis.edu/infinium-assay)

SNP array는 또한 집적도에 따라 각 회사 제품군에서도 다양한 array 종류가 있으며, 당연히 높은 집적도를 가지는 SNP array가 전장유전체에 대해 보다 정밀한 스크리닝을 할 수 있다는 장점이 있으나, 가격이라는 측면에서 적지 않은 비용이 소모될 수 있다. 이러한 점을 극복하기 위해 저밀도의 집적도를 가진 SNP array에서도 실제 고밀도 집적도의 효과를 내기 위해 유전자형데이터 결측치예측기법(imputation)과 관련한 연구도 역시 활발히 이루어지고 있다.

## 3.4 그 밖의 유전자형결정기술

분자표지로 활용하는데 있어서 지금까지 일반적인 PCR 및 그 산물을 제한효소 처리하는 방법(PCR-RFLP), 염기서열해독, DNA chip을 이용하여 DNA서열정보를 밝히는 방법을 소개하였다. 하지만 이외에도 다양한 방법이 개발되어 현장에서 활용되고 있다. 이 중에서도 PCR방법을 확장하여 간편하게 SNP유전자형을 결정하는 방법들과 질량분석장치를 이용하는 방법들 중에 대표적인 몇가지를 간략하게 소개하겠다. 또한 유전자형을 결정하고자 하는 분자표지는 최근 가장 많이 활용되고 있는 SNP로 한정하도록 하겠다.

### 3.4.1
### PCR기법을 이용한 유전자형결정

SNP표지는 앞서 언급한 바와 같이, 대부분 2개의 대립변이형태로 집단내에서 존재하고 있다. 실시간 PCR기법은 매 PCR주기(cycle)마다 합성된 DNA의 양을 광학적으로 측정하는 방식이다. 실시간 PCR방법은 SYBR Green과 같은 DNA염기유사체가 DNA이중나선에 끼어 들어가는 현상을 이용하는 것으로 유전자의 발현차이나 목적DNA를 정량하는데 주로 이용하였다. 하지만 여러 기법을 개발하여 SNP유전자형을 결정하는데도 활용하게 되었는데, 가장 일반적인 방법으로는 TaqMan탐침자를 사용하는 것이다. 기본구성요소는 5'→3' exonuclease 활성을 갖고 있는 Taq DNA 중합효소(DNA polymerase), PCR을 위한 프라이머, 목적서열내의 서열특이적인 35-40bp의 뉴클레오티드인 TaqMan탐침자이다. TaqMan탐침자는 5'에 리포터형광물질(reporter dye)이 붙어있고, 3'에는 퀀쳐물질(quencher)이 붙어있다. 퀀쳐물질은 리포터형광물질이 가시광선을 띄지 못하도록 저해하는 물질로 TaqMan탐침자는 Taq DNA 중합효소에 의해 분해되지 않은 상태에서는 형광을 띄지 않게 된다. 즉, TaqMan탐침자는 평상시에는 퀀쳐에 의해 리포터형광물질이 발광하지 못하도록 저해되어져 있는데, TaqMan탐침자가 특이 서열에 붙은 상태에서 실시간 PCR이 진행될 때, Taq 중합효소가 합성하는 과정에서 5'의 리포터 물질을 분해하면 발광하게 되는 것이다(그림 3-28). 매 주기에 해리되는 형광물질의 발광정도를 측정함으로써 합성 여부를 확인할 수 있다. 확인하고자 하는 SNP의 유전자형이 집단에서 A형과 G형이 존재하는 경우를 예를 들면, TaqMan탐침자를 제작할 때, 5' 리포터형광물질로 A형과 G형에 FAM과 VIC형광물질을 각각 유전자형에 따라 붙이고, 이들에 대해 3' 퀀쳐물질로는 보통 사용되는 TAMRA형광물질을 붙여서 유전자형에 따라 발광하는 파장을 다르게 함으로써 유전자형을 결정한다.

TaqMan탐침자방식은 분자비콘(molecular beacons)의 원리를 이용한 것으로 볼 수 있는데, 분자비콘은 머리핀모양루프(hairpin loop)의 양 말단

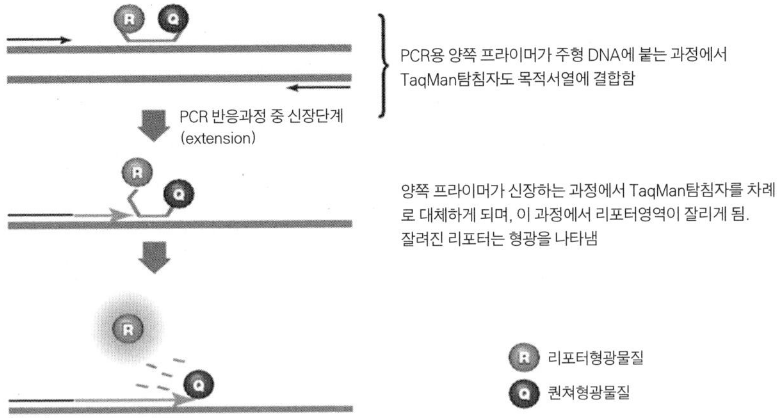


그림 3-28. TaqMan탐침자의 발광원리(adapted from http://www.dynebio.co.kr/ yc/bbs/board.php?bo_table=data1&wr_id=26)

에 리포터와 퀀쳐를 붙여 발광을 억제하고 있다가, 특이서열에 프로브가 붙으면 혼성화되는 과정에서 양 말단이 벌어지면 억제된 상호작용이 풀리게되어 발광하도록 하는 것으로 별도의 PCR증폭 없이 현장에서 바로 유전자형을 결정하는데 분자비콘을 이용한 유전자형 결정 기술을 적용하려는 노력이 이루어지고 있다.

TaqMan탐침자에 의한 SNP유전자형결정의 정확도가 매우 높다는 점에서 여러 형태로 적용되고 있는데, 대표적인 방식이 앞서 언급한 실시간 PCR방식이지만, 실시간 PCR방식으로는 많은 시료에 대해 여러 SNP에 대해 유전자형을 결정하기에는 많은 노동력과 시간, 경비가 소요된다는 단점이 있다. 이러한 단점을 보완하기 위해 최근 많이 사용되고 있는 방식으로는 미세유체학(microfluidics)을 이용하여 많은 시료와 여러 SNP를 한꺼번에 PCR분석을 진행할 수 있는 플랫폼이 개발되어 사용되고 있으며(예, Fluidigm SNP genotyping system, 그림 3-29A), 이밖에도 대량의 분석대상을 소량의 시료로 정밀하게 유전자형을 결정할 수 있도록 큰

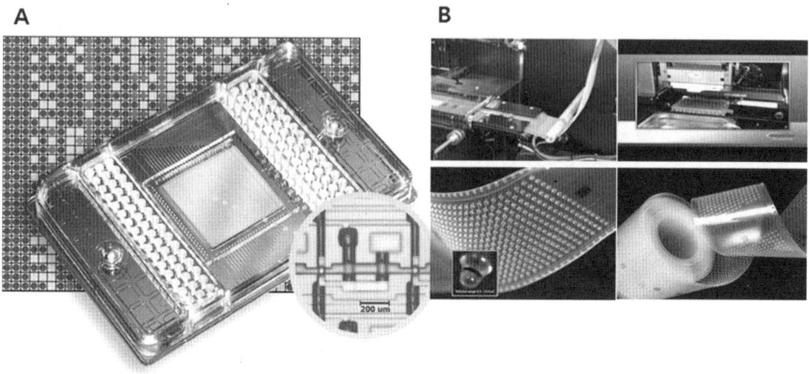


그림 3-29. 미세유체기술을 이용한 유전자형결정 통합유체회로(integrated fluidic circuit, IFC, A)와 미세량으로 대량 PCR 반응을 할 수 있는 어레이테이프(array tape, B)

플라스틱판이 아니고 상대적으로 작은 부피를 담을 수 있는 구멍이 마련된 테이프를 이용한 방법(Douglas Scientific사의 Array Tape, 그림 3-29B)도 개발되어 활용되고 있다.

## 3.4.2

## 질량분석장치를 이용한 유전자형결정

대부분의 유전자형결정은 소량의 DNA로부터 목적영역을 증폭하는 과정이나 증폭 이후에 전기영동이나 염기서열해독 및 chip을 이용하여 이루어진다. 여기에 덧붙여 질량분석장치를 이용한 유전자형결정방식을 소개함으로써, 유전자형결정을 위해 도입할 방법에 대한 선택의 폭을 넓힐 수 있기 바란다.

1985년 일본 시마즈제작소에 근무하는 다나카 고이치 연구원이 글리세롤과 코발트 혼합물을 열에너지완충제로 사용하여 단백질을 레이저로 이온화시킨 다음, 기화된 이온화단백질에 대해 질량을 측정할 수 있는 방법을 세계 최초로 성공한 바가 있다(연성 레이저 탈착법, soft laser desortion). 이 방법을 이용하여 MALDI-TOF MS(Matrix Assisted Laser Desorptio/Ionization Time-Of-Flight Mass Spectrometry)라는 명칭으로 단백질 및 핵산의 분자량측정에 현재까지도 널리 활용되고 있다. 이러한 공로로 다나카 고이치는 2002년 노벨화학상을 수상하였다.

질량분석장치를 이용하여 유전자형을 결정하기 위해 먼저 목적SNP의 한쪽 옆으로 5'→3' 프라이머와 ddNTP를 넣어 반응하여 단일염기확장(single base extension)을 시킨다. 그리고 확장된 산물을 질량분석장치(예, Sequenom사의 iPLEX SNP genotyping 또는 APEX 등)를 이용하여 유전자형을 결정한다. 동일한 서열의 프라이머에서 한 개 염기만 다른 경우, 전체 분자량도 다르다는 것을 이용하여 유전자형을 결정하는 것이며, 다른 방법과 마찬가지로 매우 높은 신뢰도를 보이는 것으로 알려져 있다(그림 3-30).

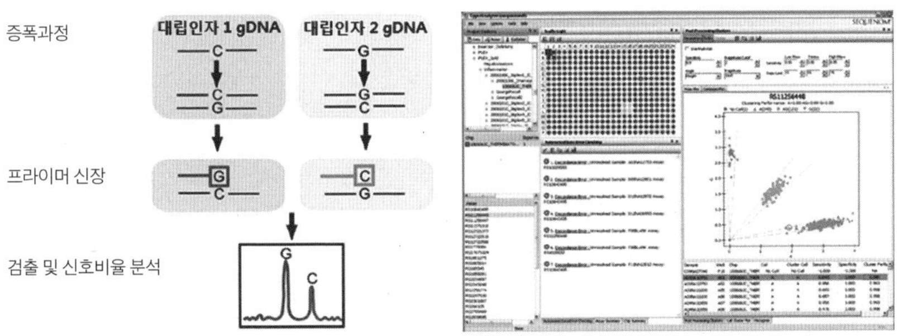


그림 3-30. 질량분석장비를 이용한 유전자형결정원리와 분석 프로그램 예(adapted from Sequenom iPLEX Gold Assay for SNP Genotyping manual)

## 〈참고문헌〉

1. Aliyu S. (2014) Bacterial whole genome sequencing: the future of clinical bacteriology. *Ann. of Nigerian Med.* 8, 51.
2. Altshuler D., Pollara V.J., Cowles C.R., Van Etten W.J., Baldwin J., Linton L. and Lander E.S. (2000) An SNP map of the human genome generated by reduced representation shotgun sequencing. *Nature* 407, 513-516.
3. Archibald A.L., Bolund L., Churcher C., Fredholm M., Groenen M.A., Harlizius B., Lee K.T., Milan D., Rogers J., Rothschild M.F., Uenishi H., Wang J., Schook L.B. and Swine Genome Sequencing C. (2010) Pig genome sequence--analysis and publication strategy. *BMC Genomics* 11, 438.
4. Axelsson E., Ratnakumar A., Arendt M.L., Maqbool K., Webster M.T., Perloski M., Liberg O., Arnemo J.M., Hedhammar A. and Lindblad-Toh K. (2013) The genomic signature of dog domestication reveals adaptation to a starch-rich diet. *Nature* 495, 360-364.
5. Karki R., Pandya D., Elston R.C. and Ferlini C. (2015) Defining "mutation" and "polymorphism" in the era of personal genomics. *BMC Med. Genomics* 8, 37.
6. Klungland H., Vage D.I., Gomez-Raya L., Adalsteinsson S. and Lien S. (1995) The role of melanocyte-stimulating hormone (MSH) receptor in bovine coat color determination. *Mamm. Genome* 6, 636-639.
7. Lu Y., Shen Y., Warren W. and Walter R. (2016) Next Generation Sequencing in Aquatic Models. In: Next Generation Sequencing-Advances, Applications and Challenges (InTech.)
8. Myles S. (2013) Improving fruit and wine: what does genomics have to offer? *Trend. Genet.* 29, 190-196.
9. Park M.N., Choi J.A., Lee K.T., Lee H.J., Choi B.H., Kim H., Kim T.H., Cho S. and Lee T. (2013) Genome-wide Association Study of Chicken Plumage Pigmentation. *Asian-Austral. J. Anim. Sci.* 26, 1523-1528.
10. Rizzo J.M. and Buck M.J. (2012) Key principles and clinical applications of "next-generation" DNA sequencing. *Cancer Prevention Res.* 5, 887-900.
11. Schena M., Heller R.A., Theriault T.P., Konrad K., Lachenmeier E. and Davis R.W. (1998) Microarrays: biotechnology's discovery platform for functional genomics. *Trend. Biotech.* 16, 301-306.
12. Tosser-Klopp G., Bardou P., Bouchez O., Cabau C., Crooijmans R., Dong Y., Donnadieu-Tonon C., Eggen A., Heuven H.C., Jamli S., Jiken A.J., Klopp C., Lawley C.T., McEwan J., Martin P., Moreno C.R., Mulsant P., Nabihoudine I., Pailhoux E., Palhiere I., Rupp R., Sarry J., Sayre B.L., Tircazes A., Jun W., Wang W., Zhang W. and Inter-

national Goat Genome C. (2014) Design and characterization of a 52K SNP chip for goats. *PLoS One* 9, e86227.

13. Van Tassell C.P., Smith T.P., Matukumalli L.K., Taylor J.F., Schnabel R.D., Lawley C.T., Haudenschild C.D., Moore S.S., Warren W.C. and Sonstegard T.S. (2008) SNP discovery and allele frequency estimation by deep sequencing of reduced representation libraries. *Nat. Methods* 5, 247-252.
14. Varki A. and Altheide T.K. (2005) Comparing the human and chimpanzee genomes: searching for needles in a haystack. *Genome Res.* 15, 1746-1758.
15. Vuylsteke M., Peleman J.D. and van Eijk M.J. (2007) AFLP technology for DNA fingerprinting. *Nat. Protocols* 2, 1387-1398.
16. Williams J.G., Kubelik A.R., Livak K.J., Rafalski J.A. and Tingey S.V. (1990) DNA polymorphisms amplified by arbitrary primers are useful as genetic markers. *Nucleic Acids Res.* 18, 6531-6535.
17. Xing J., Zhang Y., Han K., Salem A.H., Sen S.K., Huff C.D., Zhou Q., Kirkness E.F., Levy S., Batzer M.A. and Jorde L.B. (2009) Mobile elements create structural variation: analysis of a complete human genome. *Genome Res.* 19, 1516-1526.
18. Xue Y., Wang Q., Long Q., Ng B.L., Swerdlow H., Burton J., Skuce C., Taylor R., Abdellah Z., Zhao Y., Asan, MacArthur D.G., Quail M.A., Carter N.P., Yang H. and Tyler-Smith C. (2009) Human Y chromosome base-substitution mutation rate measured by direct sequencing in a deep-rooting pedigree. *Curr. Biol.* 19, 1453-1457.
19. 강태진 (2007) 분자 표지를 이용한 육종. 생물학연구정보센터 BioWave 9(22), 1-18.
20. 김태헌, 윤두학, 박응우, 이혜영, 오성종, 정일정, 탁태영, 김경남, 한재용 (2000) 소 품종별 Melanocortin Receptor 1 (MC1R) 유전자의 유전자형 빈도에 관한 연구. 한국동물자원과학회지. 42(6):735-744
21. 이종극 (2010) 질병 유전체 분석법2. 월드사이언스. 대한민국.

# 제4장
# 양적형질유전자좌위(QTL) 동정을 위한 연관분석

# 4.1 양적형질 연관분석의 역사적 배경과 개요

## 4.1.1 양적형질 연관분석의 역사적 배경

### 4.1.1.1 멘델 유전학과 고전주의 양적유전학

Gregor Mendel(1822-1884)은 "무엇이 어떻게 유전 되는가?"에 대한 근본적인 질문에 대한 답이 될 수 있는 유전이론을 처음으로 주창하였다. 멘델은 완두콩 교배 실험들에서 표현형적으로 명확히 구분이 되는 질적형질(質的形質, qualitative trait; 녹색과 노란색 씨의 색, 붉은색과 흰색의 꽃 색깔, 주름이진 완두콩과 주름이 안진 완두콩 등)들에 주목하여 이들 형질들이 부모세대로부터 자식세대로 유전되는 양상을 관찰하였다. 이 들 질적형질들은 표현형에 따라 셀 수 있었으므로 유전되는 양상을 수집한 후 수학적 분석을 통하여 자손에서 한 쌍의 대립유전인자들 간의 분리현상['분리의 법칙(law of segregation)']을 체계화 하였고, 두 쌍 이상의 대립유전인자들 간의 독립적인 관계['독립의 법칙(law of independent assortment)'] 역시 규명하였다. Thomas Morgan(1866-1945)은 일련의 초파리교배실험을 통해서 염색체상에 존재 하는 두 쌍 이상의 유전자들이 가까이 위치하고 있을 때는 멘델의 '독립의 법칙'을 따르지 않는 '연관(linkage)' 현상을 규명하였다. 연관현상의 규명은 유전자들의 염색체상에 선형으로 나열된 위치를 동정하여 유전자들을 염색체상에 지도화 할 수 있음을 보여 주었다.

그러면, 멘델유전학은 양적형질(量的形質, quantitative trait)에 대한 유전현상을 설명 할 수 있을까? 이에 대한 해답은 Ronald Fisher (1890-1962)에 의해서 제시되었다. 피셔는 멘델이 발견한 유전양상이 혈연관계가 있는 개체들 간의 상관(correlation)으로서 해석 될 수 있다는 이론을 주창하였다 (Fisher, 1918). 이후 피셔는 매우 많지만 양적 표현형 변이에 미치는 효과는 매우 작은 유전자 좌위들이 존재(극소이론, infinitesimal theory)하며, 이러한 미세한 유전적 요인이 환경요인과 결합하여 연속적 변이를 보이는 양적형질변이의 근원이 된다는 고전주의 양적유전학의 기본이론을 완성하였다(Walsh, 2001).

#### 4.1.1.2 양적형질유전자좌위

고전주의 양적유전학의 극소이론(infinitesimal theory)은 가축 및 작물의 유전적 개량에 성공적으로 응용되어 그 효용성을 인정받았지만, 모든 양적형질변이가 극소이론을 따른다고 보기는 어렵다. 즉, 한정된 수(finite number)의 유전자들이 양적형질변이의 대부분을 설명할 가능성도 있을 수 있기 때문이다. 고전주의양적유전학 이론 하에서는 개개의 유전자들이 양적형질변이에 영향을 미치는 효과가 너무 작기 때문에 개개의 유전자들을 동정하는 것이 불가능하지만, 신고전주의양적유전학 이론 하에서는 양적형질변이에 영향을 미치는 특정 유전자들을 동정하는 것이 가능하며, 이 유전자들 또는 이 유전자들을 포함하는 염색체상의 영역을 양적형질유전자좌위(quantitative trait locus, QTL)라 한다. 이와 같은 관점을 가지고 여러 연구들이 QTL동정을 위해 수행되었다. 예를 들어, Karl Sax (1892 - 1973)는 콩에서 종자표면의 패턴과 종자중량 간의 관련성을 보고하여, 종자표면의 패턴을 조절하는 유전자가 종자의 중량변이에도 영향을 준다는 결론을 도출하여, 최초로 QTL이 동정될 수 있음을 보였다(Sax, 1923). 이후, 혈액형이나 혈청단백질의 다형성을 이용하여 양적형질과의 관련성을 조사한 연구들이 수행되었지만, 연구 대상 유전체를 커버하기에는 다형성을 가진 표지 유전자의 숫자가 턱없이 부족했기 때문에 연관분석에 의한 QTL연구에 있어서 한계가 있었다. 이러한 한계는 제3장에서 살펴 본 바와 같이 분자유전학의 발전에 따라서 유전체 전체를 커버할 만한 정보력이 높은 표지유전자들이 개발 되면서 극복이 되었다(Walsh, 2001). 이들 표지유전자들은 그 기능이 밝혀지지 않았지만 형질변이에 원인이 되는 유전자를 동정하기 위한 위치동정(positional cloning)에 필요한 유전자지도작성에 이용되어 왔다(Botstein *et al.*, 1980). 여기서, 표지유전자가 얼마나 가계에서 정보력을 가지고 있는가는 주로 다형성 정보량수치(polymorphism information content, PIC)를 가지고 판단 할 수가 있는데, 일반적으로 한 표지 유전자의 PIC 수치가 0.7 이상이 되었을 때 유전연관분석에 적합한 것으로 알려져 있다(Hearne *et al.*, 1992).

## 4.1.2
## 연관분석의 개요

이번 장에서 다루게 될 연관분석의 목적은 염색체상에 존재하는 두 개 혹은 그 이상의 유전자들을 가계(家系, family) 내에서 그 유전 양상을 조사했을 때 멘델의 독립의 법칙을 따르는지 아닌지를 결정하여 관심 대상 유전자들간의 염색체상의 거리를 측정하는데 있다.

연관현상을 세포생물학적 관점에서 살펴보면, 보통의 체세포(somatic cell)가 분열을 할 때는 체세포분열(mitosis) 과정을 거쳐 '동일한 유전물질'을 가진 두 딸세포가 생성된다. 이에 반해서 감수분열(meiosis)을 할 때는 체세포분열과정과는 달리, 감수분열 제1기에서 상동염색체(homologous chromosome)들 간에 무작위적으로 일어나는 "재조합

(recombination) 또는 교차(cross-over)" 현상에 의해서 부모의 유전물질과 비교하여 '다양한 유전 물질'을 가진 네 자매염색분체가 생성된다(그림 4-1).

이 감수분열에 의한 생식세포 형성과정에서 동일염색체상의 유전자들간에 재조합이 무작위로 일어날 확률은 두 유전자가 가까이 위치할수록 낮게 된다. 반대로 두 유전자가 멀리 존재할 수록 재조합이 무작위로 일어날 확률은 높게 된다. 이와 같이 두 유전자간의 거리와 연관정도는 반비례한다. 만일, 연속된 세대로부터 가계데이터를 얻을 수 있다면, 두 유전자간에 재조합율(recombination rate, $\theta$)을 이점연관분석(two-point linkage analysis)을 이용해서 추정할 수 있다. 다점연관분석(multi-point linkage analysis)을 통해서는 세 개 이상의 유전자들 간에 염색체상의 재조합율 및 순서를 결정할 수가 있어, 유전자지도를 구축할 수 있다. 더 나아가서, 가계에서 유전적분리분석(genetic segregation analysis)을 통해서 가계 내에서 표현형들의 유전양상(mode of heredity)을 알 수 있으면, 단일유

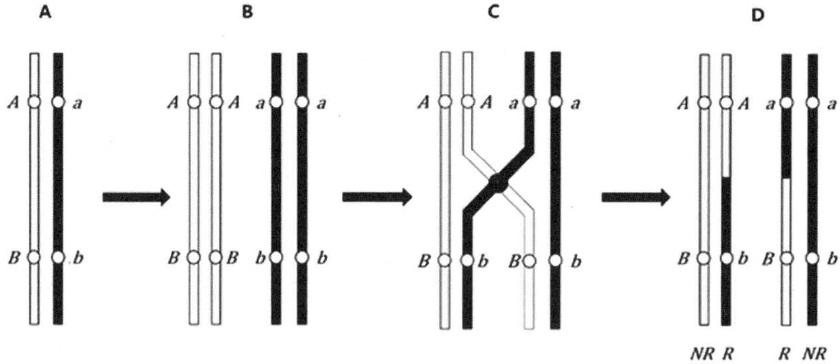


그림 4-1. 유전자 A 와 B 간에 재조합. A: 대립 유전자 A 와 a 그리고 다른 대립유전자 B 와 b 가 각각 다른 상동염색체에 위치해 있다. B: 이들 염색체들이 복제되어 두 쌍의 동일한 자매염색분체를 형성한다. C-D: 두 염색분체 간에 재조합이 일어나 두 조합형(R)과 두 양친형(NR) 염색분체가 생성된다(adapted from Wu *et al.*).

전자에 의해 발현이 결정되는 멘델형질이나 연속변이를 보이는 양적형질에 있어서 표지유전자와 원인유전자간의 연관된 정도를 추정하여 염색체의 어떤 위치에 어떠한 유전자가 위치해 있는지를 나타내는 유전자지도를 작성할 수 있다(Sham, 1998; Ott, 1999).

## 4.2 이점연관분석

### 4.2.1 이점연관분석의 개요

연관분석에서 가장 먼저 수행 되는 이점연관분석을 위해서 유전자형의 결정이 가능한 염색체상의 두 유전자 A 와 B를 고려해보자. 이 두 유전자는 한 가계에서 최소한 부모 둘 중 하나가 이중으로 이형접합체(double heterozygote; AaBb)인 경우이다. 부모세대에서 두 유전자가 염색체상에서 상인(coupling, AB/ab) 또는 상반 (repulsion, Ab/aB) 상태를 나타내는 위상(phase)이 알려진 경우에는 두 유전자 A와B사이에서 재조합이 일어났는지를 자손세대에서 직접 관찰이 가능하므로, 주어진 감수분열과정 중에서 재조합에 의해 생성된 조합형(recombinant, R)과 재조합이 일어나지 않은 양친형(non-recombinant, NR) 수를 셀 수 있게 된다. 따라서, 연관분석시 부모의 A와 B유전자 위상이 알려졌다는 것은 조부모세대의 어떤 대립유전자가 부모세대를 거쳐서 손자세대에 유전되었는지를 알 수 있다는 것을 뜻한다. 그림4-2에서 볼 수 있는 3세대가계를 살펴보면, 상인상태인 AB 와 ab 일배체형(haplotype)들은 양친형임을 알 수 있고, 상반상태인 Ab 와 aB 일배체형들은 조합형임을 알 수 있다.

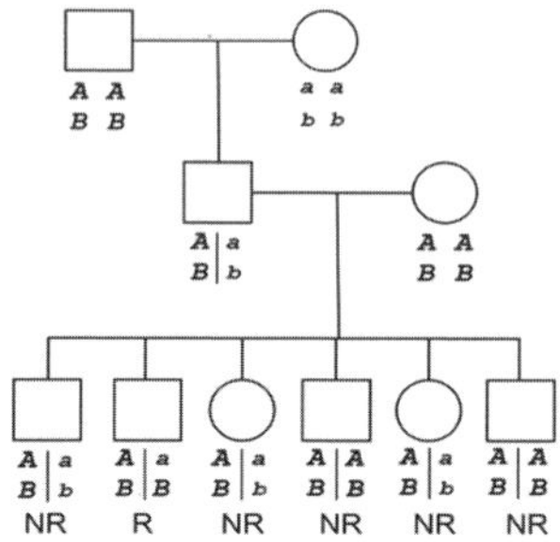


- $H_0$: 유전자 $A$ 와 $B$ 는 연관 되어 있지 않다
- $H_A$: 유전자 $A$ 와 $B$ 는 연관 되어 있다.

| | R | NR | Total |
|---|---|---|---|
| Observed | 1 | 5 | 6 |
| Expected | 3 | 3 | 6 |

$$\chi^2_{df=1} = \frac{(1-3)^2}{3} + \frac{(5-3)^2}{3} = 2.7$$

$\therefore$ $H_0$ 채택 | $\hat{\theta} = 0.167 \ldots = 0.17$

$(\rightarrow \chi^2_{df=1,0.05}=3.84)$

그림 4-2. 카이제곱검정을 이용한 이점연관분석

이렇게 가계에서 양친형(NR)과 조합형(R)의 숫자를 셀 수 있으면, 즉, 두 유전자의 가계내 유전양상을 파악할 수 있으면, 카이제곱검정 또는 우도(尤度, likelihood)에 기반한 검정법들을 통하여 가계 내에서 두 유전자 좌위가 독립적으로 유전이 되는지 연관되어 유전이 되는지를 통계적으로 검정할 수 있다.

## 4.2.2
## 카이제곱검정에 의한 이점연관분석

그림 4-2의 예에서는 $F_2$세대에서 5개체가 양친형이었고 1개체가 조합형이므로 카이제곱검정을 통하여 가계 내에서 두 유전자들이 독립적

으로 유전이 되는지 연관되어 유전이 되는지를 통계적으로 검정할 수 있다.

우선 카이제곱을 이용한 통계적검정에 있어서 가장 먼저 해야 할 사항은 귀무가설(null hypothesis) 및 대립가설(alternative hypothesis)의 수립이다. 여기서, 귀무가설은 증명을 원하는 대립가설에 반대되는 가설이다. 즉, 귀무가설은 연관분석에 있어서 반증의 대상이 되며 이는 곧 멘델의 '독립의 법칙'을 지지하는 가설이다.

따라서, '두 유전자들이 연관되지 않았다(no linkage between A and B)' 라는 이점연관분석의 귀무가설을 수립할 수가 있다. 이에 반해서 대립가설은 연관분석에 있어서 입증의 대상이 되며 멘델의 '독립의 법칙'의 예외현상을 지지하는 가설이다. 이러한 예외현상은 앞서 살펴 보았듯이 두 유전자들이 염색체상에서 가까이 존재하여 감수분열시 재조합현상이 빈번하게 일어 나지 않기 때문에 일어나는 현상이라고 할 수 있다. 따라서 우리는 이점연관분석을 통해 '두 유전자들이 연관되었다(linkage between A and B)' 라는 가설인 대립가설을 수립할 수가 있다. 두 가설이 수립이 되었으면, 아래의 수식을 통하여 카이제곱검정($x^2$-test)을 수행할 수 있다.

$$\chi^2_{df=2-1} = \sum_{i=1}^{2} \frac{(\text{관찰빈도} - \text{기대빈도})}{\text{기대빈도}}$$

여기서 $x^2$수치는 자유도(df) n-1 에서 $x^2$분포를 따르므로 $x^2$수치를 $x^2$분포표 수치와 비교하여 그 유의성을 검정할 수 있다. 그림 4-2의 경우 계산된 $x^2$수치는 2.7 인데, 자유도(df) 2-1=1 에서 5% 유의수준을 가지고 검정을 해보았을 때 의 임계치인 3.84 보다 작으므로 귀무가설을 받아들여 대립가설을 기각할 수 있다. 여기서 자유도 계산을 위한 n은 2로서 조합형과 양친형을 나타낸다. 또한, 관찰된 재조합형 및 양친형 개체수를 셈으로서 재조합율 $\theta$(recombination frequency ; $\hat{\theta}$ = 재조합형 수/재조합형 수+양친형 수)을 추정 할 수가 있다. 그림 4-2에서 재조합율은 0.17이다. 여기서 재조합율이 가질 수 있는 최대값은 1 이 아닌 0.5임에 주목할 필요가 있다. 이것은 정확하게 멘델의 독립법칙에 따라서 유전된 자손세대에서 1:1의 비율로 재조합형과 양친형을 가지게 되므로 두 유전자가 정확하게 독립의 법칙을 따라서 유전될 경우, 재조합율의 최대치는 0.5($\theta$ = 1/1+1)가 된다.

## 4.2.3
## 최대우도, 우도비, LOD값에 의한 이점연관분석

이점연관에 대한 통계적검정은 우도(尤度, Likelihood)에 기반한 우도비 검정법(likelihood ratio test) 또는 LOD (Logarithm of ODds, Z)분석방법을 통해서도 수행할 수가 있다. 이 우도에 기반한 분석들을 통해서 재조합율을 추정할 수도 있고 추정된 재조합율이 0.5이하인지도 검정할 수가 있다.

### 4.2.3.1 우도

이점연관분석에 있어서 우도(likelihood)란 재조합형(R)의 숫자 및 양친형인 비재조합형(NR)의 숫자가 관찰 되었을 때 가장 가능성이 높은 재조합율($\theta$)를 찾기 위한 통계량이라 할 수 있는데, 이 우도의 값을 최대로 하는 $\theta$의 추정량을 최대우도추정량(maximum likelihood estimate, MLE)이라 한다 (Fisher, 1922). 이점연관분석을 위한 우도함수를 구축하기 위해서는 이항(binomial)분포함수를 적용할 수가 있는데, 주어진 숫자의 감수분열에서 독립적으로 생성된 재조합의 수는 $\theta$에 의존하는 이항분포를 따르기 때문이다. 주어진 모수인 $\theta$, 관찰된 R 및 양친형인 NR을 이용하여 이항분포를 따르는 아래의 우도 함수 L($\theta$)을 구축할 수가 있다.

$$L(\theta) = \binom{NR}{R}\theta^{R}(1-\theta)^{NR-R}$$

여기서, R과 NR이 주어졌을 때, 위 우도함수를 최대로 할 수 있는 모수, 즉 $\theta$는 두 가지 방법으로 추정할 수 있다. 첫 번째로 위의 우도함수를 미분한 도함수가 0이 되는 $\theta$값을 최대우도추정치라 할 수 있다(그림 4-3A). 두 번째로는 이점연관분석에서는 $\theta$값의 범위가 0~0.5로 정해져 있으므로, 이 구간에 속한 숫자들을 우도함수에 연속적으로 대입하면 각 각의 대입한 $\theta$값에 대한 우도값을 구할 수 있고, 여기서 L($\theta$)값이 최대치가 되도록 하는 $\theta$값이 이점연관분석의 최대우도추정치로서 구할 수 있다(그림 4-3B).

#### 4.2.3.2 우도비 검정과 LOD값

Jerzy Neyman과 Egon Pearson에 의해 통계분석에 도입이 된 우도비는 일종의 오즈비(odds ratio)로서, 이점연관분석에서는 R과 NR이 주어졌을 때, '두 유전자간에 연관관계가 있다($\theta$< 0.5)'는 대립가설을 대변하는 우도($L_1$)를 '두 유전자간에 연관관계가 없다($\theta$= 0.5)'는 귀무가설을 대변하는 우도($L_0$)로 나누어 우도비를 구할 수가 있다(Neymann, 1933).

여기서, 귀무가설을 대변하는 우도($L_0$)의 경우 $\theta$가 상수 0.5로 주어졌으므로, 주어진 R과 NR값과 0.5를 우도함수에 대입하여 우도를 구할 수 있다. 이에 반하여, 대립가설을 대변하는 우도($L_1$)의 경우 $\theta$가 변수로 주

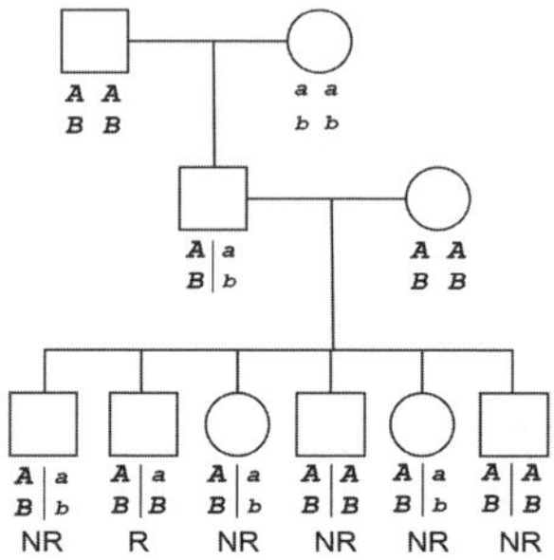


$$L(\theta) = \binom{6}{1}\theta^1 (1-\theta)^5$$

A

$$\log_{10}L(\theta) = \log_{10}\theta + 5\log_{10}(1-\theta)$$

$$\frac{d}{d\theta}\log_{10}L(\theta) = \frac{1}{\theta} - \frac{5}{(1-\theta)} = 0$$

$$1 - 6\theta = 0$$

$$\theta = \frac{1}{6} = 0.166... = 0.17$$

B

$$L(0) = 0$$

$$L(0.01) = 6\times0.01\times(0.99)^5 = 0.0571$$

$$L(0.1) = 6\times0.1\times(0.9)^5 = 0.3543$$

$$L(0.17) = 6\times0.17\times(0.83)^5 = 0.4018$$

$$L(0.2) = 6\times0.2\times(0.8)^5 = 0.3932$$

$$L(0.3) = 6\times0.3\times(0.7)^5 = 0.3025$$

$$L(0.4) = 6\times0.4\times(0.6)^5 = 0.1866$$

$$L(0.5) = 6\times0.5\times(0.5)^5 = 0.0938$$

∴ 우도함수 L($\theta$)는 재조합율 ($\theta$) 이 0.17 일때 최대 (maximum likelihood)가된다

그림 4-3. 우도를 이용한 이점연관분석

어졌으므로, 4.2.3.1에서 살펴본 바와같이, $\theta$가 취할 수 있는 숫자들을 우도함수에 연속적으로 대입함으로서 우도함수 $L_1$를 최대화할 수 있는 재조합율 $\theta$을 추정할 수가 있다(그림 4-4A).

$$LR = \frac{L_1}{L_0} = \frac{L(\theta)}{L(\theta = 0.5)}$$

여기서 얻어지는 우도비 수치들의 $2\log_e(LR)$ 값들은 점근적으로 $x^2_{df=k}$

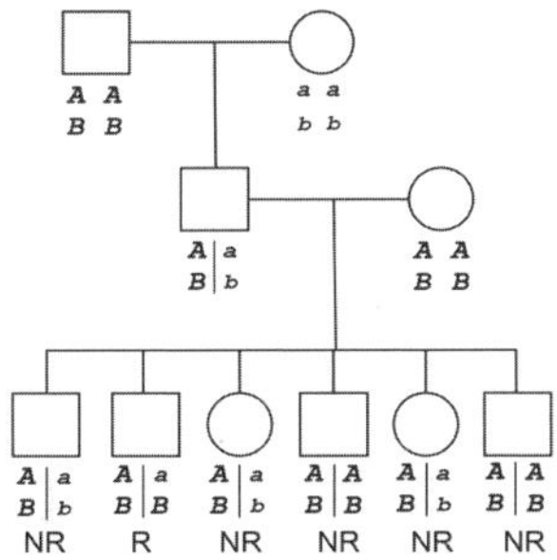


- $H_0$: 유전자 $A$ 와 $B$ 는 연관 되어 있지 않다
- $H_A$: 유전자 $A$ 와 $B$ 는 연관 되어 있다.

$H_0$ 에 대한 우도함수 $L(0.5) = \binom{6}{1}(0.5)^1(0.5)^5$

$H_A$ 에 대한 우도함수 $L(\theta) = \binom{6}{1}\theta^1(1-\theta)^5$

| A 우도비 $LR(\theta) = \frac{\theta^1(1-\theta)^5}{(0.5)^1(0.5)^5}$ | B LOD = $Z(\theta) = \log_{10}LR(\theta)$ |
|---|---|
| $LR(0) = 0$ | $Z(0) = \log_{10}(0) = -\infty$ |
| $LR(0.01) = 0.01\times(0.99)^5/0.0156 = 0.610$ | $Z(0.01) = \log_{10}(0.610) = -0.215$ |
| $LR(0.1) = 0.1\times(0.9)^5/0.0156 = 3.785$ | $Z(0.1) = \log_{10}(3.785) = 0.578$ |
| $LR(0.17) = 0.17\times(0.83)^5/0.0156 = 4.293$ | $Z(0.17) = \log_{10}(4.293) = 0.633$ |
| $LR(0.2) = 0.2\times(0.8)^5/0.0156 = 4.201$ | $Z(0.2) = \log_{10}(4.201) = 0.623$ |
| $LR(0.3) = 0.3\times(0.7)^5/0.0156 = 3.232$ | $Z(0.3) = \log_{10}(3.232) = 0.509$ |
| $LR(0.4) = 0.4\times(0.6)^5/0.0156 = 1.994$ | $Z(0.4) = \log_{10}(1.994) = 0.300$ |
| $LR(0.5) = 0.5\times(0.5)^5/0.0156 = 1.002$ | $Z(0.5) = \log_{10}(1.002) = 0.001$ |

그림 4-4. 우도비와 LOD를 이용한 이점연관분석

분포를 따른다. 일반적으로 k값은 대립가설을 반영하는 $L_1$의 변수 수와 귀무가설을 반영하는 $L_0$의 변수 수의 차로서 구할 수 있는데, 이점연관 분석의 우도비에 있어서는 $L_1$의 변수의 수가 1이고 $L_0$의 경우 변수없이 상수 뿐이므로(k=1-0), $x^2_{df=1}$ 분포를 이용하여 통계적검정을 수행할 수도 있다. 이러한 우도비는 John Haldane과 Cedric Smith (1947)에 의해 처음으로 연관분석에 사용되었다.

이러한 우도비에 George Barnard (1949)는 처음으로 로그를 도입하여 이를 LOD (Logarithm of ODds)라고 명명하였고, 1955년 Newton Morton (1955)은 아래와 같이 10을 로그의 밑으로 하는 LOD (Z)를 연관분석에 처음으로 사용하였다.

$$LOD = Z = log_{10}(LR) = log_{10}\left[\frac{L_1}{L_2}\right] = log_{10}\left[\frac{L(\theta)}{L(\theta = 0.5)}\right]$$

이렇게 구한 LOD값은 재조합율의 최대우도추정치에 대한 유의성을 판단하는데 쓰이는데, 일반적으로 LOD값이 3보다 큰 경우 두 유전자간의 연관이 인정된다. 이것은 두 유전자들이 연관되어 있을 가능성이 연관되지 않을 가능성 보다 1000배가 높다는 것으로 해석할 수 있다. 이에 비하여 LOD값이 -2보다 작다는 것은 두 유전자들간에 연관관계가 인정 되지 않는다. 그림 4-4B에서처럼 재조합율이 0.17일때 최대인 LOD 값이 0.632인데, 이와 같이 LOD값이 -2 에서 3 사이인 경우에는 연관관계에 대한 결론을 내릴 수가 없다. 따라서 더 많은 가계에서 두 유전자의 유전자형을 결정하는 과정이 요망된다.

## 4.3 다점연관분석

두 개의 유전자를 이용하여 연관분석을 할 때는 이점LOD값(two-point LOD socre)을 이용하는데, 3개 이상의 다수의 유전자들을 동시에 이용하는 다점연관분석은 다점LOD값(multi-point LOD score, Z)을 구해서 수행할 수가 있고, 이를 이용하여 유전자지도를 구축할 수 있다. 즉, 연관분석에 포함된 유전자들간의 재조합율과 염색체상에 존재하는 순서를 파악할 수 있다. 이점연관분석과 비교해 볼 때 다점연관분석은 많은 표지유전자를 사용함으로써 생성되는 각각의 상황에 해당하는 유전적연관을 판단할 수 있는 다른 세 종류의 다점 LOD값을 사용하게 된다. 이 세 다점LOD값(Z)은 아래의 식을 이용해서 구할 수 있다(Keats *et al.*, 1991).

$$Z = log_{10} \frac{L_1}{L_2}$$

첫 번째로, 'global support에 대한 다점LOD값($Z_{global\ support}$)'이 있는데, 이 LOD값은 여러 유전자들로 구성되어 있는 유전자지도가 있을 때, 한 새로운 유전자가 이 유전자지도에 삽입이 되는지($L_1$), 안되는지($L_2$) 여부를 검정할 수 있는 통계량이다. 이 경우 $Z_{global\ support}$값이 3 이상일 때, 새로운 유전자의 유전자지도내 삽입이 인정 된다.

두 번째로, 'interval support 다점LOD값($Z_{interval\ support}$)'이 있는데, 이 LOD값은 한 새로운 유전자가 유전자지도상의 삽입이 인정되었을 때, 그 유전자 지도 내 특정 구간 내에 삽입되는지($L_1$), 그 특정 구간이 아닌 다른 구간에 삽입되는지($L_2$) 여부를 검정할 수 있는 통계량이다. 이 경우 $Z_{interval\ support}$ 값이 3 이상일 때 새로운 유전자의 유전자지도내 특정 구간 내 삽입이 인정 된다.

세 번째로 'support for order 다점LOD값($Z_{support\ for\ order}$)' 이 있는데, 이 다점LOD값은 한 새로운 유전자가 유전자지도상의 특정 구간에 삽입이 인정 되었을 때, 가장 가능성 높은 순서 ($L_1$)와, 유전자삽입전의 고려되고 있는 유전자들의 순서 ($L_2$)를 비교하여 유전자지도내 유전자순서를 정하는데 사용될 수 있다. 이 경우도 역시, $Z_{support\ for\ order}$ 값이 3 이상일 때, 새로운 유전자의 유전자지도내 특정 구간 내 삽입 시 유전자들의 새 순

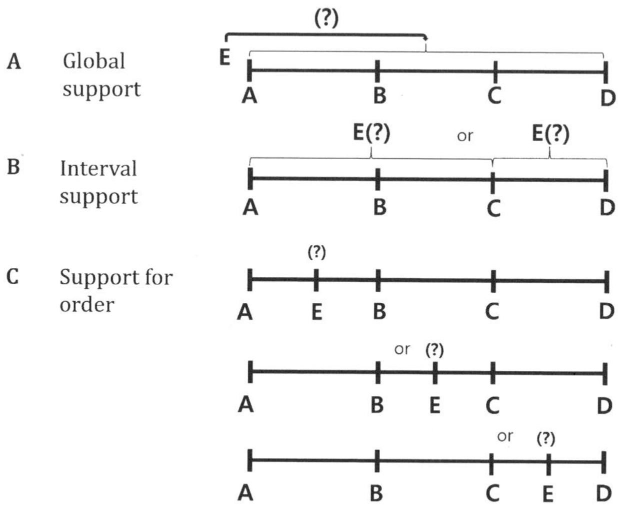


그림 4-5. 다점연관분석의 세 가지 경우. A, B, C, D는 기존 유전자지도상의 유전자좌위를 나타내며, E는 새로 기존 유전자지도에 지도화하려는 유전자이다.

서가 인정된다(그림 4-5).

다점연관분석을 통해서는 동일염색체상의 여러 표지들간의 유전적 거리를 구할 수 있는데, 이 유전적거리는 유전자표지들간의 재조합율을 계산하여 구할 수 있다. 유전적거리를 나타내는 단위는 Morgan (M)인데, 한 번의 감수분열이 일어 날 때 한 번의 교차가 일어날만한 유전적거리가 1 Morgan이 되며, 실제로는 그 백분의 일 단위인 centi Morgan (cM) 단위를 주로 쓰게 된다.

여기서 유전자들간의 거리가 멀 때 재조합율과 유전적거리간에는 한 번 이상의 다중재조합(multiple recombination) 현상으로 인해 선형적 관계가 관찰되지 않을 수 있다. 이를 보정해 주기 위해서는 지도함수(map function)를 사용하여 재조합율을 유전적거리로 바꾸어 유전자지도작성에 사용하게 된다. 최초의 지도함수인 모건지도함수는 Thomas Morgan

과 그의 제자들이 초파리를 이용하여 유전자지도를 작성할 때 사용하였는데, 아래와 같이 재조합율($\theta$)과 유전적 거리간($x$)의 관계가 선형인 지도함수를 사용하였다(Sturtevant, 1913).

$$\theta = x$$

예를 들어서, 두 유전자 사이에 5%의 재조합율을 모건지도함수를 이용하여 유전적거리를 구하면 0.05M 또는 5 cM 으로 변환을 할 수 있다. 이들은 모건지도함수를 사용할 때, 유전자지도상의 유전자들간의 간격이 넓을 경우 생길 수 있는 다중재조합현상을 최대한 억제하기 위해 염색체상의 되도록 많은 유전자를 이용하여 유전자와 유전자간의 간격을 최소화함으로써 유의미한 유전자지도를 작성하였다(Morgan, 1922).

초파리에서처럼 조밀한 유전자지도를 작성하지 못하고 유전자간거리가 넓은 지도를 작성 해야 하는 경우, 널리 쓰이는 지도함수로는 John Haldane과 Damodar Kosambi가 고안한 지도함수가 있다.

우선 재조합율을 할데인지도함수를 이용하여 유전적거리로 바꾸려면, 아래의 식을 이용한다(Haldane, 1919).

$$x = -{}^{1}/_{2}\, log_e(1 - 2\theta)$$

반대로 유전적거리를 재조합율로 바꾸려면 위 함수의 역함수를 이용한다.

$$\theta = {}^{1}/_{2}\,[1 - e^{-2x}]$$

예를 들어서, 두 유전자간의 25%의 재조합율을 할데인지도함수를 이용하여 유전적거리를 구하면, 0.347 Morgan 또는 34.7 centi Morgan(cM)으로 변환을 할 수 있다. 여기서, 할데인지도함수는 다중재조합현상간에 일어 날 수 있는 간섭현상(interference)을 고려하지 않았다. 즉, 할데인은 다중재조합현상이 일어날 때 각 재조합현상은 서로 독립적으로 일어난다는 가정하에서 할데인지도함수를 고안하였다. 이에 비하여 코삼비는 지도함수에 다중재조합현상이 일어날 때 생길 수 있는 비독립적 다중재조합현상, 즉 간섭현상을 고려한 지도함수를 아래와 같이 고안하였다(Kosambi, 1944).

$$x = {}^{1}/_{4}\, log_e \frac{1 + 2\theta}{1 - 2\theta}$$

반대로 유전적 거리를 재조합율로 바꾸려면 위 함수의 역함수를 이용한다.

$$\theta = {}^{1}/_{2} \frac{e^{4x} - 1}{e^{4x} + 1}$$

예를 들어서, 두 유전자 사이에 25% 의 재조합율을 코삼비지도함수를 이용하여 유전적거리를 구하면, 0.275 Morgan 또는 27.5 centi Morgan(cM)으로 변환을 할 수 있다. 여기서, 동일한 재조합율 0.25를 유전적거리로 변환했을 때 할데인 〉 코삼비 〉 모건 지도함수 순으로 유전적 거리가 차이가 나는 것을 관찰할 수 있는 데, 이러한 차이는 유전자간의 거리가 짧을수록 적어진다(그림 4-6).

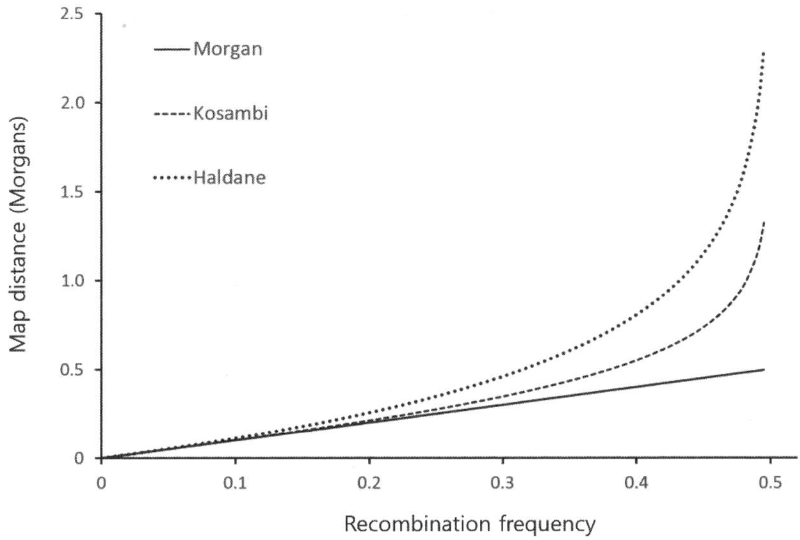


그림 4-6. 재조합율과 유전적거리간의 관계를 나타내는 세 지도함수

## 4.4 형질연관 원인유전자의 유전적 지도화

관심대상형질과 연관된 원인유전자를 표지유전자를 이용하여 지도화하기 위해서 연관분석을 수행하려면 이점연관분석이나 다점연관분석보다 더 복잡한 과정이 필요하다. 이를 위하여 1) 표지유전자에서의 유전자형과 형질의 원인유전자에서의 유전자형간의 관계를 정립해야 하고, 이 두 관계가 정립이 되면, 2) 형질과 연관된 원인유전자에서의 유전자형과 관찰된 표현형변이간의 관계를 정립해야 한다. 이 경우, 표현형과 표지유전자에서의 유전자형이 알려진 관찰가능한 변수가 되며, 형질과 연관된 원인유전자에서의 유전자형이 알려지지 않은 미지의 변

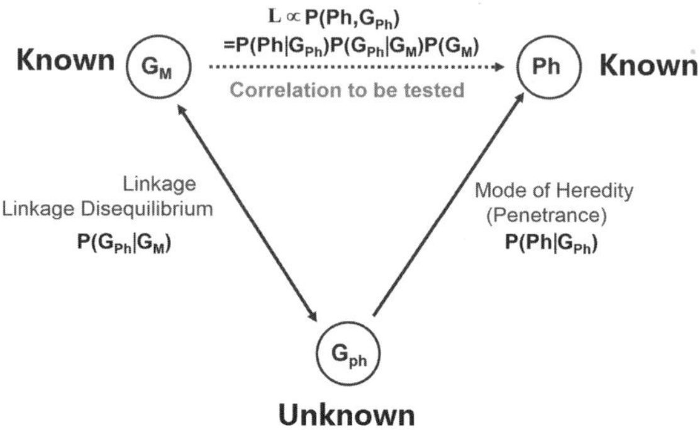


그림 4-7. 표현형(Ph), 표지유전자(GM), 원인유전자(Gph)간의 관계 모식도 (adapted from Terwilliger, 2001)

수가 된다(그림 4-7).

첫 번째, 알려진 표지유전자에서의 유전자형($G_M$)과 형질과 알려지지 않은 미지의 원인 유전자에서의 원인 유전자형($G_{Ph}$)간에 관계는 둘 간에 존재하는 연관관계가 있을 때 생긴다. 이 관계를 관찰된 표지유전자에서 유전자형이 결정되었을 때, 원인유전자에서 어떤 유전자형을 가질 수 있을지에 대한 조건부확률 $P(G_{Ph}|G_M)$로서 표현할 수 있다. 표지유전자와 원인유전자간에 연관관계가 있을 때, 즉 표지유전자와 원인유전자가 염색체상에서 가까이 존재하고 있을 경우 (즉, 두 유전자 사이의 유전적거리가 가까울수록) 주어진 표지유전자형($G_M$)을 통해서 원인 유전자 형($G_{Ph}$)을 정확하게 예측할 수 있는 확률 $P(G_{Ph}|G_M)$이 높아질 수 있다.

두 번째, 알려지지 않은 형질과 연관된 원인유전자에서의 유전자형과 알려진 표현형변이간의 관계를 정립하기 위해서는 '침투율(penetrance)'이라는 개념을 도입해야 한다. 침투율은 어떤 형질과 연관된 원인유전자에서 어떤 유전자형 ($G_{Ph}$)을 가진 개체군이 발현하는 표현형(Ph)에 대한 조건부확률 $P(Ph|G_{ph})$로 정의할 수 있다. 예를 들어, 어떤 가계에서 멘델유전병(단일 유전자에서 변이에 따라서 병의 유무가 결정되는 유전 질환)의 원인

이 되는 유전자가 있다고 하자. 그리고 유전병을 일으키는 D 대립유전자와 질병과 관계없는 d 대립유전자가 이 원인유전자좌위에 존재한다고 하자. 이 경우 표현형은 이 멘델유전병의 유무가 되고, 원인유전자좌위에 DD, Dd, dd 세 가지 유전자형이 가능하다. 만일, 이 유전자가 상염색체상에서 열성(recessive)으로 유전이 된다면 각 질병원인유전자형의 침투율은, 즉 질병 유전자형이 주어졌을 때 각각 P(Disease|DD) = 1, P(Disease|Dd) = 0, P(Disease|dd) = 0이 된다(그림 4-8A). 다른 예로서, 이 유전자가 만일 상염색체상에서 우성(dominant)으로서 유전된다면 각 유전자형의 침투율은 P(Disease|DD) = 1, P(Disease|Dd) = 1, P(Disease|dd) = 0이 된다(그림 4-8B).

하지만, 침투율은 일반적으로 알려지지 않았기 때문에 이를 추정하기 위해서는 추가적으로 유전분리분석(genetic segregation analysis)을 수행하는 것이 필요하다(Sham, 1998). 이 원인유전자와 유전적거리가 가까운 즉 연관이 된 표지유전자의 유전자형 MM, Mm, mm 을 가계 내에서 확보하였다면, 표지유전자와 원인유전자간의 연관분석에 관여하는 세 인자 ($G_{Ph}$, $G_M$, Ph)간의 관계가 P($G_{Ph}$|$G_M$)와 P(Ph|$G_{ph}$)을 이용하여 정립이 될 수 있

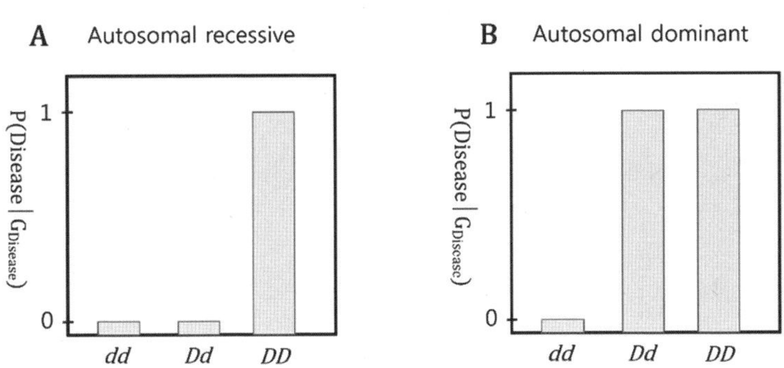


그림 4-8. 질병유발유전자형이 주어졌을 때 실제로 병이 발병할 확률(침투율) 모형
A: 상염색체 열성침투율 모형, B: 상염색체 우성침투율 모형

으며, 비로소 가계에서 표지유전자를 이용하여 형질과 연관된 원인유전자를 지도화하기 위한 우도함수(L)를 아래와 같이 구축할 수 있게 된다(Terwilliger, 2001).

$$L \propto \mathbf{P(Ph, G_M) = P\left(Ph \,|\, G_{Ph}\right)P\left(G_{Ph} \,|\, G_M\right)P(G_M)}$$

단일유전자에 의해 표현형변이가 결정되는 단순멘델형질들의 경우, 소위 완전침투율(complete penetrate, 다르게 표현하면 실무율, all-or-none, 또는 1-or-0)을 적용시키는 것이 가능하기 때문에 원인유전자를 성공적으로 지도화 할 가능성이 매우 높다. 동물에서 보고된 단순멘델형질들의 유전양상 및 원인 유전자들은 OMIA (Online Mendelian Inheritance in Animals, omia.angis.org.au) 에 데이터베이스화 되어 있다.

단순멘델형질과는 달리, 양적형질의 경우 위와 같이 비교적 단순한 유전자형-표현형 관계는 깨지게 되는데, 그 이유는 양적형질의 발현에 다수의 유전자들, 환경요인들, 그리고 이 유전자들간의 상호작용, 그리고 유전자들과 환경요인간의 상호작용 등이 영향을 미치기 때문이다.

이렇게 복잡하고 다원적인 성격의 양적형질의 본질은 유전적 분석적인 관점에서 볼 때, 불완전침투율(incomplete penetrance), 유전적이질성(genetic heterogeneity), 다유전자유전(polygene inheritance), 그리고 비유전적인 관점에서 표현형복사(phenocopy) 등이 원인이 될 수가 있다(Lander and Schork, 1994).

이를 불완전침투율 측면에서 다시 살펴보면 단순멘델형질의 경우 완전침투율이 적용이 가능하여 비교적 용이하게 형질변이에 관여하는 원인유전자를 지도화할 수 있지만, 양적 형질의 경우 실무율침투율 대신 연속적인 표현형변이를 고려한 침투율함수를 설정해야 한다(Lander and

Botstein, 1989, Sillanpää and Corander, 2002). 대부분의 양적형질의 경우 정규분포를 하는 선형모형에 근거한 침투율함수를 설정하여 이용해야 하기 때문에, 각 유전자형별로 최소제곱평균 유전자형 수치와 그 유전자형 수치들의 표준오차가 생성될 수밖에 없다. 따라서, 단순멘델형질을 지도화하기 위한 완전침투율 보다 선형모형에 근거한 침투율함수는 통계적검정력(statistical power)이나 정확도가 떨어지게 된다. 양적형질의 원인유전자지도화가 어려운 것을 유전적이질성(genetic heterogeneity) 측면에서 살펴 볼 수도 있다. 유전적이질성이란 표현형에 영향을 미칠 수 있는 유전변이가 하나 이상의 유전자에서 발견이 되었으나, 다른 유전자에 존재하는 각각의 변이들이 동일한 표현형을 보이는 현상을 말한다. 이때 유전적이질성은 대립유전자형이질성(allelic heterogeneity)와 구별을 할 필요가 있다. 대립유전자형이질성은 유전적이질성과는 달리 한 유전자에 존재하는 여러 대립유전자형들이 동일한 표현형을 보이는 현상으로서 유전적이질성과는 달리 원인유전자의 지도화를 방해하지 않는다.

이를 다유전자유전현상(polygene inheritance) 측면에서 살펴보면, 다수의 유전자들이 표현형발현에 영향을 주는 현상을 말하는데, 대분분의 다유전자유전현상은 환경에도 민감하게 반응하여 표현형발현에 영향을 준다. 따라서, 표현형변이에 영향을 주는 많은 유전적요인 및 환경적요인을 동정 해야 하므로 원인유전자의 지도화가 쉽지 않다. 양적형질의 원인유전자지도화가 어려운 것을 다시 표현형복사(phenocopy) 측면에서 살펴보면, 어떤 유전자에 의해 결정되는 한 표현형이 있을 때, 성, 나이, 환경조건 등 비유전적인 요인들에 의해서도 유전자에 의해 영향을 받는 그 표현형변이와 같은 영향을 주는 경우 원인유전자의 지도화를 방해 받을 수 있다.

이와 같은 어려움들에도 불구하고, 이러한 복잡한 양적형질과 관련된 여러 요인들을 고려하여 양적형질변이에 영향을 미치는 염색체상의 영역 양적형질유전자좌위를 표지유전자를 이용하여 동정할 수 있다(Falconer, 1996; Lynch and Walsh, 1998).

## 4.5 양적형질의 연관분석법

양적형질과 연관된 QTL의 지도화를 위한 첫 단계는 참조가계(reference family)를 구축하는 것이다. QTL의 동정을 위해서 가장 강력한 실험계획법은 유의적 표현형 차이를 보이는 다른 두 근교계통(inbred strain)을 이용하여 교잡가계인 $F_2$가계를 구축하는 것이다. 이는 근교계통에서 QTL 대립 유전자와 유전적표지 대립유전자가 각각의 두 조부모세대($F_0$) 계통에서 완전히 고정되어 있음을 가정하는데 무리가 없기 때문이다. 하지만, 가축에서는 일부 실험동물이나 작물처럼 이러한 근교계통을 찾기가 어렵다. 따라서, 가축을 이용한 QTL연구에서는 서로 다른 두 품종을 이용한 $F_2$집단이 널리 이용되고 있다. 이는 서로 다른 두 품종에서 최소한 QTL 대립유전자는 각각의 두 조부모세대($F_0$)에 오랫동안의 가축화 및 선발과정을 통해서 고정되어 있으리라는 가정이 가능하기 때문이다. 여기서 $F_2$가계는 실험적으로 연구자가 구축을 해야 하지만, 이미 축산현장에 존재하고 있는 교배집단을 이용해서 QTL연구를 수행 할 수 있도록 반형매가계(half-sib)에 기초한 손녀(granddaughter)실험계획법이 소에 적용시키기 위해서 개발되어 사용되고 있다(Weller *et al.*, 1990, Georges *et al.*, 1995). 인간에서도 이미 존재하는 복잡하고 방대한 가계에서 얻은 표지유전자와 양적형질 정보를 이용하여 분산성분(variance component)에 기초한 통계유전학적 방법을 이용하여 QTL을 동정 할 수 있는 방법이 개발되어 널리 사용 되어 오고 있다(Blangero, 2004).

일단, 유전자형 데이터와 표현형 데이터가 $F_2$ 참조가계에서 얻어 졌다면, $F_0$ 세대의 두 품종간 차이를 유전적으로 설명할 수 있는 QTL의 위치와 그 표현형변이에 미치는 효과를 추정 할 수 있는 통계유전학적 분석을 수행 할 수가 있다. 가축에서 QTL동정을 위한 통계유전학 분석 방법 중 하나는 Haley 등이 발표한 최소제곱법에 근거한 구간지도화(interval mapping)방법이다(Haley *et al.*, 1994). 이 방법은 Andersson 등이 돼지에서 QTL을 동정하는데 처음 사용 된 이후 $F_2$교배가계기반으로 실험이 설계된 연구들에서 널리 사용 되고 있는데 서로 뚜렷한 표현형 차이가 나는 두 품종간의 $F_2$교배가계에서 QTL을 동정하는데 최적화 되어 있다(Andersson *et al.*, 1994). 이 방법에서는 QTL의 유전자형이 QQ 와 qq로 각 품종 별로 F0 세대에서 각각 고정되어 있다는 가정 하에 $F_2$ 세대 자손들의 유전자형이 QQ, Qq, qq인지를 추정 할 수 있는 조건부확률을 계산하게 된다. 이 조건부확률은 다점연관분석을 통해서 얻어진 특정 염색체의 유전자지도 내 모든 표지유전자의 유전자형정보를 이용해서 구할 수 있다(Haley *et al.*, 1994). 여기서 구간지도화의 구간의 의미는 표지유전자가 존재하는 지점뿐 만 아니라 표지유전자가 존재하지 않는 구간에서도 역시 QQ, Qq, qq인지를 추정할 수 있음을 뜻하는 것이다. 이 과정이 바로 그림 4-7에서 살펴 본 바와 같이 표지유전자($G_M$)들의 유전자형이 결정되었을 때, QTL이 어떤 유전자형을 가질 수 있을지에 대한 조건부확률 $P(G_{QTL}|G_M)$로서 표현 할 수 있다. 다음 과정으로는 QTL 과 표현형간의 관계를 정립을 해야 한다. 그림 4-7에 따르면 $P(Ph|G_{QTL})$로서 표현할 수 있는데, QTL유전자형 별로 표현형에 어떻게 영향을 미치는가를 아래와 같이 침투율(penetrance)을 상가효과(additive effect) 또는 상가

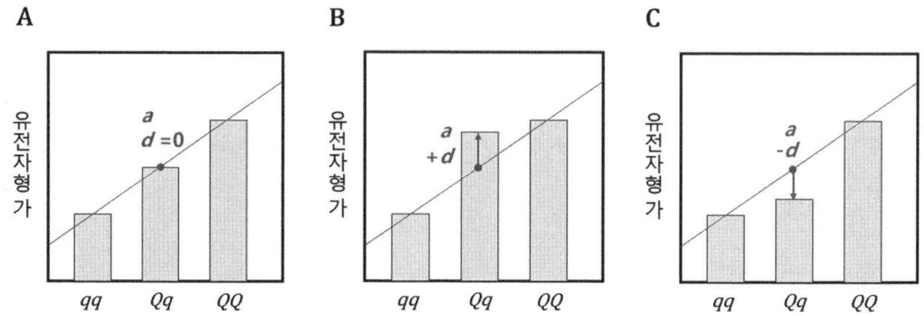


그림 4-9. QTL과 표현형간의 관계에 대한 간략화 된 모형
A: 상가적모형, B: 상가 및 양의 우성모형, C: 상가 및 음의 우성모형

및 우성 (additive and dominance)효과로서 모형화하여 나타낼 수 있다(그림 4-9).

상가적모형에서는 QTL의 Q 대립유전자가 하나씩 증가함에 따라 유전자형가(genotypic value)도 일정하게 증가하는 경우를 보여 준다. 이 상가적효과를 구하기 위한 상가적성분은 아래의 식으로 구할 수 있다.

$$\text{상가적성분}\ (a) = \frac{P(G_{QQ} \mid G_M) - P(G_{qq} \mid G_{M'})}{2}$$

여기서 $P(G_{QQ}|G_M)$는 어떤 $F_2$ 개체에서 표지유전자형이 주어졌을 때 QTL에서 QQ 유전자형을 가질 조건부확률이고, $P(G_{qq}|G_{M'})$는 어떤 $F_2$ 개체에서 특정 표지유전자형이 주어졌을 때 QTL에서 qq 유전자형을 가질 조건부확률이다.

상가적 및 우성 모형은 이형접합체의 유전자형가에 주목한다. 우성효과(dominance effect)는 이형접합체의 유전자형가와 두 동형접합체 유전자형가 평균간에 편차이다. 이형접합체 유전자형가가 두 동형접합체 유전자형가 평균 보다 클 경우 '양의 우성효과(positive dominance effect)'

라고 하고 반대로 평균보다 작을 경우 '음의 우성효과(negative dominance effect)'라고 한다. 우성효과를 구하기 위한 우성성분은 아래의 식으로 구할 수 있다.

$$우성성분\ (d) = P\left(G_{Qq} \,|\, G_{M''}\right) - \frac{P\left(G_{QQ} \,|\, G_M\right) + P\left(G_{qq} \,|\, G_{M'}\right)}{2}$$

이렇게 조건부확률수치를 이용해서 상가적성분과 우성성분을 각각 계산 할 수 있다. 이 두 성분을 F2 가계의 모든 구성원들로부터 구하였으면, 우선적으로 아래와 같이 선형모형에 근거한 아래의 완전모형(full model)과 축소모형 (reduced model)을 구축하여 상가적 QTL지도화 분석에 사용 할 수가 있다.

완전모형 (I): $y = \mu + C_a a + cofactor + e$

축소모형: $y = \mu + cofactor + e$

여기서 y : 양적형질 데이터

μ : 집단의 평균

a : QTL의 상가적성분

$C_a$ : 상가적 효과

Cofactor : 성별, 배치 등의 비유전적효과

e : 잔차

완전모형과 축소모형을 비교해 보면 QTL효과를 나타내는 상가적성분이 축소모형에는 포함되어 있지 않음을 알 수 있다. 따라서 QTL효과가 통계적으로 유의성이 인정이 되면 두 모형간의 잔차제곱합(residual sum of square, RSS) 의 차이가 클 것이고, 반대로 QTL의 효과가 통계적으로 인정이 되지 않는다면 두 모형간의 잔차제곱합 차이는 적을 것으로 기대할 수 있다. 따라서, 두 모형간의 잔차제곱합 차이가 크다면 F−수치가 높게 나올 것이고, 반대로 두 모형간의 잔차제곱합 차이가 작다면 F−수치가 낮게 나올 것으로 예상할 수 있어 이를 아래의 공식을 이용하여 구한 F-수치를 이용해서 아래의 가설검정을 수행 할 수 있다:

- $H_0$: 유전체상의 특정 위치에 QTL 이 존재하고 있지 않다.
- $H_A$: 유전체상의 특정 위치에 QTL 이 존재하고 있다.

$$F - value = \frac{\frac{RSS_{reduced} - RSS_{full}}{df_{reduced} - df_{full}}}{\frac{RSS_{full}}{df_{full}}}$$

여기서 $df_{reduced}$ - $df_{full}$는 완전모형과 축소모형의 간에 변수의 개수 차이 인데, 이 경우에는 변수차이가 $C_a a$ 한 변수에 의해서 일어나므로 1이다. 만일, QTL에 상가적효과 외에 우성효과까지 살펴본다면 위의 완전모형은 아래와 같이 대치하여 분석을 수행 할 수 있다.

$$\text{완전모형 (II)}: y = \mu + C_a a + C_d d + \text{cofactor} + e$$

여기서　　d : QTL의 우성성분

$C_d$ : 우성효과

역시 앞서 언급된 F−수치를 이용하여 QTL의 상가적 및 우성효과가 통계적으로 의미가 있는지 판단할 수 있다. 하지만 이 경우에는 완전모형과 축소모형의 간에 변수의 개수 차이가 2 이므로 $df_{full}$ - $df_{reduced}$에 2

를 대입한다.

이와 같이 QTL동정을 위한 연관분석이란 F-수치를 이용해서 염색체의 특정 위치에서 QTL효과가 유의한지 아닌지를 통계적으로 검정하는 것이며, 이 과정을 유전체의 전체 염색체들을 대상으로 하여 순차적으로 연속적인 수행을 하였을 때, QTL 동정을 위한 전장유전체연관분석(genome-wide linkage analysis, GWLA)이라고 할 수 있다. QTL동정을 위한 전장유전체연관분석에는 F-수치 외에 앞서 살펴본 우도비(LR) 또는 LOD 수치도 널리 쓰인다. 아래 그림과 같이 조사된 염색체상 또는 유전체상에서 가장 높은 F-수치를 보이는 지점이 QTL이 존재 할 수 있는 가장 가능성이 높은 지점이라 할 수 있다(그림 4-10).

QTL의 동정을 위해선 유전체의 각 부분에서 QTL이 존재하는지 많은 수의 통계적 검정이 이루어져야 하고, 이 과정에서 위양성으로 QTL을

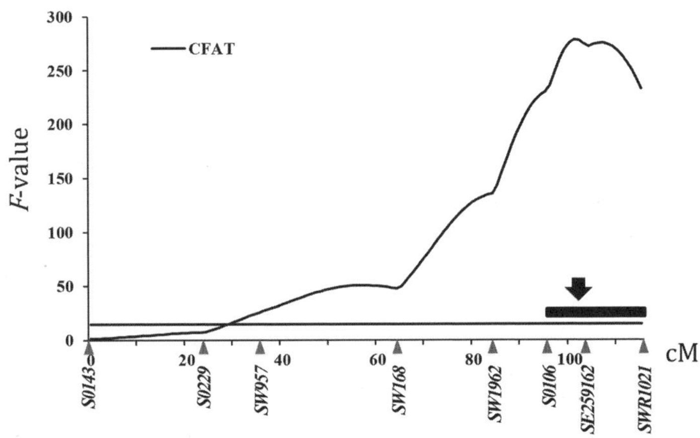


그림 4-10. 돼지 염색체 12번에서 상가적모형을 이용하여 동정이 된 등심 내 조지방함량(CFAT)에 영향을 미치는 QTL그래프(Cho *et al*., 2015). x축은 다점연관분석을 통해서 구축한 돼지 염색체 12번 지도이며, y-축은 F-수치를 나타낸다. 굵은 수평선은 무작위화에 의해 계산한 전장유전체수준의 임계치를 나타내며, 화살표는 QTL이 존재할 확률이 가장 높은 지점을 표시함. 검은 직사각형은 부트스트랩방법으로 추정한 QTL신뢰구간임

동정할 결과(제1종 오류)를 얻을 수 있는 위험정도도 상승하게 된다. 이러한 통계적 다중검정 문제를 해결하기 위해서 Lander와 Kruglyak(1995)은 분석방정식을 이용하여 QTL 분석 모형에 상가적성분과 우성성분의 계수들을 포함 했을 때 LOD수치가 4.2 ($P = 5.2 \times 10^{-5}$)을 초과하게 되면, 이 결과는 유전체수준에서 5%의 유의성을 가진다는 결과를 발표하였다. 이렇게 다중검정을 고려하여 임계치를 구하게 되면 일반적으로 연관분석에 이용되는 LOD=3보다 높은 수치를 얻는다. Churchill과 Doerge(1994)는 이러한 임계치를 구하기 위해 분석방정식을 이용하는 대신 실험을 통해서 얻어진 유전자형과 표현형 데이터를 무작위화를 통해서 적절한 임계치를 구하는 방법을 제시하였다.

그림 4-10 에서 화살표는 QTL이 존재할 확률이 가장 높은 하나의 지점을 추정하여 표시하였으나, QTL분석연구에서는 QTL이 실제로 속할 것으로 기대가 되는 범위 역시 나타내 주는 것이 일반적이다. QTL의 신뢰구간을 구하기 위해서는 부트스트랩방법(Visscher *et al.*, 1996) 또는 LOD 드롭방법(LOD drop)이 쓰인다(Lander and Botstein, 1989).

## 4.6 분석프로그램

가계로부터 얻은 표지유전자와 표현형정보를 이용 하여 연관분석을 수행하기 위해서는 연관분석용프로그램의 구동이 필요하다. 이러한 프로그램들을 정리한 리스트(http://gaow.github.io/genetic-analysis-software/) 중에서 널리 쓰이는 프로그램으로는 CRIMAP, LINKAGE, MENDEL, MERIN, SAGE, SimWalk2 등이 있고 QTL지도화용으로 특화된 프로그램들로는 GridQTL, MAP MANAGER QTX, QTL Cartographer, Qxpak, R/qtl, SOLAR 등이 있다.

## 4.7 앞으로의 전망

1990년대 중반이후 2000년대 초반까지 매우 많은 수의 QTL들이 연관분석법에 의해 여러 축종에서 동정되었으며 논문으로써 발표되었다. 이들 동정된 QTL들은 Animal QTLdb(www.animalgenome.org/QTLdb/)에 데이터베이스화 되어있다. 하지만, QTL을 동정하더라도 그 신뢰구간이 10-30cM에 달해 그 구간 내 존재하는 각각의 유전자들을 후보원인유전자로서 조사하기엔 너무 넓다. 여기서 축종마다 차이가 있지만 대략적으로 1 cM은 1 Mb에 해당한다. 따라서, 후속연구로서 QTL신뢰구간을 줄일 수 있는 QTL미세지도작성이 필요하다.

미세지도작성을 위한 후속연구로는 수많은 표지유전자가 집적되어 있는 DNA칩을 기반으로 한 전장유전체관련성분석을 도입하는 것이 있다. 2005년 인간에서 최초로 복잡형질에 영향을 주는 원인유전자를 GWAS를 통해서 규명한 후(Klein *et al.*, 2005), GWAS는 인간뿐만 아니라 가축에서도 QTL미세지도작성을 위한 일반적인 연구방법이 되어 가고 있다. 하지만, GWAS는 소수대립유전자빈도(minor allele frequency, MAF)가 5% 이상인 커먼DNA변이체(common DNA variant)와 관련되어 있는 유전자를 동정하는 데 최적화되어 있다. 여기서 주의해야 할 사항은 커먼 DNA 변이체 들은 대부분의 경우 복잡형질의 유전적 변이에 큰 부분을 설명하지 못하는 것으로 알려져 있다(Manolio *et al.*, 2009, Kemper *et al.*, 2012). 따라서 복잡형질의 유전적 변이에 커먼DNA변이체들이 설명하지 못하는 부분을 보완하기 위해서는 그 동안 DNA칩분석에 기반한 GWAS 에서 주목 받지 못했던 MAF가 1% 미만인 레어DNA변이체(rare DNA variant)를 QTL미세지도작성에 도입할 필요가 있다(Gibson, 2012). 레어DNA변이체를 효율적으로 검출하여 사용하기 위해서는 앞서 3장에서 자세히 살펴본 차세대염기서열결정기법(next generation sequencing, NGS)이 필요한데, 이 NGS기법을 이용해서 검출된 레어DNA변이체 데이터는 가계를 이용한 연관분석법을 통해서 효율적으로 QTL초미세지도작성에 이용될 수 있다(Ott *et al.*, 2015). 따라서, 양적형질을 분석하기 위한 연관분석법은 NGS기법에 의해 생성된 커먼 및 레어 DNA변이체들이 일반화되어 표지로 쓰일 향후에도 QTL동정을 위한 중요한 통계유전학적방법으로서 이용될 수 있음을 전망할 수 있다.

## 〈참고문헌〉


1. Andersson L., Haley C.S., Ellegren H., Knott S.A., Johansson M., Andersson K., Andersson-Eklund L., Edfors-Lilja I., Fredholm M., Hansson I. and *et al.* (1994) Genetic mapping of quantitative trait loci for growth and fatness in pigs. *Science* 263, 1771-1774.
2. Barnard G.A. (1949) Statistical inference. *J. R. Stat. Soc. Series B Stat. Methodol.* 11, 115-149.
3. Blangero J. (2004) Localization and identification of human quantitative trait loci: king harvest has surely come. *Curr. Opin. Genet. Dev.* 14, 233-240.
4. Botstein D., White R.L., Skolnick M. and Davis R.W. (1980) Construction of a genetic linkage map in man using restriction fragment length polymorphisms. *Am. J. Hum. Genet.* 32, 314-331.
5. Cho I.C., Yoo C.K,. Lee J.B,. Jung E.J., Han S.H., Lee S.S., Ko M.S., Lim H.T. and Park H.B. (2015) Genome-wide QTL analysis of meat quality-related traits in a large F2 intercross between Landrace and Korean native pigs. *Genet. Sel. Evol.* 47, 7.
6. Churchill G.A. and Doerge R.W. (1994) Empirical threshold values for quantitative trait mapping. *Genetics* 138, 963-971.
7. Falconer D.S., Mackay T.F.C. (1996) Introduction to Quantitative Genetics (4th ed.). Longman Group. Harlow.
8. Fisher R.A. (1918) The correlation between relatives on the supposition of Mendelian inheritance. *Trans. R. Soc. Edinburgh* 52, 399-433.
9. Fisher R.A. (1922) On the mathematical foundations of theoretical statistics. Philosophical Transactions of the Royal Society of London. Series A, Containing Papers of a Mathematical or Physical Character 222, 309-368.
10. Georges M., Nielsen D., Mackinnon M., Mishra A., Okimoto R., Pasquino A.T., Sargeant L.S., Sorensen A., Steele M.R., Zhao X. and *et al.* (1995) Mapping quantitative trait loci controlling milk production in dairy cattle by exploiting progeny testing. *Genetics* 139, 907-920.
11. Gibson G. (2012) Rare and common variants: twenty arguments. *Nat. Rev. Genet.* 13, 135-145.
12. Haldane J. (1919) The combination of linkage values and the calculation of distances between the loci of linked factors. *J. Genetics* 8, 299-309.
13. Haldane J. and Smith C. (1947) A new estimate of the linkage between the genes for colour-blindness and haemophilia in man. *Ann. Eugenics* 14, 10-31.
14. Haley C.S., Knott S.A. and Elsen J.M. (1994) Mapping quantitative trait loci in crosses between outbred lines using least squares. *Genetics* 136, 1195-1207.

15. Hearne C.M., Ghosh S. and Todd J.A. (1992) Microsatellites for linkage analysis of genetic traits. *Trend. Genet.* 8, 288-294.
16. Keats B.J., Sherman S.L., Morton N.E., Robson E.B., Buetow K.H., Cartwright P.E., Chakravarti A., Francke U., Green P.P. and Ott J. (1991) Guidelines for human linkage maps: an international system for human linkage maps (ISLM, 1990). *Genomics* 9, 557-560.
17. Kemper K.E., Visscher P.M. and Goddard M.E. (2012) Genetic architecture of body size in mammals. *Genome Biol.* 13, 244.
18. Klein R.J., Zeiss C., Chew E.Y., Tsai J.Y., Sackler R.S., Haynes C., Henning A.K., San Giovanni J.P., Mane S.M., Mayne S.T., Bracken M.B., Ferris F.L., Ott J., Barnstable C. and Hoh J. (2005) Complement factor H polymorphism in age-related macular degeneration. *Science* 308, 385-389.
19. Kosambi D.D. (1944) The estimation of map distance from recombination values. *Ann. Eugenics* 12, 172-175.
20. Lander E. and Kruglyak L. (1995) Genetic dissection of complex traits: guidelines for interpreting and reporting linkage results. *Nat. Genet.* 11, 241-247.
21. Lander E.S. and Botstein D. (1989) Mapping mendelian factors underlying quantitative traits using RFLP linkage maps. *Genetics* 121, 185-199.
22. Lander E.S. and Schork N.J. (1994) Genetic dissection of complex traits. *Science* 265, 2037-2037.
23. Lynch M.W.B. (1998) Genetics and Analysis of Quantitative Traits. Sinauer Associates, Inc., Sunderland.
24. Manolio T.A., Collins F.S., Cox N.J., Goldstein D.B., Hindorff L.A., Hunter D.J., McCarthy M.I., Ramos E.M., Cardon L.R., Chakravarti A., Cho J.H., Guttmacher A.E., Kong A., Kruglyak L., Mardis E., Rotimi C.N., Slatkin M., Valle D., Whittemore A.S., Boehnke M., Clark A.G., Eichler E.E., Gibson G., Haines J.L., Mackay T.F., McCarroll S.A. and Visscher P.M. (2009) Finding the missing heritability of complex diseases. *Nature* 461, 747-753.
25. Morgan T.H. (1922) On the mechanism of heredity (Croonian Lecture). *Proc. R. Soc. B, B* 94, 162-197.
26. Morton N.E. (1955) Sequential tests for the detection of linkage. *Am. J. Hum. Genet.* 7, 277.
27. Neymann J.P.E. (1933) On the problem of the Most Efficient Tests of Statistical Hypotheses. *Philos. Trans. R. Soc. Lond. Series A* 231, 289-337.
28. Ott J. (1999) Analysis of Human Genetic Linkage (3rd ed.). Johns Hopkins University Press. Baltimore.
29. Ott J., Wang J. and Leal S.M. (2015) Genetic linkage analysis in the age of whole-ge-

nome sequencing. *Nat. Rev. Genet.* 16, 275-284.

30. Provine W.B. (1971) The Origins of Theoretical Population Genetics. University of Chicago Press. Chicago.
31. Sax K. (1923) The association of size differences with seed-coat pattern and pigmentation in Phaseolus vulgaris. *Genetics* 8, 552.
32. Sham P. (1998) Statistics in Human Genetics. Arnold. London.
33. Sillanpää M.J. and Corander J. (2002) Model choice in gene mapping: what and why. *Trend. Genet.* 18, 301-307.
34. Terwilliger J.D. (2001) On the resolution and feasibility of genome scanning approaches. *Adv. Genet.* 42, 351-391.
35. Visscher P.M., Thompson R. and Haley C.S. (1996) Confidence intervals in QTL mapping by bootstrapping. *Genetics* 143, 1013-1020.
36. Walsh B. (2001) Quantitative genetics in the age of genomics. *Theor. Popul. Biol.* 59, 175-184.
37. Watson J.D. and Crick F.H. (1953) Molecular structure of nucleic acids; a structure for deoxyribose nucleic acid. *Nature* 171, 737-738.
38. Weller J.I., Kashi Y. and Soller M. (1990) Power of daughter and granddaughter designs for determining linkage between marker loci and quantitative trait loci in dairy cattle. *J. Dairy Sci.* 73, 2525-2537.

# 제5장
# QTL 동정을 위한 관련성분석

# 5.1 유전적 관련성분석

## 5.1.1 유전적 관련성의 개요

유전적 관련성(genetic association)은 한 집단 내에서 하나 또는 그 이상의 유전자형에 의해 특정 형질이 우연히 발생될 것으로 예상되는 것보다 빈번하게 나타나는 것을 의미한다. 따라서 유전적 관련성분석은 유전체에 존재하는 유전적 변이(genetic variation)의 빈도와 형질의 관계를 통계적인 분석을 통해 형질과 유의하게 관련된 유전적 변이를 찾아내기 위한 분석방법이다. 이는 개개의 효과가 적은 다수의 유전좌위와 환경의 효과가 축적되어 나타나는 대부분의 경제형질에 해당하는 복잡형질(complex trait)에 관여하는 유전좌위를 규명하기 위한 방법으로 많이 사용되고 있다.

복잡형질에 관여하는 유전좌위 발굴은 유전체의 다형성을 기반으로 분석하며 이를 위해 다형성의 표지인자들을 찾기 위한 다양한 방법들이 개발되었다. 특히 제한효소절편다형성(restriction fragment length polymorphism), 임의증폭다형DNA(random amplified polymorphic DNA)과 단일가닥입체다형성(single strand conformation polymorphism), 단편반복서열(short tandem repeat), 유전자복제수변이(copy number variation)나 단일염기다형성(single nucleotide polymorphism)과 같은 방법들이 사용되어왔고, 현재 단일염기다형성이 가장 빈번히 사용되고 있다.

소수의 유전자에 의해서 발현되는 형질의 원인유전좌위를 밝히는데 많이 사용되는 연관분석(linkage analysis)은 낮은 해상도(low map resolution)와 20cM 보다 큰 신뢰구간(confidence interval)을 가지기 때문에 이를 바탕으로 특정 형질과 관련된 유전좌위를 찾는데 어려움이 있다. 또한 상대적으로 유전효과의 크기가 작은 유전좌위를 발굴하는데 있어서 비효율적이기 때문에 복잡형질의 유전자를 발굴하는데 있어서는 유전적 관련성분석이 일반적으로 사용되고 있다.

단일염기다형성의 유전자형결정(genotyping)은 전장유전체의 유전좌위 정보를 획득할 수 있는 기술의 눈부신 발전으로 가능해졌다. 단일염기다형성들을 집적시켜 만든 단일염기다형성 유전자형결정칩(SNP genotyping chip)의 개발과 차세대염기서열분석(next generation sequencing, NGS)방법의 개발로 유전체상에 다량의 단일염기다형성 표지인자의 정보를 빠르고 저렴한 비용으로 획득하는 것이 가능해졌다.

표 5-1. 동물유전체의 참조 염기서열 정보

| 종(학명) | 유전체 크기 (Gb) | 염색체수 (2n) | 유전자수 | 배포명 (배포 연도, 출처) |
|---|---|---|---|---|
| 닭 (Gallus gallus) | 1.23 | 78 | 25,062 | Gallus-gallus-5.0 (2015, NCBI) |
| 개 (Canis familiaris) | 2.25 | 78 | 30,186 | CanFam3.1 (2011, NCBI) |
| 고양이 (Felis catus) | 2.9 | 38 | 34,949 | ICGSC Felis_catus_8.0 (2014, NCBI) |
| 양 (Ovis aries) | 2.62 | 54 | 29,110 | Oar_v4.0 (2012, NCBI) |
| 소 (Bos Taurus) | 2.7 | 30 | 32,432 | Bos_taurus_UMD_3.1.1 (2014, Bovinegenome) |
| 돼지 (Sus scrofa) | 2.46 | 38 | 38,792 | Sscrofa10.2 (2011, NCBI) |
| 말 (Equus caballus) | 2.43 | 64 | 26,948 | EquCab2.0 (2007, NCBI) |
| 토끼 (Oryctolagus cuniculus) | 2.74 | 44 | 29,098 | OryCun2.0 (2009, NCBI) |

NCBI(https://www.ncbi.nlm.nih.gov/genome), Bovinegenome(http://bovinegenome.org/)

특히 2004년에 처음으로 닭의 유전체 지도가 완성된 이후, 소, 돼지, 개, 고양이, 양 등 다양한 동물의 전장유전체 염기서열이 해독되어 표준 유전체의 지도가 완성되면서 동물에서의 유전적 관련성연구가 더욱 수월하게 되었다(표 5-1).

유전적 관련성분석을 통해 발견된 유전적 변이는 각 개체의 복잡형질의 다양성뿐만 아니라 유전적인 질병과 이에 대한 감수성에도 영향을 미친다. 발굴된 유전좌위는 유전적 개량을 위한 동물육종의 필수적인 자료이다. 이는 개체의 능력을 조기에 평가하는데 이용할 수 있어 능력검정에 필요한 시간과 노력을 줄일 수 있는 이점도 있다.

## 5.1.2
## 유전적 관련성연구 방법

### 5.1.2.1 연구설계

연구 목적에 맞는 유전적 관련성분석을 위해서 어떤 개체를 연구 집단으로 선정하여 형질과의 유전적 변이를 분석할지 적절하게 연구를 설계하는 것이 필요하다. 일반적으로 연구자들이 관심을 두고 있는 집단에 존재하는 모든 개체들을 다루는 것은 거의 불가능에 가깝기에, 모집단을 대표로 하는 표본을 추출해야 할 필요가 있다. 동물을 대상으로 연구를 설계할 때는 주로 실험-대조군설계(case-control design), 가족기반설계(family-based design)를 사용한다.

실험-대조군설계는 실험군(case)과 대조군(control) 집단 사이에 유전자형의 빈도를 비교하여 형질에 가장 큰 영향을 미치는 유전적인 요인을 발굴하는 방법이다. 이 방법은 두 집단 사이의 층화(population stratification)가 나타날 수 있다. 따라서 이를 최소화하기 위해 대조군의 나이 및 성별과 같은 변수를 실험군과 비슷하게 맞추기도 한다.

가족기반설계는 유전적 변이와 형질 사이의 관련성을 가족들 내에서 평가하는 것이다. 이 방법은 실험군 수준에서의 층화로 인한 문제점을 피할 수 있어 통계적인 강건성(statistical robustness)를 줄 수 있다. 하지만 가족 내(within-family) 분석은 여러 가족(across families)을 이용한 분석보다 유의한 효과를 발굴하기 위한 검정력이 감소할 수도 있다. 실제로 동물의 전장유전체관련성분석연구(genome-wide association study)는 기존의 양적형질유전좌위 동정(QTL mapping)을 하기 위해 만들어 놓은 집단이나 동일한 육종설계에 의해 만들어진 가계구조를 갖는 집단에 적합한 연구설계가 많이 이용되고 있다.

### 5.1.2.2 통계분석방법

#### 5.1.2.2.1 분석모형

유전적 관련성을 분석하고자 할 때, 선형회귀(linear regression)와 로지스틱회귀(logistic regression)와 같은 단순회귀모형을 이용한다.

선형회귀모형은 유전자형빈도와 형질 간의 관계를 다음과 같이 일차함수 형태의 직선으로 모형화시키는 것을 말한다.

$$y = x\beta + \varepsilon$$

여기서 y : 형질에 대한 벡터

x : 유전자형을 포함한 고정효과 설계 벡터

β : 고정효과값

ε : 잔차값 ($\varepsilon \sim N(0, \sigma^2)$)

이는 실제 값들과의 수직 거리 차이를 최소화하도록 하는 최소제곱법(least square method)을 이용해 구할 수 있다. 이 모형은 분석하고자 하는 형질이 연속변이라는 가정을 한다. 그래서 이를 이용해 질적형질을 분석하는 것은 그 중간 값이 불명확해지므로 부적합하다. 이 모형은 양적형질에 주로 쓰인다.

로지스틱회귀모형은 유전자형빈도와 형질 간의 관계를 다음과 같이 로지스틱함수형태로 모형화시키는 것을 말한다.

$$\boldsymbol{y} = \frac{1}{(1 + \mathrm{e}^{-\beta \mathbf{x}})} + \boldsymbol{\varepsilon}$$

여기서 y : 형질에 대한 벡터

x : 유전자형을 포함한 고정효과 설계 벡터

β : 고정효과값

ε : 잔차값 ($\varepsilon \sim N(0, \sigma^2)$)

위 방정식은 특정 대립유전자의 발생빈도에 따른 형질의 조건부확률을 계산하는 최대우도법(maximum likelihood method)을 통해 구할 수 있다. 이 모형은 선형회귀모형과 달리, 불연속변이의 특성을 나타내는 질적형질을 분석하고자 할 때 효과적이다.

하지만 동물을 대상으로 관련성분석을 할 때는 그 계통 구조가 매우 복잡하기 때문에, 특정 대립유전자에 대한 고정효과(fixed effect)만을 고려하는 이러한 단순회귀모형으로는 분석효과를 기대하기는 어렵다. 이 문제점을 보완하기 위해, 고정효과 외에 추가적으로 다인자유전효과

(polygenic effect)를 랜덤효과(random effect)로 포함시키는 선형/로지스틱 회귀혼합모형 (linear/logistic regression mixed model)이 쓰인다(Aulchenko *et al.*, 2007). 더 나아가 유전체정보에 기초한 유전관계를 이용한 혼합모형도 도입되었다(Lippert *et al.*, 2011). 이는 다음과 같은 분석모형의 형태를 취하고 있다.

$$y = x\beta + g + \varepsilon$$

여기서 y : 형질에 대한 벡터

x : 유전자형을 포함한 고정효과 설계 벡터

β : 고정효과값

g : 랜덤다인자유전효과값($g \sim N(0, G\sigma^2)$)

G : n×n의 유전적관계행렬

ε : 잔차값($\varepsilon \sim N(0, I\sigma^2)$)

I : n×n의 단위행렬

유전적관계행렬은 일반적으로 연관평형(linkage equilibrium) 관계에 있는 변이체들의 유전자형을 사용해서 추정할 수 있는 유전관계계수(genetic relationship coefficient)로 구성되어 있다. 두 개체의 유전관계계수는 다음과 같이 추정할 수 있다.

$$\left(\sum_{i=1}^{N_c-1} N_i\right)^{-1} \sum_{i=1}^{N_c-1} \sum_{j=1}^{N_i} \frac{(n_{ijk} - 2p_{ij})(n_{ijl} - 2p_{ij})}{2p_{ij}(1 - p_{ij})}$$

여기서 $N_c$ : 염색체수

$N_i$ : i번째 염색체에 있는 변이체수

$p_{ij}$ : i번째 염색체에 있는 j번째 변이체의 소수대립유전자빈도
$n_{ijk}(n_{ijl})$: k(l)번째 개체의 i번째 염색체에 있는 j번째 변이체의 소수대립유전자수(0/ 1/ 2)

랜덤다인자유전분산성분과 잔차분산성분은 일반적으로 무적분제한최대우도(derivative-free restricted maximum likelihood)와 평균정보제한최대우도(average information restricted maximum likelihood) 등의 제한최대우도(restricted maximum likelihood)를 이용해서 추정할 수 있다. 랜덤다인자유전효과는 혼합모형방정식에 추정된 분산성분값들을 이용하여 얻을 수 있다.

회귀혼합모형의 분석에서는 분산성분추정의 의존도가 크므로 분산성분추정에 신중을 기해야 한다. 회귀혼합모형분석은 고정효과만을 포함하는 회귀모형과 비교할 때 검정력을 높이는 효과가 있다(Shin and Lee, 2015).

#### 5.1.2.2.2 유전모형

표현형과 유전자형 간의 관계를 특정해 설명하는 모형을 유전모형(genetic model)이라 한다. 일반적으로 가법(additive) 모형, 유전자형(genotypic) 모형, 열성(recessive) 모형, 우성(dominant) 모형 등을 그 예로 들 수 있다. 두 개의 대립유전자(A, a)를 가지는 단일염기다형성을 가정했을 때, 존재할 수 있는 유전자형은 A/A, A/a, a/a 가 있다. 가법모형은 이 세 가지 유전자형에서 대립유전자 A 또는 a 의 개수에 따라 표현형에 미치는 효과가 배로 증가하는 것을 말한다. 유전자형모형은 이 세 가지 유전자형 모두 개별적인 효과를 나타내는 것을 말한다. 그 밖에 열성모형은 대립유전자 a 에 대해 열성을 가정, 우성모형은 대립유전자 a 에 대해 우성을 가정하여 그 효과를 추정하는 방법이다. 표 5-2에서 보는 바와 같

이 유전자형에 대한 효과를 상대적인 수치로 나타낼 수 있다. 유전자형 효과를 위한 유전모형은 각각의 유전자형에 대한 효과를 추정하여야 한다.

표 5-2. 대립 유전자형에 대한 효과

| 유전자형 | 유전모형 | | |
|---|---|---|---|
| | 가법 | 열성 | 우성 |
| A/A | $\beta_0$ | $\beta_0$ | $\beta_0+\beta_3$ |
| A/a | $\beta_0+\beta_1$ | $\beta_0$ | $\beta_0+\beta_3$ |
| a/a | $\beta_0+2\beta_1$ | $\beta_0+\beta_2$ | $\beta_0$ |

참고적으로 공우성(codominant) 모형은 A/a 유전자형효과가 A/A, a/a 유전자형효과로 추정할 수 있으며, 초우성(overdominant) 모형과 불완전 우성(incomplete dominant) 모형은 A/a 유전자형효과가 A/A, a/a 유전자형 효과로 추정할 수 없다.

특정 유전모형에서 표현형분산이 얼마나 잘 설명될 수 있는지는 유의성으로 판단이 가능하다. 일례로, 한우의 도체율에 대한 전장유전체관련성분석연구 에서는 총 5개의 유전모형(가법, 열성, 우성, 공우성, 초우성)을 이용하였다(Lee *et al*., 2013a). 이 유전모형 중 열성 및 공우성 유전모형에서 통계적인 유의성을 나타냈으며(P 〈 $1.11\times10^{-5}$), 이를 통해 도체율에 대한 분산이 열성 및 공우성 유전모형으로 설명될 수 있다고 판단할 수 있다.

#### 5.1.2.2.3 분석프로그램

동물유전체자료를 이용하여 QTL동정을 할 때는 단순회귀모형보다는 혼합회귀모형을 이용하는 것이 효과적이다. 이는 동물유전체의 복잡성을 다루기에 효과적이기 때문이다. 분석모형, 유전모형, 모수추정 등에서 특성이 다른 PLINK, TASSEL, EMMA/EMMAX, GenABEL 등의 분석프로그램에 대한 이해가 요구된다.

**PLINK**: 집단기반관련성분석을 다양하게 수행할 수 있는 오픈소스분석프로그램으로, 개체별 표현형정보와 유전자형정보를 이용하여 분석할 때 가장 많이 쓰인다(http://pngu.mgh.harvard.edu/~purcell/plink/). 유전체자료의 세부구조를 조정하기 위한 주성분분석(principal component analysis)과 가족기반관련성분석을 수행할 수 있지만, 동물집단의 복잡성 전체를 다루기엔 어려움이 있다. 일반적으로 전장유전체관련성분석연구를 간단하고 빠르게 수행하고자 할 때 유용하게 쓰인다.

**TASSEL**: 혼합모형관련성분석을 수행하는 분석프로그램으로, 집단 및 가족구조를 조정하기 위해 표지인자 자료를 기반으로 무작위 효과를 고려해 분석을 수행한다(www.maizegenetics.net/tasselx). 대규모 전장유전체관련성 분석연구의 자료를 이용하여 분석을 수행할 때, 큰 크기의 표본에서의 계산 시간 단축 및 통계적 검정력(statistical power) 확보를 위해 개체들을 군집화시키는 단축혼합모형이 도입되었다.

**EMMA/EMMAX**: EMMA(Efficient Mixed-Model Analysis)는 표현형분포를 모형화하는 고밀도 표지인자를 이용해 집단구조를 효과적으로 조정할 수 있다. 단, 대규모 전장유전체 자료에 이러한 조정을 수행하는데는 연 단위의 천문학적인 시간이 소요되는 문제를 안고 있다. 이에 EMMAX(EMMA eXpedited)는 전장유전체관련성분석연구에 소요되는 분석시간을 연 단위에서 시간 단위로 단축시키는 방법으로 고안된 것으로, 계통발생적모형을 이용하여 자료에 있는 유전적 관계들을 모형화한다(http://genetics.cs.ucla.edu/emmax/).

**GenABEL**: 혼합회귀모형을 기반으로 전장유전체관련성분석연구에 적용할 수 있는 프로그램이다. GRAMMAR라는 기능을 도입하여, 모든 개별적인 단일염기다형성에 혼합모형이 수행되지 않도록 표지인자 자료를 기반으로 다인자유전효과를 사전에 조정하여 분석한다(www.genabel.org). 여기서 단일염기다형성효과에 대해서 과소평가할 수 있는 가능성은 GRAMMAR-Lambda라는 조정 인자 도입으로 해결되었다.

## 5.1.3
## 유전적 관련성연구의 유의점

### 5.1.3.1 유전적 이질성(genetic heterogeneity)

유전적 이질성은 한 유전자 내의 한 유전좌위(allelic heterogeneity) 혹은 유전좌위 간(genic/locus heterogeneity)에 서로 다른 유전요인이 각각의 개체에서 동일한 복잡 형질의 발현에 영향을 미치는 것을 의미한다. 즉, 대립유전자형의 빈도수와 유전적 구조의 상황에 따른 의존성(context-dependency) 등을 포함한 복잡형질의 내재적 이질성(inherent heterogeneity)으로 나타날 수 있다. 따라서, 유전적 관련성연구의 결과를 추론하는 데에 주의를 기할 필요가 있다.

### 5.1.3.2 연관불평형(linkage disequilibrium)

유전적 관련성연구에서 사용되는 유전좌위는 특정 유전체 영역(genomic region)에 존재하는 단일염기다형성을 대표할 수 있는 표지인자를 선별하여 연구를 수행한다. 따라서 발굴된 유전좌위는 그 자체가 형질에 영향을 미치는 원인유전좌위로 역할을 할 수 있다. 하지만 원인유전좌위와의 연관불평형으로 인해서 표지인자로 발굴될 수도 있다. 연관불평형은 동일 염색체상의 서로 다른 두 유전자좌위에서 관찰되는 대립유전자들 사이에 존재하는 무작위적이지 않은 연관 관계를 말한다. 즉, 두 유전좌위가 연관평형 관계일 경우, 생식세포가 분열할 때 두 유전좌위 사이에 교차가 일어나서 각각 독립적으로 유전될 수 있지만 연관불평형 관계일 때는 두 유전좌위가 같이 유전되는 확률이 높아진다. 이는 표지인자로서 역할을 하는 유전좌위는 실제 원인유전좌위와 높은 연관불평형 관계에 있을 수 있기 때문일 수 있다. 따라서 발굴된 유전좌위를 중심으로 정밀유전자지도작성(fine mapping)을 통해 원인유전자 및 유전변이를 규명하는 분석이 필요하다.

연관불평형은 재조합률에 의해서 큰 영향을 받는다. 일반적으로 성염색체의 일부 영역, 그리고 동원체와 가까운 영역과 같이 재조합률이 낮은 영역일수록 연관불평형 정도가 높다. 반면에 진성염색질영역과 재조합이 빈번히 일어나는 유전좌위와 같이 재조합률이 높은 지역에서 연관불평형이 낮게 관찰된다.

또한 연관불평형은 그 집단의 역사와 진화, 동물의 육종체계나 지리적 구획의 패턴 등을 반영한다. 가축과 같이 유효집단의 크기가 작고 강한 선발을 겪은 집단은 연관불평형의 정도가 높다. 뿐만 아니라 표지인자의 종류(단연쇄반복, 단일염기다형성 등), 유전자표지의 분포와 개수에 의해서도 영향을 받는다. 따라서 유전적 관련성연구에서 통계적 검정력을 확보하기 위해서는 대상집단의 연관불평형의 정도를 고려하는 것이 중요하다. 연관불평형 정도가 낮은 집단일수록 고밀도의 표지인자가 필요하다. 따라서, 유전체선발과 효과적인 관련성연구, 정밀유전자지도작성을 위해 필요한 유전자표지의 개수를 설정하는 것이 중요하다.

## 5.2 후보유전자 관련성연구

### 5.2.1 후보유전자 관련성연구의 개요

후보유전자 관련성연구는 특정 후보유전자를 가지고 복잡형질에 관여하는 유전좌위를 찾는 분석방법이다. 일반적으로 기존 연구에서 어떤 형질과 관련이 있다고 밝혀진 유전자나 특정형질의 생물학적 경로와 관련된 유전자들을 후보로 선정하여 후보유전자 내의 유전변이가 복잡형질이나 유전자발현조절 또는 단백질생산과 관련이 있는지에 대하여 연구한다. 후보유전자 관련성분석은 복잡형질들이 관여하는 경우에 있어 들이는 노력과 시간, 비용에 비해 유전요인을 밝힐 수 있는 확률이 크기 때문에 동물, 특히 경제성을 중요시 하는 가축의 복잡형질에 관여하는 유전좌위를 발굴하는 데에 활용되기도 하는 방법이다(Ryu and Lee, 2016). 연구할 형질과 관련하여 어떤 유전자에 대해 분석할 지를 미리 선정하여 연구하는 방법이기는 하나 양적형질유전좌위 동정에 실패하는 경우도 종종 있기 때문에 후보유전자 선정에 신중을 기해야 한다.

### 5.2.2 유전좌위의 선정

원하는 동물 품종의 유전체자료를 바탕으로, 연관분석을 통해 형질과 연관이 있는 유전적 범위를 설정하여 그 부분에서 후보가 될 수 있는 유전자나 유전변이를 선정한다. 또한 이미 연구가 이루어졌거나 원하는 형질과 관련된 생물학적 경로와 연관된 유전자들을 후보유전자로 선정할

그림 5-1. 유전좌위 선정 과정의 예

수 있다. 선정된 후보유전자 내에서도 연관지도작성(LD mapping) 등을 통해 각 부분을 대표할 수 있는 표지인자로 범위를 좁혀 유전적 관련성연구를 시행해야 한다. 최종적으로 어떤 유전변이가 원하는 형질에 영향을 주는 기능을 하는 단백질과 연관이 있는지를 찾아내야 하기 때문이다. 집단의 크기나 대립유전자의 빈도에 따라서도 통계적 검정력이 달라질 수 있기 때문에 이런 부분도 고려하여 연구를 진행해야 한다(그림5-1).

동물에서의 후보유전자 관련성분석은 인간유전체자료를 기반으로 후보유전자를 선정하여 시행하는 경우가 많다. 동물보다는 인간에서의 유전체연구가 선행하여 수행되었기 때문이다. 종종 품종에 따라 유전적 변이가 크기 때문에 유전좌위의 선정은 중요한 과정이다. 또한 유전좌위를 제대로 선정하지 않으면 특정형질과의 유의한 연관성을 발굴할 확률이 낮아지고 양적형질유전좌위 동정이 실패할 가능성도 높아지기 때문에 신중한 유전좌위 선정이 필요하다.

## 5.2.3

## 후보유전자 관련성분석의 장단점

후보유전자 관련성분석의 단점은 후보유전자를 선정하기 전에 형질에 대한 이해와 유전정보에 대한 이해가 필요한데 아직까지는 알려진 것보다 알려지지 않은 부분이 더 많다는 한계가 있다. 그리고 복잡형질에 있어서는 유전적 요인 뿐 아니라 환경적 요인도 작용하게 되는데, 집단이 매우 커야만 각각 독립된 유전적 요인들에 대해서 확인할 수 있다. 또한 연구자가 선정한 후보유전좌위에서의 연관성만을 보는 것이므로 그 제한된 부분 외의 다른 유전체영역에 있는 유전변이와 관련된 연관성은 찾을 수 없다. 또한 후보유전자 관련성연구는 앞서 밝혀진 사실을 바탕으로 연구하는 것이기 때문에 어떤 형질의 관련성분석결과에 대해서 맨 처음의 연구가 강한 신뢰도를 가져 재현되지 않을 수도 있다는 것이다. 하지만 이것으로 후보유전자 관련성연구의 결과를 신뢰할 수 없다고 말하기는 어렵다. 재현되지 않는다는 것은 실제 생물학적 차이에 의한 것이거나 연구설계, 즉 다른 집단이거나 형질의 정의에 대한 차이에 의한 것으로 같은 후보유전자나 유전변이라 하더라도 다른 집단에서는 다른 형질과 관련이 있을 수 있기 때문이다. 또 다른 경우로, 같은 유전자에서 다른 부분을 선택해서 유전자형을 결정하고 관련성분석을 시행하였을 때도 그 결과가 달라질 수 있다. 연관불평형을 통해 후보유전좌위가 원인이 되는 부분과 간접적으로 연관성이 있다고 판단하게 되는데, 같은 유전자 내에 있더라도 어떤 유전체영역을 선택하느냐에 따라서도 연관불평형의 구조가 서로 전혀 다를 수 있기 때문이다. 마찬가지로 집단마다 연관불평형의 구조가 달라질 수 있기 때문에 같은 유전자에 대해 전혀 다른 연구가 이루어질 수도 있다.

후보유전자 관련성분석 연구의 장점은 이미 후보유전자가 어떤 형질과 관련이 있는지, 그 형질과 관련한 생물학적 경로 내에서 어떤 역할을 하는지 알고 있기 때문에 비교적 빠르고 저렴하게 시행할 수 있다는 장점이 있다. 또한 후보유전자분석을 통해 발굴된 유전자 변이체는 형질에 대한 무작위의 실험-대조군 연구에서 그 관련성이 확인된 것이므로, 어떤 형질에 대한 예측이나 진단, 형질이 발현될 가능성을 나타내는 생물 지표로도 활용될 수 있다(Peters *et al.*, 2010). 그러나 현재는 다양한 기술의 발달로 다른 종류의 관련성분석방법을 수행하여 노력이나 경제적 비용 등을 절감하고 있기 때문에 후보유전자 관련성연구는 감소하고 있다.

# 5.3 전장유전체관련성연구

## 5.3.1 전장유전체관련성연구의 개요

전장유전체관련성연구(Genome-wide association study)는 유전체 전반에 걸친 단일염기다형성 표지인자를 이용하여 복잡형질과의 관련성 연구를 수행하여 유의한 유전좌위를 발굴하는 방법이다. 이는 분자유전학의 눈부신 발전으로 전장유전체 염기서열이 해독되어 유전체 상에 존재하는 수백만 개 이상의 단일염기다형성이 발굴되었다. 또한 이 유전변이를 분석할 수 있는 고밀도 집적 단일염기다형성 칩의 상용화로 인해 한번에 대량의 유전자형을 분석하는 것이 가능해짐에 따라 전장유전체관련성연구가 시작되었다. 이를 바탕으로 지난 10여년간 유전체 전장의 유전변이를 대상으로 전장유전체관련성연구를 이용해서 인간의 질병과 관련된 원인유전좌위를 발견할 수 있었다. 현재 복잡형질의 원인유전자 발굴에 널리 이용되고 있다.

동물분야에서도 여러 종에 대한 표준염기서열지도가 완성된 후, 동물유전체에 분포하고 있는 다양한 유전적 변이의 정보를 얻을 수 있는 단일염기다형성 칩이 상용화되어 꾸준히 발전하고 있다(표5-3). 그에 따라 가축에서도 다양한 경제형질과 관련된 유전적 변이를 찾기 위해 전장유전체관련성연구가 활발히 진행되고 있다(표5-4).

표5-3. 동물에서 빈번하게 쓰이는 단일염기다형성 칩 플랫폼

| 종 | 상용화칩 | 단일염기다형성수 |
|---|---|---|
| 소 | Illumina BovineHD Genotyping BeadChip | 777,962 |
| 개 | Illumina CanineHD BeadChip | 173,662 |
| 양 | Illumina OvineHD BeadChip | 606,006 |
| 돼지 | Affymetrix Axiom Porcine Array | 658,692 |
| 말 | Affymetrix Axiom Equine Genotyping Array | 670,796 |
| 닭 | Affymetrix Axiom Chicken Genotyping Array | 580,961 |

전장유전체관련성연구로부터 도출된 결과를 이용하여 특정 형질에 관련된 유전좌위 발굴뿐만 아니라, 더 나아가 동물의 경제형질 개량에도 활용할 수 있다. 전장유전체관련성연구로부터 발굴된 유전좌위를 이용한 유전체선발(genomic selection)이라는 새로운 방법을 통해 능력검정 기록이 없는 개체의 육종가를 추정할 수 있다(Meuwissen *et al*., 2001). 유전체선발은 유전체에 전체적으로 분포한 수많은 유전좌위의 정보와 개체의 표현형 정보를 분석한 결과를 이용하여 각 유전좌위가 개체의 형질에 기여하는 값을 추정한다. 추정된 유전좌위에 따른 효과를 종합하여 아직 형질이 나타나지 않은 개체의 형질을 추정하여 선발하는 방법이다. 이 방법은 기존의 선별방법보다 육종가추정의 정확도가 높으며, 세대간의 간격을 줄이고 혈통 오류를 감소시키며, 유전력이 낮은 복잡형질에 대해서도 육종가를 추정할 수 있는 장점이 있다. 소의 홀스타인과 앵거스 품종의 유전능력을 추정하는 연구에도 전장유전체관련성연구가 많이 적용되고 있다.

표 5-4. 전장유전체관련성연구의 주요 성과

| 종 | 품종(개체수) | 표현형질 | 후보유전좌위 | 참고문헌 |
|---|---|---|---|---|
| 소 | Holstein(1,654) | 우유생산량 (milk yield) | GNAS외 14개 | Cole *et al*., 2011 |
| | | 유지율 (milk fat percentage) | DGAT외 15개 | |
| | | 유단백율(milk protein percentage) | MGMT외 12개 | |
| | Angus 외 8품종 (940) | 근내지방도 (intramuscular fat percentage) | TNC 외 13개 | Bolormaa *et al*., 2011 |
| | | 우둔살지방 (rump fat) | TNC 외 1개 | |
| | | 연도 (meat tenderness) | CAST 외 7개 | |
| 돼지 | Duroc based sire (987) | 안드로스테논 (androstenone levels) | CYP2A19외 5개 | Duijvesteijn *et al*., 2010 |
| | Large White line 외 1품종(820) | 등지방두께(backfat) | MC4R 외 137개 | Fan *et al*., 2011 |
| | | 등심면적 (loin muscle area) | BMP2 외 65개 | |
| | | 지제(overall leg action) | HOXA1 외 62개 | |
| | Landrace 외 2품종(1,242) | 근내지방함량 (intramuscular fat content) | PTPRZ1 외 27개 | Nonneman *et al*., 2013 |
| | | 조리손실(cookloss) | PRKAG3 외 7개 | |
| | | 육즙침출정도 (purge loss) | PALM2외 6개 | |
| | | 산도(pH) | GLUL 외 8개 | |
| 양 | Soay(107) | 뿔형태 (Horn morphology) | RXFP2 | Johnston *et al*., 2011 |
| | Sunit 외 2품종 (329) | 이유후증체량(post-weaning gain) | GRM1외 10개 | Zhang *et al*., 2013 |
| 닭 | White Leghorn 외 1품종 (746) | 계란생산성 및 품질 (egg production and quality traits) | GALNT1 외 7개 | Liu *et al*., 2011 |

## 5.3.2 통계적 검정력

전장유전체관련성연구는 복잡형질과 유전체 상에 존재하는 단일염기다형성과의 관련성을 분석하는 방법이기 때문에 각 단일염기다형성의 효과 크기가 작다. 또한 수많은 단일염기다형성에 대한 관련성분석을 동시에 시행하기 때문에 높은 유의수준을 요한다. 따라서 작은 집단을 가지고 전장유전체관련성연구를 수행했을 때 통계적 검정력이 저하될 수 있다.

통계적 검정력이란 추론의 핵심적 도구로써 유전적 관련성연구결과의 타당성과 신뢰도가 결정되는 기본이 되며 특정 형질과 관련 있는 유전자를 찾는데 매우 중요하다. 이러한 검정력에 영향을 미치는 요소에는 표본의 크기, 유전좌위의 효과 크기, 그리고 유의수준 등이 있다. 표본크기란 연구에 참여하는 대상의 수 또는 실험 단위를 뜻하는 것으로, 적정한 표본크기는 통계적으로 신뢰성 있는 유의한 연구결과를 효율적으로 얻기 위해 중요하다. 유의 수준이 엄격할수록, 효과크기가 작을수록 연구의 적절한 검정력을 높이기 위해 큰 크기의 표본확보가 필요하다. 최근에는 통계적 검정력을 높이기 위해 컨소시엄을 구성하거나 개별적인 연구들의 추정치를 종합하여 분석하는 메타분석(meta-analysis)이 시행되는 등 집단의 크기를 점점 크게 하고 있는 추세이다.

적정한 표본크기를 구하는 프로그램으로 SPSS에서 나온 sample power(http://www.ibm.com/analytics/us/en/technology/spss), PASS(https://www.ncss.com/software/pass) 등이 있고, 통계적 검정력을 구할 수 있는 프로그램들은 QUANTO(http://hydra.usc.edu/gxe), G*Power(http://www.gpower.hhu.de), R의 pwr(http://www.r-project.org) 등이 있다.

## 5.3.3
## 자료의 정도 관리

일반적으로 전장유전체관련성연구에서 자료의 정도 관리(data quality control)의 기준이 되는 것에는 소수 대립유전자의 빈도(minor allele frequency), 결측률(missing rate), 하디-와인버그평형(Hardy-Weinberg equilibrium), 집단간 층화 차이가 있다.

전장유전체관련성연구에서는 단일염기다형성의 소수 대립유전자 빈도가 일정 수준 이하로 낮아 형질과의 관련성을 발굴하기 어렵다는 문제가 있어 기설정한 임계값 이하의 소수 대립유전자 빈도를 가진 유전좌위는 제외하고 전장유전체관련성연구를 수행한다. 일반적으로 쓰이는 임계값은 0.05 정도이다. 이는 유전적으로 복잡형질과 관련된 유전좌위의 경우 집단 내의 빈도가 작지 않을 것이라는 가설에 부합한다.

또한 전장유전체관련성연구는 집단에 속한 많은 개체들의 유전정보를 가지고 분석하기 때문에 결측값으로 인해 분석결과에 편향을 초래해 위양성(false-positive)이나 위음성(false-negative)과 같은 잘못된 관련성 분석결과를 가져올 수 있다. 이를 줄이고 전장유전체관련성분석결과의 신뢰도를 높이기 위해서 결측률이 일정 수준 이하인 단일염기다형성이나 개체의 경우는 분석에서 제외하는 것이 일반적이다.

전장유전체관련성연구에서 유전자형 자료가 하디-와인버그법칙을 따르지 않는 유전좌위는 자료에 오류가 있는 경우가 대부분이고 전장유전체관련성연구에 적절한 대상이 아니기 때문에 분석에서 제외시킨다. 하디-와인버그법칙은 무작위교배가 일어나고 있는 큰 집단에서 돌연변이, 선발, 이주와 같은 유전자를 변화시키는 외부적 요인이 작용하지 않을 때 대립유전자의 비율이 세대를 거듭해도 변하지 않고 일정하게 유지 된다는 것이다. 하디-와인버그평형 검사는 실제 실험에 사용된 자료의 선별이 잘 수행되었는지, 집단의 유전자형 또는 유전자형의 빈도가 일정하게 유지되는지를 확인하는 유용한 분석방법이다.

하디-와인버그평형을 만족시키기 위해서는 집단 내에서 대립유전자의 빈도가 평형 상태에 이르기까지 수 세대의 무작위적 교배가 반복되어야 한다. 집단간 층화는 특히 혈연관계가 복잡한 동물의 집단에서 대립유전자빈도의 차이로 나타나며, 이는 유전적 관련성분석결과의 편향을 초래할 수 있다. 집단간 층화에 따른 차이는 유전적 관련성 연구에서 중요하기 때문에, 연구집단 내의 개체들의 유전적 배경은 중요하게 다뤄야 하는 문제이다.

전장유전체관련성연구에서 연구대상의 집단간 차이를 보정하는 방법으로는 측정된 자료가 이질성 정도를 얼마나 포함하고 있는지 추론하여 보정하는 것이 일반적이다. 추정된 통계치들의 부풀려진 비율을 낮춰 위양성 결과를 줄일 수 있는 유전체조절법(genomic control), 군집화 알고리즘을 사용하여 연구집단 내에 하위집단을 추정하고 분석하는 구조화분석법(structured analysis), 그리고 집단의 계층적 차이를 추정하여 자료를 제거 혹은 분리하고 분석하는 주성분분석 등의 방법들이 있다.

집단간 층화 문제를 줄이기 위해 최근 선형혼합모형이 제안되기도 하였다. 그러나, 전장유전체관련성연구는 많은 수의 단일염기다형성을 검정해야 하기 때문에 선형혼합모형을 적용할 때 시간이 지나치게 많이 소요된다. 이러한 문제를 해결하기 위해 GenABEL이라는 분석방법이 제안되었지만 유전력이 크거나 효과크기가 큰 단일염기다형성이 존재할 경우 그 결과가 편향적일 수 있다. EMMA 알고리즘은 GenABEL과는 다르게 단일염기다형성의 효과크기와 분산모수를 정확히 계산하는 방법으로 제안되었고, EMMA의 계산속도를 더욱 향상시킨 FaST-LMM,

GEMMA 알고리즘도 제안되었다.

### 5.3.4
### 결측값대체

전장유전체관련성연구의 유전형자료에서 결측값이 다수 발생한다. 이로 인해 분석되는 자료의 수가 감소하여 결과의 정확성을 낮출 수 있다. 결측값대체(imputation)는 결측값을 가지고 있는 개체가 속한 집단의 연관불균형을 활용하여 대체값을 추정하는 방법과 대립유전자빈도의 평균값을 적용하는 방법 등으로 수행되며 이를 통해 추정한 대체값을 넣어 분석한다. 일반적으로 결측값대체를 위해 MaCH, Beagle, PLINK 등의 프로그램이 사용된다.

### 5.3.5
### 다중검정

최근 전장유전체관련성연구에서는 많은 수의 단일염기다형성을 이용하여 형질과의 관련성 분석을 시행하므로 다중비교(multiple comparison)의 문제점이 발생한다. 통계적 가설검정을 여러 번 동시에 함으로써 위양성의 비율이 증가하게 되기 때문에 이를 보정하기 위해 다중검정(multiple testing)을 시행한다. 전장유전체관련성연구에서는 이러한 오류를 보정하기 위해 일반적으로 본페로니보정법(Bonferroni correction)과 오류발견률(false discovery rate), 그리고 순열검정(permutation test) 등의 다중검정 방법을 이용하고 있다.

본페로니보정법은 P-value 값을 분석한 유전적 변이체의 개수(k)로 나누는 것으로, P-value 값의 임계치를 0.05로 설정하면 본페로니보정법에 의한 유의수준은 0.05/k로 표시한다. 간단하다는 장점이 있지만 분석하는 단일염기다형성의 수가 증가함에 따라 P-value가 급격히 감소하여 위음성 오류가 발생하기 때문에 검정력이 떨어진다는 단점이 있다.

이를 보완하기 위해서 P-value 값의 감소를 완만하게 하여 결과의 유의성을 높이는 오류발견률방법은 많은 수의 유전자표지를 이용하는 유용한 방법이다. 오류발견률은 전체 양성(total positive)에 대한 위양성의 비율을 의미하며, 오류발견률방법을 이용하면 P-value 값을 가장 큰 것부터 작은 것까지 순차적으로 줄여서 자료의 양이 증가하여도 진양성이 제거되는 비율이 낮아져 통계적 검정력이 적게 감소하는 장점이 있다.

그 외에, 많은 양의 측정자료를 분석하는 경우 정확한 보정방법으로 순열검정을 이용하기도 한다. 실제 분석결과에 대한 유의성을 계산하고, 분석에 사용된 자료에서의 가능한 다양한 조합을 만들어 그 조합에서 만들어진 자료의 유의성을 다시 분석한다. 즉, 만들어진 자료의 유의성을 바탕으로 실제자료의 유의성을 비교, 검정하는 방법이다. 그러나 현실적으로는 계산량이 너무 많다는 단점이 있다.

### 5.3.6
### 앞으로의 전망

각종 동물에 대한 전장유전체관련성연구로부터 경제형질과 관련된 유전자들이 일부 밝혀진 바 있다. 앞으로 전장유전체관련성연구에서 특정 형질에 대한 단일염기다형성의 효과를 보다 정확하게 추정하기 위해서는 위에서 언급한 집단크기, 표지인자밀도, 집단구조 등의 연구 설계에 보다 세심한 주의가 필요하다. 동물의 복잡형질에 대해서 단일 염기다형성이 전장유전체 관련성연구에서 광범위하게 적용되어 왔으며, 이들의 양적형질 유전좌위에 대한 검출능력을 향상시켰다. 현재 차세대염기서열분석 등의 기술의 발전은 빠른 비용감소로 이어지고 있고 이는 전장유전체관련성연구의 분석자료로 활용되고 있으며 그 활용도가 가속화 할 것으로 기대된다. 이들 전장유전체 관련성연구로부터 나온 이러한 결과는 복잡형질과 관련한 동물의 유전적 구조를 이해하는데 도움을 줄 것이며, 육종프로그램을 향상시키는데 기여할 것이다.

## 〈참고문헌〉

1. Aulchenko, Y.S., de Koning, D.J. and Haley, C. (2007) Genomewide rapid association using mixed model and regression: a fast and simple method for genomewide pedigree-based quantitative loci association analysis. *Genetics* 177, 577-585.
2. Bolormaa, S., Neto, L.R., Zhang, Y.D., Bunch, R.J., Harrison, B.E., Goddard, M.E., and Barendse, W. (2011) A genome-wide association study of meat and carcass traits in Australian cattle. *J. Anim. Sci.* 89, 2297-2309. 10.2527/jas.2010-3138.
3. Cole, J. B., Wiggans, G. R., Ma, L., Sonstegard, T. S., Lawlor, T. J., Crooker, B. A., Van Tassel, C.P, Yang, J., Wang, S., Matukumalli, L.K., and Da, Y. (2011). Genome-wide association analysis of thirty one production, health, reproduction and body conformation traits in contemporary US Holstein cows. *BMC genomics* 12, 408.
4. Duijvesteijn, N., Knol, E.F., Merks, J.W., Crooijmans, R.P., Groenen, M.A., Bovenhuis, H., and Harlizius, B. (2010) A genome-wide association study on androstenone levels in pigs reveals a cluster of candidate genes on chromosome 6. *BMC Genetics* 11, 42.
5. Fan, B., Onteru, S. K., Du, Z. Q., Garrick, D. J., Stalder, K. J., and Rothschild, M. F. (2011) Genome-wide association study identifies loci for body composition and structural soundness traits in pigs. *PLoS One* 6, e14726.
6. Johnston, S.E., McEwan, J.C., Pickering, N.K., Kijas, J.W., Beraldi, D., Pilkington, J.G., Pemberton, J.M., and Slate, J. (2011) Genome-wide association mapping identifies the genetic basis of discrete and quantitative variation in sexual weaponry in a wild sheep population. *Mol. Ecol.* 20, 2555-2566.
7. Lippert, C., Listgarten, J., Liu, Y., Kadie, C.M., Davidson, R. I. and Heckerman, D. (2011) FaST linear mixed models for genome-wide association studies. *Nat. Methods* 8, 833-835.
8. Liu, W., Li, D., Liu, J., Chen, S., Qu, L., Zheng, J., Xu, G., and Yang, N. (2011) A genome-wide SNP scan reveals novel loci for egg production and quality traits in white leghorn and brown-egg dwarf layers. *PLoS One* 6, e28600.
9. Meuwissen, T.H.E., Hayes, B.J. and Goddard, M.E. (2001) Prediction of total genetic value using genome-wide dense marker maps. *Genetics* 157, 1819-1829.
10. Nonneman, D. J., Shackelford, S. D., King, D. A., Wheeler, T. L., Wiedmann, R. T., Snelling, W. M., and Rohrer, G. A. (2013) Genome-wide association of meat quality traits and tenderness in swine. *J. Anim. Sci.* 91, 4043-4050.
11. Peters, B.J., Rodin, A.S., De Boer, A. and Maitland-van der Zee, A.H. (2010) Methodological and statistical issues in pharmacogenomics. *J. Pharm. Pharmcol.* 62, 161-166.

12. Ryu, J. and Lee, C. (2016) Genetic association of marbling score with intragenic nucleotide variants at selection signals of the bovine genome. *Animal* 10, 566-570.

13. Shin, J. and Lee, C. (2015) Statistical power for identifying nucleotide markers associated with quantitative traits in genome-wide association analysis using a mixed model. *Genomics* 105, 1-4.

14. Zhang, L., Liu, J., Zhao, F., Ren, H., Xu, L., Lu, J., Zhang, S., Zhang, X., Wei, C., Lu, G., Zheng, Y., and Du, L. (2013) Genome-wide association studies for growth and meat production traits in sheep. *PLoS One* 8, e66569.

# 제6장
# 마커도움선발

# 6.1 서론

전통적으로 가축의 선발은 혈통과 표현형에 기반한다. 최적선형불편추정법 (best linear unbiased prediction, BLUP)은 이 두 자료를 조합하여 육종가를 추정하는데, DNA마커라는 또 다른 자료를 활용할 수 있다.

마커도움선발(marker-assisted selection, MAS)은 QTL과 연관평형(linkage equilibrium)을 이루는 DNA마커를 이용하는 방법(LE-MAS), QTL과 연관불평형(linkage disequilibrium)을 이루는 DNA마커를 이용하는 방법(LD-MAS) 및 표현형의 대사작용에 관여하는 원인돌연변이(causal mutation) 유전자에 기반한 원인유전자도움선발(gene-MAS)방법으로 분류할 수 있다.

이 세 MAS방법들은 가축개량에 적용되고 있는데(Dekkers, 2004), 예를 들면 돼지에서는 번식, 사료섭취량, 성장, 체형, 육질 등의 개선을 위한 LD-MAS 또는 gene-MAS를 활용하는 보고가 있었으며(Plastow 등, 2003), 젖소의 경우 국가유전능력평가프로그램에 LE-MAS를 적용한 사례들이 프랑스와 독일에서 보고되었다(Biochard 등, 2002; Bennewitz 등, 2003).

LE-MAS방법은 실행하는데 있어서 어려움이 있는데, 그 이유는 마커와 QTL이 서로 가까이 위치하고 있지 않아서 마커와 QTL대립인자들간의 연관관계(linkage phase)가 해당 집단내의 반형매 또는 전형매 가계마다 다를 수 있기 때문이다. 따라서 선발반응의 효과를 높이기 위해서는 MAS를 적용하기 전에 각 가계별 마커와 QTL 대립인자간의 연관관계를 반드시 확인하여야 한다.

이와 같은 LE마커 적용의 한계성 때문에 본 장에서는 LD마커에 중점을 두려고 하며, 또한 이제는 대용량 SNP들을 담고 있는 SNP chip을 활용할 수 있기 때문에(Meuwissen 등, 2001) QTL과 매우 가까이 위치하는 SNP마커를 이용하는 LD-MAS를 다루고자 한다.

본 장에서는 LD-MAS적용을 두 단계 과정으로 설명하고자 한다. 첫 번째 단계는 참조집단(reference population)을 이용하여 마커들의 효과를 추정하고, 두 번째 단계는 표현형성적을 가지고 있지 않은 선발후보개체들에 대하여 마커유전자형에 근거한 육종가추정이다. 하지만, IBD(identity-by-descent) 기반 LD-MAS방법을 적용 시, 첫 번째와 두 번째 단계를 동시에 수행하는 경우도 있다.

## 6.2 단일마커를 이용한 LD-MAS 적용방법

5장에서 언급했던 것처럼 마커효과 측정치는 $\hat{g}$로 표시할 수 있는데, 상가적효과만을 고려하고 두 대립인자만을 가지고 있을 때는 스칼라 값이며, 그렇지 않은 경우에 벡터로 나타낸다. 표현형이 없고 유전자형만을 가진 선발후보개체들에 대한 마커추정육종가(molecular estimated breeding value, MEBV)는 다음과 같이 나타낸다.

$$\text{MEBV} = X\hat{g}$$

여기서 X는 마커효과에 대한 유전자형의 설계행렬이다. 예로 i번째 개체의 SNP유전자형이 11이면 $X_i$는 0이며, 유전자형이 12이면 1, 유전자형이 22이면 $X_i$는 2로 표시된다.

실제로 양적형질에 있어서 대부분의 경우 하나의 마커효과가 전체 유전자형분산을 크게 설명하고 있진 않는데(젖소 염색체 14번에 위치하는 유량관련 DGAT유전자는 예외), 이는 MEBV와 관측할 수 없는 실제육종가간의 상관, 즉 MEBV의 정확도가 낮다는 것을 의미한다.

따라서 MEBV에 의하여 설명되는 유전자형 분산비율을 높이고자 두 가지 방법을 적용할 수 있는데, 즉 다중마커를 사용하거나 해당 마커효과 이외에 다중유전자효과(polygenic effect)를 보정하는 방법이다.

MEBV추정에 다중유전자효과는 다음과 같이 나타낼 수 있다:

$$MEBV = \hat{u} + X\hat{g}$$

여기서 $\hat{u}$는 다중유전자효과를 나타내는 벡터이다. 이 효과들은 선발후보개체들이 참조집단을 구성하는 개체들의 후손일 경우 마커효과와 동시에 추정되어야 한다.

만약에 선발후보개체들이 표형형기록도 가지고 있다면 MBEV추정은 위에서 언급된 두 단계를 거치지 않고 혼합선형모형을 이용하여 한 단계 과정만으로 추정될 수 있다.

표현형을 가진 개체들과 그들의 후손들에 대한 MEBV를 추정해 보는 사례를 다음과 같은 모의실험을 통하여 수행해 볼 수 있다. 한 SNP의 대립인자 1의 효과가 0이고 대립인자 2의 효과가 1이며, 그 집단의 유전자형분산이 2이고 참 다중유전자육종가의 경우 개체 1번은 3이고, 개체 5번은 -3이며, 개체 2, 3, 4, 6, 7, 8, 9, 10번의 경우 0이라고 가정해 보자. 또한 잔차의 경우 평균이 0이고 분산이 1인 임의분포를 한다고 가정한다면, 한 모의실험을 통해 다음과 같은 SNP유전자형과 표현형자료를 생성할 수 있다.

| Animal | Sire | Dam | Phenotype | SNP allele 1 | SNP allele 2 |
|---|---|---|---|---|---|
| 1 | 0 | 0 | 3.53 | 1 | 1 |
| 2 | 0 | 0 | 3.54 | 1 | 2 |
| 3 | 0 | 0 | 3.83 | 1 | 2 |
| 4 | 0 | 0 | 4.87 | 2 | 2 |
| 5 | 0 | 0 | 1.91 | 1 | 2 |
| 6 | 0 | 0 | 2.34 | 1 | 1 |
| 7 | 0 | 0 | 2.65 | 1 | 1 |
| 8 | 0 | 0 | 3.76 | 1 | 2 |
| 9 | 0 | 0 | 3.69 | 1 | 2 |
| 10 | 0 | 0 | 3.69 | 1 | 2 |
| 11 | 1 | 2 | - | 1 | 2 |
| 12 | 1 | 4 | - | 2 | 1 |
| 13 | 5 | 6 | - | 1 | 1 |
| 14 | 5 | 7 | - | 2 | 1 |
| 15 | 5 | 8 | - | 2 | 2 |

여기서 표현형기록이 없는 11번부터 15번 개체들의 MEBV를 추정하고자 한다. 우선은 아래 공식에 의하여 BLUP방법에 의한 자료로부터 다중유전자 육종가와 SNP효과를 계산할 것이다:

$$y = 1'_n m + Xg + Zu + e$$

다중유전자효과와 SNP효과를 계산하기 위하여:

$$\begin{bmatrix} \hat{\mu} \\ \hat{\mathbf{g}} \\ \hat{\mathbf{u}} \end{bmatrix} = \begin{bmatrix} \mathbf{1_n'1_n} & \mathbf{1_n'X} & \mathbf{1_n'Z} \\ \mathbf{X'1_n} & \mathbf{X'X} & \mathbf{X'Z} \\ \mathbf{Z'1_n} & \mathbf{Z'X} & \mathbf{Z'Z+A^{-1}}\lambda \end{bmatrix}^{-1} \begin{bmatrix} \mathbf{1_n'y} \\ \mathbf{X'y} \\ \mathbf{Z'y} \end{bmatrix}$$

여기서 $1_n$과 X는 아래와 같은 표현형 관측개수에 해당하는 dimension을 구성하고 있다.

| Record | $1_n$ | X |
|---|---|---|
| 1 | 1 | 0 |
| 2 | 1 | 1 |
| 3 | 1 | 1 |
| 4 | 1 | 2 |
| 5 | 1 | 1 |
| 6 | 1 | 0 |
| 7 | 1 | 0 |
| 8 | 1 | 1 |
| 9 | 1 | 1 |
| 10 | 1 | 1 |

Z matrix는 아래와 같이 표현형기록에 해당되는 행과 모든 개체수를 나타내는 열로 구성된다.

| Record \ Animal | 1 | 2 | 3 | 4 | 5 | 6 | 7 | 8 | 9 | 10 | 11 | 12 | 13 | 14 | 15 |
|---|---|---|---|---|---|---|---|---|---|---|---|---|---|---|---|
| **1** | **1** | 0 | 0 | 0 | 0 | 0 | 0 | 0 | 0 | 0 | 0 | 0 | 0 | 0 | 0 |
| **2** | 0 | **1** | 0 | 0 | 0 | 0 | 0 | 0 | 0 | 0 | 0 | 0 | 0 | 0 | 0 |
| **3** | 0 | 0 | **1** | 0 | 0 | 0 | 0 | 0 | 0 | 0 | 0 | 0 | 0 | 0 | 0 |
| **4** | 0 | 0 | 0 | **1** | 0 | 0 | 0 | 0 | 0 | 0 | 0 | 0 | 0 | 0 | 0 |
| **5** | 0 | 0 | 0 | 0 | **1** | 0 | 0 | 0 | 0 | 0 | 0 | 0 | 0 | 0 | 0 |
| **6** | 0 | 0 | 0 | 0 | 0 | **1** | 0 | 0 | 0 | 0 | 0 | 0 | 0 | 0 | 0 |
| **7** | 0 | 0 | 0 | 0 | 0 | 0 | **1** | 0 | 0 | 0 | 0 | 0 | 0 | 0 | 0 |
| **8** | 0 | 0 | 0 | 0 | 0 | 0 | 0 | **1** | 0 | 0 | 0 | 0 | 0 | 0 | 0 |
| **9** | 0 | 0 | 0 | 0 | 0 | 0 | 0 | 0 | **1** | 0 | 0 | 0 | 0 | 0 | 0 |
| **10** | 0 | 0 | 0 | 0 | 0 | 0 | 0 | 0 | 0 | **1** | 0 | 0 | 0 | 0 | 0 |

A는 아래와 같이 모든 개체들간의 평균상가적관계를 나타내는 matrix이다.

| Animal | 1 | 2 | 3 | 4 | 5 | 6 | 7 | 8 | 9 | 10 | 11 | 12 | 13 | 14 | 15 |
|---|---|---|---|---|---|---|---|---|---|---|---|---|---|---|---|
| 1 | 1 | 0 | 0 | 0 | 0 | 0 | 0 | 0 | 0 | 0 | 0.5 | 0.5 | 0 | 0 | 0 |
| 2 | 0 | 1 | 0 | 0 | 0 | 0 | 0 | 0 | 0 | 0 | 0.5 | 0 | 0 | 0 | 0 |
| 3 | 0 | 0 | 1 | 0 | 0 | 0 | 0 | 0 | 0 | 0 | 0 | 0 | 0 | 0 | 0 |
| 4 | 0 | 0 | 0 | 1 | 0 | 0 | 0 | 0 | 0 | 0 | 0 | 0.5 | 0 | 0 | 0 |
| 5 | 0 | 0 | 0 | 0 | 1 | 0 | 0 | 0 | 0 | 0 | 0 | 0 | 0.5 | 0.5 | 0.5 |
| 6 | 0 | 0 | 0 | 0 | 0 | 1 | 0 | 0 | 0 | 0 | 0 | 0 | 0.5 | 0 | 0 |
| 7 | 0 | 0 | 0 | 0 | 0 | 0 | 1 | 0 | 0 | 0 | 0 | 0 | 0 | 0.5 | 0 |
| 8 | 0 | 0 | 0 | 0 | 0 | 0 | 0 | 1 | 0 | 0 | 0 | 0 | 0 | 0 | 0.5 |
| 9 | 0 | 0 | 0 | 0 | 0 | 0 | 0 | 0 | 1 | 0 | 0 | 0 | 0 | 0 | 0 |
| 10 | 0 | 0 | 0 | 0 | 0 | 0 | 0 | 0 | 0 | 1 | 0 | 0 | 0 | 0 | 0 |
| 11 | 0.5 | 0.5 | 0 | 0 | 0 | 0 | 0 | 0 | 0 | 0 | 1 | 0.25 | 0 | 0 | 0 |
| 12 | 0.5 | 0 | 0 | 0.5 | 0 | 0 | 0 | 0 | 0 | 0 | 0.25 | 1 | 0 | 0 | 0 |
| 13 | 0 | 0 | 0 | 0 | 0.5 | 0.5 | 0 | 0 | 0 | 0 | 0 | 0 | 1 | 0.25 | 0.25 |
| 14 | 0 | 0 | 0 | 0 | 0.5 | 0 | 0.5 | 0 | 0 | 0 | 0 | 0 | 0.25 | 1 | 0.25 |
| 15 | 0 | 0 | 0 | 0 | 0.5 | 0 | 0 | 0.5 | 0 | 0 | 0 | 0 | 0.25 | 0.25 | 1 |

그리고 $\lambda = 1/2$이다(잔차분산을 다중유전자분산으로 나눈 값).

위의 공식을 풀면 다음과 같다.

| | | |
|---|---|---|
| $\hat{\mu}$ | | 2.69 |
| $\hat{g}$ | | 0.87 |
| $\hat{u}$ | 1 | 0.56 |
| | 2 | −0.01 |
| | 3 | 0.19 |
| | 4 | 0.30 |
| | 5 | −1.10 |
| | 6 | −0.23 |
| | 7 | −0.03 |
| | 8 | 0.14 |
| | 9 | 0.09 |
| | 10 | 0.09 |
| | 11 | 0.28 |
| | 12 | 0.43 |
| | 13 | −0.67 |
| | 14 | −0.56 |
| | 15 | −0.48 |

11번부터 15번 개체들의 MEBV를 다음과 같은 공식으로 계산한다.

$$MEBV = \hat{u} + X\hat{g}$$

여기서 X는 위 다섯 개체들의 SNP유전자형에 해당되는 matrix이다.

| Animal | X |
|---|---|
| 11 | 1 |
| 12 | 1 |
| 13 | 0 |
| 14 | 1 |
| 15 | 2 |

그러므로 MEBV와 실제육종가(true breeding value, TBV)는

| Animal | MEBV | TBV |
|---|---|---|
| 11 | 1.14 | 2.5 |
| 12 | 1.30 | 2.5 |
| 13 | -0.67 | -1.5 |
| 14 | 0.30 | -0.5 |
| 15 | 1.25 | 0.5 |

실제육종가는 모의실험에서 주어진 값으로 계산될 수 있는데 SNP대립인자 2번의 수만큼 1을 더해주며, 거기에 개체의 아비의 육종가의 반을 더해 주면 실제육종가를 얻을 수 있다(어미의 육종가는 0으로 가정).

MEBV의 정확도는 MEBV와 TBV의 상관으로 나타낼 수 있는데, 본 예제에서는 0.86으로 매우 높게 나타났다.

## 6.3 다중마커를 이용한 MAS

전장연관분석(genome wide association study, GWAS)을 수행하여 얻어진 유의적인 다중마커들을 MEBV추정에 적용할 경우 두 개 이상의 마커들이 같은 QTL을 탐색할 수 있는 사실을 고려해야 한다. 만약 어떤 큰 QTL이 여러 개의 마커들과 연관불평형을 형성할 경우 이 마커들은 모두 유의적 효과를 나타낼 것이다. 이러한 효과들을 보정하기 위하여 유의적인 마커들을 모두 동시에 보정한 다중회귀(multiple regression)을 이용할 수 있다:

$$y = \mathbf{u} + \sum_{i}^{P} \mathbf{X}_i \, g_i + \mathbf{e}$$

여기서 $P$ : 전장연관분석에서 얻어진 유의적인 마커의 수

$X$ : $i$번째 마커의 열을 가진 설계행렬

$g_i$ : $i$번째 마커의 효과

다중회귀에서 얻어진 g 측정치를 LD-MAS에 적용하기 전에 다음 두 가지 요소를 먼저 고려해야 한다. 즉 얼마나 많은 마커들을 사용할 것인가. 둘째는 QTL효과들의 고편향(over-estimation) 예측값을 어떻게 보정할 것인가 하는 문제이다.

## 6.4 MAS에 적용되는 QTL의 적정 개수 결정

마커도움선발 적용효과는 선발에 이용되는 QTL들의 효과, 즉 전체 유전분산 중에서 적용대상 QTL들이 차지하는 분산비율에 의하여 결정된다(Meuwissen & Goddard 1996, Spelman 등, 1999). 핵심요점은 양적형질의 변이에 얼마나 많은 QTL들이 관여하고, 이 QTL들 중에서 얼마나 많은 QTL들이 해당 양적형질의 유전분산에 크게 기여하는가 하는 점이다. 이는 대용량 SNP마커를 이용한 전장연관분석결과로 유추해 볼 수 있다. 만약 QTL의 탐색여부를 결정하는 유의적 임계값(significance threshold)을 낮출 경우 많은 QTL들이 탐색된다. 하지만, 반면에 이 QTL들 중에서 효과가 있지 않은(false positive) QTL들의 수도 증가할 것이다. 또한 유의적인 SNP들이 유전체상에서 매우 가까이 위치할 경우 동일한 QTL이 탐색될 것이다. 따라서 이와 같은 두 가지 요인들을 고려하여 진정한 QTL의 수를 측정하는 방법을 제시해야만 한다.

예로, 20Mb 크기의 한 염색체조각에 X라는 일정 개수의 QTL이 존재하며 X는 평균 $\mu$를 가진 포아송분포(Poisson distribution)를 한다고 가정해 보면, X의 기대값은 포아송분포의 특징에 따라서 $\mu(E(x) = var(x) = \mu)$가 된다. 각 QTL은 해당 염색체조각에 위치하는 m개의 유의적인 SNP와 연관되어 있다고 가정한다. QTL과 연관된 실제 SNP개수를 y라 하고, 또한 실제로는 연관되지 않았지만 오류로 연관된(false positive) SNP수를 z라 한다면,

$$E(y) = m\,\mu,\ Var(y) = m^2\,\mu,\ E(z) = fm\mu/(1-f),$$

여기서 $f$는 오류로 탐색된 비율(false positive rate)을 나타낸다. $z$는 $y$처럼 포아송분포를 한다고 가정하면 $Var(z) = m^2\mu f / (1-f)$.

해당염색체에서 유의적으로 연관된 총 SNP수를 w라 한다면,

$w = y + z,$

$E(w) = E(y) + E(z) = m\mu / (1-f),$

$Var(w) = Var(y) + Var(z) = m^2\mu / (1-f).$

위 공식을 재정립하면 해당 염색체조각에서 실제QTL개수를 다음과 같이 계산 할 수 있다:

$$\mu = [E(w)]^2(1-f) / Var(w),$$

그림 6-1에 나타난 결과는 육우에서 사료섭취량(net feed intake, FCE)과 젖소에서 유단백질함량(protein kg)에 관여하는 QTL을 탐색하는 실험에 기반하여, 각각 표현형의 값이 극단적으로 다른 두 그룹의 384두 개체

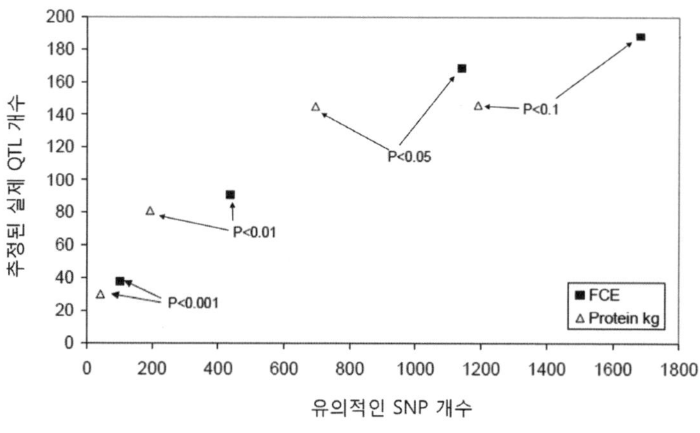


그림 6-1. 고밀도 SNP마커를 이용하여 유의적 임계값에 따른 두 유전체 연관분석결과에서 얻어진 실제QTL개수(Hayes, 2008)

를 시료로 선택한 후 Parallele™ 기술을 활용하여 10,000개의 SNP에 대하여 유전자형분석을 수행하였고, SNP들간의 거리는 인간유전체지도에 근거하여 측정하였다(Goddard 등, 2006). 분석결과, 유의성 임계값이 낮아 질수록 더 많은 QTL들이 탐색되었고, 탐색된 QTL개수가 유단백질함량 및 사료섭취량에서 각각 145 및 188으로 나타난 경우 평형에 도달한 것으로 보인다.

일반적으로 양적형질의 경우 매우 작은 효과를 가진 다수의 QTL들과 매우 큰 효과를 가진 소수의 QTL들의 조합으로 유전적 구성을 이루고 있기 때문에(Hayes & Goddard 2001, Weller 등 2005), MAS를 적용할 경우 큰 효과를 가진 소수의 QTL을 활용하는 방법이 적절한데 그 이유는 큰 효과를 가진 소수의 QTL들이 전체유전분산의 큰 비중을 차지하기 때문이다.

Hayes & Goddard (2001)는 젖소와 돼지에서 QTL메타분석결과, QTL 중에서 상위 10~20% 크기의 QTL들이 전형적인 양적형질 전체유전분산의 50%를 설명하는 것으로 보고하였다(그림 6-2).

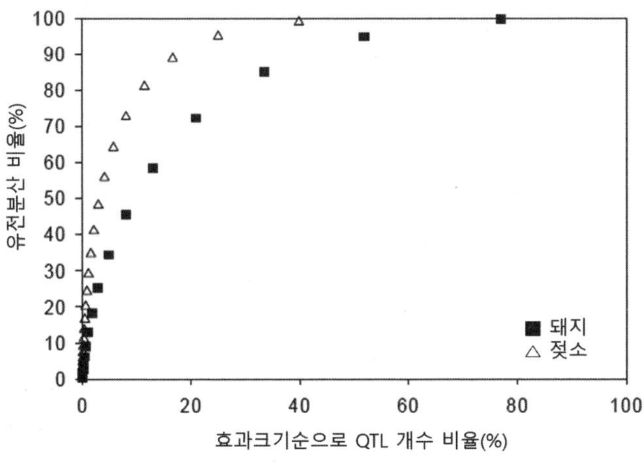


그림 6-2. 메타 QTL 탐색 실험결과 QTL 크기 순서 별로 QTL 개수에 의한 전체 유전분산을 설명하는 비율(Hayes & Goddard, 2001).

많은 QTL을 탐색하기 위해서는 더욱 많은 표현형자료의 수집과 유전자형분석이 필요한데 위와 같은 사실은, 필요한 분석경비 대비 MAS효용성이 감소됨을 제시해 준다. 왜냐하면 추가적으로 발굴되는 QTL들은 효과가 크지 않아 MAS에 대한 효율적 기여도가 낮기 때문이다. 다수형질을 목표로 개량할 경우 한 형질보다 더욱 많은 QTL들을 탐색해야 하는데 탐색되는 QTL개수의 설정은 QTL의 특성, 즉 다면작용(pleiotropy) 정도에 의해 결정된다.

결론적으로, LD-MAS프로그램에 적용하는 형질당 QTL개수를 10~20개로 설정할 경우 전체유전분산의 최대 50%를 활용할 수 있는데, 이러한 기대는 QTL대립인자를 정확히 파악할 경우, 즉 Gene-MAS경우에만 성립된다. 실제로 탐색된 QTL들이 50% 유전분산을 설명할 수 있는지 여부는 QTL과 그 주변 SNP들간의 연관불평형(LD) 정도에 기인된다.

## 6.5 — QTL-마커효과의 추정방법 및 편향효과 평가

앞서 언급되었듯이 LD-MAS는 고정효과, 다중유전자효과와 동시에 각 마커 또는 QTL마커효과를 동시에 보정한 일반선형모형을 이용하여 수행될 수 있다. 육종가는 다중유전자효과와 마커효과를 더하여 계산된다. 만약 QTL마커효과를 고정효과로 보정하는 경우 측정치가 높게 편향되는 경향이 있는데, 이는 유의성 임계값을 초과하기 위해서는 큰 효과 값이 추정되야 하기 때문이며, 특히 시료크기가 작아 QTL탐색율, 즉 검정력(test power)이 낮은 전장연관분석을 수행할 경우 발생된다(Georges 등, 1995; Weller 등, 2005). 따라서 실제보다 QTL효과가 부풀려진 경우 MAS의 효율적 적용은 심각하게 낮아질 것이다(Whittaker 등, 2000).

이러한 고편향된 QTL효과 여부를 판단하기 위해서는 QTL이 탐색된 집단과 별개로 독립된 집단에서 수집된 시료를 대상으로 효과를 검증해 보는 방법이다. 분석결과를 근거로 해당 QTL이 전장연관분석에 적용된 통계모델 또는 집단내 계층효과(population stratification)로 인한 거짓(false positive) QTL여부인지 검증 될 것이다.

하지만 이와 같은 독립된 집단에서 검증하는 실험은 마커유전자형분석이라는 추가비용이 발생하게 된다. 따라서 한가지 대안으로는 원래 측정된 QTL마커효과를 보정하는 방법이다. 즉 QTL효과를 고정효과(fixed) 대신에 자료의 양을 고려하는 임의효과(random)로 보정할 경우, 자료양이 적을 수록 QTL효과측정치는 평균으로 축소(shrinkage) 수렴하게 된다.

예로, QTL효과측정은 다음과 같은 공식을 적용할 경우 측정치($\hat{g}$)는 축소된 효과값을 나타내는데, λ값을 모를 경우 무작위 λ 선택값에 근거한 리지회귀식(ridge regression)에 기반된다(Whittaker 등, 2000).

$$\hat{g} = (X'X + \lambda I)^{-1}X'y$$

Whittaker 등(2000)은 QTL효과를 리지회귀에 기반하여 측정할 경우 MAS효율이 7% 향상되었다고 보고하였다. 만약 $\lambda = \sigma^2_e/\sigma^2_{QTL}$ 일 경우 QTL효과는 BLUP기반으로 추정된다.

QTL축소효과를 조사하기 위하여 다음과 같은 BLUP 혼합모형공식을 이용하여 평균과 QTL효과를 추정할 수 있다.

$$\begin{bmatrix} \hat{\mu} \\ \hat{g} \end{bmatrix} = \begin{bmatrix} \mathbf{1_n}'\mathbf{1_n} & \mathbf{1_n}'\mathbf{X} \\ \mathbf{X}'\mathbf{1_n} & \mathbf{X}'\mathbf{X} + \mathbf{I}\lambda \end{bmatrix}^{-1} \begin{bmatrix} \mathbf{1_n}'\mathbf{y} \\ \mathbf{X}'\mathbf{y} \end{bmatrix}$$

한 모의실험을 위해 10마리에 대하여 하나의 SNP유전자형과 표현형 자료를 다음과 같이 수집하였다.

| Animal | Phenotype | SNP allele 1 | SNP allele 2 |
|---|---|---|---|
| 1 | 2.03 | 1 | 1 |
| 2 | 3.54 | 1 | 2 |
| 3 | 3.83 | 1 | 2 |
| 4 | 4.87 | 2 | 2 |
| 5 | 3.41 | 1 | 2 |
| 6 | 2.34 | 1 | 1 |
| 7 | 2.65 | 1 | 1 |
| 8 | 3.76 | 1 | 2 |
| 9 | 3.69 | 1 | 2 |
| 10 | 3.69 | 1 | 2 |

단순마커회귀식은 일반선형모델로 다음과 같이 나타낸다.

$$y = 1_n\mu + Xg + e$$

여기서 y : 표현형벡터

$1_n$ : 1을 n개 포함하고 있는 벡터

X : 마커효과를 나타내는 설계행렬

g : 마커고정효과

e : 잔차 임의벡터

(평균 0과 분산 $\sigma^2_e$ 을 가진 정규분포를 한다고 가정)

여기서 마커효과는 고정효과로 간주하며 마커가 관측되지 않은 QTL과 연관불평형조건에서 마커효과가 표현형에 영향을 미친다고 가정한다.

위 자료를 가지고 평균과 SNP대립인자를 포함하는 설계행렬인, X를 다음과 같이 설정할 수 있다.

| Animal | $1_n$ | X, 대립인자 '2' 개수 |
|---|---|---|
| 1 | 1 | 0 |
| 2 | 1 | 1 |
| 3 | 1 | 1 |
| 4 | 1 | 2 |
| 5 | 1 | 1 |
| 6 | 1 | 0 |
| 7 | 1 | 0 |
| 8 | 1 | 1 |
| 9 | 1 | 1 |
| 10 | 1 | 1 |

평균과 SNP효과는 아래와 같은 일반선형공식을 이용하여 측정할 수 있다.

$$\begin{bmatrix} \hat{\mu} \\ \hat{g} \end{bmatrix} = \begin{bmatrix} \mathbf{1_n'1_n} & \mathbf{1_n'X} \\ \mathbf{X'1_n} & \mathbf{X'X + I\lambda} \end{bmatrix}^{-1} \begin{bmatrix} \mathbf{1_n'y} \\ \mathbf{X'y} \end{bmatrix}$$

위 예제를 이용하여 측정된 평균과 SNP효과는

$$\begin{bmatrix} \hat{\mu} \\ \hat{g} \end{bmatrix} = \begin{bmatrix} 2.35 \\ 1.28 \end{bmatrix}$$

위 예제에서 이용된 자료는 평균값이 2이고 QTL대립인자 대체효과($\alpha$)를 1로 설정하고, QTL과 SNP간의 연관불평형(LD)를 나타내는 $r^2$값이 1이라고 가정하여 모의자료를 생성하였다.

만약 QTL효과를 임의효과로 간주한다면, 대립인자 2번의 빈도(p)를 0.4로 설정할 경우 QTL의 유전분산값은 $\sigma^2_{QTL} = 2p(1-p)\alpha^2 = 2*0.4*0.6$

$*1^2 = 0.48$이다. 환경분산($\sigma^2_e$)을 1로 가정한다면, 위에서 언급한 임의효과 일반선형모형 방정식에서 $\lambda=2.08$($\lambda=\sigma^2_e/\sigma^2_{QTL}=1/0.48$)이며 위 BLUP 혼합모형공식에 대입하면 $\hat{g} = 0.81$이다. 이 값은 마커를 고정효과로 간주하여 최소자승법에 의해서 얻어진 1.28 보다 실제값 1에 더 가깝게 측정되었고 1보다 축소되어 추정되었다.

그렇지만 단일 또는 소수가 아닌 많은 마커들을 BLUP방법을 이용한 임의효과로 추정할 경우 QTL분산은 편향된 값으로 나타나서 여전히 MAS의 정확도를 감소시킨다.

이와 같은 문제점을 개선하고자 QTL분산을 한 분포에서 추출하는 방법을 이용하여 추정한다. Weller 등(2005)은 최대우도법(maximum likelihood)으로 QTL분포를 이용하여 QTL효과를 추정하는 방법을 보고하였다. 모의실험결과 최대우도법으로 측정된 QTL효과는 평균을 0으로 설정한 모의효과와 근접한 효과측정치를 나타낸 반면, 최소자승법에 의한 QTL효과는 모의평균효과보다 두 배 높게 추정되었다. Meuwissen 등(2001)과 Gianola 등(2003)은 베이지안방법을 이용한 QTL사전분포를 이용하였는데 Meuwissen 등(2001)은 최소자승법보다 베이지안방법을 이용한 haplotype분산을 활용할 경우 육종가정확도추정이 크게 향상됨을 보고하였다.

QTL효과추정에 있어서 많은 수의 SNP마커들이 관여하는 경우, 고편향 효과를 보정하는 또 다른 기술로 교차검증(cross validation)하는 방법이 있다. Whittaker 등(1997)은 실제 마커효과와 측정된 마커효과간의 공분산을 계산하는데 있어서, 자료를 두 그룹으로 분할하여 QTL효과측정치를 비교한 후에 측정값이 실제값에 가깝도록 얼마큼 축소해야 하는지를 결정하는 교차검증방법을 제시하였다.

만약 첫 번째 표본그룹에서 얻어진 효과측정치를 $X_1$이라하고 두 번째 표본 그룹에서 얻어진 측정치를 $X_2$ 라고 하고, 전체 원 표본에서 얻은 측정치를 $X_t$ 라고 한다면, $X_t$ = 실제값 (u) + 잔차 (e), $V(X_t) = V(u) + V(e)$. 그룹 1 효과의 그룹 2 효과에 대한 회귀를 $b_{X_1X_2}$로 정의한다면, $b_{X_1X_2} = V(u)/V(Xt)$로 나타내며 따라서 전체 원표본자료에서 얻어진 측정에 대한 SNP 효과의 실제효과값의 회귀는($b_{uX_t}$) $2b_{X_1X_2}/(1+ b_{X_1X_2})$로 나타낼 수 있다.

앞서 육우 379와 젖소 383두에 대한 사료섭취량과 유단백질함량 기록과 10,000개 SNP 유전자형자료를 언급하였는데, 이 자료를 가지고 QTL 고편향효과 정도를 평가하였다. 두 자료에 대한 분석결과, 분할된 그룹 1의 그룹 2에 대한 회귀값은 0.3으로 나타났으며, 따라서 $b_{uX_t}$ 는 두 자료 모두 0.46으로 계산되어 약 두 배의 고편향효과 추정값을 보였다(Hayes, 2008). 이러한 결과는 앞서 언급된 최소자승법을 적용할 경우, QTL효과의 분포를 이용하여 얻어진 최대우도 QTL효과 측정치보다 두 배 높다라는 Weller 등(2005)의 보고와 같은 결과를 보여 주고 있다.

## 6.6 —— 마커 haplotype을 이용한 LD-MAS 적용

LD-MAS를 수행하는데 있어서 단일마커효과보다는 동일한 반수체에 위치하는 마커들의 세트, 즉 반수체형(haplotype)을 사용할 수 있다. 즉 같은 일반선형모형에서 단일마커효과(g) 대신에 반수체형효과벡터(**g**)를 보정하여 추정하며 **g** 벡터의 크기는 관측된 자료에서 나타난 독특한 haplotype 개수이다.

단일마커모형과 마찬가지로 전장연관분석으로 얻어진 haplotype효과측정치는 고편향된 경향을 나타내기 때문에 haplotype효과측정치를 축소하는 임의효과로 보정하는 것이 바람직할 것 이다.

단일마커보다 반수체형을 LD-MAS에 이용하는 이유는 주변 QTL과 보다 큰 연관불평형을 형성하여 QTL분산을 더 잘 설명할 수 있기 때문이다. 하지만 수행전에 SNP유전자형자료로부터 반수체형을 유추해야 하며, 단일SNP마커는 대립인자 대체효과(allele substitution effect)라는 하나의 효과를 고려하는 반면, 두 개 이상의 SNP로 구성되는 반수체형은 훨씬 더 많은 반수체형효과들을 모형에서 보정해야 한다.

Hayes 등(2007)은 370두의 앵거스 육우집단에서 9,323 SNP를 이용하여 단일마커 또는 haplotype내 마커들을 이용한 MAS정확도를 비교하였다. 해당 자료에서 LD는 유의수준인 $r^2$=0.2에 해당되는 마커들 간격은 평균 200kb 였으며, 임의로 SNP를 선택하여 QTL로 간주한 다음, QTL과 가장 가까운 단일 마커와 QTL 양방향에 가까운 순서로 2, 4, 6번째 마커들을 haplotype으로 이용하여 haplotype에 의해 설명되는 QTL 분산비율을 계산하고 QTL효과를 추정하는 정확도를 평가하였다. 결과는 표 6-1과 그림 6-3에 나타나 있다.

표 6-1. 앵거스 육우집단에서 haplotype을 구성하는 마커수에 따라 나타나는 haplotype의 개수 및 단일마커 또는 haplotype 효과가 QTL 분산에 설명되는 비율(Hayes, 2008)

| | QTL분산으로 설명되는 비율 | haplotype 최대 개수 | 관측된 haplotype 개수 |
|---|---|---|---|
| 가장 근접한 마커 | 0.10 | 2 | 2 |
| 최적의 마커 | 0.20 | 2 | 2 |
| 두마커로 구성된 haplotype | 0.15 | 4 | 3.4 |
| 네마커로 구성된 haplotype | 0.28 | 16 | 9.4 |
| 여섯마커로 구성된 haplotype | 0.55 | 64 | 20.8 |

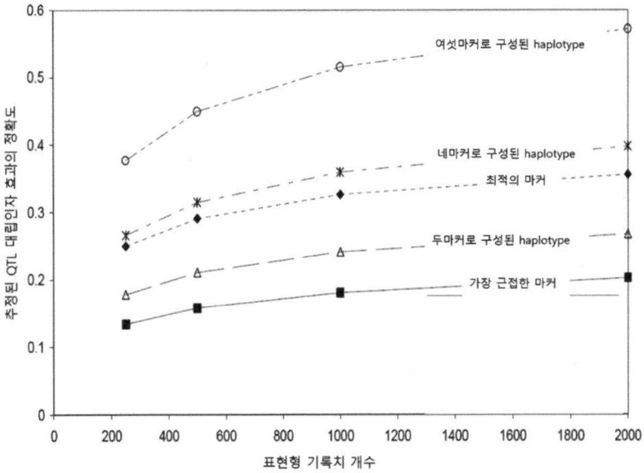


그림 6-3. 반수체형을 구성하는 마커수와 표현형 기록치의 증가에 따른 QTL효과를 예측하는 정확도(Hayes, 2008)

QTL을 포함하는 반수체형을 구성하는 마커수가 4개 또는 6개로 증가할 경우 QTL효과를 추정하는 정확도는 높아졌다. 또한 반수체형들의 효과를 정확히 추정하기 위해서는 많은 표현형개수가 요구됨을 알 수 있다.

## 6.7 원인유전자도움선발

만약 QTL에 관여하는 원인유전자를 발굴하여 육종프로그램에 마커로 활용한다면 MAS보다 큰 개량효과가 기대될 것이다. 원인유전자도움선발(gene assisted selection, GAS)을 수행하기 위한 과정은 다음과 같다.

1. 각 개체마다 개량대상 개체의 표현형관측값에 원인유전자의 효과

를 보정한다.

2. 원인유전자의 상가적유전분산만큼 전체유전분산을 보정한다.
3. 육종가 추정치를 일반 혼합모형을 이용하여 추정한다.
4. 각 개체별로 추정된 육종가에 원인유전자의 대립인자효과값을 더하여 최종적으로 유전자-육종가 조합값을 산출한다.

물론 원인유전자를 이용한 유전적 개량의 효과는 얼만큼 원인유전자의 효과를 정확히 측정하는가에 달려 있다. 만약 효과값이 고편향된다면 원인유전자선발의 효용성은 떨어질 것이다.

하지만 원인유전자선발수행에 고려해야 할 것은 유전자의 효과양상이 항상 상가적(additive)이지만 않으며 한쪽 부모에서만 대립인자가 전달될 때 효과가 나타나는 유전자가 존재한다(예로 돼지에서 지방관련 IGF2유전자, Jeon 등, 1999). 따라서 유전자효과의 전달양상을 규명하여 적절한 교배계획을 설정하는 것도 바람직할 것이다.

## 6.8 마커정보를 이용한 육종계획의 최적화

전통적인 방법으로 추정된 육종가의 정확도는 나이가 들수록 그리고 해당 개체와 방계친척들의 표현형자료가 누적될수록 높아진다. 하지만 DNA마커는 개체의 연령과 상관없이 분석할 수 있으며 따라서 조기에 DNA마커선발을 수행할수록 육종가활용의 효용성은 높아 질 것이다. 결과적으로 선발의 최적화를 위해서는 MAS적용이 세대간격을 단축시켜야 한다. 예로 젖소의 경우 전통적인 후대검정보다는 후보종모우를 조기에 선발할 경우 유생산형질에 대한 MAS효과는 매우 클 것이다(Spelman

등, 1999). 또한 번식적기의 최소연령을 더 줄이고 MAS효용성을 높이기 위해서 Velogenetics(Georges & Massey, 1991)나 Whizzogenetics(Haley & Visscher, 1998)와 같은 육종기술을 고려 할 수도 있다.

MAS모의실험 결과 오랜 세대가 지나면 마커선발반응의 효과가 점점 감소하게 되는데 그 이유는 마커의 호의적인 대립인자빈도가 점점 고정되어 해당마커로 인한 QTL분산의 크기가 감소되기 때문이다(Meuwissen & Goddard, 1996; Gibson 1994). 심지어 Gibson(1994)은 마커를 이용한 오랜 기간의 선발반응은 표현형선발보다 더 낮다라고 보고하였는데 그 이유는 마커로 인하여 육종가에 관여하는 다중유전자들에 대한 선발강도가 감소하였기 때문이라고 보고하였다. 하지만 Dekkers(2004)은 모의실험결과가 항상 그와 같은 결과를 나타내진 않는다고 보고하였고, Henshall과 Goddard (1997)는 만약 QTL유전자형에 근거하여 표현형을 선발하는 것 보다 마커자료와 표현형BLUP분석을 같이 수행할 경우, 오랜 선발기간에도 전통적인 BLUP선발보다 MAS가 더 선발의 효용성이 높다라고 보고하였다.

Dekkers와 van Arendonk(1998)은 오랜기간 선발반응은 다중유전자들의 효과보다는 QTL에 더 적은 가중치를 설정하면 최적화 할 수 있다고 보고하였다. 하지만 단기간의 개량효과와 마커유전자형 분석비용을 고려한 경제적인 최적화 방법도 설정할 필요가 있을 것이다.

## 〈참고문헌〉


1. Bennewitz, J., N. Reinsch, J. Szyda, F. Reinhardt, C. Kuhn, M. Schwerin, G. Erhardt, C. Weimann, and E. Kalm. (2003) Marker assisted selection in German Holstein dairy cattle breeding, Outline of the program and marker-assisted breeding value estimation. Page 5 in *Book of Abstr. 54th Annu. Mtg. Eur. Assoc. Anim. Prod.* Y. van der Honing, ed. Wageningen Academic Publishers, Wageningen, The Netherlands.
2. Boichard, D., S. Fritz, M. N. Rossignol, M. Y. Boscher, A. Malafosse, and J. J. Colleau. (2002) Implementation of marker-assisted selection in French dairy cattle. Electronic communication 22–03 in *Proc. 7th World Cong. Genet. Appl. Livest. Prod.*, Montpellier, France.
3. Dekkers J.C. (2004) Commercial application of marker- and gene-assisted selection in livestock, strategies and lessons. *J. Anim. Sci.* 82 E-Suppl, E313-328.
4. Dekkers, J. C. M., and J. A. M. van Arendonk. (1998) Optimum selection for quantitative traits with information on an identified locus in outbred populations. *Genet. Res.* 71, 257–275.
5. Georges, M., and J. M. Massey. (1991) Velogenetics, or the synergistic use of marker assisted selection and germ-line manipulation. *Theriogenology* 25, 151–159.
6. Georges, M., Nielsen, D., Mackinnon, M., Mishra, A., Okimoto, R., Pasquino, A.T., Sargent, L.S., Sorensen, A., Steele, M.R., Zhao, X., Womack, J.E. and Hoeschele, I. (1995) Mapping quantitative trait loci controlling milk production in dairy cattle by exploiting progeny testing. *Genetics* 139, 907- 920.
7. Gianola, D., Perez-Enciso, M. and Toro, M. A. (2003) On marker-assisted prediction of genetic value, Beyond the ridge. *Genetics* 163, 347-365.
8. Gibson, J. P. (1994) Short-term gain at the expense of long-term response with selection of identified loci. *Proc. 5th World Congr. Genet. Appl. Livest. Prod.* 21, 201-204.
9. Goddard, M. E., Chamberlain, A. C. and Hayes, B. J. (2006) Can the same markers be used in multiple breeds? *Proc 8th World Cong. Genet. Appl. Livest.* Belo Horizonte, Brasil.
10. Haley, C. S. and Visscher, P. M. (1998) Strategies to utilize marker-quantitative trait loci associations. *J. Dairy Sci.* 81, 85-97.
11. Hayes, B. J. and Goddard, M.E. (2001) The distribution of the effects of genes affecting quantitative traits in livestock. *Genet. Sel. Evol.* 33, 209-229.
12. Hayes, B. J., Chamberlain, A. C., McPartlan, H., McLeod, I., Sethuraman, L., Goddard, M. E. (2007) Accuracy of marker assisted selection with single markers and marker haplotypes in cattle. *Genet. Res.* 89 (4), 215-220.
13. Hayes, B. J. (2008) QTL mapping, MAS and Genomic Selection, Course notes. Ani-

mal Breeding and Genomics Centre, Wageningen University and Research Centre, Lelystad, The Netherlands.

14. Henshall, J.M. and Goddard, M.E. (1997) Comparison of marker assisted selection using model (BLUP) and mixed model with a test for the QTL. *Proc. 12th Assoc. Advanc. Anim. Breed. Genet.* 12, 217-221.
15. Jeon JT, Carlborg O, Tornsten A, Giuffra E, Amarger V, Chardon P, Andersson-Eklund L, Andersson K, Hansson I, Lundstrom K, and Andersson L. (1999) A paternally expressed QTL affecting skeletal and cardiac muscle mass in pigs maps to the IGF2 locus. *Nat. Genet.* 21(2), 157-8.
16. Meuwissen, T.H.E. and Goddard, M.E. (1996) The use of marker haplotypes in animal breeding schemes. *Genet. Sel. Evol.* 28, 161-176.
17. Meuwissen, T.H.E. and Goddard, M.E. (2001) Prediction of identity by descent probabilities from marker-haplotypes. *Genet. Sel. Evol.* 33, 605-634.
18. Meuwissen, T.H.E., Hayes, B.J. and Goddard, M.E. (2001) Prediction of total genetic value using genome-wide dense marker maps. *Genetics* 157, 1819-1829.
19. Plastow, G., S. Sasaki, T-P. Yu, N. Deeb, G. Prall, K. Siggens, and E. Wilson. (2003) Practical application of DNA markers for genetic improvement. Pages 151–154 in *Proc. 28th Annu. Mtg. Natl. Swine Improve.* Fed., Iowa State Univ., Ames.
20. Spelman, R. J., Garrick, D. J. and van Arendonk, J. A. M. (1999) Utilization of genetic variation by marker assisted selection in commercial dairy cattle populations. *Livest. Prod. Sci.* 59, 51-60.
21. Weller, J. I. Shlezinger, M. and Ron, M. (2005) Correcting for bias in estimation of quantitative trait loci effects. *Genet. Sel. Evol.* 37, 501-522.
22. Whittaker, J. C., Haley, C. S., and Thompson, R. (1997) Optimal weighting on information in marker assisted selection. *Genet. Res.* 69, 137-144.
23. Whittaker, J. C., Thompson, R., and Denham, M. C. (2000) Marker assisted selection using ridge regression *Genet. Res.* 75 (2), 249-252.

# 제7장

# 유전체정보도움선발:

## I. gBLUP approach

## 7.1 가축의 유전능력추정을 위한 DNA마커

가축의 유전능력을 추정하기 위하여 표현형 외에도 가축의 DNA정보를 수집할 수 있다. DNA는 염색체에서 발견되며 개체간의 유전적차이를 일으킬 수 있는 유전변이를 동반한다. DNA수준에서의 차이는 주로 핵DNA에서의 염기차이, 즉 DNA를 구성하는 4개의 염기(A, T, G, C)가 서로 상보적으로 결합되어 있는데, DNA복제과정 중 혹은 다른 요인에 의해서 상보적인 염기가 다른 염기로 치환되는 것을 의미한다. 이러한 돌연변이는 간혹 새로운 단백질의 생성 또는 단백질의 부재 또는 오작동을 초래할 수 있다. 여기서, 돌연변이는 염색체상의 DNA서열의 변화를 일으키는 것이다. 돌연변이가 생식세포에서 발생할 때 표현형변이에 가장 큰 영향을 미치는데, 그 이유는 이러한 돌연변이가 자손에게 유전되기 때문이다. 돌연변이가 발생하는 것은 세포에서 DNA를 복제하는 과정에서 불규칙성으로 DNA서열이 가진 고유의 기능을 변화시키고 이러한 돌연변이가 집단의 유전적변이를 발생시킨다.

가축의 거의 모든 경제형질은 많은 유전자(polygene)에 의해서 결정된다. 이들 유전자 중에 하나에서 돌연변이가 발생하고 이러한 돌연변이로 인한 표현형의 차이를 측정할 수 있다면, 이것을 양적형질유전자좌위(quantitative trait locus, QTL)이라고 명명하고, 이러한 QTL을 이용하여 개체의 유전능력을 추정할 수 있을 것이다. 현재 가축개량에서 사용하고 있는 DNA마커는 단일염기변이(single nucleotide polymorphism, SNP)로서 DNA염기에서의 치환을 의미한다. 이러한 단일염기변이는 다양한 DNA서열에서 발생하는데, 대표적인 예로서 기능이 알려진 유전자내에서 발생할 수 있다. 이러한 사례에서 두가지 중요한 DNA마커를 구분할 수 있는데, 첫째, 단일염기변이로 인하여 유전자의 아미노산의 변화를 초래하는 변이를 비유사(nonsynonymous) 단일염기변이라고 명명하고, 둘째로 단일염기변이가 발생했지만 아미노산의 변화를 일으키지 않은 변이를 유사(synonymous) 단일염기변이라고 명명한다. 이러한 비유사단일염기변이의 경우를 기능적변이(functional SNP)라고 명명한다. 또한 유전자발현의 전사(transcription)를 조절하는 조절영역(regulatory region)에서 발생한 변이들도 기능적 변이의 범주에 속할 것이다. 그 외 대부분의 변이들은 알려지지 않은 DNA서열, 즉 유전자와 유전자 사이에서 발생하며 이들의 기능은 아직 밝혀지지 않은 것이 대부분이다. 이러한 기능이 밝혀지지 않은 유전변이(SNP)들을 이용하여 가축의 유전능력을 추정하는 과학적 기초는 바로 연관불평형(linkage disequilibrium, LD)정보에 있다. 집단유전학에서 한 집단에서 선발(selection)이 없고, 이주(migration)가 없고, 돌연변이(mutation)가 없으며, 무작위교배(random mating)하에서는 집단의 유전자빈도는 변하지 않고 평형상태(equilibrium)를 유지한다. 이 이것이 하디-와인버그에 의해서 제안된 법칙(Hardy-Weinberg law)이다. 그러나 가축의 집단은 상시적으로 선발이 이루어지고, 때로는 이교배에 의한 이주, 계획교배(assortative mating)가 이루어 진다. 이러한 결과로 집단의 유전자들 중에서 유전자빈도가 불평형상태(disequilibrium)인 유전자들이 생성된다. 즉, 집단에서 선발, 이주, 계획교배에 의해 어떤 형질과 연관된 원인유전변이(causal mutation)의 염색체 영역이 생성될 수 있고, 이 영역에 위치하고 있는 비원인유전변이와 원인유전변이는 서로 연관불평형관계에 있게 된다. 이러한 연관불평형정보를 이용하게 되면 원인유전변이(causal mutation)을 알지 못 하더라도 연관된 인근의 유전변이를 이용하여 충분히 정확도를 가지고 원인유전자효과를 추정할 수 있다.

그러나, 과거에는 수백에서 수천개의 제한된 수의 마커(예, 초위성체마커)를 이용할 경우, 원인유전자와 마커 간의 거리가 너무 멀어서 정확하게 원인유전변이의 효과를 추정하기가 어려웠다. 최근 전유전체영역(whole genome sequence)이 각 축종에서 해독되고 이로부터 수천만개의 유전변이가 발견되었으며, 이들의 정보를 집적한 상용화된 DNA칩이 출시 되면서 가축개량의 혁명이 일어나고 있다. 현재까지, illumina 사에서 출시된 상용화 칩 중에 소에서는 50K chip, 777K chip 등이 출시 되었고, 돼지에서는 60K chip이 상용화 되었다. 닭에서는 Affymetrix사에서 600K chip이 출시되어 사용되고 있다. 본 장에서는 이들 대용량 상용화 칩에서 생산된 DNA마커정보를 어떻게 가축개량에 활용할 수 있는지에 관하여 서술한다. 즉 DNA마커정보를 이용하여 가축의 유전능력을 평가하는 방법에 대해서 서술하고자 한다.

## 7.2 DNA마커 정보를 이용한 BLUP

여러 축종에서 최적선형불편추정법(best linear unbiased prediction, BLUP)을 적용한 육종프로그램들에 의해 많은 양의 유전적개량이 이루어져 왔다. 이러한 BLUP이 육종 프로그램에 적용되기 위해서는 표현형정보와 가계정보가 필요하다. 가계정보는 BLUP에서 가계구성원들간에 공분산행렬(covariance matrix)을 계산하는데 이용된다. 수많은 단일염기변이마커가 집적된 DNA칩이 상용화된 요즈음에는 DNA칩에 집적이 된 많은 수의 단일염기변이마커들을 이용하여 가계구성원들간에 공분산행렬의 계산이 가능하게 되었다. 이렇게 많은 수의 단일염기변이마커에서 비롯된 유전체정보를 이용하여 구축한 가계구성원들간의 공분산 행렬을 유전체관계행렬(genomic relationship matrix, GRM)이라고 한다. 이번 절에서는 유전체정보가 BLUP에 적용 될 수 있는 두 가지 방법인 리지회귀BLUP(ridge regression BLUP, rrBLUP)과 유전체BLUP(genomic BLUP, gBLUP)에 대해서 살펴보겠다.

### 7.2.1
### 리지회귀 BLUP

유전체정보도움선발의 한 방법으로서 rrBLUP방법은 다음의 선형모형을 가정한다:

$$y = 1_n\mu + \sum_i X g_i + e \qquad [1]$$

여기서 y: 관측치 벡터,
$1_n\mu$: 전체평균,
$g_i$: 각각의 SNP 마커의 유전적 효과 ($i$ =1,2,3,⋯.,$n$),
X: 빈도행렬로서 각각 SNP 마커의 유전자형(0, 1, 2)을 나타냄,
e: 잔차 ~ N(0, $\sigma^2$)

이 모형에서는 개체의 유전체 대부분을 커버할 만큼 많은 수의 단일염기변이마커가 사용되었으므로, 이들 단일염기변이마커들은 대상형질의 변이에 유의적으로 영향을 미치는 거의 대부분의 상가적 QTL과 연관불평형(linkage disequilibrium, LD)관계에 있는 것으로 가정하며, 비상가적효과 및 SNP마커가 커버하지 못하는 효과는 잔차로 함께 이행되는

것으로 처리한다.

수 많은 단일염기변이마커를 포함한 선형모형을 실제데이터에 적합시키는 것은 단순한 과정이 아니다. 예를 들어 위의 모형에서 각 SNP의 유전적효과를 고정효과(fixed effect)로 간주하고, 전체 단일염기변이마커들 중에서 통계적 유의성이 인정되는 유전적 효과를 보이는 단일염기변이마커(즉, QTL과 LD 관계에 있는 마커)들만 선발하여 보통최소자승법(ordinary least squares, OLS)을 이용하여 이 모형을 적합 시킬 수 있다. 하지만, 선발되는 단일염기변이마커의 효과가 과대평가 될(over estimation) 위험이 있고, 모든 QTL효과를 육종가 추정에 이용하지 못 할 가능성도 배제할 수가 없으며, 적합하는 선형모형의 평균제곱오차(mean square error, MSE)가 매우 크게 계산될 수 있다.

이에 대한 대안으로서 수많은 단일염기변이마커들이 가지는 유전적 효과 ($g_i$)를 고정효과가 아닌 임의효과(random effect)로 간주하여 적합시킬 수 있는 리지회귀(ridge regression)를 응용하는 rrBLUP을 들 수 있다. rrBLUP에서는 각 단일염기변이마커들의 유전적효과들이 정규분포를 따르며 등분산(equal variance)을 가지는 임의효과로 아래와 같이 가정하며,

$$g_i \sim N(0, \sigma_0^2) \qquad [2]$$

$g_i$를 임의효과로 지정함으로써 선형혼합모형이 된 위 모형식[1] 에 있는 두 모수 ($\mu$, $g_i$)는 혼합모형방정식(mixed-model equation)을 이용한 BLUP방법을 적용하여 아래와 같이 추정할 수 있다.

$$\begin{bmatrix}\hat{\mu} \\ \hat{g}\end{bmatrix} = \begin{bmatrix}1'1 & 1'X \\ X'1 & X'X + \lambda I\end{bmatrix}^{-1} \begin{bmatrix}1'y \\ X'y\end{bmatrix}, \ \lambda = \sigma_e^2 / \sigma_0^2 \qquad [3]$$

여기서 주목 할 점은, $\hat{g} = (X'X + \lambda I)^{-1}X'y$ 에서 λI항이다. 보통최소자승법(OLS)으로 구한 $\hat{g}$의 해(solution)가 $(X'X)^{-1}X'y$인 것에 비하여, rrBLUP의 혼합모형방정식 해에서는 λI 항이 추가 된다. 바로 이항의 추가를 통하여 아래와 같은 세가지 효과를 얻을 수 있다. 첫째, 수많은 단일염기변이마커들의 유전적효과들을 축소화(shrinkage)시킴으로써, 수 많은 단일염기변이마커를 모형에 포함함으로써 발생 할 수 있는 다중공선성(multiple collinearity)을 감소시킬 수 있다. 둘째, X'X가 비정칙행렬(singular matrix)이 되는 것을 방지할 수 있다. 셋째, 보통최소자승법으로 구한 평균제곱오차보다 모형[1]의 평균제곱오차 값을 감소시킴으로써 모형의 예측정도를 높일 수 있다. 여기서 λ값은 $\sigma_e^2$값과 $\sigma_0^2$값에 의해서 결정이 되는데, $\sigma_e^2$은 REML과 같은 분산성분(variance component) 추정방법으로 구할 수 있고, $\sigma_0^2$값은 앞서 [2]에서 언급한대로 단일염기변이마커에 의해 생성되는 분산인데 rrBLUP 에서는 등분산을 가정한다. 이를 구하기 위해서는 두 가지 방법이 있다. 첫번째로 $\sigma_0^2 = \sigma_a^2/n$을 이용하여 구할 수 있고(여기서, $\sigma_a^2$는 상가적유전분산 추정치이고, n은 SNP표지들의 개수이다), 두 번째 방법으로는 첫번째 방법의 식에서 n을 $2\Sigma p_i(1-p_i)$로 대체 시켜 주는 것인데(여기서 $p_i$는 각 단일염기변이마커의 소수대립유전자 빈도이다)(Mrode, 2014), 결국은 $\sigma_0^2$에 의해서 축소화 (shrinkage)의 정도가 결정된다. λI 를 포함한 항은 리지회귀에서 비롯되어 이 방법론을 리지회귀 BLUP(ridge regression BLUP, rrBLUP) 또는 SNP BLUP이라고 한다 (Hoerl and Kennard, 1970; Meuwissen 등, 2001). 유전적효과($g_i$)를 고정효과가 아닌 임의효과(random effect)로 간주하여 적합시킬 수 있는 다른 방법론들은 다음 제8장에서 상세히 다루어 질 것이다.

## 7.2.2

## GRM을 이용한 genomic BLUP

유전체정보를 기존에 BLUP에 통합시키는 두 번째 방법은 BLUP에서 전통적으로 사용되는 혈연관계행렬(numerator relationship matrix, A행렬) 대신에 GRM을 대치시키는 것이다. 이렇게 하여 유전체육종가를 구하는 방법을 gBLUP이라고 한다. gBLUP에 대해서 살펴보기 전에 아래의 개체모형에 의한 기존의 BLUP 육종가추정에 대해서 간단히 살펴보도록 하자.

a. $\mathbf{y} = \mathbf{Xb} + \mathbf{Zu} + \mathbf{e}$

y는 표현형 벡터
b는 고정 효과 벡터
u는 임의 효과 벡터, 이때 $u \sim N(0, \mathbf{A}\sigma^2_A)$
e는 임의 잔차에 대한 벡터, 이때 $e \sim N(0, \mathbf{I}\sigma^2_e)$, $Var(e) = \mathbf{I}\sigma^2_e = \mathbf{R}$
X 와 Z는 각각 b 와 u에 대한 빈도 행렬

b.
$$\begin{bmatrix} \mathbf{X}'\mathbf{R}^{-1}\mathbf{X} & \mathbf{X}'\mathbf{R}^{-1}\mathbf{Z} \\ \mathbf{Z}'\mathbf{R}^{-1}\mathbf{X} & \mathbf{Z}'\mathbf{R}^{-1}\mathbf{Z} + \mathbf{A}^{-1}\lambda \end{bmatrix} \begin{bmatrix} \hat{\mathbf{b}} \\ \hat{\mathbf{u}} \end{bmatrix} = \begin{bmatrix} \mathbf{X}'\mathbf{R}^{-1}\mathbf{y} \\ \mathbf{Z}'\mathbf{R}^{-1}\mathbf{y} \end{bmatrix}$$

$$\lambda = \sigma^2_e / \sigma^2_A = (1 - h^2 / h^2)$$

기존의 육종가예측을 위해서는 모형**a**에서 두 분산성분(variance component) $\sigma_A{}^2$와 $\sigma_e{}^2$을 REML (restricted maximum likelihood)등의 방법을 통해 추정한 후, 육종가분석 대상가계의 평균적인 혈연관계를 통해서 얻어진 A행렬의 역행렬을 **b**의 혼합모형방정식(mixed model equation)에 대입하여 얻어진 임의효과의 해가 바로 BLUP육종가가 되어 선발에 이용될 수가 있다.

평균적인 혈연관계만을 반영하는 A행렬에 비하여 DNA칩을 이용한 GRM은 좀더 정확한 실제혈연관계의 추정이 가능하다. 예를 들면 전형매(full-sib)간에 공분산이 평균적으로 0.5 라면, 이 평균치에는 오차가 존재하며, 실제로 측정해 보았을 때는 0.39 또는 0.57로 추정 될 수 있다. 이러한 오차를 멘델샘플링오차(Mendelian sampling error)라 하며, gBLUP은 이러한 멘델샘플링오차를 감안한 GRM을 이용함으로서 정확도가 향상된 육종가추정이 가능하다.

여기서, GRM은 DNA칩에 집적되어 있는 단일염기변이마커의 유전자형과 각 단일염기변이의 유전자 빈도를 조합하여 구축 할 수 있고 그 역행렬을, 혼합모형방정식(mixed model equation)에 A행렬의 역행렬 대신 대입하면, 이 방정식의 임의효과의 해가 gBLUP 육종가가 되어 선발에 이용 될 수가 있다(VanRaden, 2008).

실제가축육종을 위한 데이터분석에는 육종가 추정을 위한 계산의 효율성이 높고, 기존에 BLUP에서 이용되던 이론 및 REML 등의 방법론을 그대로 적용할 수 있다. 또한, BLUP 육종가 추정시 A 행렬 대신 GRM 만을 대치시켜 주면 되는 계산상의 용이성 때문에 rrBLUP 보다는 gBLUP이 더 많이 사용되고 있는 추세이다. 다음 절에서는 어떻게 gBLUP을 위한 GRM을 구축할 수 있는지 구체적으로 살펴보자.

## 7.3 Genomic relationship matrix(GRM) 구성

유전체를 커버할 만큼 많은 수의 단일염기변이마커가 집적이 된 DNA칩을 이용하여 GRM을 구성하면, 가계구성원들간에 더 나아가 집단(population) 구성원들 간의 정확한 유전적 유사도를 계산할 수가 있다. 이러한 GRM의 구성에 있어서 기본 가정은 다음과 같다.

1) 고밀도의 마커유전자들이 일정한 간격으로 균일하게 분포하며 유전체를 커버한다.
2) 이들 마커유전자들은 특정형질에 원인이 되는 QTL들과는 연관불

평형관계에 있다.

3) 앞서 rrBLUP과 같이 각각의 마커 유전자의 분산은 균일하며 전체 유전분산을 설명하는 크기는 작다(infinitesimal model, 극소 모형).

4) 단일염기변이마커들의 유전적효과는 정규분포를 따른다.

이러한 가정하에서 GRM을 구성하기 위한 첫 번째 순서는 마커유전자형행렬을 이용하여 M행렬을 구성하는 것이다. 예로서, 세 동물개체와 세 마커유전자로 구성된 마커유전자 행렬을 가정하여 보자(그림 7-1a). 이 행렬의 유전자형에서 소문자는 소수대립유전자(minor allele)를 나타낸다고 하면, 그림 7-1b는 이 소수대립 유전자의 개수를 세어 만든 소수대립유전자개수행렬이며, 그림 7-1c의 M행렬은 후속행렬식계산을 편리하게 하기 위해서 소수대립유전자개수행렬의 각 원소에서 1씩 빼준 행렬이다. M행렬은 추정목적에 따라서 MM' 행렬, M'M 행렬을 생성하여 유용하게 사용할 수 있다. M행렬의 각 원소는 각 단일염기변이마커에 대해서 다수대립유전자(major allele)의 동형접합체는 -1, 소수대립유전자(minor allele)의 동형접합체는 1, 그리고 이형접합체는 0으로 하여 단일염기변이마커의 유전자형을 지정할 수 있다. 따라서 MM' 행렬

**a.**

| | MK1 | MK2 | MK3 |
|---|---|---|---|
| Anim1 | TT | Gc | CC |
| Anim2 | TT | Gc | Ct |
| Anim3 | aa | GG | CC |

➡ **b.**

| | M1 | M2 | M3 |
|---|---|---|---|
| A1 | 0 | 1 | 0 |
| A2 | 0 | 1 | 1 |
| A3 | 2 | 0 | 0 |

➡ **c.** M =

| | M1 | M2 | M3 |
|---|---|---|---|
| A1 | -1 | 0 | -1 |
| A2 | -1 | 0 | 0 |
| A3 | 1 | -1 | -1 |

➡ MM' =

| | A1 | A2 | A3 |
|---|---|---|---|
| A1 | 2 | 1 | 0 |
| A2 | 1 | 1 | -1 |
| A3 | 0 | -1 | 3 |

➡ MM' =

| | M1 | M2 | M3 |
|---|---|---|---|
| M1 | 3 | -1 | 0 |
| M2 | -1 | 1 | 1 |
| M3 | 0 | 1 | 2 |

그림 7-1. 마커유전자형행렬, 소수대립유전자개수행렬 및 M행렬, MM'행렬, M'M행렬의 유도

의 대각선(diagonal)의 경우 각 원소들은 각 개체의 동형접합체의 개수(회색 숫자)이며, 비대각선(off-diagonal)의 경우는 가계 또는 집단 내 두 개체 간에 공유하는 대립유전자의 수가 된다. M'M 행렬의 대각선의 경우에는 서로 다른 단일염기변이마커에 대한 동형접합체의 개수(회색 숫자)가 되며, 비대각선은 서로 다른 마커유전자에서 공유하는 대립유전자의 수가 된다.

두 번째 순서는 P행렬의 구성이다. i번째 마커유전자에서 소수대립유전자의 빈도를 $P_i$ 라고 하고, P행렬의 i번째 열을 $2\times(p_i - 0.5)$로 정의하면 그림 1에서 각 마커유전자 MK1, MK2, MK3의 소수대립유전자 빈도를 각각 0.373, 0.224, 0.063이라고 가정했을 때, P행렬은 그림7-2와 같이 구성할 수 있다.

세 번째 순서는 Z행렬의 구성이다. Z행렬은 M행렬에서 P행렬의 각 원소값을 빼주게 되면 대립유전자효과의 평균이 0이 되는 Z행렬을 그림 7-3과같이 구성할 수 있다.

$p_1 = 0.373$
$p_2 = 0.224$ $\quad P_i = 2\times(p_i - 0.5)$
$p_3 = 0.063$

| | MK1 | MK2 | MK3 |
|---|---|---|---|
| Anim1 | -0.254 | -0.552 | -0.874 |
| Anim2 | -0.254 | -0.552 | -0.874 |
| Anim3 | -0.254 | -0.552 | -0.874 |

➡ **P** =

| | M1 | M2 | M3 |
|---|---|---|---|
| A1 | -0.254 | -0.552 | -0.874 |
| A2 | -0.254 | -0.552 | -0.874 |
| A3 | -0.254 | -0.552 | -0.874 |

그림 7-2. P행렬의 구성

**Z** = **M−P** =

| | | |
|---|---|---|
| -0.746 | 0.552 | -0.126 |
| -0.746 | 0.552 | 0.874 |
| 1.254 | -0.448 | -0.126 |

그림 7-3. Z행렬의 구성

이렇게 마커유전자의 유전자형 및 대립유전자빈도를 조합하여 구성한 Z행렬을 이용하여 아래와 같은 m개의 마커유전자들로 구성이 된 GRM추정식을 구축할 수 있다.

$$\mathrm{GRM} = \frac{ZZ'}{2\sum_i^m p_i(1-p_i)} \qquad [4]$$

여기서, ZZ'를 $2\sum_i^m p_i(1 - p_i)$로 나누어 주는데, 이렇게 함으로써 GRM을 A행렬과 같은 스케일이 되도록 해준다(VanRaden, 2008). 이 방법 외에도 후속방법들이 GRM 구축을 위해 고안되었다(Yang 등, 2010; Goddard 등, 2011).

## 7.4 gBLUP작동의 원리

위에서 DNA마커정보를 이용하여 개체와 개체간의 유전체관계행렬(genomic relationship matrix, GRM)을 만드는 것을 살펴 보았다. 이는 전통적으로 가축의 유전능력을 평가하는 BLUP(best linear unbiased prediction)에서 혈통정보를 이용하여 만드는 NRM(numerator relationship matrix)과 매우 유사한 개체간 유전분산-공분산행렬(genetic variance-covariance matrix)로 간주할 수 있다. 지금부터 개체의 유전분산-공분산 행렬(genetic variance-covariance matrix)을 이용하여 개체의 유전능력을 예측하는 방법을 살펴 보기로 한다.

흔히, 유전체육종가는 7.2.1에서 살펴본 rrBLUP (SNP-BLUP)방법처럼, 모든 유전마커 효과를 추정하고, 그 유전마커효과의 총합을 유전체육종가로 설명할 수 있다. 이러한 방법은, 유전마커와 원인유전변이간의 연관불평형관계정보에 기인한다고 전술하였다.

Habier 등(2007)은 유전체정보를 이용한 육종가추정을 위한 gBLUP모델이 기존 전통적인 혈통정보기반 numerator relationship matrix (A행렬)를 이용하여 육종가를 추정하던 개체선발모델(animal model)과 유사함을 발표하였다. 즉, 육종가를 추정하는 모형에서 혈통정보를 이용하여 계산된 A행렬을 유전체정보를 이용하여 만든 GRM으로 간단하게 대치한다는 것이다. 이것이 가능한 이유를 간단히 살펴보면, 유전체선발을 위한 BLUP모형은 다음과 같이 쓸 수 있을 것이다. XX' + λI, 여기에서 X는 모든 유전마커효과에 대응하는 개체의 표현형이다. 즉 X 행렬에는 개체의 모든 유전자형이 포함되어 있다. 따라서 XX'은 개체유전자형의 교차값, 유전체사이의 상관으로 표시할 수 있으며, 이들 요소에는 A행렬에서 보여주는 상가적 혈연관계행렬과 같은 값이 포함되어 있다. 이에 대해서, Habier 등(2007)은 만약 연관불평형관계가 존재하지 않더라도, 이 방법을 이용하여 추정하는 유전체육종가의 정확도는 단순히 A행렬처럼 혈연관계로 추정하는 것과 같이 0이 아닐 것이라고 주장하였다. 그러나 모의실험을 통한 결과에서 보면, 단순히 혈연관계를 이용하여 추정한 유전체육종가의 정확도가 세대(generation)가 지나면서 급격하게 낮아지는 것을 확인하였다. 이는 세대가 지나면서, 마커사이의 연관불평형관계가 깨지면서 더 이상 원인변이와 연관되어 있는 마커효과를 추정할 수 없기 때문이다.

Habier 등(2007)의 결과에서 볼 수 있는 또 다른 중요성은 이론적으로, 그리고 계산적으로 매우 간단하게 유전체육종가의 추정이 가능하다는 것이다. 한가지 매우 간단하게 유전체육종가를 추정할 수 있는 방법은 기존에 상용화되어 있는 ASReml software (Gilmour 등, 2009)를 이용하는 것이다. 여기에서 표현형과 유전자형을 보유한 개체들로 구성된 참조집단(reference population; n) 및 유전자형정보만을 보유한 선발집단(selection population; q)을 포함한 "n + q"의 GRM을 합하여 gBLUP 모형을 설정한다.

ASReml software는 inverse GRM을 혼합모형에 직접 적용할 수 있으며, 이 혼합모형에는 선발집단개체의 유전공분산(genetic co-variance)행렬을 이용하여 유전체육종가를 추정한다. 혼합모형방정식은 아래와 같다.

$$\begin{bmatrix} X'y \\ Z'y \\ 0 \end{bmatrix} \begin{bmatrix} X'X & XX' & 0 \\ Z'X & Z'Z + G^{11} & G^{12} \\ 0 & G^{21} & G^{22} \end{bmatrix} = \begin{bmatrix} b \\ g_1 \\ g_2 \end{bmatrix}$$

여기서 $G^{11}$ : 참조집단(reference population)에 포함된 가축들의 유전체 관계행렬,

$G^{22}$ : 유전자형만을 보유하고 있는 선발집단 개체의 유전체 관계행렬

$G^{12}$ : 참조집단과 선발집단간 유전공분산(genetic co-variance)을 포함하고 있는 유전체관계행렬

그러므로, 표현형을 갖고 있지 않는 선발집단개체들의 유전체육종가의 추정은 다음과 같이한다.

$$\widehat{g_2} = -(G^{22})^{-1} \times G^{21} \times \hat{g}_1 \qquad [5]$$

이것은 표현형정보가 없는 선발집단개체의 육종가를 추정하기 위한 회귀계수를 의미한다. 이러한 접근방법을 gBLUP 방법이라고 명명하고, 이는 기존 BLUP 방법과 아주 유사하다.

이제부터 간단한 예제를 통하여 gBLUP 방법의 작동원리에 대해서 살펴보도록 한다. 먼저, animal 1-4번은 표현형을 보유하고 있는 참조집단으로 간주한다. 그리고 animal 1번은 animal 2, 3번의 부모로 간주한다. 그리고, animal 5번은 animal 1번의 3번째 자손으로 간주하고, 표현형은 없다고 가정한다. 그리고 고정효과는 고려하지 않고 gBLUP 방정식을 푼다. 만약 이 자료를 이용하여 pedigree BLUP을 실행한다면, animal 5번의 육종가는 다음과 같이 계산이 될 것이다.

$$\hat{u} = (Z'Z + \lambda A^{-1})^{-1}Z'y \qquad [6]$$

그러나, pedigree BLUP이 아니라, 개체의 유전체정보를 이용한다면, A 행렬을GRM으로 대치하여 다음과 같이 추정이 가능할 것이다.

$$\hat{u} = (Z'Z + \lambda G^{-1})^{-1}Z'y \qquad [7]$$

A 행렬은 아래와 같다.

| | | | | |
|---|---|---|---|---|
| 1 | 0.5 | 0.5 | 0 | 0.5 |
| 0.5 | 1 | 0.25 | 0 | 0.25 |
| 0.5 | 0.25 | 1 | 0 | 0.25 |
| 0 | 0 | 0 | 1 | 0 |
| 0.5 | 0.25 | 0.25 | 0 | 1 |

GRM은 다음과 같다.

| | | | | |
|---|---|---|---|---|
| 1 | 0.5 | 0.5 | 0.02 | 0.5 |
| 0.5 | 1 | 0.20 | 0.015 | 0.20 |
| 0.5 | 0.20 | 1 | 0.025 | 0.30 |
| 0.02 | 0.015 | 0.025 | 1 | 0.025 |
| 0.5 | 0.20 | 0.30 | 0.025 | 1 |

A 행렬은 혈통정보를 이용하여 계산되는 반면, GRM은 7.3절에서 설명하였듯이 개체의 유전체정보를 이용하여 계산한다. 즉 혈통정보를 이용한 혈연관계행렬은 추정치(expected value)로서 개체와 개체의 혈연관계의 평균값을 계산한다. 반면, GRM은 개체의 유전자형을 기반으로 하여 실측치(realized value)로 실제 개체와 개체의 혈연관계값을 계산한다. 따라서, 유전체혈연관계행렬이 보다 정확한 개체의 혈연관계를 나타내 준다.

이번 예제에서 유전력을 0.25라고 가정할 때 표현형이 없는 개체(animal 5)의 육종가는 다음과 같이 계산 할 수 있을 것이다.

$$\widehat{u_5} = 0.5 \times \widehat{u_1} \qquad [8]$$

즉, u1에는 animal 2, 3에 대한 표현형정보가 포함되어 있다.

반면에, gBLUP을 이용하여 animal 5의 육종가를 추정하면, 다음과 같다.

$$\widehat{g_5} = 0.4999\widehat{g_1} - 0.026\widehat{g_2} + 0.0622\widehat{g_3} + 0.0144\widehat{g_4} \qquad [9]$$

여기에서, 회귀계수 자체는 [5]를 이용하여 계산되었다. 즉 유전분산-공분산(genetic variance co-variance)을 이용하여 계산 하였다. 위의 수식에서 보면, animal 5번의 육종가를 추정하기 위하여, animal 2번에 대해서는 부의 회귀계수를 가지고 있다. 반면에 animal 4번은 animal 5번과 혈연관계가 낮음에도 불구하고 정의 회귀계수를 갖고 있다. 그 이유는 animal 1의 육종가를 추정하기 위하여 animal 2의 정보를 이미 이용했기 때문이다.

따라서, 본 예제를 이용하여 육종가를 추정하기 위해서는 $\hat{u} = GZ'V^{1}y$

를 이용하면 쉽게 계산 할 수 있다.

BLUP 을 이용하면,

$$\widehat{u_5} = 0.1136 * y1 - 0.0455 * y2 + 0.0455 * y3$$

gBLUP을 이용하면,

$$\widehat{g_5} = 0.1135 * y1 + 0.328 * y2 + 0.0591 * y3 + 0.0519 * y4$$

그리고, animal 5의 추정육종가의 정확도는 다음과 같다.

r = $\sqrt{(1 - \lambda * C^{55})}$ = 0.282 로 계산 될 것이다.

위의 gBLUP방법을 통하여 계산된 육종가에 대하여 몇가지 중요한 점이 있다.

첫째, 전통적으로 유전평가에 사용하던 pedigree based BLUP과 gBLUP은 매우 유사한 면이 많으며, 혈통을 기반으로 한 유전공분산에 비해 개체의 유전체정보를 이용한 유전공분산이 보다 정확하기 때문에, gBLUP방법으로 추정한 유전체 육종가의 정확도 보다 신뢰도가 높다고 할 수 있다. Visscher (2008)에 의하면, 사람 데이터를 이용하여 혈연관계의 평균과 편차를 계산한 결과, 전형매 관계에 있어서 혈연관계의 편차는 0.039로 나타났으며, 반형매의 경우 0.027로 나타났다. 즉, 반형매의 경우 평균혈연관계 0.25이지만, 유전체정보를 이용하면 0.2에서 0.3으로 다양하게 나타난다. 이러한 면이 gBLUP이 BLUP에 비해 보다 정확한 육종가추정이 가능한 것이다.

둘째, 유전공분산을 계산할 때, BLUP의 경우 먼 친척정보는 0으로 처리하는 반면, gBLUP의 경우, 이러한 먼 친척정보까지도 혈연관계를 계산할 수 있어 육종가 추정에 매우 유리하다.

## 7.5 유전체선발의 실제적용전략: 한우의 유전체육종가분석을 중심으로

유전체선발(genomic selection)을 위한 참조집단의 크기는 추정된 유전체육종가의 정확도에 직접적으로 영향을 미치기 때문에 매우 커야 한다. 이와 더불어, 유전체육종가의 정확도에 영향을 미치는 다른 요인은 집단의 유효집단(effective population size, Ne)의 크기, 유전력 그리고 참조집단과 선발집단간의 유전적 유사성(relatedness)일 것이다. 만약 어떤 형질에 대한 표현형분산(phenotypic variation)이 큰 효과를 갖는 몇몇 주요원인 유전자(causal mutations)에 의해서 결정된다면 추정육종가의 정확도는 훨씬 높아질 것이다. 그러나 지금까지 밝혀진 바에 의하면 가축에 있어서 대부분의 형질은 아주 작은 효과를 갖는 많은 유전자에 의해서 영향을 받고 있으며 이러한 유전자는 유전체에 골고루 흩어져 있다. Goddard 등(2009)이 제안한 수식을 살펴보면, 유전체육종가의 정확도는 유전체에 흩어져 있는 독립적인 부분(segments) 즉 연관그룹(linkage groups)의 수를 추정함으로 예측할 수 있다. 아울러 유전체에 흩어져 있는 형질과 연관된 독립된 부분은 유전체의 크기뿐 아니라 집단의 유효집단의 크기와 매우 연관이 되어 있다.

실제로 유효집단크기(Ne)는 근친번식비율을 통해서 측정이 되고 개체간 얼마나 근친이 되는가를 반영한다. 그리고 이 개념은 실제집단의 크기와는 별개이며 주로 개량프로그램에서 사용되고 있는 씨수소의 유전적 다양성에 의존적이다. 예를 들어서, 홀스타인-프레시언(Holstein-Friesian)집단은 수백만두의 집단이지만 매우 작은 유전적 다양성을 가지고 있다. 그 이유는 전 세계적으로 사용되고 있는 대부분의 씨수소(Sire)가 몇몇 손에 꼽히게 능력이 좋은 조부(grandsire)로부터 유래 되었기 때문이다. 따라서 유효집단의 크기는 100마리 미만으로 알려져 있다. 이것의 의미는 동계교배율(rate of inbreeding)이 100마리(암, 수 각각)로 구성된 집단의 크기와 똑같다는 것이다. 아울러 집단에 속한 각 개체들간에 형질과 연관된 유전체의 특정부분(chromosomal segments)을 공유할 가능성이 크다는 것을 의미한다. 따라서 유효집단의 크기는 유전체선발에 있어서 추정 육종가의 정확도에 매우 큰 영향을 미친다고 할 수 있다. 위의 홀스타인-프레시언 집단과 같은 작은 유효집단크기를 갖는 집단에서는 개체간 특정유전체 부분(chromosomal segments)을 공유할 가능성이 커진다. 그 만큼 유전분산을 많이 설명할 수 있기 때문에 추정유전체육종가의 정확도는 높아지게 된다. 반면에 유효집단의 크기가 큰(1000마리 이상)집단에서는 상대적으로 특정유전체부분(genomic segments)을 공유할 가능성이 적어지게 되고 그렇기 때문에 추정유전체육종가의 정확도는 낮아지게 된다.

실제로 유효집단크기는 측정하기가 쉽지 않다. 대부분의 개량집단은 개량의 효율을 높이기 위해서 강한 선발을 하고 있고 이 때문에 능력이 좋은 씨수소가계의 개체들이 후보씨수소 대상으로 선발되기 때문에 유효집단의 크기가 급격하게 감소하고 있는 것이 현실이다. 아울러 한우 개량 및 씨수소정액공급체계를 보면, 매년 약 20두의 씨수소가 선발되고 이들 씨수소가 전국으로 퍼져나가므로 일종의 큰 폐쇄집단으로 봐야할 것이다. 그러나 씨수소의 가계가 각기 다르고 집단마다 유전적 다양성을 가지고 있기 때문에 유효집단크기와 같은 집단유전학적 모수

(parameter)를 정확하게 추정하는것은 매우 어렵다. 그러나 한우집단을 대표하고 있는 전체 씨수소집단을 이용하여 정확하게 유효집단크기의 추정이 가능하다면 유전체육종가를 매우 정확하게 예측 할 수 있을 것이다.

유전체육종가의 정확도에 영향을 미치는 또 다른 요인은 유전력(heritability, $h^2$)이다. 낮은 유전력을 갖는 형질에서는 유전자가 설명하지 못하는 잔차분산(residual variance)이 너무 커지게 됨으로 정확하게 형질과 연관된 유전체특정부분(genome segments)을 추정하기가 어려워지게 된다. 이러한 경우 참조집단의 크기는 어쩔 수 없이 커져야 한다. Goddard 등(2009, 2010)이 제안한 수식을 통해서 분석한 결과를 보면, 참조집단의 크기와 유전체 육종가의 정확도간의 상관관계를 명확하게 볼 수 있다. 그림7-4에서 보는 바와 같이 유효집단의 크기가 작을수록, 유전력이 높을수록 유전체육종가의 정확도는 높아진다. 아래 그림7-4는 Goddard 등(2009, 2010)의 수식으로 계산한 것이며, 이 수식에서 사용하고 있는 형질과 연관된 유전체 특정부분의 수(the number of quantitative trait loci)는 2×Ne×L(여기에서 Ne는 유효집단의 크기이고, L은 유전체의 크기)과 같이 대략적으로 추산(an approximation value)된 값이다. 이 대략적으로 추산된 값은 아직 명확하게 정의되어 있지 않고 정확하게 정의하기는 매우 어렵다. 그 이유는 형질별로 영향을 미치는 좌위의 수를 파악하는 것은 매우 어렵기 때문이다. 이러한 이유때문에 그림7-4에서 제시하고 있는 정확도는 매우 보수적(conservative)인 추정유전체육종가의 정확도로 인식하면 될 것이고, 아울러 여기서 제시하고 있는 참조집단의 크기 역시 다소 클 것이다. Goddard 등(2009, 2010)의 수식에서 보여주는 또 다른 논점은 집단 자체가 혈연관계가 없는(unrelated) 개체들로 이루어진 집단이라는 것이다. 즉, 같은 개량집단에 포함되어 있는 개체들로 유전체특정부분

(genome segments)을 공유하지만 혈통으로는 연결되지 않은 집단을 의미한다. 따라서 여기에서 제시하는 유전체육종가의 정확도는 최저 정확도(baseline accuracy)라고 보면 적당할 것이다(van der Werf, 2013). 이러한 이론적인 배경하에서 한우집단에 있어서 유전모수를 사용하여 유전체육종가의 정확도를 분석하였다. 그 결과, 그림7-4에서 보는바와 같이, 유효집단크기가 100이고 유전력이 0.5인 경우 참조집단 5,000두에서 정확도가 0.65(65%)를 보였고, 유효집단크기가 100, 유전력이 0.3인 경우 참조집단 5,000두에서 정확도가 0.53(53%)로 나타났다. 현재, 한우에 있어서 유효집단은 약 100-150인점을 감안할 때, 정확도는 50%를 상회할 것으로 예상된다.

위에 제시한 모의실험결과에 기초하여 유전체육종가 추정의 정확도는 아래와 같은 두가지 방법이 주로 이용되고 있다(van der Werf, 2013).

1) 교차검증(Cross validation).

유전체육종가의 정확도를 알아보는 방법중에 교차검증(cross

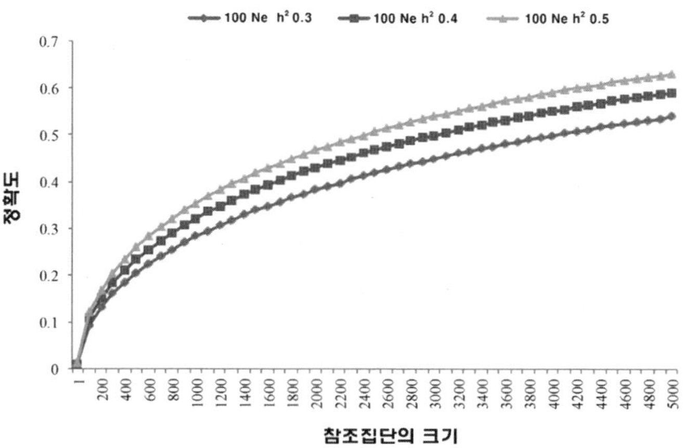


그림 7-4. 한우에서 유효집단크기와 도체형질의 유전력에 따른 유전체육종가 추정의 정확도

validation)에 기초한 방법이 가장 좋은 방법일 것이다. 전체데이터셋을 n개의 부분집합(subsets)으로 무작위 추출로 나누고, n-1개의 부분집합을 참조집단으로 하여 n번째 부분집합의 유전체육종가를 추정한다. 추정된 n번째 부분집합에 포함된 개체의 유전체육종가와 표현형간의 상관을 통해 정확도를 추정할 수 있을 것이며 반복은 10회 방법이 적합할 것이다. 그러나, 전체데이터셋의 크기가 크지 않은 경우, n개의 부분집합을 나누는 부분에 대한 논쟁이 존재한다. 그러나 충분한 크기의 데이터셋에서는 유용한 방법임에 틀림없다.

2) One validation set.

또 다른 방법은 하나의 검증데이터셋을 확보하는 것이다. 즉, 매우 정확한 추정육종가를 갖는 개체들(예를들어, 큰 후대검정집단)로 구성된 검증집단(validation population)을 구성한다. 이 검증집단에 포함된 개체들의 육종가는 실제육종가(true breeding value)에 근접한 육종가로 생각할 수 있다. 그 이유는 큰 후대검정집단으로부터 추정된 육종가의 정확도가 실제육종가에 근접하기 때문이다. 이들 집단을 검증집단으로하여 유전체육종가(GEBV)와 실제육종가(Good approximation of true breeding value)의 정확도를 분석하는 방법이다. 한우집단에 있어서 KPN 씨수소들의 육종가의 정확도는 대략 0.8정도일 것이다. 실제육종가와 비교할 때, 약간 낮긴 하지만 이들 KPN 씨수소집단을 하나의 검증집단으로 사용할 수 있을 것이다.

한우에 있어서 유전체육종가의 정확도는 첫번째 제시된 방법인 하나의 교차검증(cross-validation)을 이용하여 분석하였다. 먼저 한우 반형매로 구성된 참조집단 2,500두를 이용하여 이중 10%인 거세우에 대해서 10set를 선발집단으로 무작위 선발하였다. 선발집단은 표현형정보를 이용하지 않고, 참조집단을 이용하여 유전체육종가를 추정하였고, 추정육종가의 정확도는 선발집단의 표현형값과 추정육종가와의 상관을 분석하여 정확도를 계산하였다. 이렇게 추정된 육종가의 정확도는 표 7-1에서 보여주고 있다.

표 7-1. 한우에서 교차검증방법을 이용하여 계산한 유전체육종가 추정의 정확도

| 방법 | 교차검증방법을 이용하여 계산한 정확도 | | | |
|---|---|---|---|---|
| | 도체중(kg) | 등심단면적(cm2) | 등지방두께(mm) | 상강도지수(MS) |
| gBLUP | 0.36±0.09 | 0.32±0.13 | 0.32±0.05 | 0.32±0.09 |

## 7.6 gBLUP의 효과

gBLUP과 기존에 수행해 오던 전통육종방법 즉 혈통정보를 이용한 BLUP방법에 대한 효과를 연간유전적개량량(annual genetic gain)의 관점에서 살펴본다면, 유전체선발 방법이 매우 효과적임을 알 수 있다(표7-2). 즉, 가축에 있어서 인위적선발(artificial selection)이 진행되는 집단에서의 유전적 변화에 영향을 미치는 아래 함수식의 4가지 모수(parameters)를 이용하여 계산 할 수 있다.

$$\Delta G = \frac{ir\sigma_A}{L}$$

여기서, $\Delta G$ : 유전적 개량량,

$i$ : 선발강도,

$r$ : 육종가의 정확도,

$\sigma_A$ : 상가적 유전효과의 표준편차,

$L$ : 세대간격

유전체선발기법을 당대검정우선발에 직접 적용한다는 것을 가정할 때, 연간 얻을 수 있는 유전적개량량 계산은 다음과 같다. 선발강도는 기존 전통적 선발방식과 유전체선발방식이 0.8로 동일하고(40두→ 20두 선발), 육종가의 정확도는(당후대검정방법 0.7, 그리고 유전체선발 0.5)로 설정하였다. 그리고 상가적 유전효과의 표준편차는 두 방법(당후대검정방법 및 유전체)이 동일하게 근친도 조절효과가 있다고 가정하고 설정하였다. 마지막으로 선발간격은 기존 한우씨수소선발까지 당후대검정방법은 5.5년이 소요되나, 당대검정시 유전체선발을 적용한다면 약 2.5년이 소요될 것으로 추정하여 계산한 결과, 유전체선발방법의 연간유전적개량량은 기존방법보다 약 24% 더 높은 것으로 분석되었다(표7-2). 따라서 한우 개량계획에 있어서 한우의 유전적개량을 개선하는데, 유전체선발은 매우 효과적인 방법일 것이다(Lee 등, 2015).

표 7-2. 기존 전통적인 BLUP 선발법과 유전체선발법으로 추정한 모수들을 이용하여 예측한 유전적개량량

| 추정육종가 | | | 유전체추정육종가 | | |
|---|---|---|---|---|---|
| 선발강도 | 정확도 | 세대 | 선발강도 | 정확도 | 세대 |
| 0.8 | 0.7 | 5.5 | 0.8 | 0.5 | 2.5 |
| | $0.1\sigma_g$ | | | $0.16\sigma_g$ | |

한우에 있어서 유전체선발은 국가단위한우개량사업의 한 부분인 당대검정우선발(pre-screening)에 적용하여 큰 효과를 볼 수 있을 것으로 생각된다. 그 이유는 당대검정우는 혈통지수를 이용하여 선발하기 때문에 도체형질에 대한 육종가의 정확도가 낮아 여기에서 유전체선발을 적용

한다면 당대검정우를 보다 정확하게 선발할 수 있을 것이다. 또한, 혈통정보(지수)로 당대검정우를 선발하는 방식에서 유전체정보를 활용하여 좀더 큰 유전자풀(Gene pool)에서 보다 다양한 당대검정우를 선발한다면, 기존보다 향상된 정확도와 선발강도를 유지할 수 있으며, 유전적다양성도 강화하면서 당대검정에서 선발된 후보씨수소들의 후대검정을 수행할 수 있을 것으로 생각된다. 더욱이, 후대검정에서 매년 생산되는 검정우(표현형, 혈통보유)를 참조집단으로 환류하여, 기존 BLUP과 gBLUP 방법을 비교하고 검증할 수 있는 시스템을 확립할 수 있을 것이다.

## 〈참고문헌〉


1. Goddard M.E., Hayes B.J., and Meuwissen T.H.E. (2011) Using the genomic relationship matrix to predict the accuracy of genomic selection. *J. Anim. Breed. Genet.* 128, 409-421.
2. Hoerl A.E., and Kennard R.W. (1970) Ridge regression: biased estimation for nonorthogonal problems. *Technometrics* 12, 55-67.
3. Meuwissen T.H.E., Hayes B.J., and Goddard M.E. (2001) Prediction of total genetic value using genome-wide dense marker maps. *Genetics* 157, 1819-1829.
4. VanRaden P.M. (2008) Efficient methods to compute genomic predictions. *J. Dairy Sci.* 91, 4414-4423.
5. Yang J., Benyamin B., McEvoy B.P. and *et al.* (2010) Common SNPs explain a large proportion of the heritability for human height. *Nat. Genet.* 42, 565-571
6. Gilmour A.R. *et al.* (2009) ASReml User Guide Releases 3.0. VSN International Ltd.
7. Visscher P.M., Medland S.E., Ferreira M. A., and *et al.* (2006) Assumption-free estimation of heritability from genome-wide identity-by descent sharing between full siblings. *PLoS Genetics* 2, e41
8. Habier D., Fernando R.L., and Dekkers J.C.M. (2007) The impact of genetic relationship information on genome-assisted breeding values. *Genetics*, 177, 2389-2397.
9. Goddard M.E., Hayes B.J. and Meuwissen, T.H.E. (2010) Genomic selection in livestock populations. *Genet. Res.* (Camb.) 92, 413-421.
10. Goddard M.E. and Hayes B.J. (2009) Mapping genes for complex traits in domestic animals and their use in breeding programs. *Nat. Rev. Genet.* 10, 381-391.
11. Lee S.H., Cho Y.M., Lee J.H. and Oh S.J. (2015) Implementation of genomic selection in Hanwoo breeding program. *CNU. J. Agri. Sci.* 42(4), 397-406.

# 제8장

# 유전체정보도움선발:

## II. 베이지안 접근

## 8.1 베이즘(Bayes) 이론

자료의 분석에 있어서 통계적 접근방법은 크게 2가지로 분류되는데 이는 빈도학적(Frequentist) 접근방법과 베이지안(Bayesian) 접근방법로 나누어진다. 이들 분석방법간에는 다소 철학적인 논쟁이 되기도 하지만 실용적 적용은 두가지 방법이 모두 적용되고 있다. 베이지안 접근방법에 대한 기본이론은 베이즘이론에 기초하고 있다.

베이즘이론은 조건분포의 매우 단순한 법칙에서 시작된다. 즉, $x$와 $y$, 2개의 확률변수에서 다음의 조건을 만족하게 된다.

$$P(x|y) = \frac{P(x \cap y)}{P(y)} = \frac{P(y|x) * P(x)}{P(y)}$$

예를 들어보자. 어느 동전주머니에 2%의 동전이 앞뒤 모두 앞면만 있는 불량동전이라고 가정하자. 동전주머니에서 무작위로 하나의 동전을 뽑아서 4번 던져 보았을 때 모두 앞면이 나왔다. 이 동전이 앞뒤 모두 앞면이 새겨진 불량동전일 확률은 얼마인가?

불량동전일 사건을 변수로 정의하고 4번을 던져서 4번 모두 앞면인 사건을 변수로 정의하면 각각의 확률은 다음과 같이 추론할 수 있다.

표 8-1. (예제) 2%의 불량동전이 있는 동전주머니에서 동전을 꺼내어 4번 던졌을 경우의 확률변수

| 확률변수 | 확률 | 설명 |
|---|---|---|
| $P(x)$ | 0.020 | 불량동전일 확률 |
| $P(x')$ | 0.980 | 정상동전일 확률 |
| $P(y\|x)$ | 1.000 | 불량동전일 때, 4번 모두 앞면이 나올 확률 |
| $P(y\|x')$ | 0.0625 | 정상동전일 때, 4번 모두 앞면이 나올 확률 |
| $P(y\|x)*P(x)$ | 0.020 | 불량동전이면서 4번 모두 앞면이 나올 확률 |
| $P(y\|x')*P(x')$ | 0.06125 | 정상동전이면서 4번 모두 앞면이 나올 확률 |

상기의 표 8-1의 확률변수을 참조하여 4번 모두 앞면이 나올 확률은 불량동전일 때 앞면이 나올 확률과 정상동전일 때 앞면이 나올 확률의 합으로 다음과 같다.

$$P(y) = P(y|x)*P(x) + P(y|x')*P(x') = 0.02 + 0.06125 = 0.08125$$

따라서 뽑은 동전이 불량동전일 확률($P(x|y)$)은 베이즈이론에 근거하여 다음과 같이 계산할 수 있다.

$$P(x|y) = \frac{P(x \cap y)}{P(y)} = \frac{P(y|x)P(x)}{P(y)} = \frac{1.0 \times 0.02}{0.08125} = 0.246$$

또한 뽑은 동전이 정상동전일 확률은 다음과 같이 계산할 수 있다.

$$P(x'|y) = \frac{P(x' \cap y)}{P(y)} = \frac{P(y|x')P(x')}{P(y)} = \frac{0.0625 \times 0.98}{0.08125} = 0.754$$

상기의 예에서 살펴본 바와 같이 $P(x|y)$ 또는 $P(x'|y)$를 계산할 때, 분모는 모두 같기 때문에 $P(x|y)$는 $P(y|x)*P(x)$의 비율로 표현되고 $P(x'|y)$는

$P(y|x')*P(x')$의 비율로 표현될 수 있다. 베이즘이론은 상기의 예제처럼 $P(y|x)$의 계산은 쉽지만 $P(x|y)$의 계산이 어려운 경우에 유용하게 이용된다. 또한 일반적으로 베이지안 접근방법은 $y$변수를 관측치로 사용하고 $x$변수를 모수로 하여 통계분석을 실시한다.

## 8.2 베이지안 추론

### 8.2.1 개요

방대한 분자유전학적 생물자료를 활용한 통계분석방법으로 베이지안 추론방법이 널리 이용되고 있다. 따라서 베이지안 추론에 대한 개념적 접근방법에 대하여 간단히 기술하고자 한다. 일반적으로 베이지안 추론방법은 빈도학적 추정방법과 다른 접근방법을 지향한다. 예제로써 30개월령된 한우의 수컷과 암컷의 체중 차이를 알아보기 위한 실험을 가정해 보자. 실험을 위하여 성별로 각각 10두의 표본을 추출하여 체중를 측정하고 이를 위한 통계모형을 아래와 같이 설정하여 분석한다고 가정하자.

$$y = \mu + sex + e$$

여기서 $y$ = 체중에 대한 관측치,

$\mu$ = 전체평균,

$sex$ = 성별 효과,

$e$ = 평균으로부터의 편차 $\sim N(0, \sigma^2)$

빈도학자들은 일반적으로 상기의 모형식으로부터 모형식에 대한 최대우도(Maximum Likelihood; ML)를 나타내는 *sex* 모수를 추정하는 반면에 베이지안 접근방법에서는 *sex*의 참값에 대한 확률을 추정한다. 즉, $P(sex|y)$의 확률을 $P(y|sex)*P(sex)$의 비율로 추론하게 된다.

여기서 $P(sex|y)$를 사후확률이라고 정의하는데 이것은 실험 후에 얻은 확률이기 때문이다. 해를 얻기 위하여 $P(y|sex)$ 및 $P(sex)$의 2가지 확률변량을 추론해야 한다. 여기서 $P(y|sex)$는 빈도학자들이 사용하는 우도함수이고, $P(sex)$는 사전확률인데 이는 실험을 실시하기 이전의 *sex*의 사전정보로부터 얻은 확률이다.

상기의 예제에서 연구자가 실험을 실시하기 이전에 수컷은 암컷 보다 30~40kg 체중이 무거우며 이 범위내에 모든 암컷은 동등한 체중을 갖는다고 가정하여 베이지안으로 접근한다면 수컷과 암컷의 체중 편차에 대한 사전정보의 확률분포 $P(sex)$는 아래 그림 8-1과 같이 그려질 수 있다.

조사된 자료로부터 100두의 수컷와 100두의 암컷를 추출하여 평균을 계산하고 이러한 시험을 수회 반복한 결과, 평균들의 차이가 평균34cm이었고 표준오차가 2kg이었다면 이들 편차의 평균들에 대한 확률분포

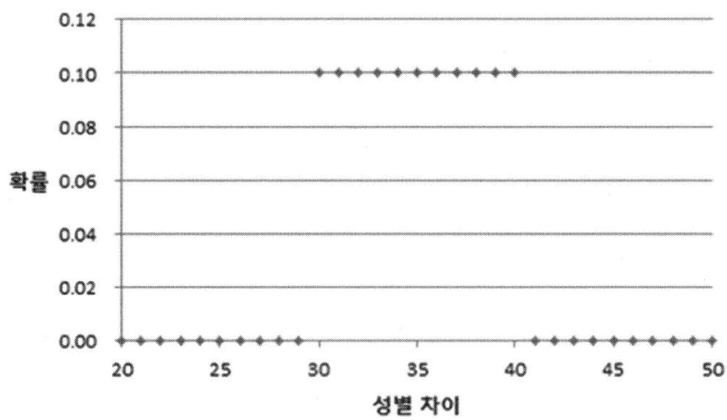


그림 8-1. 수컷이 암컷 보다 30~40kg 많다는 사전정보 확률분포

$P(y|sex)$의 우도는 아래 그림 8-2와 같이 표현할 수 있다.

상기의 두 그림으로 표현된 분포의 곱 $P(y|sex) \times P(sex)$을 구하면 $P(sex|y)$의 분포는 아래 그림 8-3과 같이 표현된다.

확률 0의 범위를 제외하면 30~40kg사이의 곡선상의 하한 면적은 0.1이 된다. 이것은 모수 *sex*의 사후분포 $P(s|y)$의 확률분포가 된다. 여기서 모수추정치는 사전분포가 허락하는 범위내에 존재하고 *sex*의 참값은

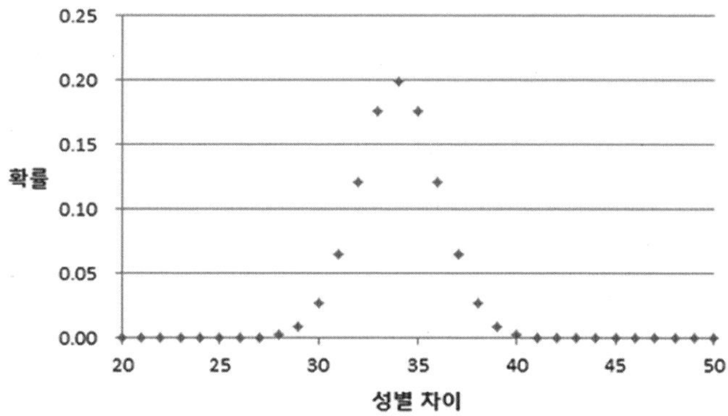


그림 8-2. 표본으로부터 조사된 수컷과 암컷의 체중 차이의 평균들에 대한 확률분포 (평균=34cm, 표준오차 2kg)

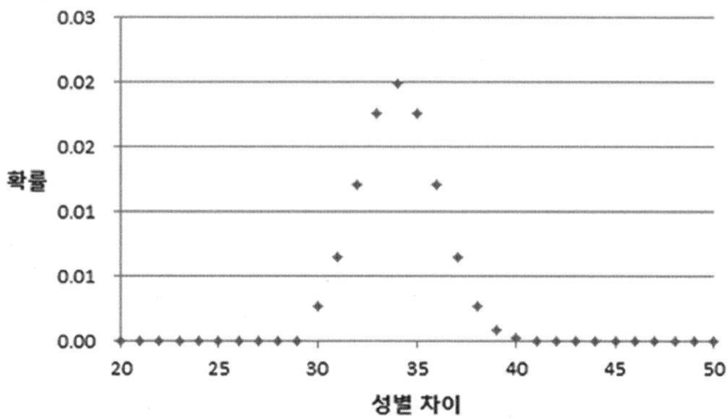


그림 8-3. 사전정보와 사후정보의 곱으로 표현된 조건 사후분포

30~40범위의 어느 값 보다 34에 가깝다고 결론한다. 만일 *sex*의 점추정을 언급한다면 *sex*의 사후분포의 평균 또는 최빈값(mode)을 제시하기도 하며 이 경우에 모드는 빈도학자들의 우도추정치와 같다. 왜냐하면 우도 추정치는 사후분포를 결정하는데 이용되었고 이는 우도추정치가 함수의 우도을 최대로 하는 값과 같기 때문이다.

만일 이러한 자료에서 *sex*에 대한 사전정보가 전혀 없다면 *sex*의 추정 가능한 모든 범위에서 동등한 값의 사전정보를 사용할 수 있다. 이 경우에 모수의 사후분포는 우도함수의 비율로 표현되며 이것은 일반적으로 무정보적분포(uninformative prior)에 기초한 베이지안 추정치가 우도추정치와 동등하다는 것을 의미한다.

### 8.2.2
### 임의효과

임의모형에서 베이지안 추론에 의한 모수추정을 알아보자. 예를 들어 한우 후대검정에서 후보씨수소의 검정 자손들에 대한 30개월령 체중의 차이를 추정하는 실험에서 통계모형식을 아래와 같이 설정하였다고 가정하자.

$$y = \mu + s + e$$

여기서 $y$ 는 30개월령 체중,

$\mu$ 는 집단 평균,

$s$ 는 검정우들에 대한 후보씨수소 효과($\sim N(0, \sigma_s^2)$)

$e$ 는 잔차효과($\sim N(0, \sigma_e^2)$)이다.

여기서 후보씨수소 A는 한국의 한우집단에서 임의로 선발된 후보씨수소로써 임의효과로 가정하고 잔차의 표준편차를 80kg, 씨수소의 표준편차를 20kg으로 가정하자. 상기의 모형식에 대한 베이지안 접근은 모수의 사후분포 $P(s|y)$가 $P(y|s)*P(s)$의 비율로 표현하는 방법을 택한다. 예를 들면 A 후보씨수소의 자손 100두의 평균이 집단평균 보다 10kg이 많고 이들의 표준편차가 8kg이라면 $P(y_A|s_A)$의 우도함수 분포는 다음 그림 8-4와 같다.

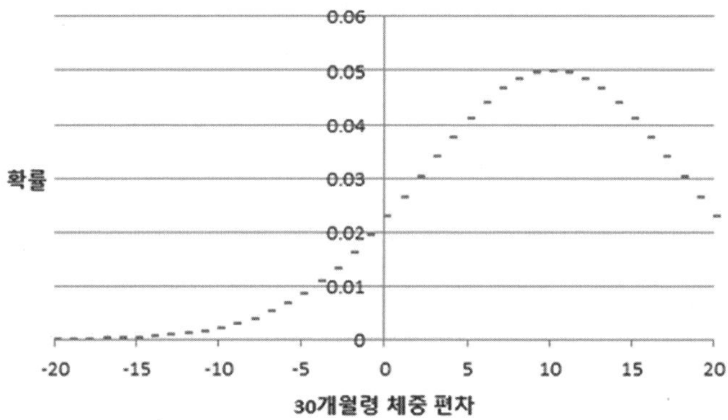


그림 8-4. A후보씨수소 자손들의 체중에 대한 집단 평균으로부터의 편차 분포

또한 모수의 사전분포 $P(s_A)$는 후보씨소수의 표준편차를 20kg으로 가정하고 정규분포한다고 가정하였기 때문에 아래 그림 8-5와 같다.

따라서 베이즘이론에 따라 상기의 공식을 대입하면 모수에 대한 사후분포는 다음 그림 8-6과 같이 표현할 수 있다.

상기의 사후분포함수의 평균은 8.6kg으로 빈도학자들에 의해 추정된 BLUP추정치( $\hat{s}=\frac{\sum(y-\mu)}{(n+\lambda)}=\frac{10*100}{116}=8.6kg$ )와 동일한 결과를 갖는다. 이는 베이지안에 의해 사용된 사전정보를 빈도학자들도 사용하기 때문이다. 빈도학자들은 임의변량에 대한 좋은 사전정보를 통하여 모수의 분포

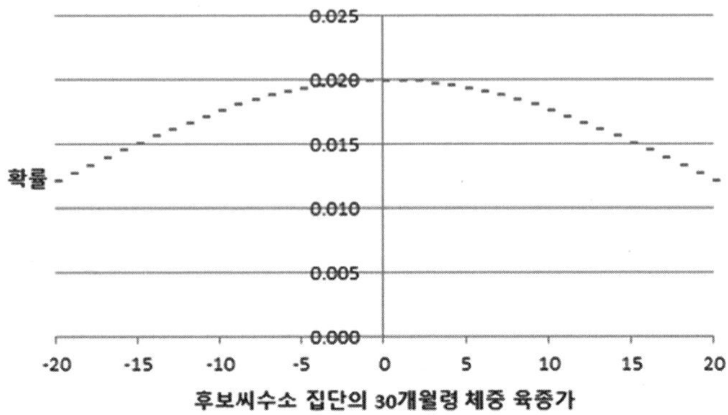


그림 8-5. 후보씨수소의 30개월령 체중에 대한 유전능력의 사전분포

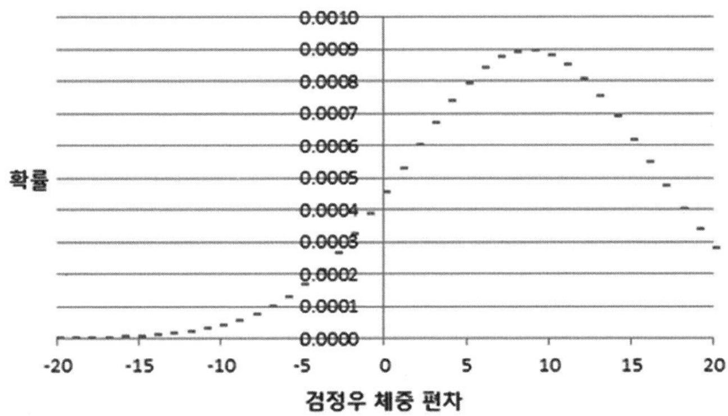


그림 8-6. 사전정보와 사후분포의 곱으로 표현된 조건 사후분포

를 이용하고 있으며 상기의 예제처럼 이들 사전정보가 정규분포를 하고 있으며 체중에 대한 후보씨수소의 적절한 표준편차(20kg)를 사용하고 있다. 빈도학자들은 모수의 조건분포라는 용어로써 임의변량에 대한 사후분포를 잘 활용하고 있다.

사후분포는 모수의 평균뿐만 아니라 더 많은 정보를 갖는다. 상기의 경우에서처럼 비록 확률은 적지만 후보씨수소의 효과가 -20 ~ 20kg의 범위를 갖을 수 있다. 또한 모수의 사후분포가 정규분포를 하고 있기 때문에 평균, 분산 또는 예측오차분산(PEV)의 통계량을 갖지만 일반적으로 베이지안 접근에서는 모수의 사후분포를 알아보는 것이기 때문에 모수의 분포에 더욱 관심을 갖는다. 빈도학자와 베이지안 간의 통계적 접근방법에 있어서 차이점은 베이지안은 모든 효과를 임의효과로 처리한다는 것이다. 그러므로 베이지안에게는 특정 효과에 대하여 추정치의 특이성을 고려할 때, 고정효과냐 또는 임의효과냐를 논쟁하기 보다는 모수 추정치의 분포특성에 대한 논의에 초점하고 있다. 베이지안추론에서는 좋은 사전정보를 갖지 않는다면 좋은 추정치를 얻을 수 없으며 이러한 경우에는 사전정보를 무정보적 분포로 이용하는 것이 더욱 좋은 결과를 도출시킬 수 있다.

## 8.2.3

## 깁스샘플링

### 8.2.3.1 정의

깁스샘플링(GS)은 베이지안 추론의 방법으로서 다양한 마르코프 연쇄 몬테카로 (MCMC)방법들 중의 하나로써 사후분포로부터 표본을 추출하는 것이다. 이것은 이전의 표본추출에 의존적이기 때문에 마르코프 연쇄(Markov chain)하고 하며 일정한 분포로부터 무작위로 추출하기 때문에 몬테카로(Monte Carlo)로 칭하여 사용한다.

MCMC방법들은 수학적으로 계산이 매우 어려운 경우의 통계분석에 이용될수 있는 장점이 있는데 이는 통계적으로 복잡한 문제를 수학적으로 풀지 않고 단순한 표본추출을 통하여 달성할 수 있기 때문이다. 최근 컴퓨터의 속도가 향상됨에 따라 많은 표본추출을 쉽게 할 수 있기 때문에 크게 발전할 수 있었으며 MCMC의 대표적인 방법으로 깁스샘플링 및 메드로폴리스-해싱 기법(Metropolis-Hashing algorithm)등이 있다.

여기서 깁스샘플링은 다른 모든 모수가 옳다는 가정하에 하나의 모수에 대한 임의표본을 추출하는 것이며 또 다른 모수에 대하여도 같은 방법으로 추출하고 이러한 추출방법은 무수히 수행함으로서 모수의 분포를 알아보는 것이다. 비록 분명하지는 않지만 모든 모수에 대한 사후분포로부터 깁스샘플을 추출하는 방법으로 정의한다.

#### 8.2.3.2 예제

깁스샘플링의 가장 단순한 예를 들어보자. 홀스타인 젖소집단에서 흑백반유전자(B) 및 적백반 유전자(b)의 빈도가 각각 0.9 및 0.1이라고 가정하고 흑백반인 부(S) 와 모(D)의 교배로 태어난 자손(P)이 적백반 모색 유전자를 잠재할 확률($p(G_p{=}Bb)$)이 얼마인가?

문제를 풀이하기 위하여 2가지 변수를 정의한다. 즉, 부의 유전자형($G_s$)이 BB 또는 Bb이고 모의 유전자형($G_d$)이 BB이거나 Bb로 정의하면,

깁스샘플러는 사전정보에 의한 자손집단의 유전자형 및 부모의 유전자형으로부터 다음의 조건분포에서 깁스샘플을 추출한다. 즉 부의 유전자형의 깁스샘플은 $P(G_s|G_p, G_d)$의 조건분포에 추출한다. 또한 모의 유전자형에 대한 깁스샘플은 $P(G_d|G_p, G_s)$이 된다. 따라서 부의 유전자형에 대한 깁스샘플은 베이즈이론에 기초하여 다음과 같이 표현된다.

$$P(G_s|G_p, G_d) = P(G_p|G_s, G_d) * \frac{P(G_s)}{P(G_p|G_d)}$$

각 모수의 사전정보(prior information) 및 자손의 이형접합체에 대한 조건분포는 다음 표 8-2와 같다.

표 8-2. 부모의 유전자형에 대한 모수의 사전정보와 자손의 이형접합체에 대한 조건분포

| 모수의 사전정보 | | 자손의 이형접합체에 대한 조건분포 | |
|---|---|---|---|
| 변수 | 확률 | 변수 | 확률 |
| $P(G_s=BB)$ | 0.9*0.9=0.81 | $P(G_0=Bb\|G_s=BB,G_d=BB)$ | 0.0 |
| $P(G_d=BB)$ | 0.9*0.9=0.81 | $P(G_0=Bb\|G_s=BB,G_d=Bb)$ | 0.5 |
| $P(G_s=Bb)$ | 2*0.9*0.1=0.18 | $P(G_0=Bb\|G_s=Bb,G_d=BB)$ | 0.5 |
| $P(G_d=Bb)$ | 2*0.9*0.1=0.18 | $P(G_0=Bb\|G_s=Bb,G_d=Bb)$ | 0.5 |

이러한 확률을 사용하여 $G_s$의 조건분포는 다음 표 8-3과 같이 계산할 수 있다.

표 8-3. 자손의 유전자형에 따른 부의 유전자형에 대한 조건분포 확률

| $G_d$ | $G_s$ | $P(G_s)$ | $P(G_0\|G_s,G_d)$ | $P(G_s)*P(G_0\|G_s,G_d)$ | $P(G_s\|G_0,G_d)$ |
|---|---|---|---|---|---|
| $BB$ | $BB$ | 0.81 | 0 | 0 | 0 |
| $BB$ | $Bb$ | 0.18 | 0.5 | 0.09 | 1 |
| Total= $P(G_0\|G_d=BB)$ | | | | 0.09 | |
| $Bb$ | $BB$ | 0.81 | 0.5 | 0.405 | 0.82 |
| $Bb$ | $Bb$ | 0.18 | 0.5 | 0.09 | 0.18 |
| Total= $P(G_0\|G_d=Bb)$ | | | | 0.495 | |

요약하면 만일 모가 BB이면 부는 Bb이어야만 한다. 만일 모의 유전자형이 Bb이면 부의 유전자형이 Bb일 확률은 0.18이 된다. 이러한 조건분포 확률은 $G_s$ 및 $G_d$에서 모두 같다.

깁스샘플링의 절차를 기술하면 다음과 같다.

1) 만일 $G_d=BB$를 초기화하고 $G_s$를 깁스샘플링하면 $P(G_s|G_0=Bb, G_d=BB)$의 조건하에서 $G_s$를 샘플링하게 된다. 이때 $P(G_s=BB)$ 및 $P(G_s=Bb)=1.0$의 확률범위에서 수행한다.

2) 다음단계로 $P(G_d|G_0=Bb, G_s=Bb)$을 깁스샘플링하고 이때의 확률은

$P(G_d = BB) = 0.82$ 및 $P(G_d = Bb) = 1.0$의 확률이 된다. 이때 만일 $G_d = BB$으로 깁스샘플링하면 다음단계에 이들 샘플값에 기초하여 깁스샘플링을 지속하게 된다.

이와 같이 상기의 과정을 반복하게 된다.

만일 깁스샘플링을 50회 수행한 결과, $G_s = BB$는 20회, $G_s = Bb$은 30회의 샘플을 실시하였다면 $P(G_s = Bb|G_0 = Bb)$은 30/50=0.6의 추정치를 얻을 수 있다. 그러나 여기서 깁스샘플링을 적용하는데 다음과 같은 2가지 오류가 존재한다.

1) 첫째로, 초기샘플의 신뢰도 문제이다. 초기값을 $G_s = BB$으로 설정할 때, 다수의 깁스샘플을 수행하면 깁스사슬은 모수의 참값으로 수렴하게 된다. 그러나 처음에 수행되는 깁스샘플은 초기값에 영향을 받게 된다. 이것은 만일 초기값을 $G_d = BB$로 설정하면 $G_s = Bb$으로 강제하게 결과를 초래한다. 최종 수렴 값을 얻는데 이러한 그릇된 결과를 피하기 위하여 초기의 깁스샘플을 버리게 되는데 이 구간을 소각 (burn-in) 표본이라고 한다.

2) 두번째는 연쇄적인 샘플간의 상관의 문제이다. 깁스사슬이 $G_s$의 가능한 값 범위내에서 자유롭게 추출되지 않는다는 점이다. 이는 $G_s = Bb$이면 , 또는 $G_s = BB$이면 $G_d = Bb$으로 추출되려는 경향이 있다는 것이다. 이것은 표본추출의 일반적인 현상으로 현재 추출된 깁스샘플이 다음 추출될 깁스샘플에 영향하여 자기상관을 갖는 다는 것으로 언급된다. 이러한 현상으로 인하여 한번 모수의 추정값

이 변하면 새로운 차기 깁스샘플에 변화를 주게 된다. 이러한 현상으로 가장 단순한 해가 수없이 반복되고 참값에 수렴되지 않는 결과를 초래한다. 이렇게 제한된 범위내에서 깁스사슬이 반복된다면 진정한 모수를 추정할 수 없게 된다.

깁스사슬이 정상적인 특정 고정값에 환원되지 않지만 자기상관이 매우 높다면 무수히 많은 깁스사슬을 통하여 모수에 접근하게 된다. 이러한 경우에 깁스사슬을 재설정하여 자기상관을 줄여야 한다. 이러한 방법 중에 하나는 한번에 여러 모수를 동시에 추출하는 것이다. 상기의 보기에서 다음의 표 8-4와 같은 조건으로 부와 모의 유전자형에 대한 조건 사후분포확률을 동시에 추출하여 추정할 수 있다.

표 8-4. 자손의 유전자형에 따른 부와 모의 유전자형에 대한 동시 추출시 사후 조건분포 확률

| $G_s$ | $G_d$ | $P(G_s,G_d)$ | $P(G_0\|G_s,G_d)$ | $P(G_s,G_d\|G_0=Bb)$ |
|---|---|---|---|---|
| *BB* | *BB* | 0.81*0.81 | 0 | 0 |
| *BB* | *Bb* | 0.81*0.18 | 0.5 | 0.073 |
| *Bb* | *BB* | 0.18*0.81 | 0.5 | 0.073 |
| *Bb* | *Bb* | 0.18*0.18 | 0.5 | 0.016 |
| Total | | | | 0.162 |

상기의 예제에서 보는 바와 같이 두개의 모수만이 있기 때문에 하나의 추출과 다음의 추출간에는 독립적이며 두 표본 간에는 자기상관이 존재하지 않는다.

이 경우에 깁스사슬은 $P(G_s, G_d) = (BB, Bb)$은 45%, $P(G_s, G_d) = (Bb, Bb)$은 10%의 확률로 추출하게 된다. 그러므로 $P(G_s = Bb)$은 0.45+0.10=0.55의 확률을 갖는다. 이러한 경우는 깁스사슬이 없이 조건확률분포로 계산

한 예이다. 하지만 많은 모수가 존재할 경우에는 이러한 모수들을 모두 동시에 깁스샘플을 수행할 수 없지만 동시에 하나 이상의 모수를 추출하면 추출 횟수를 줄일 수 있다.

깁스샘플수가 많을수록 추정치의 정확도를 높일 수 있다. 만일 추출된 표본간에 자기상관이 없다면 표본간의 분산으로부터 평균에 대한 표준오차를 줄일 수 있고 필요한 깁스샘플수를 계산할 수 있다. 그러나 깁스사슬에는 일반적으로 자기상관이 존재하기 때문에 초기값을 달리하여 다수의 깁스사슬을 수행하여 사슬간의 해를 비교하게 된다. 사슬간의 해가 다를 경우 더욱 많은 깁스사슬을 수행해야 한다.

또한 소각표본의 크기는 자기상관에 영향하기 때문에 일반적으로 한 번의 사슬에서 초기 10%를 소각표본으로 버리고 충분한 길이의 추출을 이용하여 모수를 계산해야 한다.

### 8.2.3.3 연속변량

연속변량에 있어서 깁스샘플의 원리는 상기의 예제와 동일하지만 각각의 모수에 대한 사전정보로써 분포를 가정한다. 100개의 관측치를 갖는 표본으로부터 집단의 평균과 분산을 추정하는 예를 살펴보자.

각각의 관측치(y)는 $y \sim N(\mu, \sigma^2)$의 정규분포하고 관측치간에 서로 독립이라는 가정하에, 깁스샘플은 현재(초기)의 $\sigma$조건하에 $\mu$를 추출한다. 다음으로 추출된 $\mu$의 조건하에 다시 $\sigma$을 추출하고 이를 사슬로 반복적으로 표본을 추출한다. 일정기간의 소각표본을 제거한 후에 모수의 사후분포를 알아본다. 일반적으로 베이즘이론에 기초한 각 모수의 사전분포 정보와 모수를 내포하는 자료의 우도값에 기초하여 사후분포를 유도하게 된다. 일반적으로 정규분포하는 자료의 100개의 관측치에 대한

우도값은 아래와 같다.

$$P(y|\mu,\sigma) \propto \sigma^{-n} \exp\left(\frac{\sum(y-\mu)^2}{2\sigma^2},\right) \quad \text{여기서 n=100}$$

$\mu$와 $\sigma$에 대한 사전정보가 없다면 무정보 균등 사전정보 ($P(\mu)$ = 상수) 및 무정보적 분포 ($P(\sigma^2)$ = 상수)를 이용하게 된다. 결과적으로 사후분포 $P(\mu|y, \sigma)$ 및 $P(\sigma^2|y, \mu)$는 상기의 우도값의 비율로 모수가 존재한다.

상기의 우도함수가 $\mu$에 대한 분포이기 때문에 $P(\mu|y, \sigma)$의 사후분포는 표본의 평균($\sum y/n$) 및 이들의 분산($\sigma^2/n$)의 분포로 표현된다. 따라서 각각의 깁스사슬에서 $\mu$는 $\sim N(\sum y/n, \sigma^2/n)$에서 추출된다. 여기서 $\sigma^2$은 직전의 추출된 표본이다.

또한 상기의 우도함수로부터 사후분포 $P(\sigma^2|y, \mu)$는 n-2의 자유도 및 표본들의 제곱합($\sum(y - \mu)^2$)의 크기를 갖는 $x^{-2}$분포의 특성을 갖는다. 그러므로 각각의 깁스사슬에서 일정의 $x^2$변수를 추출하고 이의 역수를 취한 다음에 $\sum(y - \mu)^2$의 곱을 하여 분산에 대한 사후분포 표본을 추출할 수 있으며 이러한 과정을 통하여 $\mu$와 $\sigma$에 대한 통계량을 계산할 수 있다.

#### 8.2.3.4 선형모형

상기에서 언급한 단순한 집단의 표본추출에서 적용된 깁스사슬은 정규분포하는 잔차를 포함하는 복잡한 실험단위로 확장할 수 있다.

예로서 다음의 모형식을 살펴보자.

$$y = Xb + e$$

여기서, $y$ = 관측치 벡터

$b$ = 모수 벡터

$X$ = 계수행렬

$e$ = 상호 독립적인 정규분포의 벡터 $\sim N(0, \sigma^2)$

관측치의 $b$에 대한 조건 우도함수는 다음과 같이 표현된다.

$$P(y|b) \propto \sigma^{-n} \exp\{-(y-Xb)' V^{-1}(y-Xb)/2\}$$

여기서, $V = I\sigma^2$.

여기서 $P(b)$의 사전정보는 $b \sim N(\beta, W)$으로 가정할 수 있다.

$b$모수벡터의 특정값에 대한 사전정보가 없다면 이에 대응하는 W행렬의 대각선값이 취할 수 있는 범위를 무한대로 설정하고 반면에 사전정보가 있다면 이에 상응하는 대각선 값의 범위를 설정할 수 있다. 예를 들면 육종가의 범위는 $b \sim N(0, A\sigma_b^2)$와 같이 제한할 수 있다. 또한 분산 $\sigma^2$ 또는 $\sigma_b^2$는 무정보 균등 사전정보(plat prior) 또는 이들에 대한 사전정보를 반영하여 추출할 수 있다.

만일 상기의 모형식에서의 각각의 분산을 알고 있다면 아래와 같이 혼합모형식으로부터 각각의 모수를 추출할 수 있다.

$$(X' V^{-1} X + W^{-1}) b = X' V^{-1} y$$

또는,

$$Cb = z$$

여기서 $b$ 의 사후분포는 $N(C^{-1}z, \mathrm{C}^{-1})$과 같다.

하지만 일반적으로 분산을 알 수 없기 때문에 초기의 분산값을 이용하여 깁스사슬을 통하여 모수의 분포를 구한다. $b$ 벡터 각각의 모수는 $b_i \sim N(\tilde{b}_i, C_{ii}^{-1})$의 분포를 갖으며 여기서 $\tilde{b}_i$는 모형식의 해이다.

분산에 대한 추출은 각각의 모르는 변수들에 대한 추출값을 모수로 가정한다면 상대적으로 쉽게 추출할 수 있다. 이러한 경우에 상기에서 언급한 것처럼 쉽게 깁스샘플을 추출할 수 있는데 분산에 대한 무정보적 분포를 가정할 경우에 $x^{-2}$ 분포에서 쉽게 추출하고 적절한 표본들에 대한 자승합을 곱하여 계산할 수 있다. 예를 들면 $\sigma^2$ 을 n-2의 자유도를 갖는 임의의 $x^{-2}$ 분포 값을 추출하고 $\acute{e}e$를 곱하여 계산한다. 여기서 $e = y - Xb$이고 $n$은 $e$벡터의 독립변량 수이다.

또한 $\sigma_a^2$은 $n_a - 2$의 자유도를 갖는 임의의 $x^{-2}$ 분포값을 추출하고 $b'A^{-1}b$를 곱하여 계산한다. 여기서 $b$는 $n_a$개수를 갖는 육종가에 대한 벡터이다.

만일 분산에 대한 사전정보를 알고 있다면 사전정보로서 scaled $x^{-2}$ 분포를 이용한다. 즉, $\sigma_i^2 \sim X_{vi}^{-2*}S_i$가 된다.

이것은 평균이 $S_i/(v_i-2)$이고 분산이 $1/(v_i-4)$의 크기에 영향받는 값을 갖는 범위내에서 분포하게 된다. 그러므로 $v$가 2보다 작다면 무한의 평균범위와 $v$가 4보다 작은 경우 무한의 분산의 사전정보를 가정하는 것이 된다.

그러므로 적절한 사전정보를 이용하여야 한다. 여기서 사용되는 자유도가 클수록 좀더 많은 사전정보를 이용하는 것이 된다.

분산에 대한 사전정보로써 $x^{-2}$분포를 사용하는 장점은 정규분포하는 자료에 있어서 사후분포가 $x^{-2}$분포하기 때문이다. 만일 오차분산에 대한 사전정보가 $v$의 자유도를 갖고 $S$크기의 scaling factor를 갖으면 $\sigma^2$의 사후분포는 의 $\acute{e}e + S$크기를 갖는 사후분포를 한다. 이때 자유도는 $n + v$가 된다.

또한 유전분산에 대한 사전정보가 $S_a$의 크기와 $v_a$의 자유도를 가지게 되면 $\sigma_a^2$의 사후분포는 자유도 $(n_a + v_a)$에서 scale$(a'A^{-1}a + S_a)$ 의 크기에 $x^{-2}$의 사후분포를 한다. 이러한 특성으로부터 scaling factor는 사전정보와 자료로부터의 총자승합으로써 표현된다. 또한 자유도는 사전정보의 자유도 및 자료로부터의 자유도의 합이 된다. 결과적으로 자유도로 나눈 scaling factor는 사전정보와 자료로부터 얻은 분산의 평균값이 되며 이는 scaled $x^{-2}$ 분포의 표본을 추출할 때 기대값이 되는 것이다.

깁스사슬은 깁스표본의 일반적인 설명이다. 모든 변수는 동등하게 처리되고 고정효과 및 임의효과에 대한 구분이 없으며 모수와 변수간의 구분이 없다. 만일 육종가와 같은 변수를 추출한다면 이들 변수에 대한 분산을 추출하는 것도 또한 가능하다. 즉, 육종가를 추출한다면 이들 육종가에 조건분포인 분산을 추출할 수 있는 것이다. 이와 같은 현상은 우도함수의 알고리즘에서 결측치를 추출하는 것과 같다. 만일 결측치를 잘 추출한다면 다른 변수를 추출하기가 더욱 쉽다. 이와 같은 추출을 반복추출한 후에 모수의 분포를 알아보는 방법이 통칭 베이지안추론의 일환인 깁스샘플링이 된다.

## 8.3 표지인자 효과 추정

동물의 분자유전학적 차원에서 개체별 다형성을 표현하는 대표적인 현상의 자료로써 단일염기다형성(single nucleotide polymorphism, SNP)이 있다. 개체들간의 DNA차원에서 염기조성은 4종류의 염기배열의 조합으로 표현되는데 개체들간의 염기배열이 동일한 경우는 IBS(Identical by state)라 한다. 이들 IBS중에 부모로부터의 유전에 의하여 동등한 경우를

IBD(Identical by decent)라고 하고 유전체 전장의 IBD 총화의 평균을 근친의 정도로 나타내기도 한다. 또한 이러한 개체들간의 염기의 차이를 나타내는 현상을 이용하여 유전적 표지인자로 활용하고 이들 응용하여 표지인자 효과의 추정을 통한 유전체 선발에 적용한다.

이들 유전적 표지인자들 중에 양적형질유전자좌위(QTL)와 강한 연관관계가 있는 표지인자를 구획화하여 반수체형(haplotype)을 구성하고 통계적 방법에 의한 개체별 유전체 정보를 이용한 유전적 가치를 평가하기도 한다.

예를 들어 $i$번째 양적형질유전자좌위에 존재하는 유전자의 유전효과는 이것과 강한 연관관계를 갖는 표지인자($g_i$) 또는 반수체형(haplotype) 구획을 이들 유전자의 유전효과로 간주하고 다음과 같은 통계적 가정하에 유전효과를 추정할 수 있다.

$$g_i \sim N(0, I\sigma_{gi}^2)$$

여기서 $g_i$는 $i$번째 유전자좌위의 유전효과를 말하는데 이러한 유전자 효과를 추정하는 방법으로 베이지안접근방법인 BayesA, BayesB, BayesC 방법 등이 제시되고 있으며 또 다른 방법으로 집단에서 양적형질유전자좌위를 포함하는 2개 이상의 반수체형 구획을 포함하여 유전효과를 추정하는 방법 등이 개발되고 있다.

## 8.3.1
## 단좌위표지인자모형

개체가 갖는 하나의 특정 표지인자 또는 양적형질유전자좌위효과를 추정하는 통계적 모형을 아래와 같이 설정하여 모수를 추정할 수 있다.

$$y_j = \mu + u_j + vp_j + vm_j + e_j$$

여기서, $y_j$ : $j$번째 개체의 관측치

$\mu$ : 전체 집단 평균효과

$u_j$ : $j$번째 개체의 유전효과 $(\sim N(0, A\sigma_a^2))$

$p_j$ : $j$번째 개체의 부 배우자 표지인자정보

$m_j$ : $j$번째 개체의 모 배우자 표지인자정보

$v$ : 표지인자 유전효과 $(\sim N(0, G\sigma_v^2))$

G : IBD행렬

A : 혈연계수행렬

e : 잔차효과 $(\sim N(0, I\sigma_e^2))$

## 8.3.2 다좌위 표지인자 모형

다수의 표지인자를 고려한 통계모형식은 단좌위 표지인자모형을 확장하여 다음과 같이 설정할 수 있다.

$$y_j = \mu + u_j + \sum_{i=1}^{M} v_i (p_{ij} + m_{ij}) + e_j$$

여기서 $v_i$는 $i$번째 표지인자효과$(\sim N(0, G_i\sigma_{vi}^2))$으로 가정한다.

각각의 표지인자 효과를 추정하기 위한 통계분석방법으로 깁스샘플링에 의한 해를 얻을 수 있다.

해를 얻기 위한 통계분석방법의 사전정보로써 $Prior(v_i|G_i, \sigma_{vi}^2) = \sim N(0,$

$G_i\sigma_{vi}^2$) 및 $Prior(u_i|A,\sigma_a^2) = \sim N(0, A\sigma_a^2)$의 가정을 설정하여 깁스샘플링으로 모수의 해를 구한다.

해를 구하는 절차는 다음과 같다.

① 모형에 고려된 양적형질유전자 좌위를 포함하는 표지인자의 IBD 행렬을 계산한다.

② 각각의 모수($v_i$, $u$, $e$, $\sigma_e^2$, $\sigma_a^2$, $\sigma_{vi}^2$)에 대한 사후분포를 얻기 위하여 깁스사슬을 구동시킨다.

표지인자 정보로부터 양적형질유전자좌위의 위치를 포함하는 표지인자를 구하기 위하여 연관분석을 통한 연관불평형의 크기에 기초하여 분석에 고려할 표지인자를 선정한다.

## 8.3.3
## 정확도

개체의 유전적 가치에 대한 추정의 정확도를 높이는 것은 동물육종에 매우 중요하다. 유전체 정보를 이용하여 동물의 유전적 가치를 추정하였을 때, 이들 추정치에 대한 정확도는 유전체정보를 이용한 추정육종가와 참육종가 간의 상관($r_{GBV,\ TBV}$)으로 표현할 수 있는데 이들 추정치의 정확도에 영향하는 요인을 살펴보면 다음과 같다.

① 양적형질유전자좌위와 표지인자인자간의 연관불평형의 크기: 양적형질유전자좌위의 유전효과를 예측할 수 있는 강한 연관불평형을 갖는 충분한 반수체형 구획 또는 표지인자를 확보하여야 한다. 인접한 표지인자간의 연관불평형 크기와 유전체육종가 추정치 정확도간의 관계는 다소 선형적인 정의 상관관계를 갖는 것으로 모

의시험을 통한 연구결과(Calus등, 2007)가 있는데 인접한 표지인자간의 연관강도($r^2$)가 0.2일 경우에 유전력이 0.2인 형질에서 약 70% 이상의 정확도를 갖는 것으로 보고된 바 있으며 실제 실험을 통한 결과로써 젖소집단에서 평균 인접한 표지인자간의 거리가 100kb 일 때 평균 연관의 크기($r^2$)가 0.2정도인 것으로 조사되었고 소의 유전체 전장의 길이가 3,000Mb로 가정할 때 약 30,000개의 표지인자를 유전체 선발에 이용한다면 0.8의 유전체 육종가의 정확도를 얻을 수 있을 것으로 시뮬레이션을 통하여 밝혀진 바가 있으나 산업현장의 자료를 이용한 실제에서는 다소 차이가 있을 수 있다.

② 유전체 육종가를 평가할 때, 분석에 이용되는 정보를 표지인자, 반수체형 구획 또는 후대 동일전수 유전표지인자 수에 따라 추정치의 정확도가 다르다. 일반적으로 인접한 표지인자간의 연관의 크기가 적으면 Haplotype-IBD, Haplotype-IBS, 표지인자 순으로 정확도를 나타내지만 연관의 크기가 0.2 이상일 경우는 커다란 차이가 없는 것으로 알려지고 있다(Calus등, 2007).

③ 조사된 표현형 자료수에 따라 추정치의 정확도가 다르다.
참조집단의 크기는 염색체 단편의 유전효과에 대한 추정치의 정확도에 영향하게 된다. Meuwissen 등(2001)의 모의시험 결과에 의하면 분석방법간의 참조집단의 크기에 따라 육종가 추정치의 정확도를 제시하였는데 그 결과는 다음 표 8-5와 같다.

표 8-5. 분석방법별 참조집단의 표현형 관측치 수에 따른 육종가 추정치의 정확도 추정

| 분석방법 | 참조집단의 표현형 관측치수 | | |
|---|---|---|---|
| | 500 | 1000 | 2200 |
| 최소자승법 | 0.124 | 0.204 | 0.318 |
| BLUP방법 | 0.579 | 0.659 | 0.732 |
| BayesB 추정방법 | 0.708 | 0.787 | 0.848 |

## 8.3.4

## 저밀도 유전체정보를 활용한 유전체효과 추정

저밀도 표지인자 정보를 활용하여 유전체 육종가를 추정할 경우에 인접한 표지인자간의 연관의 정도가 낮을 경우($r^2 < 0.2$)에는 이들 표지인자의 개체별 차이에서 발생되는 유전적 변이를 충분히 반영하지 못하기 때문에 추정치의 정확도가 낮다. 이를 해결하기 위하여 방법을 기술하면 다음의 방법들을 들 수 있다.

① Haplotype-IBD 방법에 의한 연관분석에 의한 표지인자의 효과를 추정하는 방법

② 표지인자의 유전효과에 포함되지 않은 개체간의 유전적 변이를 모형식에 중다유전효과를 포함하여 추정하는 방법(이때 혈통정보를 활용한다). 즉, $GBV = \hat{u} + \sum_{i=1}^{M} X_i \hat{g}_i$ 으로 추정할 수 있다.

③ 참조집단의 고밀도 표지인자 정보를 활용하여 저밀도 표지인자 정보를 고밀도 표지인자 정보로 추론(impute)하여 추정하는 방법

DNA 단편의 유전효과는 어느 정도 빈도로 추정되어야 하는가?

만일 유전체선발에 이용되는 표지인자 효과는 양적형질 유전자좌위의 유전효과와 연관된 표지인자가 돌연변이의 발생이 일어날 수 있기 때문에 참조집단에서 추정된 DNA 단편의 유전효과는 세대가 지속되면 재 추정되어야 한다. 또한 세대가 지속되면서 표지인자와 유전자 간의 재조합이 발생하기 때문에 유전체육종가 추정치의 정확도는 세대가 지날수록 감소하게 된다. 고밀도 표지인자 정보를 활용할수록 세대가 지남에 따른 정확도의 감소폭은 낮다.

### 8.3.5 경제적 효율성

고밀도 표지인자 정보를 얻기 위해서는 현재까지 많은 비용이 소요되기 때문에 저밀도의 표지인자 정보를 활용하여 유전체 선발을 실시하는 방법에 대한 연구가 진행되었다. BayesB의 방법은 유전적 변이성을 보이지 않은 표지인자를 분석상의 모수추정에서 제외되기 때문에 이들 표지인자의 모수추정을 제외하여도 동일한 유전체 육종가 추정치의 정확도를 얻을 수 있다. 반면에 분석형질에 따라 유전적 변이를 보이는 표지인자가 다르기 때문에 이에 대한 고려가 필요하다.

## 8.4 Bayesian 추론에 의한 유전체육종가

유전체정보를 활용하고 Bayesian 추론에 근거한 육종가 추정방법의 예를 든다면 다음과 같다. 단일염기다형성(SNP)정보를 표지인자로 이용하고 베이지안 추론에 근거한 통계분석으로 유전체 육종가의 원리는 해당 개체가 갖는 유전능력이 표지인자와 강한 연관관계를 갖는 유전자들의 유전효과들에 대한 선형결합으로 표현된다는 가정하에 추론하는 방법이다. 또한 이러한 가정으로부터 개체의 표현형이 표지인자의 유전효과들에 대한 선형결합으로 표현된다는 것이다. 여기서 유전학적으로 많은 부분의 표지인자 정보는 유전자와 연관관계가 없으며 일부 표지인자들이 유전자와 연관관계를 갖는다는 것이다. 유전자와 연관관계를 갖지 않은 비율($\pi$) 또는 연관관계를 갖는 비율($1-\pi$)로 정의하고 특정 $i$번째 개체의 능력을 50,000개의 표지인자정보를 포함하는 함수식으로 표현한다면 다음과 같다.

$$y_i = \mu + I_1{}^* X_{1i}{}^* b_1 + I_2{}^* X_{2i}{}^* b_2 + \cdots + + I_{50000}{}^* X_{50000i}{}^* b_{50000} + e$$

여기서 $I_j$는 표지인자가 유전효과를 갖고 있는가(1) 또는 효과가 없는가(0)을 나타내는 지시변수이고 $b_j$는 각각의 표지인자에 대한 유전효과이다.

베이지안 추론인 BayesC는 유전적 효과가 있는 표지인자들이 등분산성의 정규분포 가정하에 모수를 추정하는 방법이고 BayesB는 유효표지인자의 효과가 사전정보로써 t-분포한다는 가정하에 추정하는 방법으로 어느 특정의 표지인자는 정규분포에서 벗어나는 매우 큰 유전효과를 갖는다는 것을 가정하고 분석하는 통계방법이다.

이와 유사하게 특정 표지인자가 매우 큰 유전효과를 갖는다는 가정하에 추정하는 BayesR 방법도 있다.

또한 각각의 표지인자가 표현형 관측치와 선형의 함수식이 존재하지 않는다는 가정하에 비선형 함수관계에 있다는 가정하에 추정하는 방법으로써 BayesA, LASSO, Bayesian LASSO, elastic net 방법 등이 있다. 이러한 방법들은 모수에 대한 사전정보를 활용한 베이지안 추론방법의 일종이다. 베이지안 추론에 의한 유전체 육종가 추정방법에 대한 예를 몇가지 기술하면 다음과 같다.

① 최소자승(회귀분석) 모형

각각의 표지인자정보에 대한 표현형 능력의 회귀분석모형은 아래와 같이 모형식을 정의할 수 있다.

$$y = \mu 1_n + X_i g_i + e$$

여기서, $y$는 관측치 벡터이고, $\mu$는 전체 평균, $1_n$은 n개의 1 벡터, $g_i$는 i번째 표지인자의 유전효과, $X_i$는 i번째 표지인자의 계수행렬 및 $e$는 잔차변이 벡터이다.

A. 상기 모형에서 log우도값은 $-0.5[n \bullet \ln(\sigma_e^2)+\acute{e}e/\sigma_e^2]$으로 계산될 수 있으며 여기서 n은 관측수이다. 또한 $e$와 $\sigma_e^2$은 잔차효과와 잔차분산이다. $\sigma_e^2$은 $\sigma_e^2 = \acute{e}e/[n-r(1_n X_i)]$으로 계산할 수 있다. 따라서 각각의 표지인자에 대한 유전효과 추정은 이러한 log우도값으로 계산할 수 있다.

B. 각각의 표지인자효과에 대한 추정치들을 산점도로 표현할 수 있다. 산점도에 의하여 최고점를 표현하는 곳이 양적형질유전자좌위가 존재하는 것으로 간주할 수 있으며 이는 단일 염색체에서도 여러 곳에서 나타날 수 있다.

C. 분석모형으로부터 여러 곳의 유전자의 위치를 추정할 수 있다. 상기의 모형식을 수정하여 표현하면 다음과 같다.

$$y = \mu 1_n + \sum_i X_i g_i + e$$

여기서 $\sum_i$는 우도함수의 최고점에 해당하는 모든 유전자들의 효과에 대한 합이고 다른 유전자효과는 0으로 추정된다. 또한 전체 평균은 0으로 간주된다.

이와 같은 방법으로 각각의 표지인자들의 효과가 추정된다. 또한 여기서 SNP효과는 임의효과로 간주하여 혼합모형식에 근거한 통계분석 방법으로 추정한다.

② BayesA

BayesA에 의한 베이지안 추정은 조사된 자료로부터 2단계의 모형식을 설정하여 추정한다.

첫째, 조사된 자료를 이용하는 단계에서의 모형식이고 둘째는 표지인자 단계의 분산수준에서의 모형식이다.

자료수준에서의 모형은 BLUP 추정식에서의 모형식과 동일하지만 단지 각각의 표지인자 효과에 대한 분산이 $Var(g_i) = \sigma_{gi}^2$으로 각각의 표지인자에 대하여 추정한다. 이에 대한 추정은 각각의 분산에 대한 사전정보와 조사된 자료를 활용하게 된다.

각각의 표지인자에 대한 분산의 사전정보는 $x^{-2}(v, S)$의 분포를 하며 여기서 $S$는 scale 모수이고 $v$는 자유도를 의미한다. 여기서 사전분포에 대한 정보가 자료로부터의 정보와 결합할 때, 이들 모수의 사후분포 역시 $x^{-2}(v, S)$를 하게 된다.

$$P(\sigma_{gi}^2 | g_i) = \chi^{-2}(\nu, S)$$

여기서 모수의 사후분포는 모수 $g_i$를 모르기 때문에 직접 깁스샘플링을 할 수 없다.

그러나 깁스샘플링의 이론은 다른 요인들의 효과에 대한 조건 사후분포에 기초하므로 분산과 각 요인들에 대한 사후분포로써 깁스샘플링을 수행할 수 있다. 이에 대한 절차는 다음과 같다.

A. 오차분산에 대한 사전정보를 모른다고 가정하면 오차분산에 대한 사전정보는 $Prior(\sigma_e^2) = x^{-2}(-2.0)$의 분포를 하고 이에 따라 모형식으로부터 오차분산의 사후분포는

$$P(\sigma_e^2|e_i) = \chi^{-2}(n-2, e_i'e_i)$$

B. 전체 평균에 대한 사후분포는

$$P(\mu|g_i, \sigma_{gi}^2, \sigma_e^2) = N\left(1'_n[y - Xg], \frac{\sigma_e^2}{n}\right)$$

C. 각각의 $g_i$의 사후분포는 다음과 같다.

$$P(g_i|\mu, \sigma_{gi}^2, \sigma_e^2) = N\left(X'_{ij}[y - 1_n\mu - Xg_{(ij=0)}], \frac{\sigma_e^2}{(X'_{ij}X_{ij} + \lambda_i)}\right)$$

여기서 $X_{ij}$는 $g_{(ij)}$의 계수행렬, $g_{(ij=0)}$는 $g_{(ij)}$의 초기치를 0으로 하고 나머지 효과의 추정치이며 $\lambda_i = \sigma_e^2/\sigma_{gi}^2$이다.

깁스샘플링을 여러번 깁스사슬로 추출하고 처음의 일정부분 깁스샘플을 burn-in으로 간주하여 제거한 후 모수의 사후분포 통계량(평균 또는 최빈수)을 구하여 모수의 추정치로 간주한다.

③ BayesB

실제로 다수의 표지인자에서 유전적 변이를 갖고 있지 않기 때문에

유전분산이 존재하지 않으며 소수의 좌위만 유전분산이 존재한다. 하지만 BayesA에서는 유전변이가 없는 표지인자의 사전정보를 "0"으로 간주하지 않고 분석한다. 반면에 BayesB 방법에서는 각각의 표지인자에 대한 유전효과 및 변이 추정에 있어서 사전정보를 다음과 같이 가정하여 추정한다.

즉, 확률 $\pi$에서 $\sigma_{gi}^2 = 0$

확률 $1 - \pi$에서 $\sigma_{gi}^2 \sim x^{-2}(v, S)$

원칙적으로 BayesA에서 이용된 깁스샘플링 이론이 BayesB에서도 적용된다. 다만 깁스샘플이 모든 표지인자에 적용하는 것이 아니라는 점이 다르다. 만일 $i$번째 좌위의 표지인자 효과에 대한 추정치의 제곱합 $(g'_i g_l)$이 "0"보다 크다면 $\sigma_{gi}^2 = 0$이 될 수 없다. 다시 언급하면 $\sigma_{gi}^2 > 0$일 때, $g_l = 0$의 표본은 무한소확률을 갖는다는 것이다. 이러한 문제를 해결하기 위하여 $\sigma_{gi}^2$와 $g_l$의 추정을 아래와 같이 사후 결합확률분포로부터 깁스샘플링될 수 있다.

$$P(\sigma_{gi}^2, g_i|y^*) = P(\sigma_{gi}^2|y^*)*P(g_i|\sigma_{gi}^2, y^*)$$

여기서 $y^*$는 $g_l$의 유전효과를 제외한 전체평균과 모형식에서의 다른 효과를 모두 보정한 후의 관측치를 의미한다.

상기 수식에서 제시된 것처럼 $\sigma_{gi}^2$의 표본추출은 $g_l$의 유전효과에 대한 조건분포로부터 추출된 것이 아니다. 반면에 $g_l$의 표본은 $\sigma_{gi}^2$와 $y^*$의 조건사후분포에서 추출된다.

따라서 $P(\sigma_{gi}^2|y^*)$의 표본은 알려진 분포형태가 아니기 때문에 깁스사슬을 적용할 수 없고 Metropolis-Hastings 기법으로 추출하게 된다. 여

기서 $\sigma_{gi}^2$에 대한 분포의 사전정보를 이용하여 Metropolis-Hastings 기법으로 아래와 같이 추출하게 된다.

A. 사전정보 $P(\sigma_{gi}^2)$로부터 새로운 $\sigma_{gi}^2$(New)을 추출한다.

B. 아래와 같은 조건으로 현재의 $\sigma_{gi}^2$를 선택한다.

$$Min\left[\frac{P(y^*|\sigma_{gi(New)}^2)}{P(y^*|\sigma_{gi}^2)},\ 1\right]$$

$P(y^*|\sigma_{gi}^2)$의 우도함수는 혼합모형식에서의 추정치를 활용한다.

따라서 BayesB가 BayesA와 다른 점은 $\sigma_{gi}^2$의 초기 추출이 $x^{-2}$ 분포함수에서 추출하는 것이 아니고 Metropolis-Hastings 기법으로 추출된다는 점이다.

## 8.5 종합요약과 미래전망

베이지안 추론에 의한 유전체 도움 선발방법은 방대한 유전체 자료로부터 유전정보를 추출하여 표현형 능력과의 관계를 추정하는 함수식을 설정하고 추론하는 방법인데 여기서 추정하고자 하는 모수가 대단히 많고 분포특성을 잘 알지 못할 경우에 적용하기 쉬운 통계적 접근방법이다. 이로한 추정방법으로써 BayesA, BayesB, BayesC, BayesLasso 등과 같은 방법론이 개발되었고 현재에도 보다 효율적인 방법들이 개발되고 있다. 향후에 더욱 우수한 방법론이 개발될 것으로 예상되며 이에 대한 꾸준한 연구가 필요할 것으로 생각된다.

## 〈참고문헌〉


1. Browning S.R., and Browning B.L. (2007) Rapid and accurate haplotype phasing and missing data inference for whole genome association studies by use of localized haplotype clustering. *Am. J. Hum. Genet.* 81, 1084-1097.
2. Calus M.P.L. and Veerkamp R.F. (2007) Accuracy of breeding values when using and ignoring the polygenic effect in genomic breeding value estimation with a marker density of one SNP per cM. J. Anim. Breed. Genet. 124, 362–368.
3. Colombani C., Legarra A., Fritz S., Guillaume F., Croiseau P., Ducrocq V., and *et al.* (2013) Application of Bayesian least absolute shrinkage and selection operator (LASSO) and BayesCpi methods for genomic selection in French Holstein and Montbeliarde breeds. *J. Dairy Sci.* 96, 575-591.
4. Daetwyler H.D., Pong-Wong R., Villanueva B., and Woolliams J.A. (2010) The impact of genetic architecture on genome-wide evaluation methods. *Genetics* 185, 1021-1031.
5. De los Campos G., Naya H., Gianola D., Crossa J., Legarra A., Manfredi E., and *et al.* (2009) Predicting quantitative traits with regression models for dense molecular markers and pedigree. *Genetics* 182, 375-385.
6. Fernando R.L., and Garrick D. (2013) Bayesian methods applied to GWAS. *Methods Mol. Biol.* 1019, 237-274.
7. Gianola D., de los Campos G., Hill W.G., Manfredi E., and Fernando R. (2009) Additive genetic variability and the Bayesian alphabet. *Genetics* 183, 347-363.
8. Goddard M.E., and Hayes B.J. (2009) Mapping genes for complex traits in domestic animals and their use in breeding programmes. *Nat. Rev. Genet.* 10, 381-391.
9. Habier D., Fernando R.L., Kizilkaya K., and Garrick D.J.. (2011) Extension of the bayesian alphabet for genomic selection. *BMC Bioinformatics* 12, 186.
10. Legarra A., Robert Granié C., Manfredi E., and Elsen J.M. (2008) Performance of genomic selection in mice. *Genetics* 180, 611-618.
11. Legarra A., Robert-Granie C., Croiseau P., Guillaume F., and Fritz S. (2011) Improved Lasso for genomic selection. *Genet. Res.* 93, 77–87.
12. Meuwissen T.H.E., Hayes B.J., and Goddard M.E. (2001) Prediction of total genetic value using genome-wide dense marker maps. *Genetics* 157, 1819-1829.
13. Meyer K., and Tier B. (2012) SNP Snappy, a strategy for fast genome-wide association studies fitting a full mixed model. *Genetics* 190, 275-277.
14. Rolf M.M., Garrick D.J., Fountain T., Ramey H.R., Weaber R.L., and Decker J.E., and *et al.* (2015) Comparison of Bayesian models to estimate direct genomic values in multi-breed commercial beef cattle. *Genet. Sel. Evol.* 47, 23.
15. Van-den Berg I., Fritz S., and Boichard D. (2013) QTL fine mapping with Bayes C(pi), a simulation study. *Genet. Sel. Evol.* 45, 19.

# 제9장

# 혈통과 유전체정보를 이용한 혈연관계 및 근교계수 추정

## 9.1 유전적 다양성

최근 생물종 다양성 및 유전적 다양성(genetic diversity)에 대한 관심 및 중요성이 높아져가고 있다. 이에 반해 가축개량(육종)은 인간에게 경제적으로 도움이 되는 가축의 경제형질을 선발이라는 도구를 이용하여 인위적으로 변화시켜가는 과정으로 집단의 다양성이 선발에 의해서 매우 감소될 수 있을 가능성이 많다. 따라서 선발과정을 통한 가축개량은 생물종의 유전적 다양성에 역행하는 부분이 있다. 이러한 이유로, 가축개량프로그램에서 지속가능한 유전적 개량량을 얻기 위하여 고려해야 하는 부분이 개량대상집단의 유전적 다양성일 것이다. 아래의 수식은 유전적 다양성, 즉 특정 형질에 대한 유전적 변이가 개체선발에 있어서 지속가능한 유전적 개량량을 얻는데 매우 중요한 부분 중의 하나임을 보여 준다.

$$\Delta G = i r_{IA} \sigma_A / L$$

여기서, $\Delta G$ : 연간유전적개량량

$i$ : 선발강도

$r_{IA}$ : 추정육종가의 정확도

$\sigma_A$ : 개체군(집단)의 유전변이(유전적 다양성)

$L$ : 세대간격

가축을 선발하여 다음 세대의 종축으로 사용한다는 것은, 그 만큼 유전적 변이 및 다양성이 줄어들 수 있는 것을 의미한다. 따라서 가축개량을 수행하면서 지속가능하게 유전적개량량을 얻기 위하여 유전적 다양성을 해칠 수 있는 근친을 잘 조절해야 한다. 이번 장에서는 가축개량에 있어서 혈연관계 및 근친계수를 추정하는 기본적인 지식뿐만 아니라 개체의 유전체정보를 이용하여 보다 정확하게 개체간 근친계수 및 혈연관계를 추정하는 실제적인 방법에 대해서 살펴볼 것이다. 이 부분을 좀더 사실적으로 설명하기 위하여 전반부에서는 유전적 다양성, 유전적 다양성을 해치는 요인에 대해서 간략하게 서술 할 것이다. 아울러, 실제적으로 혈통 및 유전체정보를 이용하여 혈연관계를 추정하는 부분을 학습하고, 혈통정보보다 유전체정보의 혈연관계가 보다 정확함을 살펴보고자 한다.

가축개량의 학문적 관점에서 본다면 유전적 다양성은 유전변이(genetic variation), 혹은 유전적 차이(genetic differences)라는 용어로 설명이 가능할 것이다. 유전변이는 개체가 가지고 있는 대립유전자(allele)의 누적적 효과에 의하여 만들어지고, 개체간에 매우 다른 대립유전자를 가지고 있다면 개체간의 유전적 차이가 발생한다고 볼 수 있다. 이러한 유전적 차이 혹은 변이는 집단간(between population) 뿐 만 아니라 집단내(within population)에서도 관찰 된다. 예를 들어 크기의 차이, 색깔의 차이 그리고 같은 소품종이지만 육우와 유우의 차이 등으로 볼 수 있다. 이러한 차이는 종간 혹은 종내에서도 발견된다. 매우 드물기는 하지만 클론동물(clone animal)과 같은 유전적으로 동일한 개체들 간의 유전적 차이는 없다.

유전적 다양성이란 서로 다른 대립유전자의 다양성에 의해 유지된다고 하였다. DNA염기서열에 있어서 변이(단일염기변이, SNP)는 개체의 표현형적 차이를 만들어 낼 수 있는 유전자에 의해 암호화 되어있는 단백질의 변형, 유전자발현을 조절할 수 있는 영역에서의 변이에 의해 개체의 생김새, 번식률, 생존 등의 차이를 유발 시켜서 개체군에서 생화학적, 형태학적 차이를 가져올 수 있다. 따라서 개체의 표현형적 차이는 개체가 가지고 있는 DNA염시서열의 뉴클레오티드를 변형시키는 돌연변이(mutation)에 의해 발생한다. 또한 이주(migration)를 통한 새로운 대립유전자의 도입에 의해 발생하며, 개체군이 매우 작은 소집단(small population)에서는 유전적 부동(genetic drift)에 의해 유전적 다양성이 영향을 받는다. 이들 세 가지 중요한 요인에 대해서는 다음절에 설명을 이어갈 것이다.

## 9.1.1
## 집단의 유전적 다양성 측정

그러면 개체군의 유전적 다양성은 어떻게 알 수 있는 것인가? Richard Frankham 등(2015)에 따르면 첫째 다형성(polymorphism), 둘째 평균이형접합도(average heterozygosity), 그리고 셋째 대립유전자의 다양성(allelic diversity)을 통해서 유전적 다양성을 알 수 있을 것이다. 유전적 다양성을 측정하는 모수와 측정하는 방법은 아래 표 9-1에 자세히 설명하였다.

## 9.1.2
## 집단의 유전적 다양성에 영향을 미치는 요인

유전적 다양성은 개체군(집단)의 유전적 변이의 크기를 크게 유지하여 선발을 통한 유전적 개량을 가능하게 하는 기본이자 필수적인 부분이다.

표 9-1. 유전적 다양성을 설명하기 위한 용어

| 용어 | 설명 |
|---|---|
| **좌위(loci)** | 특정 대립유전자가 위치해 있는 염색체상의 위치(지역). DNA나 유전자의 한 부분 |
| **대립유전자(allele)** | 상동염색체상의 같은 유전자좌위(유전자)에 있는 뉴클레오티드 염기서열의 서로 다른 변이형으로, 가축과 같이 이배체(diploid)는 두 개의 대립유전자가 있다(A, a) |
| **유전자형 (genotype)** | 한 유전자좌위에서 대립유전자의 조합으로 설명, 가축과 같이 diploid는 두 개의 대립유전자를 보유하고 있고, 따라서 두 개의 대립유전자는 3개의 유전자형 조합을 이룬다(AA, Aa, aa) |
| **유전체(genome)** | Gene + Chromosome의 합성어로, 유전체라고 명명한다. 개체가 가지고 있는 모든 DNA총합이다 |
| **동형접합체 (homozygote)** | 하나의 유전자좌위에 두 개의 동일한 대립유전자좌위가 만드는 유전자형(예, AA, aa 유전자형) |
| **이형접합체 (heterozygote)** | 하나의 유전자좌위에 서로 다른 대립유전자가 만드는 유전자형(Aa) |
| **유전자빈도 (allele frequency)** | 군집내 특정 대립유전자의 상대적 빈도를 의미한다. 이배체의 종의 개체군에서 2Aa, 8aa 개체를 갖는다면, A는 총 2개, a는 총 18개를 갖는다. 따라서 대립유전자 A는 0.1의 빈도, 그리고 a는 0.9의 빈도를 갖는다 |
| **다형성 (polymorphic)** | A, a와 같이 하나의 유전자 좌위에 2개 또는 그 이상의 대립유전자가 존재하는 것. |
| **비다형성 (monomorphic)** | A, 혹은 a와 같이 하나의 유전자 좌위에 대립유전자가 존재하지 않는것 |
| **다형성 좌위의 비율 (proportion of loci polymorphic)** | 개체군의 다형성 좌위의 비율로서, 다형성 유전자좌위의 수/전체 유전자좌위수로 계산한다. 예를 들어, 10개의 유전자좌위 중 3개가 다형성이고 7개가 단형성이면, P = 0.3 |
| **평균 이형접합 (average heterozygosity)** | 이형접합체의 유전자좌위의 평균 비율. 예) 개체군에서 10개의 유전자좌위에서 이형접합체의 비율이 0.2,0.4,0.1,0,0,0,0,0,0,0이면, H = 0.07 |
| **대립유전자다양성 (allelic diversity)** | 대립유전자의 다양성으로 유전자좌위당 대립유전자의 평균 수. 예) 10개의 유전자좌위에서 대립인자수가 2,3,2,1,1,1,1,1,1,1 이면, A = 14/10으로 1.4 |
| **유전적거리 (genetic distance)** | 두 개체군 혹은 종에서 대립유전자 빈도간의 유전적 차이의 정도(예, Nei의 유전적 거리) |

이종교배(outbreeding)하는 종들은 풍부한 유전적 다양성을 보이고 있지만, 소규모 개체군에서는 유전적 다양성이 우연(coincidence, 유전적부동)에 의해 매우 소실된다. 유전적 다양성에 영향을 미치는 요인은 인위적 선발(selection), 이주(migration)와 같은 사람에 의한 요인과 소규모집단에서 주로 발생하는 유전적부동(genetic drift)과 같은 우연에 의한 요인, 그리고 돌연변이와 같은 생물학적, 유전학적 요인으로 볼 수 있을 것이다. 유전적 다양성에 영향을 미치는 주요 요인중에서 돌연변이는 DNA혹은 염색체상에서 일어나는 유전적 변화를 의미하고 유전적 다양성은 새로운 돌연변이에 의해 보다 다양해 진다. 생화학적으로 DNA는 활성산소, 방사선, 화학물질 등에 의해 물리적으로 손상을 받을 수 있다. 이러한 손상은 DNA수선(DNA repair)이라고 하는 생물학적 시스템을 통하여 정상으로 회복되어, 돌연변이를 최소화 한다(Fuss & Cooper, 2006). 이러한 돌연변이가 생식세포의 DNA에서 발생한다면 자손세대로 쉽게 유전되어 개체군의 유전적 다양성이 증가한다. 그리고 이주는 특정가축이 집단으로부터 나갈 때(migration)와 집단으로 들어올 때(immigration)가 있다. 가축이 집단으로부터 나가는 이주는 유전적 다양성을 감소시키는 쪽으로 진행되지만, 새로운 가축이 집단으로 들어오는 이주는 집단의 유전적 다양성을 증가시킨다. 마지막으로 우연에 의한 유전적부동은 유전적 다양성을 매우 감소시킨다. 따라서 유전적부동은 근친(inbreeding)과 연관되어 있는 개념이다.

#### 9.1.2.1 돌연변이

돌연변이는 DNA내에서 발생하는 염기의 치환이다. 이러한 돌연변이가 DNA상에서의 차이(변이)를 발생시키고, 결국 유전적 다양성을 증가시킨다. 인체유전학에서는 돌연변이율(mutation rate)을 한 세대 당 하나의 유전자에서 10-5 비율로 추정하고 있다. 돌연변이는 유전체의 특정 영역에서 빈번하게 발생하는데 이것을 돌연변이 빈번 발생지역(mutation hotspot)이라 명명한다. 돌연변이는 기본적으로 개체의 생존에 있어서 매우 치명적인 효과를 갖고 있다. 우성돌연변이(dominant mutation)의 경우 배발생을 억제함으로 개체생존을 위협하고, 열성돌연변이(recessive mutation)은 개체의 DNA에서 이형접합체 상태로 잠복해 있으면서 집단전체로 퍼져 나간다. 이러한 열성돌연변이는 열성대립유전자형이 동형접합체가 되어야만 발현하는 특징을 가지고 있다. 대부분의 돌연변이가 심각한 치사를 발생시키지만 개체의 생존이나 특정 표현형에 매우 긍정적인 효과를 갖는 돌연변이도 있다. 이러한 돌연변이는 선발과정에서 우선 선발되고 전체집단에 대립유전자의 빈도가 증가하게 된다. 돌연변이가 일어나는 유전체영역(genome region)에 따라 다양한 돌연변이가 존재하는데, 유전체의 비암호부위(non-coding region)에서 발생하는 돌연변이(silent mutation; 침묵치환)는 단백질 아미노산변화를 일으키지 않는다. 즉 세포의 기능에 아무런 영향을 미치지 못한다. 이러한 돌연변이를 neutral mutation(중립적 돌연변이)라고 하며 세포의 기능에 중요한 역할을 하지 않지만 개체, 개체군 및 종사이의 유전적 차이를 규명하는데 매우 중요한 표지인자로 분자표지시계(molecular marker & clock)라 부른다. 이와 반대로 단백질암호부위에서 아미노산의 치환을 일으키는 돌연변이(non-synonymous)와 유전자의 발현을 조절하는 조절영역에서 돌연변이가 발생하여 유전자발현조절에 영향을 미치는 돌연변이(regulatory SNP)가 있다(그림 9-1).

진핵생물종에서 돌연변이의 일반적인 자연발생 비율은 세대 당 100,000개의 배우체당 1개의 돌연변이가 발생한다(표 9-2)

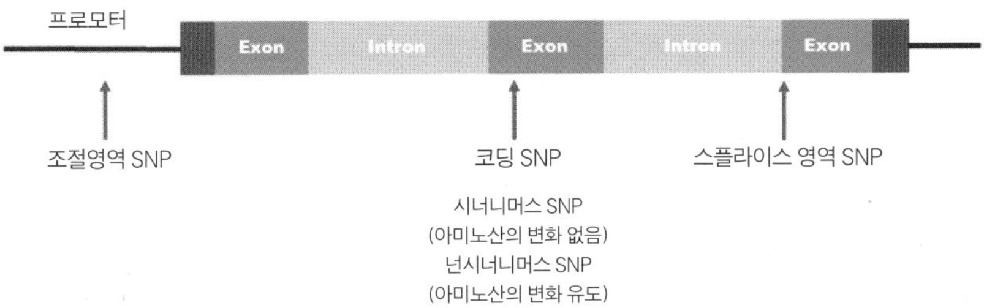

그림 9-1. 유전자 위치에 따른 유전변이

표9-2. 진핵생물종에서 돌연변이 발생률

| 돌연변이형 | 비율 |
|---|---|
| 쥐, 옥수수, 초파리(정상->돌연변이) | ~$1 \times 10^{-5}$/좌위(locus) |
| 초위성체마커 | |
| 포유류 | $1 \times 10^{-4}$/좌위 |
| 초파리 | $0.7 \times 10^{-5}$/좌위 |
| DNA 뉴클레오티드 | |
| 포유류 | $1 \times 10^{-9}$/염기/년 |

출처: Houle *et al*. (1996); Kumar & subramanian (2002); Hendrick (2005a),

### 9.1.2.2 유전적부동

대립유전자는 우연에 의해 집단으로부터 소실될 수 있다. 그로인해 다음세대로 전달되는 대립유전자의 빈도는 부모세대의 빈도와 달라질 수 있다. 대립유전자의 빈도는 한세대에서 다음세대로 진행되면서 변하거나 표류하게 되는데 이러한 현상을 유전적부동이라 한다.

유전적부동이 발생하는 몇 가지 예를 보면, 첫째 개량을 위해 선발한 가축들이 모두 후대를 생산하지 못하는 경우, 둘째 몇몇 가축은 예상치 못하게 죽거나 번식을 못해 다음 세대로 유전자를 전달하지 못하는 경우이다. 즉 다음 세대를 위해 선발한 개체가 후대를 생산하지 못한다면 후대집단의 대립유전자의 빈도에 영향을 미칠 것이다. 그리고 현재 대립유전자의 빈도가 매우 낮으면 다음 세대에 대립유전자의 빈도는 사라질 것이다.

유전적부동에 대해서 Falconer & Mackay(1996)이 제시한 붉은밀가루딱정벌레의 예시(그림 9-2)를 이용하여 살펴보면, 첫째 작은 개체군내에서 대립유전자의 고정으로 유전적 다양성이 소실되고 이로 인해 선발의 여지가 감소한다. 둘째, 파편화된 집단(매우 작은 개체군)에서 대립유전

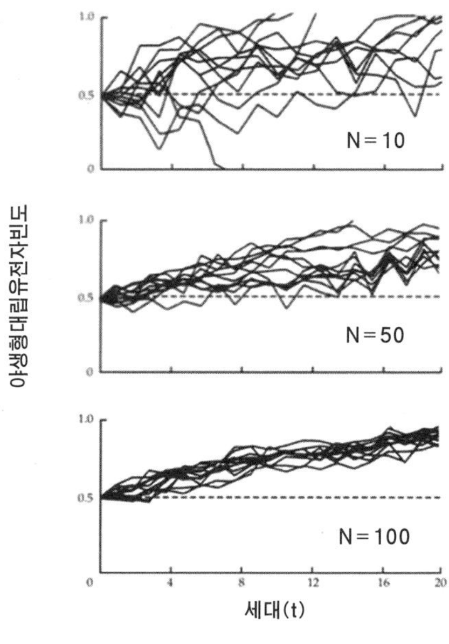


그림 9-2. 붉은밀가루딱정벌레(red flour beetle)에서 체색을 결정하는 대립유전자좌위에서 야생형 대립유전자(+)의 무작위유전자부동

자의 다양화(부동)가 발생한다. 셋째, 이러한 과정을 거치면서 특정 대립유전자의 고정(유전적부동이 선발을 압도)이 발생하게 된다.

그림 9-2의 예에서, 각 개체군은 세대를 거치면서 대립유전자의 부동(표류)를 보인다. N=10인 개체군을 보면, 대립유전자의 빈도가 0.5로 시작하여 20세대를 거치면서 대립유전자의 빈도가 매우 다양하게 움직인다. 즉 변동의 크기가 N=10인 집단이 N=100인 집단보다 훨씬 크게 나타난다. 이러한 과정에서 일부 개체군은 다양성을 잃고 고정되게 된다.

예시) 12개중 7개의 개체군 고정(이중 6개는 야생형 대립유전자, 1개는 흑색형대립유전자로 고정). 자연선택은 야생형대립유전자를 선호하였지만, 유전적부동은 자연선택을 압도하여 흑색형대립유전자를 고정시켰다. 이러한 과정은 "우연"에 의해 일어났다.

#### 9.1.2.3 선발(selection)

선발은 선발의 목적과 부합되는 형질에 유리한 대립유전자를 선호하기 때문에 다음 세대의 대립유전자빈도에 영향을 미친다. 이렇기 때문에 유전적부동과 달리 선발은 대립유전자빈도의 변화에 방향성이 있다. 즉 선발의 목적에 우호적인 대립유전자의 빈도는 증가하는 반면 우호적이지 않은 대립유전자의 빈도는 감소하면서 변화한다. 따라서 집단의 많은 개체들이 선발의 목적과 부합하는 형질에 우호적인 대립유전자가 지속적인 선발을 통해서 동형접합체가 되면서 집단의 유전적 다양성이 감소하게 된다.

이렇게 선발을 통한 동형접합체가 증가하는 사례에 대한 예외로, 이형접합동물이 선호되는 형질도 존재한다. 예를 들어 사람에게 있어서 빈혈을 초래하는 겸상적혈구(sickle cell anaemia)의 경우인데 겸상적혈구빈혈은 적혈구가 낫모양을 하고 유연성을 잃어 생명을 위협하며 합병증을 초래한다. 이러한 현상은 혈액에서 산소를 운반하는 헤모글로빈 유전자의 돌연변이에 의해 유발된다. 즉 이 유전변이가 동형접합인 경우는 초기합병증으로 사망한다. 그러나, 서브-사하라(sub-sahara)지역에서는 겸상적혈구빈혈을 일으키는 유전자의 빈도가 다른 지역 보다 높다. 이것이 중요한 이유는 이 유전자의 이형접합체를 갖고 있는 사람들은 말라리아감염의 영향을 덜 받는다는 것이다.

자연선택은 자연개체군에서만 발생하지 않는다. 자연선택은 생존에 기여하는 대립유전자에 작용하며 이를 재생산성공 혹은 적응도(fitness)라고 부른다. 예를 들어, 재생산에 대한 잠재력이 감소된 개체는 매우 건강하고 적응도가 좋은 개체에 비해 적응도가 매우 감소될 것이다. 자연선택은 가축화된 동물종에도 적용된다. 예를 들어 실내에서 사육되는 동물은 야외에서 사육되는 동물보다 햇빛의 부족을 더 잘 견딜수 있어야 한다. 그러므로 인위적선발과 자연선발 모두 일부 대립유전자를 선호하고 결과적으로 동형접합체가 증가하며 이것이 유전적 다양성을 감소시키는 방향으로 진행된다. 예외적으로 겸상적혈구빈혈과 같이 자연선발이 이형접합의 가축을 선호한다면 유전적 다양성을 증가시킨다.

자연선발은 유전적 병목과 아주 강한 상관이 있다. 아주 강한 자연선발 예를 들어 매우 전염성이 높고 치명적인 질병의 발생으로 집단의 크기가 심각하게 감소된 경우 집단의 대립유전자의 빈도가 변화하게 된다. 즉 이러한 경우 심각한 질병에 대한 저항성이 있는 개체만 살아남게 된다. 즉 심각한 질병으로 집단을 구성하는 개체수가 급격하게 감소되는 병목(bottlenecks)이 발생할 것이다. 따라서 질병을 피한 소규모 개체들을 이용하여 집단을 다시 구축해야 할 것이다. 이러한 경우 미래세대의 대립유전자의 빈도는 병목직후세대의 대립유전자의 빈도에 의존적이 된다.

유전적 병목(Genetic Bottleneck) : 집단에서의 유전적 병목현상은 집단의 크기가 심각하게 감소된 것을 의미하고, 감소된 집단을 기초집단으로 미래세대집단을 다시 구축하게 된다. 이러한 유전적 병목현상은 집단의 대립유전자의 빈도를 변화시키며 이에 따라 유전적 다양성이 영향을 받게 된다.

이에 대한 좋은 예가 회색늑대로부터 파생된 개의 품종형성과정일 것이다. 회색늑대로부터 개가 파생된 것은 아직도 어느 정도 미스터리이지만 한 가지 이론은 농경사회가 처음 시작되었을 때 사람이 먹고 남은 부산물이 쌓여갔을 것이며, 회색늑대에게는 이것이 사냥보다 훨씬 쉽게 먹이를 얻을 수 있는 방법이었을 것이다. 그러나 먹이를 얻기 위해서 사람을 두려워하지 않아야 하고 사람에게 공격적이지 않아야한다. 회색늑대집단에서 이러한 성향을 가진 늑대들을 중심으로 유전적병목이 발생했을 것이다. 이것이 첫 번째 유전적 병목이었을 것이고 이들 소집단을 중심으로 회색늑대의 모습이 변하기 시작하여 지금의 개의 모습으로 변화되었을 것이다.

#### 9.1.2.4 집단의 유전적 다양성에 영향을 미치는 요인 : 근친교배

근친교배(inbreeding)는 유전적으로 서로 가까운(혈연관계가 매우 높은) 두 개체를 교배 한 결과로 나타난다. 유전적으로 매우 가까운 개체는 그렇지 않은 개체보다 공통조상의 대립유전자를 공유할 확률이 매우 크기 때문에 보다 유사하다. 만약 한 집단에 공통조상이 있다면 두 개체들은 대립유전자를 서로 공유 할 것이다. 이 공통조상은 동일한 대립 유전자를 여러 자손에 전달하고, 그 자손은 또 그 다음 자손에게 동일한 대립유전자를 계속 전달한다. 이러한 결과 서로 유전적으로 연관되어 있는 개체의 교배는 동일한 대립유전자(동형접합체)를 자손에 전달할 확률을 높이게 되고, 이러한 요인으로 집단의 근친이 가중된다. 동물에 있어서 근친교배의 수준은 그 양친 사이의 유전적혈연(relatedness)의 수준에 따라서 결정된다. 동물에 있어서 근친은 근교계수(inbreeding coefficient)라는 통계량으로 표현되는데 한개체가 양친으로부터 동일한 대립유전자를 전수받을 확률이다. 근친은 혈연관계가 높은 두 개체의 교배로부터 촉발되고 그 값은 0(0%)에서 1(100%)로 표현된다. 여기에서 중요한 점은 근친이 가속화된다는 것은 개체의 유전체에 동형접합체가 증가한다는 것을 의미하고, 동형접합체가 증가한다는 것은 집단의 유전적 다양성이 감소한다는 의미이다.

근친이 발생하는 원인은 크게 유전적부동과 인위적교배(non-random mating)이다. 유전적표류는 우연에 의해 발생하지만, 인위적교배는 육종목표 하에서 유전적으로 좋은 선발된 양친을 의도적으로 교배하여 더 좋은 후대를 만들어 내는 과정에서 필요 불가결하게 발생하는 근친이다. 따라서 전자는 피할 수 없는 현상이지만, 후자는 근친을 조절할 수 있는 여지가 크다.

유전적부동은 소규모집단(개체군) 내에서 교배로 인해 대립유전자가 지속적으로 상실되면서 집단의 동형대립유전자의 빈도가 지속적으로 증가함에 따라 유전적 다양성이 상실되는 것으로 설명할 수 있다. 여기에서 대립유전자의 소실에 우연이라는 피할 수 없는 현상이 발생하여 집단에 동형접합체가 증가하는 현상이다. 반면 인위적교배는 근친을 일으킬 수 있는 원인이 될 수 있고 이것은 피할 수 있는 근친으로 이해할 수 있다. 인위적으로 유전적으로 매우 가까운 개체를 의도적으로 교배(즉 사촌간 교배, 형제간, 부모자식간교배 등)한다면 그 자손은 동일대립유전자를 가질 확률이 매우 높아진다. 그러나 이러한 의도적 교배로 인한 근친은 매우 일시적인 유전적 다양성의 소실이다. 그 이유는 의도적으로 유전적으로 매우 가까운 개체를 교배하는 것을 중단하고 유전적으로 서로 다른 개체를 교배하면 근친은 곧 사라지게 될 것이기 때문이다.

가축육종에 있어서 근친이 야기할 수 있는 문제들은 무엇인가? 왜 가축 육종가들은 근친을 철저히 조절하려 하는 것일까? 그리고 어느 정도의 근친이 허용되는 것일까?

근친을 조절(유전적 다양성유지)하는 첫째 이유는 집단의 진화적 적응변화력 때문이다. 즉 환경이 바뀌었을 경우, 대립유전자가 다양한 집단은 변화된 환경에 잘 적응하는 진화적 적응력이 강할 것이다. 그러나 그렇지 못한 집단은 환경변화에 적절히 대응하지 못해 유전적부동에 의한 대립유전자의 소실로 인한 적응력이 매우 떨어질 것이기 때문이다. 둘째로 근친교배는 근친퇴화를 일으키기 때문이다. 근친이 매우 높은 개체는 건강상의 문제를 야기할 뿐만 아니라 번식능력저하를 일으킨다는 보고가 되어 있다. 즉 근친이 높은 개체의 능력이 그렇지 않은 개체에 비해 많이 떨어진다는 의미이다. 예를 들면 근친의 수준이 1%씩 증가할 때마다 표현형의 능력이 떨어진다는 것을 의미한다. 이에 대해서 van Eldik 등(2006)이 발표한 보고에 따르면 근친이 정상적인 정자의 비율을 감소시키며 비정상적인 정자의 머리(sperm head)를 갖는 비율을 증가시킨다고 하였다. Smith 등 (1998)은 홀스타인-프레시안 집단에 있어서 근친에 따른 표현형의 변화를 관찰하였는데, 표9-3의 결과와 같이 12.5%의 근친에 따라서 번식 및 유생산의 감소를 보여주고 있다.

표9-3. 홀스타인-프레시안 유우집단에서 번식 및 유생산형질에 있어 근친교배효과

| Trait | Losses from 12.5% inbreeding |
|---|---|
| Lifetime days in milk (days) | -129 |
| Age at first calving (days) | +5 |
| First calving interval (days) | +3.3 |
| First lactation total milk (kg) | -464 |
| First lactation total fat (kg) | -15 |
| First lactation total protein (kg) | -15 |

셋째로 대립유전자의 감소는 집단내의 동형접합체비율의 증가를 의미한다. 개체의 동형접합체가 증가하면 개체의 생존에 아주 치명적인 단일인자열성질환(monogenic recessive disorder)의 가능성이 높아지게 된다. 그 이유는 단일인자열성질환은 이형접합체에서는 발현하지 않고 동형열성일 때만 발생하기 때문이다.

## 9.2 혈연관계

혈연관계(genetic relationship)는 하나의 가계에서 두 개체가 유전적으로 얼마나 가까운지를 나타낸다. 근친은 유전적으로 매우 가까운 개체들끼리 교배한 결과로 나타난다. 만약 두 개체사이에 혈연관계를 안다면 후대의 근친이 어느 정도인지 예측이 가능하며 이를 기반으로 근친을 제어할 수 있다. 특히 개체의 혈통정보을 안다면 두 개체사이의 혈연관계의 수준을 계산할 수 있다.

### 9.2.1 상가적 혈연관계

상가적혈연관계(additive genetic relationship)는 두 개체가 공통조상을 가지고 있기 때문에 그들이 공유하고 있는 DNA의 비율을 통하여 계산 할 수 있다. 양친은 대립유전자의 반을 자손에게 전달한다. 그러므로 부모와 자손 간에 대립유전자의 공유비율은 1/2이다. 이것을 다시 말하면 한 부모와 자손의 혈연관계는 1/2라고 말 할 수 있다. 자손은 아버지로부터 반, 어머니로부터 반을 받아, 자손의 유전체는 양친으로부터 유래된 유전자의 조합으로 만들어 질 것이다. 이때 자손에게 전달되는 대립유전자의 반은 무작위과정을 거쳐서 전달된다. 이것을 육종학적 용어로 멘델리안샘플링(medelian sampling)이라 한다. 그러므로 할아버지와 손자의 대립유전자의 공유비율은 1/2(할아버지가 아버지에게로 1/2) × 1/2(아버지가 손자에게로 또 다시 1/2를 전달) 그래서 1/4가 된다. 따라서 두 개체간의 상가적혈연관계는 공통조상의 수와 각 공통조상까지의 세대에 따라 계

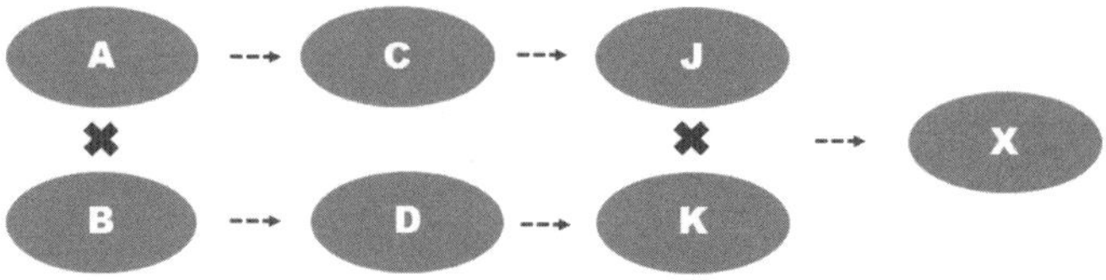


그림9-4. 혈연관계 및 근교계수 계산을 위한 혈통정보

산된다. 다음의 예를 통하여 혈연관계를 계산해 보자.

총 7마리 개체의 혈통정보를 이용하여 J개체와 K개체의 혈연관계를 계산해 보자.

1단계 : 먼저 혈연관계를 계산할 개체의 공통조상을 찾는다. 즉 J개체와 K개체의 공통조상은 그림9-4에 의해서 A와 B임을 알 수 있다.

2단계 : 각 공통조상까지 세대수를 계산한다.
공통조상 1: A. J로부터 A까지 2세대, K로부터 A까지 2세대.
공통조상 2: B. J로부터 B까지 2세대, 그리고 K로부터 B까지 2세대.

3단계 : 두 개체(J와 K)의 혈연관계를 계산한다.
공통조상 1 : J와 K가 공통조상 A에서 유래된 대립유전자를 받을 확률은 A로부터 C로 전달 될 동일한 대립유전자, 그리고 C에서 J, A에서 D 그리고 D 에서 K 로 전달될 동일한 대립유전자의 확률과 동일하다. 따라서 이들 확률을 곱하면, $1/2 \times 1/2 \times 1/2 \times 1/2 = (1/2)4 = 0.0625$
공통조상 2 : J와 K가 공통조상 B에서 유래된 대립유전자를 받을 확률은 B로부터 C로 전달 될 동일한 대립유전자, 그리고 C에서 J, B에서 D 그리고 D 에서 K 로 전달될 동일한 대립유전자의 확률과 동

일하다. 따라서 이들 확률을 곱하면, 1/2×1/2×1/2×1/2=(1/2)4 = 0.0625

위에서 설명한 3단계는 아래의 수식으로 설명할 수 있다.

$$a_{X,Y} = \sum_{i=0}^{m} \left(\frac{1}{2}\right)^{(n_i + p_i)}$$

여기서, X, Y : 혈연관계를 계산하려고 하는 개체
m : 공통조상의 수
n : X로부터 공통조상에 이르는 세대수
p : Y로부터 공통조상에 이르는 세대수

## 9.2.2 근교계수

근교계수(inbreeding coefficient)는 한 좌위의 두 유전자가 전수동일(identical by decent)일 확률로 정의 할 수 있다. 전수동일은 공통조상이 갖고 있는 하나의 유전자가 개체의 한 좌위의 두 유전자 중에 하나의 유전자인 상태를 의미한다. 즉 한 좌위의 두 유전자 중에 하나는 부친을 통해서, 다른 하나는 모친을 통해서 전달됨으로 개체가 전수동일인 상태는 부친과 모친이 각각 공통조상으로부터 동일한 유전자를 전달 받았을 때 가능하다. 한 개체의 근친의 정도를 설명하는 근교계수는 다음과 같이 계산할 수 있다.

$$F_X = \frac{1}{2} \times R_{\text{양친간혈연관계}}$$

이 간단한 수식으로 근교계수를 쉽게 계산 할 수 있다. 예를 들어 전형매간에 혈연관계는 0.5이다. 만약 이들 전형매간 교배를 통하여 자손을 얻는다면, 이들 자손은 근교계(inbred)가 될 것이다. 따라서 이 개체의 근교계수는 1/2 × 0.5 = 0.25가 될 것이다.

왜, 근교계수가 다음과 같은 수식으로 계산될까?

$$F_X = \frac{1}{2} \times R_{\text{양친간혈연관계}}$$

근교계수는 양친으로부터 동일한 대립유전자가 유전되기 때문에 개체의 유전자형이 동형접합이 되는 확률을 나타낸다. 즉, 한 개체의 유전자형이 동형접합이 되기 위해서는 우선 양친이 동일한 대립유전자를 보유해야한다(이것을 수식으로 표현하면, $R_{\text{양친간혈연관계}}$). 그리고 양친이 자손에게 동일한 대립유전자를 전달해야 한다.

즉, $F_X = R_{\text{양친간혈연관계}} \times \frac{1}{2} \times \frac{1}{2}$

그러나 이 수식은 반수체 개체에 대해서는 맞지만, 이배체의 가축에 대해서는 2를 곱하여

$F_X = 2 \times R_{\text{양친간혈연관계}} \times \frac{1}{2} \times \frac{1}{2} = \frac{1}{2} \times R_{\text{양친간혈연관계}}$ 로 볼 수 있다.

### 9.2.3

### 양친이 근교계수가 0이 아닐 때, 혈연관계 계산

근교계수가 높은 가축은 근교계수가 낮은 가축에 비해서 대립유전자의 동형접합이 더 많다. 결과적으로 자손에게 동일한 대립유전자를 전

달해 줄 확률이 높아진다. 이것은 근교계수가 높은 공통조상을 갖는 개체들의 혈연관계가 높아진다는 것을 보여준다. 그렇다면 두 개체의 공통조상의 근교계수가 어느정도로 두개체의 혈연관계에 영향을 미치는 것일까? 이것은 얼마나 많은 동형대립유전자를 공통조상이 자손에게 전달해주는가와 비율적으로 일치한다. 그리고 이것을 근교수준(inbreeding level; F)이라고 말할 수 있을 것이다.

아래에 제시한 공식은 공통조상의 근교수준을 고려했을 때 혈연관계를 계산하는 방법이다.

$$a_{X,Y} = \sum_{i=0}^{m} (\frac{1}{2})^{(n_i + p_i)} \times (1 + F_A)$$

여기에서 제시하는 식은 앞에서 살펴보았듯이, 두 개체 X와 Y의 혈연관계에 F는 공통조상의 근교수준이 포함된 식이다. 즉 F는 얼마나 많은 같은 대립유전자가 두 자손 X와 Y에게로 전달될 것인가를 보여준다.

> 위에서 제시한 혈통(그림9-4)을 이용하여 공통조상의 근교계수(F)가 0이 아닐 때 혈연관계를 계산해 보자. 이 경우에, X와 B의 근교계수에 대한 정보가 없다. 그리고 J와 K 의 혈연관계는 X와 B의 근교계수가 0 일 때 0.125였다.
>
> 그렇다면, 만약 B의 근교계수가 0 이 아닐 때 J와 K의 혈연관계가 어떻게 바뀌는지 계산해 보자. 여기에서 B의 근교계수는 0.23일 것이다.
>
> 따라서 Fg는 0.23이다. 이것은 C와 D가 B로부터 동일한 대립유전자를 받을 확률이 23%라는 것을 의미한다.

따라서, B의 근교계수가 0일 때, $(1/2)^4 \times 1$ = 0.0625였고,

B의 근교계수가 0.23일 때 $(1/2)^4 \times (1+0.23)$ = 0.0769가 될 것이다.

만약 X의 근교계수가 0이라면, J와 K의 혈연관계는 0.0625+0.0769=0.136이 될 것이다. 따라서 J와 K개체는 공통조상 B의 근교계수 때문에 혈연관계가 더 높게 나타난다.

## 9.2.4

## 집단의 근교도 구하기

한 집단에서의 근교수준은 특정 시간에 집단내 모든 개체들의 평균 근교계수를 의미한다. 한 집단의 모든 개체가 유전적으로 매우 가깝다면, 세대가 지나면서 평균근교계수는 증가할 것이다. 이러한 증가를 근교도(the rate of inbreeding; F)라고 한다. 즉 근교도가 증가하는 속도는 한 집단에 있는 개체들의 유전적 유사도가 높다면, 한 집단의 근교도가 증가하는 속도가 증가할 것이다. 따라서 근교도의 크기는 근친퇴화의 위험에 대한 정보를 주며 집단의 유전적 다양성이 감소하고 있다는 신호를 준다. 즉 집단의 유전적 다양성이 감소한다는 것은 한 집단의 개체들이 환경변화에 대한 적응력이 떨어진다는 것을 의미한다.

세대간근교도는 다음의 공식과 같이 계산 할 수 있다.

$$F = \frac{F_{t+1} - F_t}{1 - F_t}$$

이것은 바로 이전세대의 근교도($F_{t+1}$)와 현세대의 근교도($F_t$)의 차이를 1-현세대의 근교도($1-F_t$)로 나누어 준 값이다. 예를 들어, 5세대의 근교

도가 3.5%, 6세대의 근교도가 3.9%이면, (0.039-0.035)/(1-0.035)=0.0041, 즉 0.41%일 것이다.

## 9.2.5
## 근친을 이용한 계통교배

근친은 근친퇴화와 같은 부정적인 이미지를 갖고 있으나 의도적으로 근교계수를 높이는 교배체계가 계통교배(line breeding)이다. 예를 들어 아버지 소와 딸소 간 교배에서 태어난 손녀를 아버지 소와 지속적으로 교배하는 교배시스템이다. 이러한 계통교배는 특정 씨수소의 매우 긍정적인 형질을 고정하기 위해서 사용한다. 근친교배는 특정형질에 대해서 매우 효과가 있는 동형접합을 증가시키기 때문에 매우 균일한 후대를 생산할 수 있을 것이다. 그러나, 동형접합체가 특정 형질에 대해서 매우 효과가 있는 대립유전자도 있지만 그렇지 않은 유전병을 일으키는 대립유전자를 동형화시킴으로 매우 부정적인 결과를 초래할 수도 있다. 또 다른 부정적인 효과는 이러한 동형접합이 증가한다는 것은 집단의 유전적 다양성이 감소함으로 미래에 주어질 환경에 대한 적응력이 떨어져 집단의 멸종위기를 초래할 수 있다는 것이다. 따라서 가축에서 교배체계는 근친 혹은 근교도를 최소화 하면서 가축의 능력을 최대화 하는 방향으로 진행하고 있다.

하나의 육종집단의 근친도를 추정하면 미래에 근친퇴화 등과 같은 부정적인 요인을 제어하면서 지속가능한 육종집단을 육성할 수 있을 것이다. 그렇다면 집단의 크기를 이용하여 근친도를 어떻게 추정할 수 있을까? 다음 공식이 암,수 집단의 크기를 이용하여 세대간 근친도(the rate of inbreeding)를 계산 하는 식이다.

$$\Delta F = \frac{1}{8N_m} + \frac{1}{8N_f}$$

여기서, $N_m$은 수컷육종집단의 수, 그리고 $N_f$는 암컷육종집단의 수 이다. 즉 다시 말하면 육종집단 육성에 사용하는 암, 수 가축의 수에 따라서 그 집단의 근친도를 계산할 수 있다.

예를 들어 한우 육종집단의 수가 3000마리인데, 이중 매년 계통교배를 하기 위하여 20마리의 씨수소를 선발하여 사용하고 있고 300마리의 씨암소를 활용하여 계통을 조성하고 있다. 이 집단의 근교도를 계산해보면, 3000마리의 집단 중에서 단지 20마리의 씨수소와 300마리의 씨암소만을 육종집단에 활용하고 있다. 그리고 각 씨암소는 10마리의 자손을 생산한다. 위의 공식을 대입하여 풀면, $1/(8\times20)+1/(8\times300) = 0.0067$, 즉 0.67%의 근교도가 매 세대마다 증가한다. 따라서 다양한 수의 씨수소, 씨암소의 예를 이용하여 한 집단의 근교도가 어떻게 변하는지 추적조사하면 집단의 육종에 매우 유용한 정보를 얻을 수 있을 것이다.

## 9.3 혈통정보를 이용한 혈연관계 계산

여기서는 타블로방법(Tabular method)을 이용하여 상가적혈연관계를 구성하는 방법에 대해서 기술한다. 타블로방법을 이용하면 혈통에 있는 모든 개체들 사이의 상가적혈연관계, 우성관계 및 근친계수를 쉽게 계산할 수 있게 해준다. 다음의 혈통정보를 이용하여 혈통내 총 6마리 개체에 대한 혈연관계를 계산해 보자. 타블로방법은 먼저 개체를 연대순으로 배치한다. 그리고 혈통을 모르는 개체는 기초집단으로 간주하고 계산한다. 그리고 6마리개체에 대해서 6 × 6 행렬로 배치하고 대각성분(diagonal elements)은 각 개체 X의 혈연관계($1+F_X$)이며, 비대각성분(off-diagonal elements)는 개체 $X_i$와 $X_j$간 혈연관계이다.

표9-4. 타블로방법을 이용한 혈연관계 계산을 위한 혈통정보

| 개체 | 성별 | 부 | 모 |
|---|---|---|---|
| B | 수컷 | 모름 | 모름 |
| C | 암컷 | 모름 | 모름 |
| E | 암컷 | 모름 | 모름 |
| A | 수컷 | B | C |
| D | 암컷 | B | E |
| G | 수컷 | A | D |

1단계 : 위의 혈통정보를 이용하여 {B,C,E,A,D,G}개체를 나이순으로 나열하여 아래와 같은 테이블을 만든다.

| 부모 | 모름 | 모름 | 모름 | B-C | B-E | A-D |
|---|---|---|---|---|---|---|
| 개체 | B | C | E | A | D | G |
| B | 1 | 0 | 0 | | | |
| C | 0 | 1 | 0 | | | |
| E | 0 | 0 | 1 | | | |
| A | | | | 1 | | |
| D | | | | | 1 | |
| G | | | | | | 1 |

2단계 : 각 개체의 부모를 모르면 빈칸으로 두고, 부모를 알면 부모의 명호를 적는다. 개체 A는 B-C가 부모이다. 그리고 개체 D는 B-E가 부모이며, 개체 G는 A-D가 부모이다. 먼저 대각선에 각 1.0을 넣는다. 이

는 양친의 근교계수가 0이라고 가정하고 먼저 넣는다. 그리고 부모를 모르는 B, C, E개체에 대해서는 대각이 아닌 요소에 0을 입력한다.

3단계 : 첫 번째 비대각요소인 {개체 B, 개체 A}의 혈연관계를 계산한다. 개체 B는 개체 A의 아비{B:B=1}, 따라서 1, 그리고 개체 B는 개체 A의 어미인 개체 C{B:C=0}와 아무 관계가 아니므로 0, 따라서 {(1+0)/2}로 0.5를 입력한다. 이러한 방법으로 개체 B와 개체 D의 혈연관계를 계산하면, {(1+0)/2}로 0.5, 또한 개체 B와 개체 F는 {(0+1)/2} 따라서 0.5이다. 이렇게 계산이 완료되었으면 열의 값을 행으로 복사한다. 개체 C와 개체 A {(0+1)/2} 0.5, 개체 C와 개체 D {(0+0)/2} 0, 그리고 개체 C와 개체 G는 {(0.5+0)/2} 0.25. 그리고 개체 E와 개체 A는 {(E:A,E:C)/2}, 따라서 {(0+0)/2} 0, 개체 E와 개체 D는 {(E:B,E:E)/2}, {(0+1)/2} 0.5, 개체 E와 개체 G는 {(E:A,E:D)/2}, {(0+0.5)/2} 0.25. 개체 A와 개체 D는 {(A:B,A:E)/2} {(0.5+0)/2} 0.25, 개체 A와 개체 G는 {(A:A,A:D)/2}, {(1+0.25)/2} 0.625로 계산 된다. 개체 D와 개체 G는 {(D:A,D:D)/2}, {(0.25+1)/2} 0.625로 계산된다. 마지막으로 근교계수를 구하기 위하여 개체 A, D, G의 양친인 B-C, B-E 그리고 A-D의 혈연관계를 조사해 보면, 양친 A-D만이 혈연계수가 0.25이다. 따라서 개체 G의 근교계수는 혈연계수 0.25×0.5로 0.125가 된다. 결과적으로, G의 혈연관계는 1+$G_{AD}$로 1+0.125가 된다.

| 부모 | 모름 | 모름 | 모름 | B-C | B-E | A-D |
|---|---|---|---|---|---|---|
| 개체 | B | C | E | A | D | G |
| B | 1 | 0 | 0 | 0.5 | 0.5 | 0.5 |
| C | 0 | 1 | 0 | 0.5 | 0 | 0.25 |
| E | 0 | 0 | 1 | 0 | 0.5 | 0.25 |
| A | 0.5 | 0.5 | 0 | 1 | 0.25 | 0.625 |
| D | 0.5 | 0 | 0.5 | 0.25 | 1 | 0.625 |
| G | 0.5 | 0.25 | 0.25 | 0.625 | 0.625 | 1+0.125 |

개체 X,와 Y의 우성의 혈연관계는 아래의 식으로 계산이 가능하다.

$$d_{X,Y} = \frac{1}{4}(R_{sireX,siruY}{}^{*} R_{damX,damY} + R_{sireX,damY}{}^{*} R_{damX,sireY})$$

위의 혈통을 이용하여 개체 A와 D의 우성의 혈연관계는, 개체 A의 부는 개체 B이고, 모는 개체 C, 그리고 개체 D의 부는 개체 B, 모는 개체 E이다. 따라서 $d_{AD}$ = 0.25($R_{BB}$*$R_{CE}$ + $R_{CB}$*$R_{BE}$) = 0.25(1×0+0×0) = 0 으로 우성의 혈연관계는 없다.

## 9.4 유전체정보를 이용한 혈연관계 계산

지금까지 혈통정보를 이용하여 개체간 혈연관계를 추정하였다. 그러나 혈통정보를 이용한 개체간의 혈연관계추정은 혈연의 평균값을 추정하는 것이다. 즉 반형매 자손간 혈연관계는 모두 0.25이고, 전형매의 혈연관계는 모두 0.5이다. 그러나 반형매, 전형매 자손간에도 재조합 및 교차등의 다양한 유전적인 요인에 의해서 부모로부터 다른 대립유전자를 받을 확률이 매우 크다. 따라서 전형매 자손의 경우, 부로로부터 평균 0.5의 유전자를 물려받지만, 정확히 0.5일 수도 있지만, 그 이상, 혹은 그 이하일 수도 있다. 따라서 혈통정보를 이용하여 추정하는 혈연관계는 혈통을 통하여 예측(반형매 0.25, 전형매 0.5 등)된 혈연관계이다. 반면에 최근 유전체기술의 비약적인 발달로 매우 저렴한 가격으로 이용하는 유전체정보(단일염기다형성, single nucleotide polymorphism, SNP)를 이용하여 추정된 혈연관계는 개체간 실제혈연관계를 추정하는 관찰된혈연관계(realised relationship)라고 말 할 수 있을 것이다. 따라서 혈통정보를 이용한 혈연관계추정보다 개체의 유전체정보를 이용하여 추정하는 혈연정보가 보다 정확하게 개체간혈연을 추정할 수 있을 것이다.

이제부터 개체의 유전체정보를 이용하여 개체간혈연관계를 예측하는 방법에 대해서 살펴볼 것이다.

van Arendonk 등(1994)은 가축의 유전체에 고르게 퍼져있는 DNA마커를 이용하면 혈통정보를 이용하는 것 보다 정확하게 개체의 혈연을 추정할 수 있다고 제안하였는데, 이는 두 개체간 전수동일인 실제비율을 기초로 개체간 유전적 공분산을 정확하게 추정할 수 있기 때문이다. 이와 유사하게 vanRaden (2008)은 가축의 유전체에 고르게 분포하고 있는 단일염기다형성이라는 유전마커를 이용하여 개체간 유전적유사도를 측정 할 수 있다고 제안하였고, 이는 혈통정보를 이용하여 추정하는 혈연관계보다 더 정확하다고 하였다. 즉 마커정보를 이용하여 개체와 개체가 공유하고 있는 전수동일상태(identical by state, IBS)에 있는 유전자를 포함하고 있는 염색분체(chromosome segments)의 비율을 추정함으로 개체간의 혈연관계를 정확하게 추정이 가능하다고 하였다. 그리고 가축의 유전체에 고르게 분포하고 있는 유전체정보를 이용하여 추정한 혈연관계를 유전체혈연관계행렬(genomic relationship matrix, GRM)이라고 명명했다. 유전체혈연관계는 다음의 식을 통해서 계산된다(vanRaden 2008).

$$G = \frac{ZZ'}{2\sum p_i\,(1-p_i)}$$

여기서, $Z$ : 유전마커에 대한 incidence행렬

$P_i$ : 관찰된 최소대립유전자수(minor allele frequency, MAF)

지금부터 실제유전자형자료를 이용하여 유전체혈연관계행렬을 계산해 볼 것이다. 먼저 3마리 개체의 4개의 유전좌위정보를 이용하여 혈연관계행렬을 계산해 보자.

| | SNP1 | SNP2 | SNP3 | SNP4 |
|---|---|---|---|---|
| Ind1 | AA | CT | GG | AG |
| Ind2 | AA | CT | GA | AA |
| Ind3 | TT | CC | GG | AA |

위에 제시된 유전자형을 gene contents행렬(최소대립유전자수, 혹은 MAF행렬로 명명)로 전환을 해야 한다. 즉, 첫 번째 좌위에서는 "T"가 최소대립유전자로 AA는 0, TT는 2로 전환한다.

| | SNP1 | SNP2 | SNP3 | SNP4 |
|---|---|---|---|---|
| Ind1 | 0 | 1 | 0 | 1 |
| Ind2 | 0 | 1 | 1 | 0 |
| Ind3 | 2 | 0 | 0 | 0 |

그후, gene content 1을 기준으로 편차값을 얻는다(1, 0, 그리고 −1). 따라서 위의 gene contents행렬(MAF행렬, 줄여서 M행렬)에서 0은 −1로 되고, 1은 0, 그리고 2는 1로 아래와 같이 변환한다.

| | SNP1 | SNP2 | SNP3 | SNP4 |
|---|---|---|---|---|
| Ind1 | −1 | 0 | −1 | 0 |
| Ind2 | −1 | 0 | 0 | −1 |
| Ind3 | 1 | −1 | −1 | −1 |

위의 데이터포맷이 3개체의 유전적유사도(genomic relationship matrix)를 추정하는 포맷이다. 여기에서 M행렬과, M의 전치행렬(M')을 곱하여

MM'행렬을 아래와 같이 만든다.

| | Ind1 | Ind2 | Ind3 |
|---|---|---|---|
| Ind1 | 2 | 1 | 0 |
| Ind2 | 1 | 2 | 0 |
| Ind3 | 0 | 0 | 4 |

여기에서 대각요소(diagonal elements)는 각 개체(Ind1, 2, 3)가 갖는 동형접합대립유전자의 수를 나타낸다. 즉 첫 번째 개체는 동형접합 2개를 세 번째 개체는 동형접합 4개를 갖는다. 그리고 비대각요소(off-diagonal elements)는 혈연관계가 있는 친척들끼리 공유하는 대립유전자의 수로서 친척끼리 많은 대립유전자의 수를 공유하면 혈연이 높은 것으로 추정된다.

이제, P행렬이 필요한데, P행렬은 대립유전자의 빈도를 담는 행렬로서 $P_i$=2($p_i$ - 0.5)로 표현할 수 있다. $P_i$는 $i$번째 좌위의 최소대립유전자 빈도(MAF)이다. 위의 예를 이용하여, $p_1$ =0.383, $p_2$ =0.244, $p_3$ =0.167, $p_4$ =0.067이다. 그러므로 P행렬은 다음과 같이 구성된다.

| | SNP1 | SNP2 | SNP3 | SNP4 |
|---|---|---|---|---|
| Ind1 | -0.234 | -0.512 | -0.666 | -0.866 |
| Ind2 | -0.234 | -0.512 | -0.666 | -0.866 |
| Ind3 | -0.234 | -0.512 | -0.666 | -0.866 |

위의 Box에서 제시한 유전체혈연관계 공식을 이용하여 유전체혈연관계행렬을 구성하기 위해서는 Z행렬을 구성해야 하는데, 이 Z행렬은 M행렬에서 P행렬을 뺀 행렬이다. 즉 $Z = M = P$ 이다. 여기에서 Z행렬이 의미하는 것은, 행렬내 모든 대립유전자효과의 평균값을 0으로 고정한

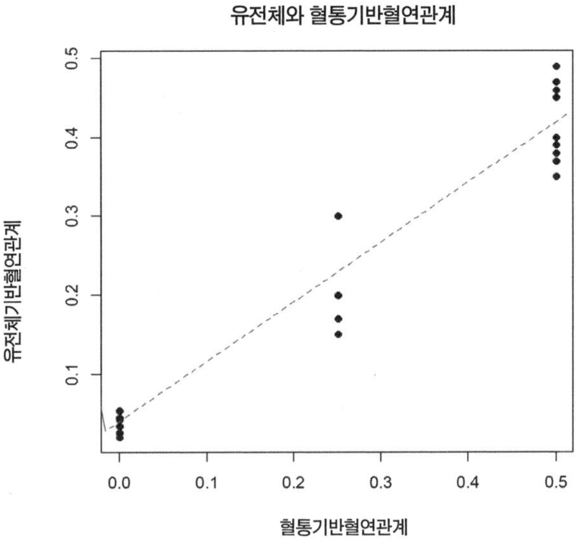


그림 9-5. 혈통기반혈연관계와 유전체기반혈연관계 비교

다. 그리고 M행렬을 P행렬로 빼는 의미는 대립유전자의 빈도가 높은 일반대립유전자 보다 희귀대립유전자에게 보다 더 큰 가중치를 주는 것이다. 즉 일반대립유전자가 동형접합인 개체보다, 희귀대립유전자가 동형접합인 개체가 유전체근친계수(F)가 더 크게 계산된다는 것이다.

이러한 방식으로 Z행렬이 구성되면, Z행렬과, Z의 전치행렬($Z'$)을 곱하고, 거기에 $2\sum p_i(1-p_i)$로 나누어 준다. 여기에서 $ZZ'$ 행렬은 위의 $MM'$ 행렬에서 살펴보았듯이, 개체와 개체간 동형접합대립유전자의 공유정도를 보여준다, 즉 유전적 분산-공분산행렬로 볼 수 있다. 그리고 $2\sum p_i(1-p_i)$을 나누어 주는 의미는 G 행렬을 A행렬과 유사한 행렬로 만들어 주는 분모의 상수 값이다.

이렇게 하여 개체의 유전체혈연관계를 구하게 되면, 혈통정보를 이용하여 계산한 혈연관계보다 보다 정확한 혈연관계를 계산할 수 있다(그림9-5). 그림9-5에 따르면 혈통을 기반으로 계산한 혈연관계는 반형매 0.25, 그리고 전형매 0.5로 계산되었지만, 실제개체의 유전체정보를 이용하여 혈연관계를 추정한 경우 반형매 0.15-0.3까지 다양했고 전형매의 경우도 0.35-0.5까지 다양했다. 그리고 혈통에서 혈연관계가 없는 개체들의 경우에도 유전체정보를 이용하여 혈연관계를 계산한 경우 0.01-0.05로 보다 다양하게 혈연관계가 계산되었다.

## 9.5 가축개량에서 허용되는 근친의 수준

근친의 정도는 동형접합체가 증가함에 따라서 발생하는 심각한 문제를 예측하는 하나의 지표로 사용할 수 있다. 한우개량에 있어서 근친의 수준은 0.625%로 조절하고 있다. 그러면 어느 정도의 근친이 개량집단에서 허용되는 수치인지를 살펴봐야 할 것이다. 이에 대해서 세계식량기구(FAO)에서는 근친을 약 1%로 권고하고 있고, 이보다 낮은 0.5%를 권장하고 있다. 근교도 1%는 세대 당 1%의 동형접합체가 증가할 것이라는 것을 수치로 나타내 준다. 그러나 이것에 대한 정확한 근거는 아직 제시되지 않았다. FAO의 권고는 근친에 따른 위험을 관리하기 위한 수단이지 모든 것을 담보하지는 않는다. 즉 1% 위로 근교도가 올라간다는 것은 결국 집단이 멸절될 위험이 있다는 것을 경고한다고 봐야 할 것이다. 잘 조절된 육종계획을 가정한다면 1%의 근교도는 적어도 25마리의 씨수소와 25마리의 씨암소가 개량을 위해 필요하다는 것이고, 0.5%의 근교도는 적어도 50마리의 씨수소 그리고 50마리의 씨암소가 필요하다는 것을 의미한다. 따라서 가축육종계획에 있어서는 근친을 약 0.5-1% 이하로 설정하는 것이 바람직할 것이다.

## 〈참고문헌〉


1. Oldenbroek K., and vander Waaij L. (2014) Textbook animal breeding. Centre for genetic Resources and animal breeding and genomics group, Wageningen University and Research Centre, the Netherlands
2. Falconer D.S., and Mackay T.F.C. (1996) Introduction to Quantitative Genetics. 4th edn. Harlow, UK:Lingman
3. Fuss J.O., and Cooper P.K. (2006) DNA repair: dynamic defenders against cancer and aging. *PLoS Biol.* 4, e203
4. Houle D., Morikawa B., and Lynch M. (1996) Comparing mutational variabilities. *Genetics* 143, 1467-1483
5. Kumar S., and Subramanian S. (2002) Mutation rates in mammalian genomes. *Proc. Natl. Acad. Sci.* USA 99, 803-808
6. Hedrick P.W. (2005) Genetics of populations, 3rd edn. Sudbury, MA:Jones & Bartlett.
7. van Eldik P., van der Waaji E.H., Ducro B., Kooper A.W., Stout T.A.E., and Colenbrander B. (2006) Possible negative effects of inbreeding on semen quality in Shetland pony stallions. *Theriogenology* 65, 1159-1170.
8. Smith L.A., Cassell B.G., and Pearson R.E. (1998) The effects of inbreeding on the lifetime performance of dairy cattle. *J. Dairy. Sci.* 81, 2729-2737
9. van Arendonk J.A., Tier B., and Kinghorn B.P. (1994) Use of multiple genetic markers in prediction of breeding values. *Genetics* 137, 319-329
10. van Raden P.M. (2008) Efficient methods to compute genomic predictions. *J. Dairy. Sci.* 91, 4414-4423.
11. 김백준, 김슬옹, 이진원, 장갑수, 정옥식, 허위행 (2014) 보전유전학 입문. PP 44. 월드사이언스

# 제10장
# 번식학기법 도움 동물분자육종 효율 증대 방법

# 10.1 성성숙과 발정

## 10.1.1.

### 성(性)성숙

동물은 출생 후 일정 기간이 지나면 번식능력을 가지는 성성숙기(puberty)에 도달한다. 성성숙기 이전에는 암컷과 수컷 모두 뇌에서 생식샘자극호르몬방출호르몬(gonadotropin-releasing hormone, GnRH)을 매우 느린 주기로 분비한다. 그러나 춘기발동기를 지나면서 암컷의 뇌에서는 이전보다 빠르게 기저수준의 생식샘자극호르몬방출호르몬을 지속적으로 분비하게 되고, 배란직전에는 대량으로 분비하게 된다. 분비된 이 호르몬은 뇌하수체 전엽(anterior pituitary)을 자극하여 여포자극호르몬(follicle stimulating hormone, FSH)과 황체형성호르몬(luteinizing hormone, LH)의 방출을 촉진하여, 최종적으로 황체형성호르몬은 난소에서 에스트로겐(estrogen)의 분비를 자극하게 된다(그림 10-1). 반면, 성성숙이 시작된 수컷의 정소에서 증가한 테스토스테론은 방향화효소(aromatase)에 의해 에

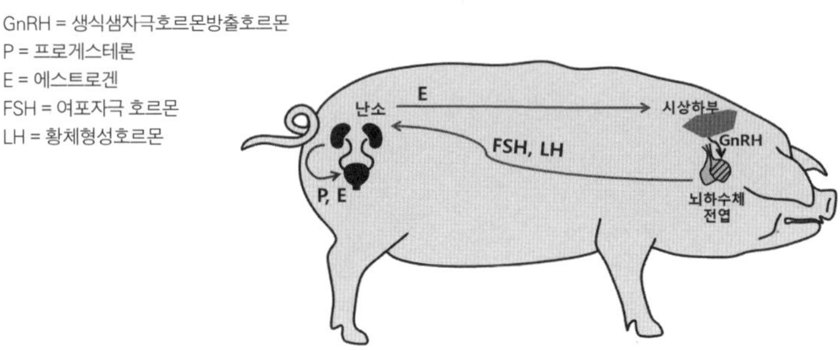


그림 10-1. 돼지 암컷의 호르몬 조절에 의한 성성숙 과정

스트로겐으로 전환되어 생식샘자극호르몬방출호르몬의 분비를 촉진한다. 증가된 생식샘자극호르몬방출호르몬은 여포자극호르몬과 황체형성호르몬의 분비를 더욱 촉진하여 성성숙을 유지한다.

### 10.1.2.

### 발정과 발정주기

춘기발동시기의 관찰과 마찬가지로, 발정은 육안으로 보이는 증세와, 검사를 통해 알 수 있는 징후들로 판별한다. 모든 가축은 공통적으로 발정 시 외음부의 변화, 승가를 허용하는 행위, 정서적 흥분상태를 보이며 대부분 16~25일 주기로 발정을 한다. 발정주기는 내분비학적 조절에 절대적으로 의존적이며 일반적인 호르몬조절 단계는 표 10-1과 같다. 분자육종학적인 관점에서 성성숙과 발정은 호르몬 처리를 통하여 효과적으로 단축이 가능하다. 가령 일반적으로 돼지는 160일령에 성성숙이 진행되지만, 낮은 발정율 때문에 번식적령기는 8-10개월로 알려져 있다. 하지만, 호르몬주입에 관한 연구와 기술의 발전에 따라 조기발정의 유도가 가능한데 실제로 160일령의 돼지에 호르몬제인 프로게스테론과 에스트라디올을 처리한 결과 40%였던 발정율이 100%로 증가하였으며, 처리 후 2일째부터 발정이 관찰되었다. 2차발정 역시 프로게스테론을 처리한 돼지의 발정율은 80%, 에스트로겐을 처리한 돼지는 100%를 나타내었다.

표 10-1. 호르몬조절에 따른 가축의 일반적인 발정주기

| | 호르몬 조절 | 구분 |
|---|---|---|
| 발정전기 | 발정휴지기에 증가하였던 프로게스테론이 감소하면서 시상하부에서 생식샘자극호르몬방출호르몬의 분비가 증가하고 뇌하수체전엽은 여포자극호르몬의 분비를 시작한다. 여포자극호르몬에 의해 난포가 성숙되고 에스트로겐이 증가한다. 이 시기는 발정징후는 관찰되지만, 승가를 허용하지 않는 약 4일간의 기간을 의미한다. | 난포형성기 |
| 발정기 | 난포성숙에 따른 에스트로겐의 분비가 정점을 찍으면서 뇌하수체 전엽에서 황체형성호르몬의 분비가 최대로 촉진되어, 배란이 일어나는 약 1.5일간의 제한된 시기를 말한다. 이 시기에는 발정증세를 명확히 확인 할 수 있으며, 수컷의 승가를 허용한다. | 난포기 |
| 발정후기 | 황체형성호르몬에 의해 배란이후 난포가 퇴화하고 황체가 형성되면서 에스트로겐 대신 프로게스테론이 지배적으로 분비된다. 증가된 프로게스테론은 시상하부에 작용하여 난포성숙을 억제시킨다. 이 시기에 자궁은 급속도로 발달하여 수정란을 받아들여 착상시킬 준비를 한다. | 황체기 |
| 발정휴지기 | 발정후기에서 다음 발정기에 이르는 기간을 의미하며 프로게스테론이 높게 유지된다. 임신이 되지 않으면 자궁에서 황체퇴행인자인 PGF2$\alpha$가 발현되어 황체를 퇴화시키고, 그에 따라 프로게스테론이 감소하기 시작하며 발정전기로 이어진다. | 황체기 |

## 10.1.3.

## 난포형성, 난자성숙, 배란

발정주기에 따라 난소에서는 난포의 형성, 성숙, 배란이 주기적으로 일어난다. 난포는 난자, 난자를 둘러싸는 과립세포, 바깥쪽의 협막세포로 이루어져있으며, 원시난포는 뇌하수체전엽으로부터 분비되는 여포자극호르몬의 자극에 의해 1차난포로 성장하게 되면서 과립세포가 폭발적으로 분열한다. 지속적인 여포자극호르몬의 자극에 의해 2차난포를 거쳐 난포강이 형성되는 그라프난포(Graafian follicle)로 성숙한다(그림 10-2).

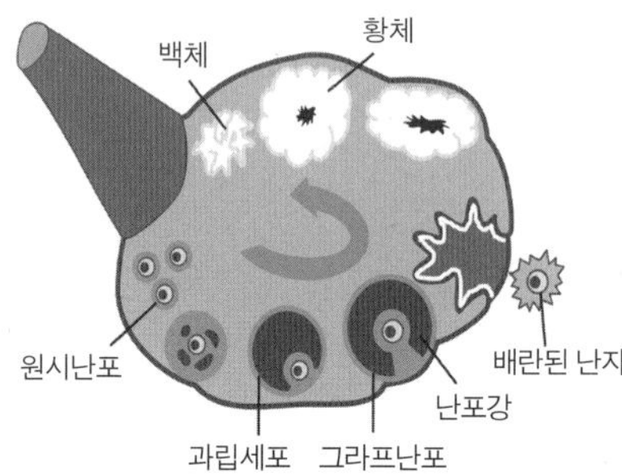


그림 10-2. 난포형성 과정

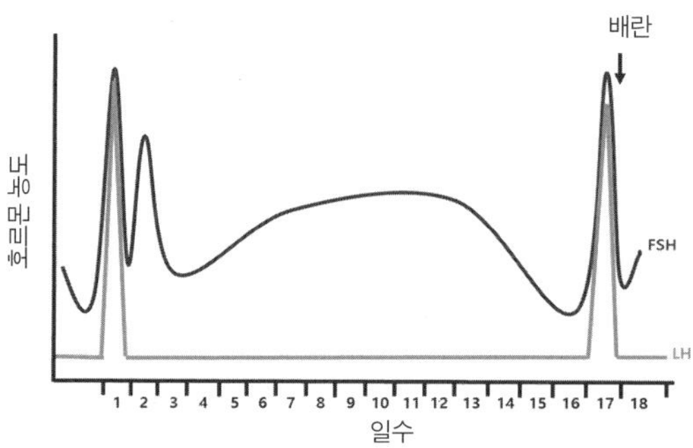


그림 10-3. 암양의 발정주기 및 배란일

난포가 성숙하는 동안 난포에 둘러싸인 난자도 함께 성숙하는데, 동물은 출생 시 제1감수분열 전기에 세포주기가 정지한 제1난모세포 형태를 지닌다. 호르몬에 의해 감수분열이 재개되며 제1난모세포에서 제2난모세포로 성숙이 일어나고, 제2감수분열 중기에 도달하면 배란된다(그림 10-3). 배란은 성숙한 그라프난포의 파열로 인해 제2난모세포가 난소 밖으로 유출되는 현상이다. 난포의 파열은 황체형성호르몬의 조절에 의해 난포에서 단백질분해효소가 분비됨과 동시에, 난포 내에 난자가 접합된 부분(stigma)의 리소좀파열에 의해 수포가 형성된 부분이 분해되면서 일어나며 이는 프로스타글란딘의 조절을 받는다. 난포가 파열되는 동안 제1난모세포는 제1감수분열을 마치고 제2난모세포와 제1극체를 형성한다. 제2난모세포는 파열된 난포에서 복강 내로 빠져나와 난관 끝의 난관채(fimbriae)을 통해 난관으로 이동하며, 수정이 일어나기 전 까지는 제2감수분열이 진행되지 않는다. 이러한 호르몬조절기전의 이해는 가축의 첫발정기를 단축하는 기법에 효율적으로 이용된다. 실제로 돼지의 경우는 호르몬주입에 관한 연구와 기술의 발전에 따라 조기발정을 유도하여 번식적령기를 2개월가량 단축시킬 수 있다.

## 10.2 임신과 분만

### 10.2.1. 수정, 난할, 착상

수컷의 정자는 정상적인 수정을 위해 1) 생식기관에서 일정시간을 거쳐 성숙되어야 하고, 2) 수정능력을 획득(sperm capacitation)하고, 3) 난자에 침투하기 위한 첨체반응 (acrosome reaction)이 필수적으로 진행되어야 한다(그림 10-4). 그 후 정자와 난자의 결합은 난자의 투명대표면단백질과 정자표면단백질의 결합으로 시작된다. 이후 정자의 핵막이 사라지고 전핵(pronucleus)이 형성되며 난자내부에서는 정자의 침입이후 다정자수정(polyspermy)을 방지하기 위한 투명대반응이 일어난다. 이때, 제2감수분열이 재개되어 분열을 완수하고, 전핵을 형성한다. 이렇게 형성된 난자와 정자의 전핵이 융합하여 접합자(zygote)를 형성하고, 난할이 시작되면서 수정이 완료된다.

난자전핵과 정자전핵의 융합으로 접합자가 형성된 후 세포의 크기

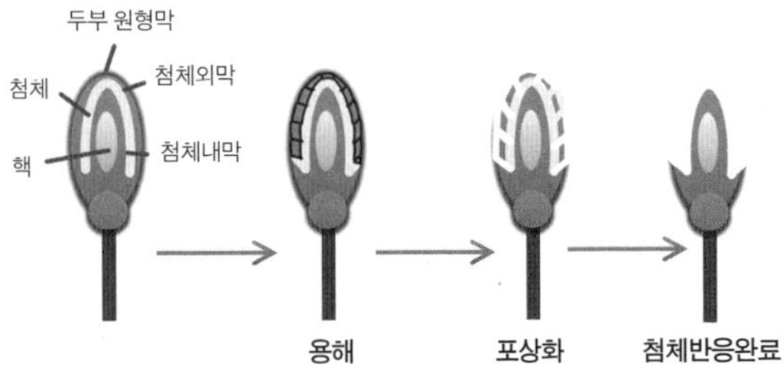


그림 10-4. 일반적인 정자의 첨체반응

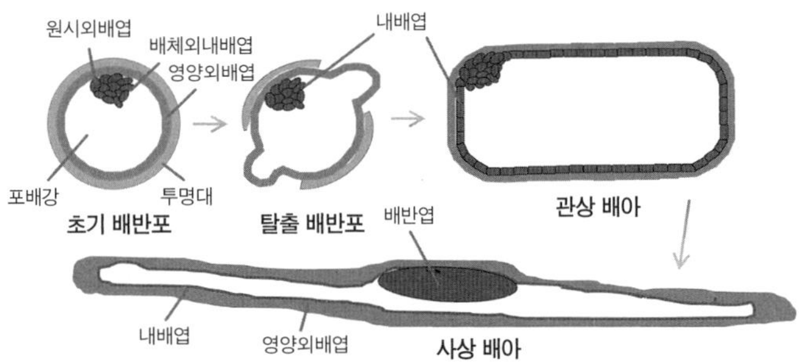


그림 10-5. 가축(소, 양, 염소, 돼지 등)의 착상 전 영양외배엽 형성 과정

성장 없이 세포분열이 지속되는데, 이를 난할(cleavage)이라 한다. 첫 번째 세포분열을 통해 얻어진 2세포기배아의 세포들을 분할구(blastomere)라 하며, 세포분열을 통해 4, 8, 16세포기를 거친 후, 상실형태의 배가 형성되는데 이를 상실배(morula)라고 한다. 상실배의 바깥쪽세포들은 밀착연접(tight junction)으로 서로 연결되고, 내부의 세포들은 간극연접(gap junction)으로 서로 연결되어 배반포(blastocyst)를 형성한다. 배반포는 단층의 영양막세포(trophoblast)가 표면을 감싸고 한쪽에 내세포집단(inner cell mass)이 위치한다. 영양막세포는 이후 태반으로 발달하고, 내세포집단은 배아로 발달한다.

착상(implantation)은 배아가 자궁 내로 이동하여 자궁내막층에 부착되는 현상으로 정의한다. 영장류의 착상과정과 달리 사육하는 가축(소, 양, 염소, 돼지 등)의 착상과정은 배아가 자궁 표피를 침투하는 것이 아니라, 자궁표피세포와 영양막세포의 지상돌기접착을 통해 진행된다(그림 10-5).

## 10.2.2.
## 태반형성 및 임신 유지

자궁 내에서 태아가 발달하는 과정을 임신(pregnancy)라고 하고, 모체의 임신 인지(marternal recognition of pregnancy)를 통해 임신이 지속된다(그림 10-6).

태반(placenta)은 태아 융모막과 자궁내막사이의 융합을 통해 일시적으로 형성되며, 태아와 모체사이에 생리적 물질교환이 일어나는 기관이다. 착상이 진행된 후, 배반포 내의 영양막세포가 자궁내막에 부착되어 성장하면서 태반을 형성한다.

분자육종을 위한 번식기술로는 가축의 임신을 진단하기 위해 호르몬 분석법, 질생체조직검사법, 초음파진단법 등이 사용되고 있고, 일반적

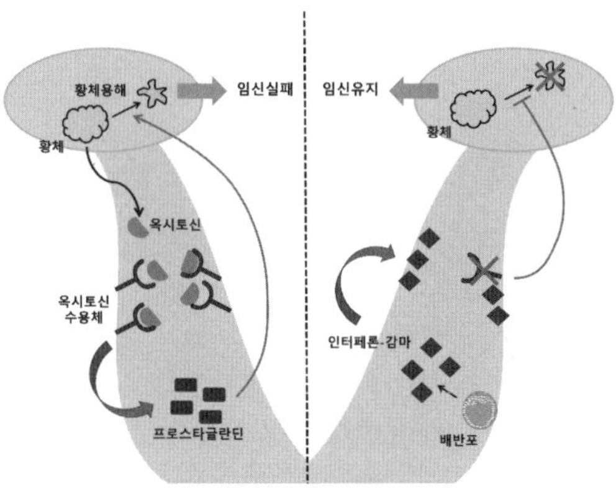


그림 10-6. 반추동물의 임신유지 메커니즘

으로 직장검사법(rectal palpation)을 통해 가축의 임신여부를 확인한다. 직장검사법은 직장으로 팔을 넣어 태아와 자궁촉진을 통해 임신여부를 확인하고, 분만 전 태아의 정상체위 확인을 위해 진행된다.

### 10.2.3. 분만

분만(parturition)은 임신한 모체로부터 자궁 내 태아와 태반을 체외로 배출하는 생리학적 과정이다. 자궁의 수축은 태아를 자궁경부로 밀어내고, 자궁경부의 압력이 증가함으로써 옥시토신의 분비를 지속시킨다. 자궁근육의 수축이 최고점에 도달함에 따라 태아가 경관으로 밀려들어가 분만의 첫 번째 단계가 완료된다. 이후, 자궁의 지속적인 수축에 의해 태반의 만출 또한 완료된다. 실제로 효율적인 분자육종을 위해서 태아의 생존율 향상, 임신기간 단축 및 발정주기 동기화 등을 위해 분만 시기를 조절하는데, 이를 인위적 분만유기(induction of parturition)라 하며, 분만과정에 관여하는 부신피질호르몬과 프로스타글란딘을 임신 중인 모체에 투여하여 분만을 유도한다.

## 10.3 인공수정과 수정란 이식

### 10.3.1. 인공수정 및 정액평가

가축에서 인공수정이란 인위적으로 채취하여 적절한 검사와 처리를 거쳐 보존된 정액을 이용해 암컷의 생식기내에 주입하여 인공적으로 수정을 시켜 임신에 이르게 하는 과정을 일컫는다. 인공수정의 장단점은 표 10-2와 같다.

표 10-2. 인공수정의 장단점

| | |
|---|---|
| **장점** | • 우수 형질로 개량이 용이<br>• 동시에 많은 수의 가축 수정 가능<br>• 경제적 비용 절감<br>• 원거리 수송으로 수소입용과 노력 절감<br>• 생식계통 질병 가능성 차단<br>• 신체적 장애 극복하여 수정 가능<br>• 생물학적 연구에 다방면으로 사용 가능 |
| **단점** | • 자연교미에 비해 낮은 수태율<br>• 숙련된 기술 요구<br>• 1회 수정 시 시간과 노력이 많이 필요<br>• 부주의로 인한 생식기계 전염병 발생 가능<br>• 잘못된 우량가축 선정 시 가축개량에 역효과 |

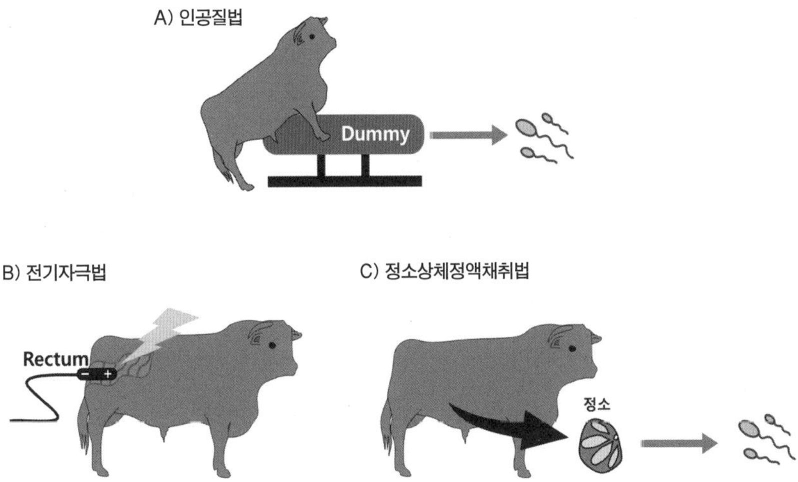


그림 10-7. 정액채취의 대표적 방법

인공수정에 있어 정액의 질은 효과적인 분자육종에 있어서 매우 중요한 요인 중 하나로 평가된다. 따라서 적절한 방법으로 정액을 채취하고 처리하여 보존하는 것이 중요하다. 정액을 채취하는 방법으로는 인공질법(artificial vagina method), 전기자극법(electro-stimulation), 마사지법(massage method)이 대표적이며, 이외에도 질내채취법, 해면체법, 정소상체정액채취법, 콘돔법, 패서리법 등이 있다 (그림 10-7).

## 10.3.2. 체외수정 및 수정란이식

체외수정은 체내수정에 상응하는 용어로, 정자와 난자를 각각 채취하여 체외에서 수정시킨 후 다시 수란축(recipient animal)에 주입시켜 수태시키는 방법으로 수정란을 동결보존하여 보관할 수 있다.

체외수정을 위한 난자는 주로 배란직후 난관이나 난소의 표면에서 난포상태로 얻으며, 노화된 난모세포는 다정자수정이 될 확률이 높으므로, 좋은 질의 미성숙 난포란 또는 수정란을 잘 선별하는 것이 중요하다. 포유류난자의 경우 성선자극호르몬의 영향으로 멈춰있던 감수분열을 다시 시작하여 제2감수분열 중기로 진행이 되는데 이를 난포란의 체외성숙이라고 한다. 정자의 경우 여성의 생식기 내로 들어가기 전에는 완전한 수정능력을 갖추지 못하므로, 난자의 투명대를 뚫고 들어가 난황을 융해할 수 없다. 따라서, 체외에서 수정시키고자 할 때에는 생리학적, 생화학적 변형을 통해 정자가 수정능력을 얻게 만들기 위하여 배양배지에 칼슘을 적정농도로 첨가하는 등의 과정이 필요하다.

체외성숙을 통해 수정능력을 획득한 정자는 적당한 농도로 희석하여 난자에 도입하거나, 농축된 정자를 소량 첨가하여 체외수정 한다. 수정란은 위상차현미경(phase contrast microscope)으로 관찰이 가능하며, 수정 도중이나 완료 후에 고정염색하여 수태능력의 여부에 대한 판정을 할 수 있다. 대게 수정란을 상실배나 배반포 단계까지 배양을 시키는데 동물혈청이 포함된 복합배지나 체세포를 배양했던 배지에서 배양을 하는 것이 최적의 방법이라고 알려져 있다.

한편 수정란이식은 우수한 품질을 가진 공란축의 체내에서 수정된 수정란을 채취한 체내 수정란과 직접 공란축에서 채취한 난자를 체외에서 정자와 수정시켜 얻은 체외 수정란을 수란우에 주입함으로써 우량형질의 가축을 대량으로 생산하는 방법이다. 일반적으로 단태동물에서는 성숙되어 배란되는 난포의 수가 1개이며, 다태동물의 경우 평균 10개 정도의 난포들이 발육하여 성장하게 된다. 수정란이식을 통한 임신은 자연임신보다는 수태율이 낮기 때문에 호르몬으로 다배란유도를 시켜 정상보다 많은 수의 난자를 채취하게 된다. 이때 사용하는 호르몬

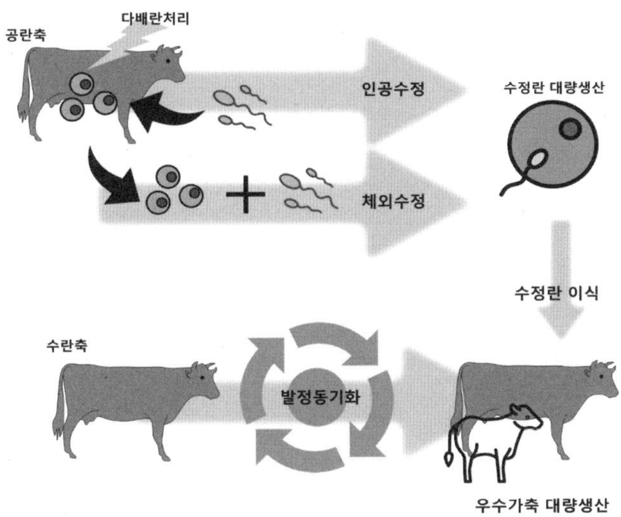


그림 10-8. 인공수정과 체외수정을 통한 우수가축 대량생산

은 성선자극호르몬(gonadotrophin)으로 주로 난포자극호르몬, 임마혈청 성생식선자극호르몬(pregnant mare serum gonadotrophin, PMSG)이다. 공란축의 자연발정기에 맞춰 호르몬처리를 하여 채란을 하거나, 발정주기를 인위적으로 동기화시켜 다배란을 유도한다(그림 10-8).

수정란을 이식해 주는 방법으로 크게 외과적 방법과 비외과적 방법이 있다. 외과적 방법은 복부중앙을 절개하거나 겸부를 절제하여 배아가 있는 모세관피펫을 난관 안으로 삽입하여 넣어주고 자궁각벽에 뭉툭한 바늘로 구멍을 내어 배아를 자궁내막에 삽입하여 준다. 비외과적 방법으로는 자궁경관을 통해 인공수정처럼 주입하는 방식으로 진행되며 외과적방법에 비해 실제 농가에서 사용하기에 훨씬 실용적이라고 할 수 있다. 수정란이식은 수란축의 상태에 큰 영향을 받기 때문에 수태능력이 좋고, 생식계통에 감염이 없는, 건강한 수란축을 선별해야 한다.

## 10.4 분자육종 효율증대를 위한 세대간격 단축 기술

### 10.4.1 벨로제네틱스(Velogenetics)

전통적인 육종에서 양적형질유전자좌위(quantitative trait loci, QTL)를 얻기 위해서는 두 종의 교배를 통해 유전질 이입 후 역교배를 수행하여 각 세대에서 표적유전자를 발현하는 개체를 선발하는 과정이 필요하다. 이 과정에서 분자표지도움선발(marker-assisted selection, MAS)을 통해 선발정확도를 개선함으로써 높은 유전적 개량량을 확보할 수 있었다. 현재의 후대검정기술은 일반적으로 90%가 넘는 선발정확도를 지니므로, 분자표지도움선발의 적용은 종래의 선발구조에서 정확도가 낮은 형질에 대해 특히 유용하다(유전력이 낮은 경우, 생의 후기에 측정이 가능하여 선발시기에 기록이 불가능한 경우, 도살후에야 측정이 가능한 경우, 질병저항성에 연관된 경우 등). 아래 수식처럼 유전적 개량량은 유전력 및 선발강도(selection intensity) 뿐만 아니라 세대간격에 크게 영향 받는다는 점을 고려하였을 때, 분자육종효율을 개선하기 위해서 세대간격을 좁히는 노력이 필요함은 자명하다.

$$\text{유전적 개량량} = \frac{(\text{유전력})(\text{선발강도})(\text{표현형 분산})}{\text{세대간격}}$$

다배란수정란이식(multiple ovulation and embryo transfer, MOET)은 동물육종에 있어 선발강도를 높였을 뿐만 아니라 분자표지도움선발시 동물이 선발되는 최적 연령을 단축하는 효과를 낳았다. 다배란수정란이식을 이용해 육종효율을 증대시키려는 시도는 Nicholas와 Smith(1983)에 의해 제시되어 이후 많은 연구가 수행되었다. Nicholas와 Smith는 다배란수정란이식에 기반하여 두 가지 선발계획을 제시하였는데, 그 중 하나는 수컷과 암컷 모두를 그들의 암컷조상의 수율에 근거하여 성성숙기에 선발하는 것이다. 또 다른 하나는 암컷은 첫 수유기 때의 수율에 기반하여 선발하고 수컷의 선발은 같은 어미를 가지는 암컷의 수율에 기반하는 것이다(그림 10-9).

다배란수정란이식의 적용으로 인해 소의 경우 유전적 개량량이 추가로 67~100% 가량, 양의 경우 17~74% 가량이 증가하였다. 다배란수정란이식에 대한 대부분의 연구는 외인성 여포자극호르몬처리에 따른 배란율 및 배아수율에 중점을 둔다. 다배란수정란이식법은 다배란유도에 대한 다양한 반응성 및 낮은 수정비율 등으로 인한 결과 예측의 불분명

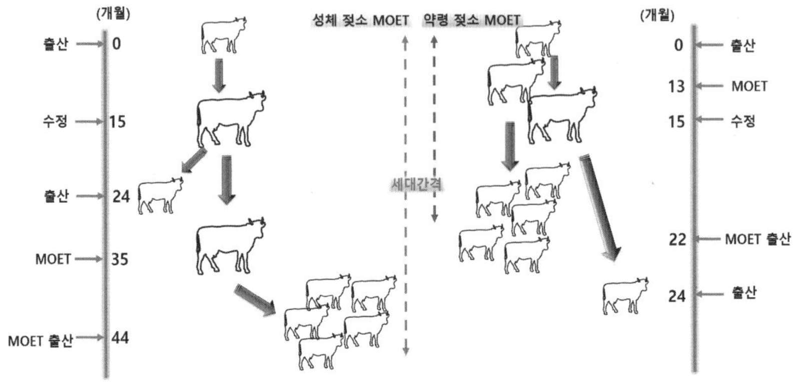


그림 10-9. 다배란수정란이식을 이용한 세대간격 단축

성 등의 한계를 보여왔다. 이를 극복하기 위해 난모세포 채취전 최적의 호르몬자극법을 확립하려는 시도가 계속되어왔을 뿐 아니라 효율을 최대화할 수 있는 난모세포채취법 역시 함께 개발되어왔다. 난모세포의 정상적인 발달에 있어 여포의 크기뿐만 아니라 난모세포 내의 생합성과정의 활성화가 필수적이며 이 역시 호르몬자극에 의해 조절된다는 사실에 기인하여 여포자극호르몬의 적정주입방식에 대한 연구 역시 활발히 진행되었다. Ptak(1999)에 따르면 새끼양으로부터 채취된 난모세포의 경우 여포자극호르몬의 다중주입은 난모세포의 수에는 영향을 미치지 않으나 배반포단계로의 발달비율에 있어 단일주입보다 효과적인 것으로 나타난다(그림10-10). 이는 춘기발동기 전의 난모세포가 성체난모세포와 비교하여 상대적으로 생식선자극호르몬에 노출되지 않는 것에서 기인한 것으로 생각되며 실제로 높은 용량의 생식선자극호르몬주입은 춘기발동기 전 난모세포의 세포질성숙에 도움을 주는 것으로 알려져 있다.

복강경난자채취(laparoscopic ovum pick-up)법은 살아있는 가축에서 난모세포를 채취하는 가장 잘 알려진 기술이다. 복강경난자채취법은 비

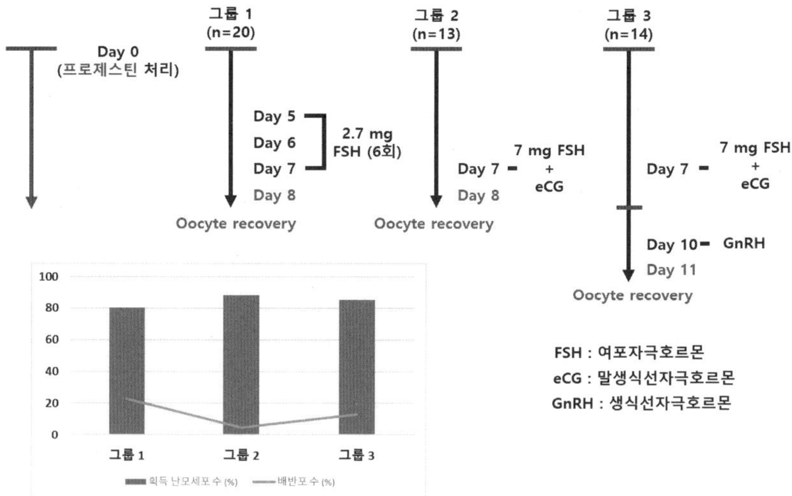


그림 10-10. 새끼양 내 호르몬주입 방식에 따른 난모세포수율(Ptak, 1999)

침습성으로서 개복 등 수술적 방법과 비교하여 일반적으로 공여축으로부터 높은 재현성을 띠며 다배란 후의 난모세포를 채취할 수 있다. 뿐만 아니라 복강경은 호르몬자극에 앞서 난소여포의 상태를 파악하는데도 유용하게 사용되는데, 복강경으로 관찰된 여포의 수는 호르몬자극에 대한 반응성과 밀접한 연관이 있다. 하지만 여포의 수가 난모세포의 체외성숙 효율과의 관련성은 없는 것으로 알려져 있다. 이처럼 이상적인 공여축을 선별하기 위해서는 많은 수의 여포뿐만 아니라 호르몬자극에 반응하여 난모세포가 정상적으로 발달할 수 있는지도 고려해야 한다. 이러한 목적으로 최적의 공여축 연령선별을 위한 연구가 역시 점차로 진행되어왔다. 이에 따라 다배란수정란이식 시 선발후보군의 연령이 낮을수록 자연히 유전적 개량량은 더욱 더 상승하는 결과를 얻었다. 즉, 육종학자들은 가축의 세대간격을 단축하려는 노력과 함께, 성체에서 배란을 기다릴 필요없이 약령(juvenile)의 개체를 공여축으로 삼아 이로부터 유래한 생식세포계를 이용하게 된다.

이러한 생각은 Georges와 Massey (1991)에 의해 벨로제네틱스(velogenetics)라는 개념으로 제시된다. 춘기발동기 전까지 난모세포는 감수분열정지(meiotic arrest) 상태로 완전한 성숙과 배란이 이루어지지 않는다. 하지만 자궁내 난모세포의 급성장은 춘기발동기 전의 동물에서도 관찰되며 이는 체외에서 난모세포의 성장, 성숙 및 수정이 가능함을 암시한다. 벨로제네틱스시스템에 따르면 태아로부터 난모세포를 채취한 후 체외배아형성 및 이식법을 수행하면 소의 경우 3년에 가까운 세대간격을 3~6달까지 단축할 수 있다. 이 때 배아유래의 세포에서 검정한 표지 유전자형이 선발의 근거로 사용된다. 즉, 벨로제네틱스는 분자표지도움선발과 생식세포계 조작기술의 상조적인 효과를 통해 동물육종효율을 극대화하려는 시도로 볼 수 있다. 벨로제네틱스시스템은 수세대에 걸쳐 연속적으로 적용 가능하며, 태아가 성체로 자라나거나 표현형이 나타날 때까지 기다릴 필요가 없다는 점에서 확실한 이점을 지닌다. 또한 난모세포의 채취는 출생 후 얼마 지나지 않은 동물에서도 가능하다. 예로서 암소의 경우 5~6주령의 어린개체에서 채취한 난모세포를 체외성숙 및 수정하여 자손을 얻을 수 있다. 세대간격을 줄이기 위한 또 다른 시도로서 유사분열 증식기에 있는 생식세포를 이용하는 방법이 있다. 임신 50~70일 경에 얻을 수 있는 소의 원시생식세포는 특정 체외배양조건 하에서 배아줄기세포로 분화한다. 원시생식세포 또는 착상전배아로부터 유래하는 배아 줄기세포는 분자표지도움선발 혹은 재조합을 통한 유전자이식으로 원하는 형질을 획득할 수 있으며, 이는 세대간격을 극적으로 단축하는 결과를 낳는다. 또한 'whizzogenetics'개념하에서는 체외에서 감수분열을 유도하여 배아를 형성하는 방법이 제시되기도 하였다(그림 10-11).

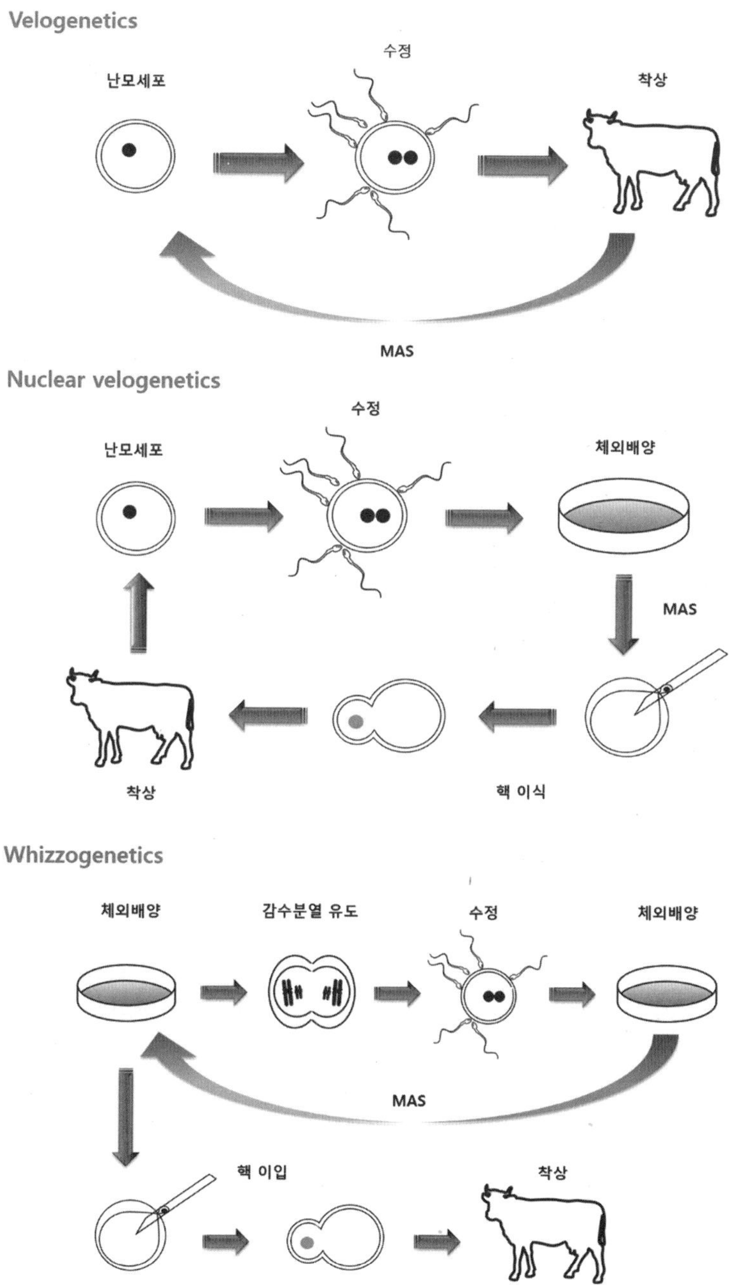


그림 10-11. 벨로제네틱스시스템의 개념도

## 10.4.2

## 약령체외수정란이식

기존의 다배란수정란이식과 마찬가지로 벨로제네틱스시스템에서 가장 중요한 관점은 표현형의 데이터 없이도 육종가를 추정할 수 있어야한다는 점이다. 저비용의 고속대량 유전형질분석법이 개발되면서 벨로제네틱스시스템의 실현가능성은 날로 커지고 있다.

약령체외수정란이식(juvenile in vitro fertilization and embryo transfer, JIVET)은 춘기발동기전 동물에서 획득한 난모세포로부터 만들어진 수정란을 수란축에 이식하는 방식이다. 1990년대 생식기술과 유전체선발의 상조적 효과에 발맞춰 급속도로 연구되기 시작하였다. 약령체외수정란이식의 동물육종에의 적용은 세대간격을 단축하고 유전적 개량량을 높일 수 있다는 점에서 동물육종의 효율성 제고에 있어 충분한 이점을 지닌다. 또한 춘기발동기전의 암컷으로부터 난모세포를 채취하는 것은 이론적으로 기존의 다배란수정란이식에 비해 개체당 더욱 많은 수의 수정란을 확보할 수 있다, 따라서, 약령체외수정란이식기술은 멸종위기종을 비롯하여 개체수가 적고 값비싼 동물의 빠른 증식에 있어 긍정적으로 활용될 수 있다. 성체의 난모세포를 이용하여 수정란형성후 수란축에 이식하였을 때 암양의 경우 최소 12개월의 세대간격이 나타난다. 하지만 약령체외수정란이식 방식하에서 8~12주령의 새끼양 유래의 난모세포를 이용한다면 세대간격은 약 7개월로 단축된다. 또한 3~4주령 새끼양의 난모세포를 이용할 경우 6개월까지 세대간격을 단축함과 동시에 높은 유전적 개량량을 확보할 수 있다(그림 10-12).

출산직후 초기에 양의 난소의 무게는 4주령, 8주령에서 각각 6.8배, 10.8배 성장하고, 난포의 수는 4주령까지 급속도로 증가한다. 이후

8~12주령에서는 난소의 무게와 난포수 모두 줄어들게 되고 이는 33주령까지 유지된다. 또한, 암양의 난포는 4주령부터 퇴화기전을 겪게 되고 8~10주령의 새끼양에서는 퇴화된 난포가 특히 많아지게 된다. 이러한 암양의 난포변화는 3~8주령이 새끼양에서 퇴화되지 않은 난포를 대량으로 획득할 수 있는 최적의 시기임을 암시한다. 인공수정법의 발달과 함께 Armstrong (1992)은 약령의 난모세포로부터 유래한 수정란의 이식을 통해 성공적으로 송아지를 얻어냈다. 게다가, 춘기발동기전의 동물에서 채취한 난모세포에 대한 지식의 축적과 함께 약령체외수정란이식방식은 동물육종 분야에서 영역을 넓혀왔다.

앞서 언급했던 다배란수정란이식과 마찬가지로 약령체외수정란이식을 위해 공란축 선정시 가장 중요한 요소는 많은 수의 난포 생산 여

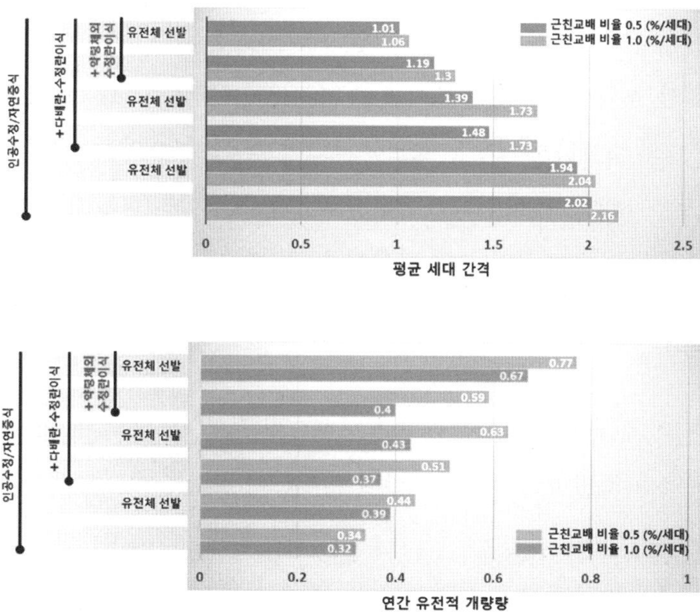


그림 10-12. 약령체외수정란이식 도입에 따른 양의 평균세대간격과 연간 유전적 개량량 변화 (Granleese, 2015)

부와 호르몬자극에 따른 난모세포의 정상적인 발달 여부이다. 춘기발동기전 동물에서 채취한 난모세포는 성체에서 채취한 난모세포와 유사한 점이 많은데 대표적으로 난포수와 채취되는 난모세포수 측면에서 유전체정보와 환경변이에 따라 다양한 값을 보인다는 점이다. 또한 대략 20%의 새끼양은 호르몬자극에 저항성을 지니며, 이 역시 성체에서 나타나는 비율과 비슷하다. 배반포로 발달하는 난모세포는 새끼양 당 0~55개라는 수치에서 보여지듯이 개체에 따라 차이가 극심하다. 이러한 집단에서 최적의 공란축을 고르는 것이 중요하지만 기술적으로 어려움이 있다. Armstrong (1997)은 4~6주령이 새끼양 난포의 반응성이 최대가 되는 시점으로 난모세포채취를 위한 최적 주령으로 제시했다. 호르몬자극을 받은 4~6주령 새끼양유래 난모세포의 발달은 16-24주의 미자극 암양의 난모세포와 비교하여 체외에서 정상적으로 발달하는 비율이 높았다. 또한 2-7개월령의 암양중 50-72%는 난포의 수와 크기 측면에서 호르몬자극에 충분히 반응하지 않는 것으로 나타났다. 반면 3~4주령의 새끼양은 대부분 호르몬자극에 반응하였으며 Morton (2005)의 보고에 따르면 25마리의 3-4주령 새끼양 중 8마리는 난소당 100개 이상의 난포가 생성되며 높은 반응성을 보였다. 또한 20개 이하의 난포가 생성된 6마리의 새끼양 유래의 난모세포 역시 체외에서 완전히 발달하였다. 자극호르몬의 종류와 농도에 따른 호르몬 반응성에 대한 개체간 차이에 대해서는 불분명하나 프로제스타젠(progestagen)과 생식선자극호르몬을 포함하는 호르몬조합이 대부분의 암양에서 난모세포의 수에 있어 중간(난소당 20~50개) 이상의 반응성을 보이는 것으로 나타난다.

난모세포가 성숙하는 동안 정상적인 단백질합성과정은 감수분열과 배아발달을 위해 필수적이다. 춘기발동기전과 성체동물 사이에는 단백질 발현 및 활성에 있어서도 차이를 보인다. 대표적으로 난성숙촉진인자(maturation promoting factor, MPF)의 활성은 춘기발동기전과 성체동물 사이의 난모세포에서 비슷하나, 난모세포가 성숙한 후에는 춘기발동기전 동물에서 특히 낮아진다. 이외에, 신진대사 측면에서도 연령에 따라 차이를 보이는데, 난모세포의 체외성숙과정 중 글루타민 대사의 활성은 춘기발동기전 난모세포에서 감소하는 것으로 관찰된다. 하지만 많은 육종학자들은 이러한 차이에 의해 오히려 약령의 난모세포가 같은 조건에서 낮은 체외 발달률을 보일 것으로 추측한다. 실제로 앞서 언급한 바와 달리, 최근 수행된 연구들에 따르면 춘기발동기전 난모세포유래의 배아는 성체 난모세포 유래의 배아와 비교하여 발달 속도가 낮으며 체내생존율이 떨어지는 것으로 나타난다. 수란축으로 전달되어 배반포로 발달하는 비율 기준으로 성체와 춘기발동기전 난모세포를 비교해보았을 때 1) 소 : 24% vs 16%, 2) 양 : 49% vs 20%, 3) 돼지 : 34% vs 21%, 4) 염소 : 34% vs 24% 로 관찰된다.

실제로 약령체외수정란이식은 상업적으로 널리 활용될 수 있는 수준의 효율까지 도달하지 못하고 있다. 이러한 낮은 효율은 가변적인 호르몬저항성과 여러 이유로 배반포단계로 들어서지 못하는 난모세포 및 배아이식시 나타나는 태아손실과 기형 등에서 비롯된다. Morton (2004, 2005)은 호르몬자극체계와 인공수정법을 개선함으로써 난모세포의 발달 효율을 높이고 3-4주령의 암양 유래의 난모세포로부터 새끼를 얻었다. 춘기발동기전 난모세포의 낮은 체외발달률은 불안정한 세포질 성숙에서 기인하는 것으로 보이는데 이는 정자의 침투나 탈응축을 어렵게 만들어 착상과정에서 태아 손실을 야기한다. 또한 난포의 크기와도 관련이 있는데 Crozet(2000)은 소형, 중형, 대형, 그리고 배란된 여포에서 채취한 난모세포로부터 각각 6%, 12%, 26%, 41%의 배반포를 얻을 수 있었다. 여포 크기, 난모세포의 직경, 그리고 배아발달률의 정의 상관관계(positive correlation)는 잘 알려져 있다. 춘기발동기전 동물의 난소는 3mm 이하의 동난포(antral follicle)가 높은 비율을 차지한다(그림 10-13).

후성유전학(epigenetics)의 측면에서 보았을 때 춘기발동기전 난모세포에서는 성체의 난모세포와 비교하여 유전체의 메틸레이션비율이 상대적으로 낮다. 유전체의 전체적 메틸화가 난모세포의 성숙 및 배아형성에 어떠한 영향을 미치는지에 대해서는 명확하지 않으나 난모세포 특이적 DNA메틸전이효소의 발현이 적은 마우스에서는 임신말기 치사율이 높은 것으로 나타나는 것으로 보았을 때 후생유전학적인 요소가 배아발달률에 직접적으로 관여할 것으로 보인다. 이러한 약령체외수정란이식의 문제점은 높은 용량의 여포자극호르몬을 포함하는 호르몬 자극을 통해 개선될 수 있으나, 호르몬자극 또는 체외배양시스템의 변화가

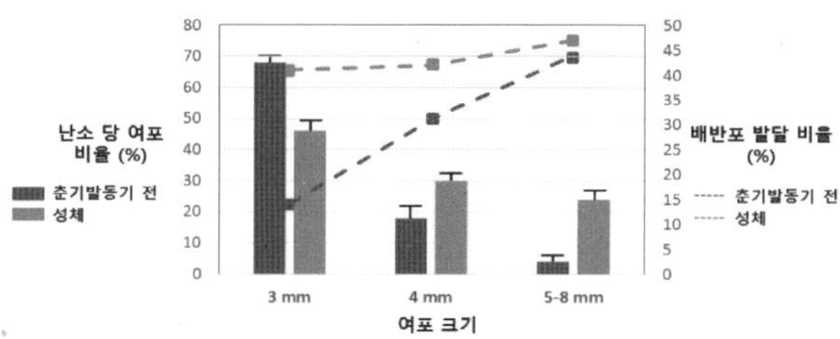


| 여포 크기 | n | 발달 완성도 (%) | | | | |
|---|---|---|---|---|---|---|
| 춘기발동기 전 개체 난모세포 | | | | | | |
| 3 mm | 310 | 89 | 85 | 54 | 15 | 14 |
| 4 mm | 111 | 96 | 85 | 30 | 15 | 31 |
| 5-8 mm | 95 | 96 | 82 | 23 | 10 | 44 |
| 성체 난모세포 | | | | | | |
| 3 mm | 150 | 92 | 79 | 24 | 7 | 41 |
| 4 mm | 148 | 97 | 77 | 28 | 5 | 42 |
| 5-8 mm | 114 | 96 | 84 | 32 | 2 | 47 |

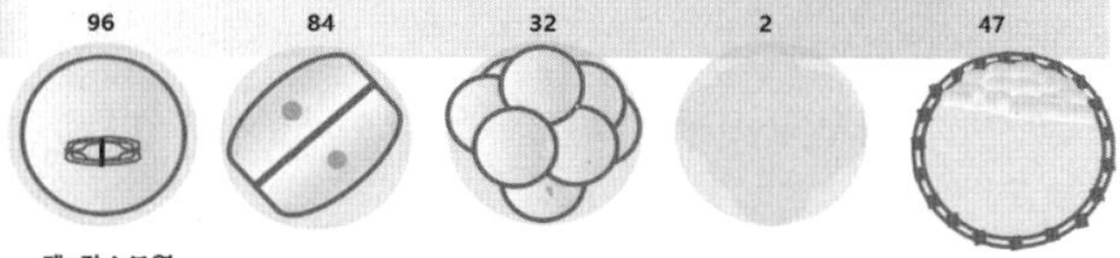


그림 10-13. 춘기발동기 전 돼지와 성체여포의 크기별 비율과 난모세포의 발달 완성도 (Bagg, 2007)

난모세포에서의 유전자 및 단백질의 발현에 어떠한 방식으로 영향을 미치는지에 대한 정보는 부족하다.

종합하여, 약령체외수정란이식은 세대간격을 줄이고 유전적 개량량을 늘릴 수 있다는 점, 암컷 당 많은 수의 난모세포를 획득할 수 있다는 점에서 분자육종의 효율 증대를 위해 활용 가능성이 충분한 기술이나 효과적인 체외발달과 체내생존률 개선에 관하여는 향후 적극적인 연구를 필요로 한다.

## 〈참고문헌〉


1. Armstrong D.T., Holm P., Irivine B., Petersen B.A., Stubbing R.B., McLean D., Stevens R., and Seamark R.F. (1992) Pregnancies and live birth from in vitro fertilization of calf oocytes collected by laparoscopic follicular aspiration. *Theriogenology* 38, 667-678.
2. Armstrong D.T., Kotaras P.J. and Earl C.R. (1997) Advances in the production of embryos in vitro from juvenile and prepubertal oocytes from the calf and lamb. *Reprod. Fertil. Dev.* 9, 333-339.
3. Bagg M.A., Nottle M.B., Armstrong D.T. and Grupen C.G, (2007) Relationship between follicle size and oocyte developmental competence in prepubertal and adult pigs. *Reprod. Fertil. Dev.* 19, 797-803
4. Crozet N., Dahirel M. and Gall L. (2000) Meiotic competence of in vitro grown goat oocytes. *J. Reprod. Fertil.* 118, 367-373.
5. Diskin M.G. and Sreenan J.M. (2000) Expression and detection of oestrus in cattle. *Reprod. Nutri. Dev.* 40, 481-491.
6. Draincourt M.A. and Cahill L.P (1984) Preovulatiory follicular events in sheep. *J. Reprod. Fertil.* 71, 205-211.
7. Foster D.L., Lemons J.A., Jaffe R.B. and Niswender G.D. (1975) Sequential patterns of circulationg luteinizing hormone and follicle-stimulating hormone in female sheep from early postnatal life through the first estrous cycles, *Endocrinology* 97, 985.
8. Georges M. and J.M. Massey (1991) Velogenetics, or the synergistic use of marker assisted selection and germ-line manipulation. *Theriogenology* 35, 151-159.
9. Hafez E.S.E., Levasseur M.C. and Thibault C. (1989) Folliculogenesis, egg maturation and ovulation. In: Reproduction in Farm Animals. 4th (ed. by E.S.E. Hafez). Lea & Fibiger, Philadelphia.
10. Hurnik J.F. and King G.J. (1987) Estrous behavior in confined beef cows, *J. Anim. Sci.* 65, 431-438
11. Morton K.M., Maxwell W.M.C. and Evans G. (2004) The effect of FSH concentration during IVM and gamete co-incubation length during IVF on the development of unstimulated prepubertal ewe oocytes. *Reprod. Fertil. Dev.* 16, 205.
12. Morton K.M., Catt S.L., Maxwell W.M.C. and Evans G. (2005) In vitro and in vivo developmental capabilities and kinetics of in vitro development of in vitro matured oocytes from adult, unstimulated and hormone stimulated prepubertal ewes. *Theriogenology* 64, 1320-1332.
13. Ptak G., Loi P., Dattena M., Tischner M. and Cappai P. (1999) Offspring from one-month-old lambs: studies on the developmental capability of prepubertal oocytes. *Biol. Reprod.* 61(6), 1568-1574.

# 제11장
# 형질전환 및 유전체교정과 정밀육종

# 11.1 형질전환 기술

## 11.1.1 형질전환동물의 개념

형질전환동물(transgenic animal)이란 특정 유전자의 도입 또는 결손 유도를 통해 유전적으로 형질이 변환된 동물을 말한다. 형질전환동물은 본래와 다르게 우리가 원하는 특정 형질을 나타내게 되며 여러 목적으로 유용하게 활용될 수 있다. 특정 유전자를 인위적으로 조작할 수 있는 유전자재조합 기술과 체외수정란조작 기술이 개발됨에 따라 1980년대 초 최초로 형질전환 생쥐가 탄생하였고, 이후 다양한 생물 종에서 형질전환동물이 생산되고 있다.

## 11.1.2 형질전환동물의 목적

새로운 품종을 개발하거나 고능력 경제동물을 생산하기 위한 기존의 전통적 육종 방법의 경우, 우수한 개체들의 교배와 통계적 선발을 통해 이루어진다. 하지만 이러한 전통 육종 방법은 여러 세대를 거쳐 확립해야 할 뿐만 아니라, 후대검정 등의 시간 소모적인 과정을 거쳐야 하고 선발에 따른 유전자를 파악하기 어려운 단점이 있다. 이와 달리 형질전환기법을 통한 정밀 육종 방법은 특정 형질에 관련된 유전인자만을 조절하기 때문에 목적에 맞는 품종의 개발에 있어 시간 소모가 적고, 보다 정확하게 형질을 변환시킬 수 있다는 장점이 있다.

형질전환동물은 기초 학문 연구뿐 아니라 인간의 삶의 질 향상 및 미래 사회 식량난 등의 대비를 위한 핵심적인 기술이다. 형질전환 기술의 이용은 육질의 향상, 체중 및 산유량의 증가 등 경제동물의 생산성 향상 및 질병 저항성 품종 확보 등 식량 자원과 밀접하게 연관되어 있을 뿐만 아니라, 유용한 고가의 의약품을 달걀이나 우유를 통해서 생산하는 고부가 가치 창출을 가능하게 한다. 또한 유전자표적(gene targeting)을 통해 특정 유전자를 변환함으로써 인간의 질병모델동물을 생산하여, 임상 치료 및 치료제 연구 등에도 활용 가능하다. 뿐만 아니라, 점차 증가하고 있는 이식 장기의 수요 충족에 있어서도 형질전환동물을 활용한 대체 장기 생산을 통해 해결이 가능하다.

## 11.1.3
## 형질전환동물 생산 기술

### 11.1.3.1 유전자 전달 방법

외래 유전자를 세포나 생물체 내에 인위적으로 넣어주는 행위를 유전자전달(gene transfer)이라 하며, 유전자 전달에는 유전자 전달체(vector)가 사용된다. 형질전환동물 생산 분야에서는 유전자 절편 자체를 세포 내에 전달하는 방식과 레트로바이러스, 렌티바이러스 등을 이용한 바이러스성 전달체가 주로 사용되어 왔으며, 최근에는 바이러스성 전달체 사용에 대한 안전성 우려를 없애고, 세포 내 전달 효율이 높은 비바이러스성 전달체인 전이인자(transposon)를 이용한 유전자 전달 방법도 개발되어 사용되고 있다.

#### 11.1.3.2 미세주입법

미세주입법(microinjection)은 형질전환동물 생산에 가장 널리 사용된 방법이다. 미세주입법은 매우 가느다란 미세주입피펫을 이용하여 우리가 원하는 특정 형질을 유도할 수 있는 재조합 유전자를 수정 직후 세포인 수정란의 핵 안으로 주입하는 것이다(그림 11-1). 재조합 유전자를 가진 수정란은 대리모의 자궁에 이식하여 개체로 태어날 수 있고, 이러한 방식으로 생산된 개체들의 유전자 검사를 통해 최종적으로 형질전환 여부를 판별한다.

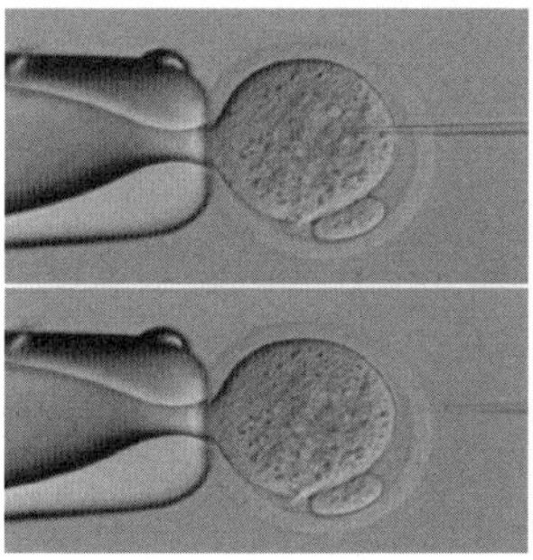

그림 11-1.
수정란의 핵에 미세 주입하는 과정(Marh *et al.*, 2012)

#### 11.1.3.3 줄기세포 이용법

줄기세포(stem cells)란 신체를 구성하는 모든 종류의 세포로 분화할 수 있는 능력을 가진 자가 증식 세포로써, 줄기세포에 특정 유전자를 삽입한 후 발생 초기의 수용체 배자에 이식함으로써 형질전환 개체를 생산해낼 수 있어, 유전자표적에 활발히 활용되고 있다(그림 11-2).

유전자표적이란, 염색체 상의 수많은 유전자 중 우리가 원하는 유전체 위치의 특정 유전자만을 제거하거나 다른 유전자로 치환시키는 방법으로, 유전자의 기능을 밝히거나 경제형질 관련 유전자 발굴 및 활용에 유용하게 이용할 수 있다.

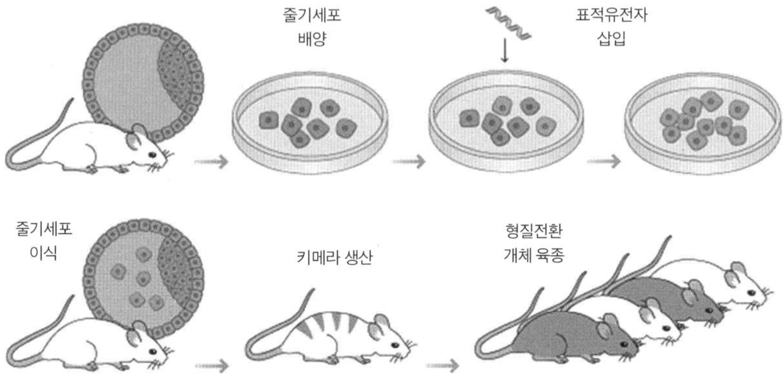


그림 11-2. 줄기세포를 이용한 형질전환 마우스의 생산(http://www.nytimes.com/imagepages/2007/10/ 08/science/09nobel.html)

#### 11.1.3.4 체세포핵치환 기술

체세포핵치환 기술(somatic cell nuclear transfer)은 핵이 제거 된 수여 난자에 공여 세포의 핵을 이식하고 대리모의 자궁에 수정란을 이식하는 기술로써, 1996년에는 양의 난자 핵을 제거하고 성숙한 양의 젖샘 세포 핵을 이식하는 방법을 통해 세계 최초의 체세포 복제 포유류인 복제 양 돌리가 Wilmut박사에 의해 탄생하였다. 이러한 기술은 우수한 형질의 동물과 유전적으로 동일한 개체를 복제하는 데 이용될 수 있다(그림 11-3).

최근에는 형질전환기법과 접목하여, 전이된 유전자가 원하는 유전체 위치에 삽입된 세포만을 선발한 후 수여 난자에 핵을 이식함으로써 형질전환개체를 다량 생산할 수 있는 방법으로 이용되고 있다.

#### 11.1.3.5 형질전환조류 생산 기술

조류는 알을 낳아서 번식하는 난생동물로서, 포유류와 초기 배아 단계의 발생학적 · 형태학적 차이가 있어 포유류에서 이용되는 형질전환

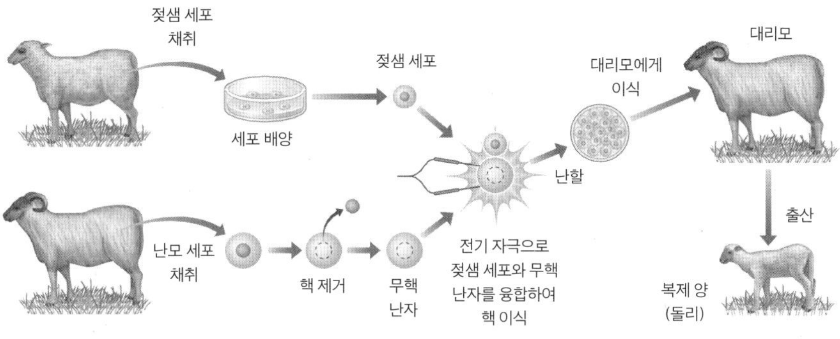


그림 11-3. 체세포핵치환 기술 모식도(http://study.zum.com/book/14242)

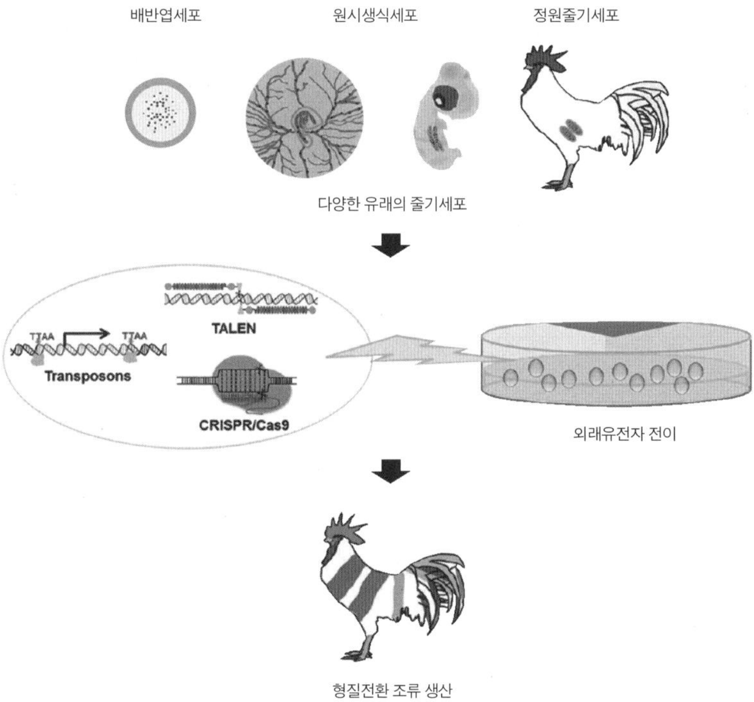


그림 11-4. 다양한 조류 줄기세포를 이용한 형질전환 닭 생산 모식도(Han *et al*., 2015)

기술을 적용할 수 없었다. 그에 따라 조류에서는, 배반엽세포, 원시생식세포, 정원줄기세포 등을 이용한 조류 특이적 형질전환 기술이 개발되었다(그림 11-4).

## 11.1.4 형질전환동물의 활용 및 가치

형질전환동물의 생산은 기초 학문을 비롯하여 의 · 약학, 농업 등에서 널리 이용될 수 있다. 인간에게 유용한 고가의 의약품을 달걀이나 우유를 통해서 생산하거나 육질의 향상, 체중과 산유량의 증가 등의 생산성 향상 및 가축 질병에 저항성을 지닌 품종 개발 등에 활용 가능하다.

### 11.1.4.1 우수한 능력의 가축 생산

예로부터 뛰어난 형질을 가진 가축을 생산함으로써 보다 많은 식량자원을 확보하려는 노력은 농업에서 매우 중대한 관심사이다. 우수한 형질을 가진 개체 생산을 위해서는 현재 두 가지 방법이 이용되고 있는데, 우수한 형질을 가지는 개체를 선발하여 계통을 확보하는 전통적인 선발교배 방법과 우수 형질에 관련된 유전자를 인위적으로 도입시키는 유전공학적인 방법이 있다. 최근 FDA에서 식품으로 허가한 유전자변형동물인 AquaBounty사(社)의 AquAdvantage salmon은 성장호르몬유전자를 외래 주입하여 성장률을 급격하게 증가시킨 형질전환 연어이다(그림 11-5).

그림 11-5.
외래 성장호르몬 유전자로
형질전환 연어(Waltz, 2016)

### 11.1.4.2 동물 생체반응기를 이용한 생리활성물질의 생산

호르몬이나 단백질 등의 생리활성물질을 생산하기 위한 동물 생체반응기(animal bioreactor)란, 마치 공장의 기계와 같이 생체 내에서 끊임없이 인간에게 유용한 물질을 합성할 수 있는 동물을 생산한 후 이와 동일한 유전 형질을 가진 개체의 계통을 확보하여 궁극적으로 유용물질의 대량 생산을 가능케 하는 시스템을 말한다. 이 방법을 이용하여 특정 질병의 치료나 생명체의 생리 활성을 돕고, 의학적 효능이 있는 단백질을 대량 생산할 수 있게 되었다. 유용물질을 우유나 달걀 내로 분비하는 형질전환동물을 이용할 경우, 첫째, 단백질의 대량 생산이 가능하며, 둘째,

그림 11-6. 형질전환 기술을 통한 항응고제 생산 염소와 리보솜산 리파아제 결핍증 치료제 생산 닭
(http://www.nature.com/news/2009/090116/full/news.2009.36.html)(Sheridan, 2016)

단백질을 안정적으로 연속 공급이 가능하고, 셋째, 생산비 절감이 가능하며, 넷째, 기존의 미생물 및 동물 세포 배양 시스템을 통한 생산물의 번역 후 변형(post-translational modification) 등의 차이로 인한 한계점을 보완할 수 있다.

실제, 미국에서는 다양한 질병의 치료제를 생산하는 형질전환동물들에 대한 FDA 승인이 이루어지고 있다. 2009년에는 항응고제를 생산하는 염소가 최초로 의약품 생산 동물로 승인되었고 그 이후, 2014년 유전 맥관부종 치료 효소를 생산하는 토끼, 2015년 리보솜산 리파아제 결핍증(lysosomal acid lipase deficiency) 치료 효소인 Kanuma를 생산하는 닭 등이 FDA의 허가를 받았다(그림 11-6).

#### 11.1.4.3 생물소재의 생산

거미줄은 인장 강도가 높은 생물소재이며 거미줄의 단백질을 생산하는 유전자를 염소의 배아에 이식한 형질전환 염소가 2002년 생산되었다. 이렇듯, 형질전환동물을 이용하여 생산한 거미줄에서 유래된 섬유와 같이 가공한 물질을 바이오스틸(biosteel)이라 한다(그림 11-7). 이 바이오스틸은 의학 기자재, 항공기나 자동차의 부품, 공습 방어용 재료 등으

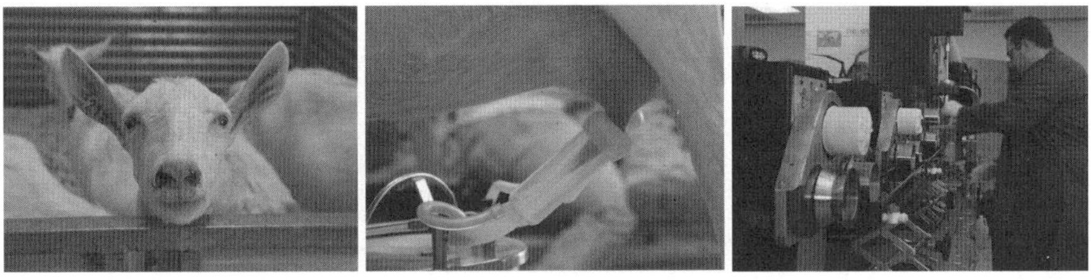

그림 11-7. 형질전환 염소의 젖으로부터 거미줄을 추출하는 모습 (http://postnatural.org/filter/specimen/Biosteel-Goat)

로 사용된다.

#### 11.1.4.4 질환모델동물의 생산

질환모델동물(disease-model animal)이란 인간의 질병과 유사한 병리학을 가지고 있는 동물을 가리키는 말로써, 자연적으로 존재하거나 인위적으로 유도되며, 인간의 질병을 연구하는 데 이용된다. 질환모델동물은 질병치료제의 치료 효과 및 독성 효과 등 안전성의 검정과 약품의 생체 내 대사 과정, 저항성 및 약품 간의 상호작용을 연구할 수 있는 모델로 활용될 수 있다.

현재 주요 사망 원인이 되고 있는 심장병, 당뇨병, 폐기종, 근무력증, 동맥경화증, 자가면역증, 낭포성 섬유증 등에 대한 질병 모델 등 다양한 질환모델동물이 개발되어 이용되고 있다(그림 11-8).

#### 11.1.4.5 인간 장기를 만드는 동물

최근 인간 장기이식의 수요가 증가하는 데 비하여 공급은 매우 부족한 현실이다. 이를 해결하고자 유전적으로 변형된 동물의 이종장기를 이용한 대체 장기 연구가 수행되고 있다. 인간과 유전적으로 유사한 돼지의 유전자를 변형시킨 형질전환 돼지가 가장 적합한 모델로 주목을 받고 있

그림 11-8. 질환모델용 누드마우스(http://en.wikipedia.org/wiki/Nude_mouse)

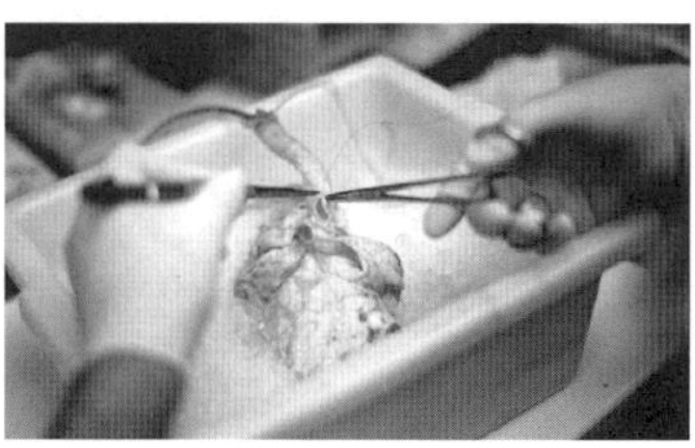

그림 11-9. 형질전환 돼지의 폐를 이식하기 위해 준비하는 모습(Reardon, 2015)

으며 이식된 장기와 이식 받은 수여자 간의 면역 거부반응 저하를 위한 유전자 변형 역시 시도되고 있다(그림 11-9).

## 11.2 유전체교정 기술

유전체교정 기술(genome editing)은 세포나 생명체의 특정 유전자 서열을 변경시키는 데 광범위하게 응용되고 있는데, 특히 유전학적 연구와 질병과 연관된 유전자의 기능학적 연구에서 유전체교정 기술은 핵심적이다. 유전체의 기능연구를 위해 상동재조합, 유전자가위 등의 방법이 이용되고 있다.

### 11.2.1 상동재조합(homologous recombination)

특정 유전자의 기능 연구를 위해 이용되는 방법으로 상동재조합은 변형시키고자 하는 서열과 상동성을 이루는 서열을 도입함으로써 특정 염기서열을 치환(recombination)시킬 수 있다(Capecchi, 2005). 뿐만 아니라 상동재조합과 위치 특이적인 재조합 시스템인 Cre-loxp나 Flp-FRT를 접목시켜 특정 조직 또는 특정 조건 하에서만 돌연변이를 유도하여 유전자의 기능을 연구할 수도 있다(Gu *et al.*, 1994). 하지만 이 상동재조합을 이용한 유전자 변형의 경우 유전자치환의 확률이 매우 낮고, 목표로 하는 유전자 부위와 상동성을 이루는 유전자 서열을 인위적으로 만들어 줘야 한다는 단점이 있다.

11.2.2

## 유전자가위를 이용한 기술

1세대 유전자가위인 징크핑거 뉴클리에이즈(zinc finger nuclease)를 시작으로, 2세대인 탈렌(TALEN), 그리고 3세대로는 크리스퍼(CRISPR/Cas9) 유전자가위에 의한 유전체교정 기술이 발달하였다. 유전자가위를 이용한 유전체교정 기술은 다양한 목적의 유전체교정동물을 생산하는데 정밀한 육종이 고효율로 가능하다는 점에서 큰 장점을 가진다. 1, 2세대 유전자가위인 징크핑거 뉴클리에이즈와 탈렌은 유전자 염기서열을 인식하는 부위를 가진 단백질과 절단을 하는 효소가 이량체로 존재하여 작용하는 특징을 가진다. 이에 반해, 3세대 유전자가위인 크리스퍼의 경우에는 변형하고자 하는 서열 특이적으로 결합 가능한 RNA와 엔도뉴클리에이즈가 상호작용하여 유전자 변형을 유도한다. 이러한 유전자가위의 세포 내 도입을 통해 표적하는 유전자 염기서열의 이중가닥 절단

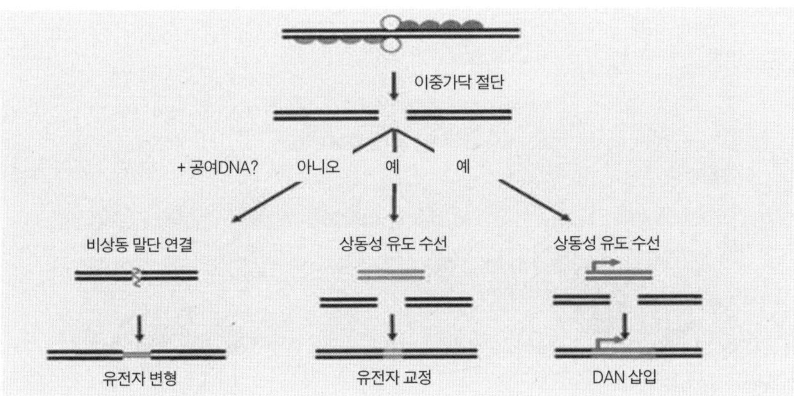


그림 11-10. 유전자 이중가닥 절단 시 유전자의 수리 기작(Gong *et al.*, 2005) (http://www.exzactprecisiontechnology.com/science/)

을 유도하면, 세포들이 비상동말단연결(Non-homologous end joining)이나 상동성유도수선(Homology-directed repair)의 과정을 통해 수선을 하게 된다. 이때, 비상동말단연결 과정에서는 절단이나 무작위적 유전자의 삽입이 일어나는 반면, 상동성유도수선의 경우에는 잘린 유전자와 상보성을 가지는 유전자 서열을 포함한 공여 DNA(donor DNA)를 인위적으로 도입함으로써 원하는 염기서열로의 치환을 유도할 수 있다(그림 11-10).

### 11.2.2.1 징크핑거 뉴클리에이즈(Zinc finger nuclease; ZFN)

1세대 유전자가위인 징크핑거 뉴클리에이즈는 유전자 염기서열에 특이적으로 결합할 수 있는 징크핑거 단백질(zinc finger protein)과 DNA를 자를 수 있는 FokI이라는 효소의 이량체로 구성되어 있다. 하나의 징크핑거 뉴클리에이즈 단백질이 3개의 염기서열을 인식하기 때문에, 표적 유전자 염기서열의 절단을 위해, 표적서열의 왼쪽의 9개 DNA와 오른쪽의 9개 DNA를 인식하는 각각의 3개의 징크핑거 단백질이 제작되어 사용되고 있으며(그림 11-11a, b), DNA 인식부위의 특이성을 높이기 위해서 더 많은 징크핑거 단백질을 연결하여 제작할 수 있다.

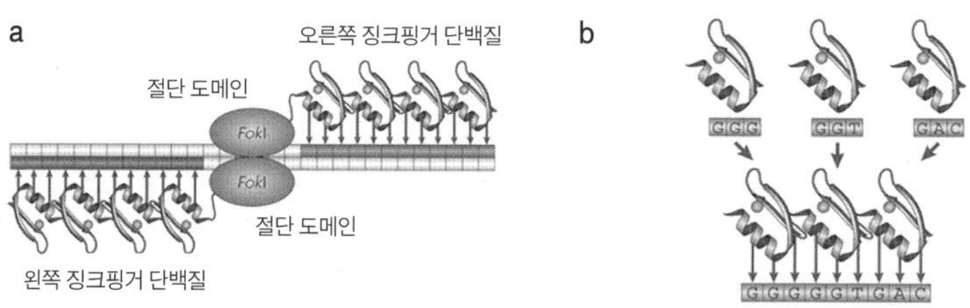


그림 11-11. 징크핑거 뉴클리에이즈의 구조와 염기서열 인식(Urnov *et al.*, 2010)

### 11.2.2.2 탈렌(Transcription Activator-Like Effector Nucleases; TALEN)

2세대 유전자가위인 탈렌은 징크핑거 뉴클리에이즈와 동일하게 DNA를 인식하는 부위와 DNA를 절단하는 부위로 이루어진다. 그 중 탈렌의 DNA 결합 도메인은 transcription activator-like effectors (TALEs)이라는 반복서열로 구성되어 있다(그림 11-12a, b). TALEs 도메인에 의한 DNA의 결합은 도메인 내의 33~35개의 아미노산에 의해서 이루어지며 그 중 12~13번째 아미노산이 위치하는 과변위성 부위가 결합하는 DNA의 특이성을 부여한다. 이 부위의 NN (아스파라긴-아스파라긴), NI (아스파라긴-아이소류신), HD (히스티딘-아스파르트산), 그리고 NG (아스파라긴-글라이신)은 각각 G, A, C 그리고 T 염기서열을 특이적으로 인식한다(그림 11-12c, d). 단백질모티프 하나가 하나의 염기서열을 인식할 수 있기 때문에 징크핑거 뉴클리에이즈와 비교하여 DNA 인식 특이성이 높다는 장점을 가진다.

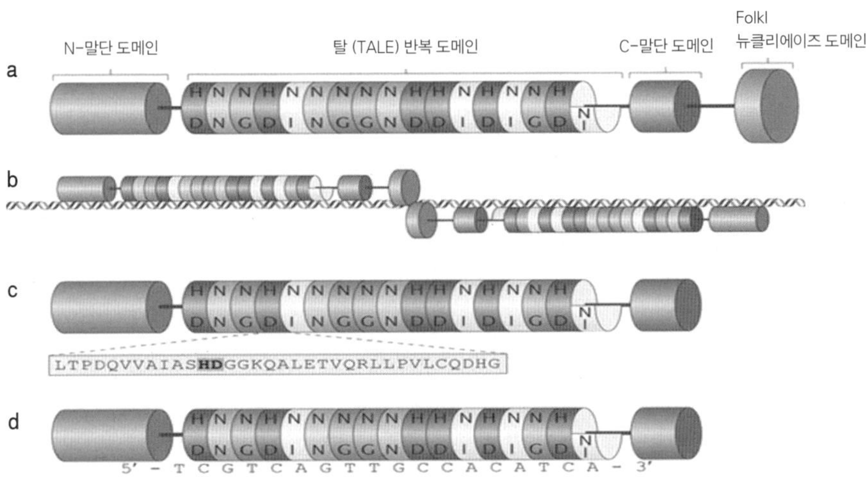


그림 11-12. 탈렌 (TALEN)의 구조와 TALE effector의 염기서열 인식(Joung and Sander, 2013) (Moscou and Bogdanove, 2009)

### 11.2.2.3 크리스퍼/카스9

(Clustered regularly interspaced short palindromic repeats/Cas9; CRISPR)

3세대 유전자가위인 크리스퍼시스템은 박테리아가 외부로부터 침입하는 유전물질들을 특이적으로 방어하기 위해 사용되는 후천성면역시스템을 응용하여 개발되었다. 다양한 크리스퍼시스템의 종류 중 type II 크리스퍼시스템의 경우에는 하나의 엔도뉴클리에이즈인 카스9 단백질만을 필요로 한다(그림 11-13). 크리스퍼시스템이 작동을 하기 위해서는 표적 유전체 DNA와 특이적으로 결합하는 20여 개의 염기서열로 이루어진 가이드 RNA와 카스9 단백질, 그리고 카스9 단백질이 온전히 DNA 이중가닥 절단을 이룰 수 있도록 상보적서열 3'말단에 2~5개로 이루어진 보존된 PAM (Protospacer adjacent motif) 서열을 필요로 한다(Jinek *et al.*, 2012). 3세대 유전자가위인 크리스퍼는 변형시키고자 하는 위치의 DNA 서열과 상보적인 RNA 염기서열만 바꿔주면 되기 때문에 앞선 1, 2세대의 유전자가위보다 제작에 있어 간편하다는 장점을 가지고 있다.

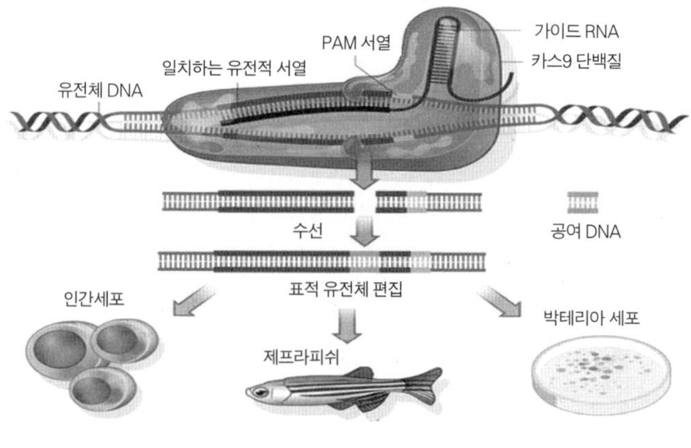


그림 11-13. 크리스퍼시스템을 이용한 유전체교정과 광범위한 적용 범위 (Charpentier and Doudna, 2013)

유전체교정 기술은 유전체 특이성과 편집 효율을 높이기 위해서 많은 연구가 진행되고 있으며, 특정 유전자의 기능 연구, 사람의 질병을 연구하는 모델동물에서 사용 가능할 뿐만 아니라 가축, 식물, 곤충, 미생물에도 응용이 가능하다.

## 11.3 유전체교정과 정밀육종

유전자가위를 통한 유전체교정 기술은 이미 다양한 분야에서 이용되고 있으나, OECD의 2016년 Biotechnology Update에서는 미래의 인류 건강을 위해 유전체교정 기술을 도입하기 위한 정책의 필요성을 제안하고 있어 점차 더 광범위하게 이용될 것으로 기대된다. 특히 동물육종 분야에 가지는 의의는 유전자제거(knockout)나 유전체교정을 통해 상대적으로 짧은 시간 내에 정확하고 효율적으로 동물의 유전체에 도입하고 형질의 변화를 이끌어내고 계통을 확립함으로써 정밀육종이 가능하다는 것이다. 최근에는 여러 목적으로 유전체교정 기술을 통한 가축 품종들도 생산되고 있다.

### 11.3.1 생산성 향상 가축 생산

#### 11.3.1.1 마이오스타틴 유전자제거(knockout) 소, 양, 돼지

마이오스타틴(myostatin) 유전자는 성장인자 $\beta$의 한 종류로, 근육 발달에 대해 음성조절자로 작용하며, 마이오스타틴 유전자제거가 일어날 경우 근육 비대 증상이 발생하는 것으로 알려져 있다(Grobet *et al*., 1997, McPherron *et al*., 1997).

2015년에는 징크핑거 뉴클리에이즈를 이용해 돼지의 마이오스타틴 유전자를 제거한 연구가 발표되었다. 두 개의 대립유전자(allele) 중 한 개의 대립 유전자에서만 제거된 경우에는 야생형돼지에 비해 체중이 14.6% 더 증가하였으며, 두 개의 대립유전자 모두 제거된 경우에는 23.77% 더 증가하였고, 근육량은 최대 101.71% 더 증가했다(Qian *et al*., 2015).

같은 해, 탈렌 유전자가위를 이용하여 마이오스타틴 유전자를 제거시킨 소와 양에 대한 연구도 발표되었다(그림 11-14). 이 연구에서는 탈렌 mRNA를 소와 양의 접합체(zygote)에 주입하는 방식으로 유전체교정 개체를 생산하였으며, 생산된 개체에서의 마이오스타틴 유전자의 제거와 그로 인한 표현형의 변화를 확인할 수 있었다(Proudfoot *et al*., 2015).

이렇듯 마이오스타틴 유전자가 제거된 동물은 근육량이 높고 지방 함량이 낮기 때문에, 저지방 고단백 육류의 소비를 선호하는 소비자에 적합한 축산물로 그 기대감이 높다.

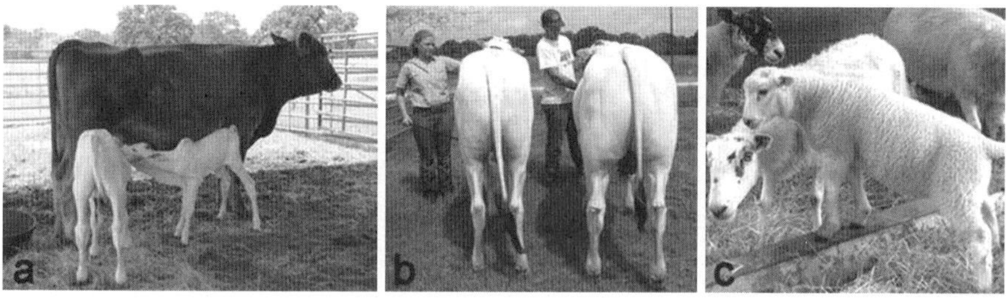


그림 11-14. 마이오스타틴 교정 동물. a. 태어난 마이오스타틴 유전자제거 소(왼쪽). b. 마이오스타틴 유전자제거 소(오른쪽)와 야생형 소(왼쪽). c. 마이오스타틴 유전자제거 양(Proudfoot *et al*., 2015)

## 11.3.2 질병저항성 가축 생산

### 11.3.2.1 내생 레트로바이러스 저항성 PERV 유전자제거 돼지

돼지는 장기의 크기가 적합하다는 점에서 대체장기로 각광받아 왔지만, 면역거부반응이 일어날 수 있다는 점과 돼지 유전체에 존재하는 내생 레트로바이러스(Porcine endogenous retrovirus; PERV)가 사람에게 전염될 수 있다는 점이 문제로 꼽혀왔다(Cooper *et al.*, 2016). 그러나 최근 연구에서 돼지에 존재하는 PERV 유전자 62가지를 크리스퍼를 이용하여 모두 제거시켜 불활성화 시킬 수 있다는 것을 돼지 신장 상피세포 세포주(PK15 세포주)에서 증명하여 유전자제거 기술이 이종 간 장기이식의 문제점 중 한 가지를 해결할 수 있을 것으로 기대된다(Yang *et al.*, 2015).

### 11.3.2.2 프리온 유전자제거를 통한 광우병 저항성 소

광우병(Bovine spongiform encephalopathy, BSE)은 정상적인 세포프리온단백질(Prion, PrPc)이 감염성이 있는 변형프리온단백질(PrPBSE)의 영향을 받아 변형프리온단백질로 접히게 되어 일어나는 질병이다.

광우병에 대한 해결 방안 중 하나로, 유전자표적을 통한 프리온 유전자제거를 통해 프리온 단백질을 완전히 제거한 소를 만드는데 성공하였다. 이 소는 변형프리온단백질에 저항성을 가졌으며, 최소 20주령까지 정상적으로 발생, 성장하였다.

비록 사료에 육류 부산물을 넣는 것을 금지시키면서 광우병은 매우 낮은 빈도로 발생하지만, 정상적인 프리온 단백질이 우연히 돌연변이를 일으켜 변성 프리온 단백질로 변할 확률을 완전히 배제할 수는 없으므로 프리온 유전자제거는 광우병 발생에 대한 완전한 예방 방법이 될

그림 11-15. *PRNP* 유전자제거 광우병 저항성 소(Richt *et al.*, 2007)

것이다(그림 11-15).

#### 11.3.2.3 결핵균 저항성 유전자 삽입을 통한 소 결핵증 저항성 소

소 결핵증은 소 결핵균(Mycobacterium bovis)이 호흡기 또는 소화기를 통해 들어와 증식하여 유발되는 세균성 질병으로, 사람에도 감염되는 인수공통질병이며, 예방 백신이 없고 감염 시 이 질병을 완벽히 치료할 치료제가 존재하지 않는다.

2017년 중국의 Yong Zhang 박사 등의 연구진은 결핵증 저항성유전자를 크리스퍼시스템을 이용하여 다른 유전자에 영향을 주지 않는 위치에 정밀 삽입하였다. 저항성 유전자가 삽입된 섬유아세포(Fibroblast)를 체세포 이식 기법을 이용해 수정란을 만들었고, 대리모에 착상시켜 어린 소를 생산하였다. 저항성 유전자를 지닌 소들은 소 결핵균에 노출되어도 더 강한 저항성을 보이며 감염률이 저하되는 것을 확인할 수 있었다(그림 11-16).

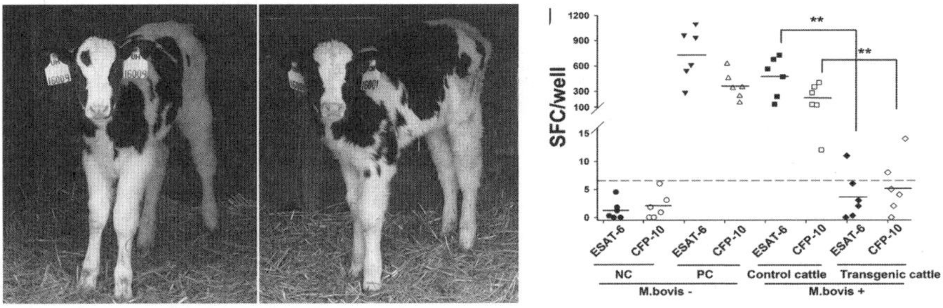


그림 11-16. *NRAMP1* 유전자 삽입 결핵증 저항성 소(Gao *et al.*, 2017)

## 11.3.3. 단백질 조성 조절 가축 생산

### 11.3.3.1 오브알부민, 오보뮤코이드 유전자제거 닭

오브알부민(ovalbumin)과 오보뮤코이드(ovomucoid)는 모두 계란의 난백 성분을 이루는 단백질로, 각각 난백 단백질의 54%와 11%를 차지한다(Song *et al.*, 2009). 이 두 단백질은 알러지 유발 단백질로, 계란 알러지 보유자가 계란을 섭취하지 못하거나 계란 유래 백신을 이용하지 못하는 원인이 된다(Caubet and Wang, 2011). 따라서 위의 알러지 유발 단백질을 제거한 닭에서 생산된 계란은 알러지 환자도 이용할 수 있는 시작점이 될 것이다.

닭의 경우는 알에서 발생하는 특징 때문에 돼지, 소와 같이 접합체에 직접 유전자제거를 유도하여 모체 자궁에 이식하는 방법을 사용하기 어렵다. 이 때문에 원시생식세포(primordial germ cell)를 이용하여 생식선 키메라(germline chimera)를 제작한 뒤, 키메라의 자손을 얻는 방식으로 특정 유전자가 제거된 닭을 생산한다. 닭에서는 탈렌을 이용하여 오브알

그림 11-17. 탈렌을 이용한 오브알부민 유전자제거 닭(Park *et al.*, 2014)

부민 유전자를, 크리스퍼를 이용하여 오보뮤코이드 유전자를 결손 시켰다(Park *et al.*, 2014, Oishi *et al.*, 2016). 두 연구 모두 닭 원시생식세포에 탈렌과 크리스퍼를 발현하는 벡터를 주입하여 유전체교정 원시생식세포 세포주를 만든 후, 이를 닭 배아에 이식하여 만든 생식선 키메라를 통해 자손을 얻어 유전자 결손 닭을 만들었다(그림 11-17).

## 11.3.4
## 동물복지를 위한 유전체교정

### 11.3.4.1 뿔 제거 유전자 삽입을 통한 뿔 없는 소

뿔이 달린 소들은 물리적으로 뿔을 제거하는데, 이는 가축 종사자들을 보호하거나 소들이 서로 상처를 입히는 것을 방지하여 생산성 저하를 피하기 위함이다. 하지만 이러한 작업은 비용이 발생할 뿐만 아니라 가축에게 고통을 주므로 동물복지 측면에서 우려되고 있다.

젖소의 경우 육우보다 선천적으로 뿔이 있는 경우가 많아 뿔 제거가 더 많이 이루어진다. 유전적 분석을 통해 POLLED 대립유전자를 선발하였으나 전통적 육종을 통해 뿔 없는 젖소의 비율을 50%로 만들기 위해

그림 11-18. POLLED 유전자가 삽입된 뿔 없는 소(Carlson *et al.*, 2016)

서는 20년 이상의 기간이 걸릴 것으로 예측되고 있다. 따라서 최근 탈렌을 이용하여 POLLED 유전자를 삽입하고, 체세포이식기법을 이용하여 자손을 생산하였다. 이들은 표현형적으로 뿔 없는 젖소로 자라날 수 있었다(그림 11-18).

## 11.4 결론

생명공학 기술의 발전은 형질전환 방법의 발달과 다양한 목적의 형질전환 개체 생산에 이용되어왔다. 최근 유전자가위의 정교한 유전체교정 기술은 생물학, 의약학 등 여러 분야에서 응용될 가능성을 지니고 있다. 특히 동물의 품종 개발의 측면에서 기존의 통계적 선발기법을 이용한 전통적인 육종의 한계를 넘어 유전체조절을 통해 정밀 육종이 가능해졌고, 생산성 향상, 질병저항성 가축, 동물 생체반응기를 이용한 생리 활성물질 생산 등에 이용될 수 있다. 유전체 분석을 통해 선발된 형질 관련 유전자나 유용 외래유전자를 정밀하게 삽입함으로써 상대적으로 짧은 시간에 신품종을 개발할 수 있으므로 축산분야 성장에 커다란 잠재성을 지니고 있으며 새로운 농업 발전의 동력으로 작용할 수 있을 것이다.

## 〈참고문헌〉


1. CAPECCHI, M. R. (2005) Gene targeting in mice: functional analysis of the mammalian genome for the twenty-first century. *Nat. Rev. Genet.* 6, 507-512.
2. CARLSON, D. F., LANCTO, C. A., ZANG, B., KIM, E. S., WALTON, M., OLDESCHULTE, D., SEABURY, C., SONSTEGARD, T. S. and FAHRENKRUG, S. C. (2016) Production of hornless dairy cattle from genome-edited cell lines. *Nat. Biotechnol.* 34, 479-481.
3. CAUBET, J.-C. and WANG, J. (2011) Current understanding of egg allergy. *Pediatr. Clin. North Am.* 58, 427-443.
4. CHARPENTIER, E. and DOUDNA, J. A. (2013) Biotechnology: Rewriting a genome. *Nature* 495, 50-51.
5. COOPER, D. K., EKSER, B., RAMSOONDAR, J., PHELPS, C. and AYARES, D. (2016) The role of genetically engineered pigs in xenotransplantation research. *J. Pathol.* 238, 288-299.
6. GAO, Y., WU, H., WANG, Y., LIU, X., CHEN, L., LI, Q., CUI, C., LIU, X., ZHANG, J. and ZHANG, Y. (2017) Single Cas9 nickase induced generation of NRAMP1 knockin cattle with reduced off-target effects. *Genome Biol.* 18, 13.
7. GONG, C., BONGIORNO, P., MARTINS, A., STEPHANOU, N. C., ZHU, H., SHUMAN, S. and GLICKMAN, M. S. (2005) Mechanism of nonhomologous end-joining in mycobacteria: a low-fidelity repair system driven by Ku, ligase D and ligase C. *Nat. Struct. Mol. Biol.* 12, 304-312.
8. GROBET, L., MARTIN, L. R., PONCELET, D., PIROTTIN, D., BROUWERS, B., RIQUET, J., SCHOEBERLEIN, A., DUNNER, S., M NISSIER, F. and MASSABANDA, J. (1997) A deletion in the bovine myostatin gene causes the double-muscled phenotype in cattle. *Nat. Genet.* 17, 71-74.
9. GU, H., MARTH, J., ORBAN, P., MOSSMAN, H. and RAJEWSKY, K. (1994) Deletion of DNA polymerase beta gene segment in T cells using cell-type specific gene targeting in mice. *Science* 269, 1427.
10. HAN, J. Y., LEE, H. C. and PARK, T. S. (2015) Germline-competent stem cell in avian species and its application. *Asian J. Androl.* 17, 421-6.
11. JINEK, M., CHYLINSKI, K., FONFARA, I., HAUER, M., DOUDNA, J. A. and CHARPENTIER, E. (2012) A programmable dual-RNA–guided DNA endonuclease in adaptive bacterial immunity. *Science,* 337, 816-821.
12. JOUNG, J. K. and SANDER, J. D. (2013) TALENs: a widely applicable technology for targeted genome editing. *Nat. Rev. Mol. Cell Biol.* 14, 49-55.
13. MARH, J., STOYTCHEVA, Z., URSCHITZ, J., SUGAWARA, A., YAMASHIRO, H., OW-

ENS, J. B., STOYTCHEV, I., PELCZAR, P., YANAGIMACHI, R. and MOISYADI, S. (2012) Hyperactive self-inactivating piggyBac for transposase-enhanced pronuclear microinjection transgenesis. *Proc. Natl. Acad. Sci. USA* 109, 19184-9.

14. MCPHERRON, A. C., LAWLER, A. M. and LEE, S.-J. (1997) Regulation of skeletal muscle mass in mice by a new TGF-beta superfamily member. *Nature* 387, 83.
15. MOSCOU, M. J. and BOGDANOVE, A. J. (2009) A simple cipher governs DNA recognition by TAL effectors. *Science* 326, 1501-1501.
16. OISHI, I., YOSHII, K., MIYAHARA, D., KAGAMI, H. and TAGAMI, T. (2016) Targeted mutagenesis in chicken using CRISPR/Cas9 system. *Sci. Rep.* 6, 23980
17. PARK, T. S., LEE, H. J., KIM, K. H., KIM, J.-S. and HAN, J. Y. (2014) Targeted gene knockout in chickens mediated by TALENs. *Proc. Natl. Acad. Sci. USA* 111, 12716-12721.
18. PROUDFOOT, C., CARLSON, D. F., HUDDART, R., LONG, C. R., PRYOR, J. H., KING, T. J., LILLICO, S. G., MILEHAM, A. J., MCLAREN, D. G. and WHITELAW, C. B. A. (2015) Genome edited sheep and cattle. *Transgenic Res.* 24, 147-153.
19. QIAN, L., TANG, M., YANG, J., WANG, Q., CAI, C., JIANG, S., LI, H., JIANG, K., GAO, P. and MA, D. (2015) Targeted mutations in myostatin by zinc-finger nucleases result in double-muscled phenotype in Meishan pigs. *Sci. Rep.* 5, 14435.
20. REARDON, S. (2015) New life for pig-to-human transplants. *Nature* 527, 152-4.
21. RICHT, J. A., KASINATHAN, P., HAMIR, A. N., CASTILLA, J., SATHIYASEELAN, T., VARGAS, F., SATHIYASEELAN, J., WU, H., MATSUSHITA, H. and KOSTER, J. (2007) Production of cattle lacking prion protein. *Nat. Biotechnol.* 25, 132-138.
22. SHERIDAN, C. (2016) FDA approves 'farmaceutical' drug from transgenic chickens. *Nat. Biotechnol.* 34, 117-9.
23. SONG, K., LEE, M., HAN, J., LIM, J. and KIM, H. (2009) Revolutionary eggs. Seoul: Seoul National University Press.
24. URNOV, F. D., REBAR, E. J., HOLMES, M. C., ZHANG, H. S. and GREGORY, P. D. (2010) Genome editing with engineered zinc finger nucleases. *Nat. Rev. Genet.* 11, 636-646.
25. WALTZ, E. (2016) GM salmon declared fit for dinner plates. Nature Publishing Group.
26. YANG, L., G ELL, M., NIU, D., GEORGE, H., LESHA, E., GRISHIN, D., AACH, J., SHROCK, E., XU, W. and POCI, J. (2015) Genome-wide inactivation of porcine endogenous retroviruses (PERVs). *Science* 350, 1101-1104.
27. http://www.nytimes.com/imagepages/2007/10/08/science/09nobel.html
28. http://study.zum.com/book/14242
29. http://www.nature.com/news/2009/090116/full/news.2009.36.html

30. http://postnatural.org/filter/specimen/Biosteel-Goat
31. http://www.exzactprecisiontechnology.com/science/
32. http://en.wikipedia.org/wiki/Nude_mouse
33. http://www.neb.com/tools-and-resources/feature-articles/crispr-cas9-and-targeted-genome-editing-a-new-era-in-molecular-biology

# 제12장
# 동물분자육종의 응용:
## I. 개체식별, 친자확인, 품종판별, 생산이력

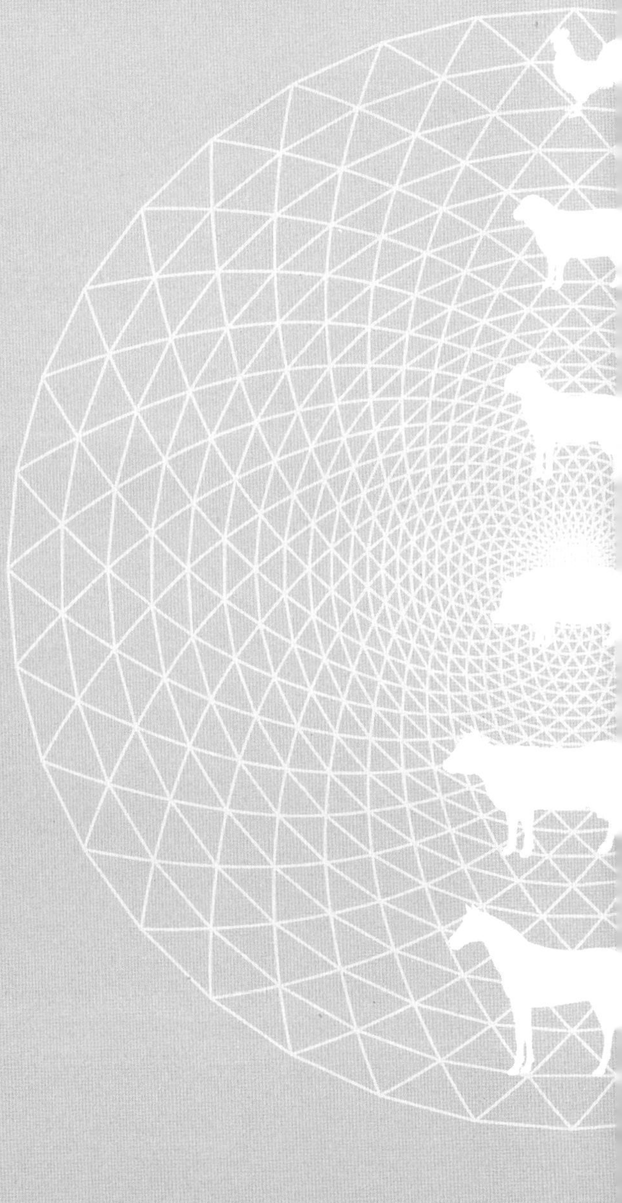

## 12.1 전통적인 개체식별 방법

가축식별을 위한 방법은 역사가 상당히 오래되었다. 기록에 의하면 3,800년 전에 함무라비법전에 첫 기록이 나오고 있다. 그 이후 자신 소유의 가축을 도난으로부터 보호하기 위하여 여러 가지 방법으로 가축을 구분하기 시작하면서 개체식별의 역사가 시작되었다고 할 수 있다(그림12-1). 오늘날에는 가축의 수가 많아짐에 따라 관리측면에서 다양한 방법이 도입되어 사용되고 있다. 개체식별의 목적은 관리를 편리하게 하는 점에서 뿐만 아니라, 질병전파를 막기 위해서, 소유권을 확인하기 위하여, 구매자의 안전성을 확보하는데 있다.

'개체식별' 이라는 용어를 가축에서 적용한 내용을 살펴보면 털색, 또는 혈액형감정 등에 의하여 그 개체가 명확하게 인지 확인되는 것을 말한다고 서술하고 있다. 즉, 변하지 않는 선천적 특징, 혈액성상, 유전자형태 등을 검사하여 결정하는 것을 기본으로 하고 있다. 그렇기 때문에 일시적으로 표시하여 구분하는 방법, 색을 칠한다거나, 옷을 입혀서 구분한다거나, 낙인, 문신 그리고 최근에 많이 사용하는 전자칩 등과 같이 물리적 변경이나 소멸이 가능한 방법은 보조적인 수단으로 사용하는 것이 일반적이다. 동물분자육종 기술에서 개체식별에 관한 기술적 방법은 선천적 방법과 후천적 방법으로 구분하여 다음과 같이 수행되고 있다.

그림 12-1. 함무라비법전에 새겨진 돌기둥

12.1.1

## 선천적 개체식별

가축에 있어 개체식별의 시기는 등록을 위한 현장심사시 실시하거나 교배, 생산 등의 번식활동을 진행할 때 그리고 품평회, 경진대회, 경매 등이 진행될 때 실시한다. 가축 중에 말의 경우에는 거래시 소유권분쟁이 발생할 경우 반드시 선천적 개체식별을 진행한다. 가장 기본적인 검사는 육안검사법이다. 육안검사법은 이전에 유전자검사가 보편화 되지 않던 시기에 주로 사용되어 왔던 외모심사법으로 일반화된 방법이었다. 외모심사는 정해진 심사기준에 따라 가축의 외모의 양부를 판정하는 종축선발기술로서 보다 우수한 외모를 지니고 있는 개체를 선발하여 효율적인 개량과 생산성을 높이는데 목적이 있다.

가축이 등록될 때 찍어둔 사진에 의하여 전면사진, 후면사진 그리고 측면사진을 통하여 머리, 목, 가슴을 관찰한다. 그런 다음 왼쪽 앞, 뒷다리, 왼쪽 몸통, 꼬리 부위를 관찰한 다음 오른쪽 부분을 관찰한다. 물론 돼지의 경우에는 체장, 가슴, 관위, 체고 등을 통하여 전체적인 육안검사를 실시하는 심사법이 사용되기도 한다. 이때 각 가축이 가지고 있는 외모적 특징을 기록하여 향후 식별의 방법으로 사용된다. 우리나라에서는 축산법 제6조(가축의 등록) 및 동법 시행규칙 제9조(가축의 등록)에서 가축의 등록과 심사에 관해 규정하고 있으며 이에 의거해 한국종축개량협회가 가축의 외모심사기준을 공고하고 있다. 표 12-1~5에는 우리나라 한우와 돼지의 외모심사기준에 대해 제시하였다.

표 12-1. 한우의 외모심사기준(축산법 제6조 및 동법 시행규칙 제9조 가축의 등록)

| 심사부위 | 설명 | 배점 |
|---|---|---|
| **일반외모**<br>체적균형<br>머리, 목 | - 발육이 양호하며, 체구는 넓고, 깊고, 늘씬하여 체적이 풍부한 것.<br>- 머리 목 체구 사지간의 균형과 전 중 후구의 균형이 좋으며 체상선과 체하선은 서로 수평으로 육용형을 구비한것.<br>- 영양은 중 정도로 살 붙임이 균일하여 각 부위의 이행이 좋은 것.<br>- 머리는 체구에 비해 알맞게 크고, 모양이 좋고 선명한 것.<br>- 이마는 평평하고 넓으며 눈은 정기가 있고 온화한 것.<br>- 뺨은 풍만하고 턱은 넓고 튼튼하며 콧날은 길이가 적당하고 입은 큰 것.<br>- 뿔은 색과 윤택이 좋고 모양이 좋은 것.<br>- 귀는 크기가 중정도이고 목덜미가 넓은 것.<br>- 목은 짧은 듯하고 머리에서 전구로의 이행이 좋은 것. | 25 |
| **자질** | - 자질이 좋고 윤곽이 선명하여 품위가 있으며, 암 수의 성상이 뚜렷하며 성질이 온순한 것.<br>- 피모는 황갈색으로 윤택이 있고, 가늘고, 부드러우며 밀생 하여 있는 것.<br>- 부는 여유가 있고 두께는 중정도로 유연하며 탄력이 풍부한 것. | 10 |
| **전구**<br>가슴<br>어깨 | - 가슴은 넓고 깊으며 가슴바닥은 평평하고 앞가슴과 겨드랑이가 충실한 것.<br>- 어깨와 기갑은 두텁고, 붙임이 좋으며, 경사가 알맞고 어깨 끝이 돌출하지 않으며 어깨뒤가 충실한 것. | 12 |
| **중구**<br>갈비 개장도<br>체상선<br>체하선 | - 갈비는 넓고 길게 잘 벌어져 있으며 갈비사이는 넓고 부착이 좋으며 표면이 평활 한 것.<br>- 배는 풍만하되 처지지 않으며 하겸부가 충실한 것.<br>- 등 허리는 넓고, 길며, 튼튼하고, 곧으며 후구로의 이행이 충실한 것. | 18 |
| **후구**<br>엉덩이 기울기<br>엉덩이 길이<br>좌골폭<br>유기 성기 | - 요각 곤 좌골은 폭이 넓고, 길고, 경사지지 않아 모양이 좋고 충실한 것.<br>- 요각은 돌출하지 않고 십자부는 평평하고 천골은 높지 않은 것.<br>- 꼬리는 부착이 좋으며 곧게 늘어져 있고 미방이 알맞게 발달한 것.<br>- 위 아래 넓적다리는 넓고, 두텁고, 충실한 것.<br>- 유기는 잘 발달되고, 성기는 정상적으로 발달한 것. | 25 |
| **지제**<br>발굽 각도<br>비절 기울기<br>뒷다리 자세 | - 다리의 길이는 몸 깊이에 알맞고 자세가 바르며, 근건과 관절이 발달한 것.<br>- 발굽은 크고 질이 좋은 것.<br>- 걸음걸이는 확실하고 발디딤이 안정된 것. | 10 |
| 점수 | | 100 |

표 12-2. 대요크셔(Large Yorkshire)종 돼지의 외모심사기준(축산법 제6조 및 동법 시행규칙 제9조)

| 부위 | 설명 | 배점 |
|---|---|---|
| 일반외모 | ○ 체형은 대형으로 발육이 좋고 전체적으로 보아 장방형을 이루며 체고는 적당한 것<br>○ 등선은 곧게 보이며 몸 아래선은 거의 평평하고 곧으며 각 부위의 균형이 좋은 것<br>○ 성질은 온화하면서 활기가 있고 체질은 강건한 것<br>○ 털색은 백색이며 반점이 없는 것 | 20 |
| 머리<br>목 | ○ 얼굴은 적당히 길고 약간 접시모양이며 코끝은 넓고 너무 위로 향하기 않은 것<br>○ 눈은 온화하면서 생기가 있는 것<br>○ 귀는 직립이고 약간 전향이어야 하며 귀 사이가 좁지 않은 것<br>○ 턱은 바르고 충실하며 뺨은 잘 가다듬어져 있는 것<br>○ 목의 길이는 중간 정도이고 잘 가다듬어져 있는 것 | 10 |
| 몸의 구성 | ○ 어깨는 부착이 좋고 앞다리와 중구에 이행이 좋은 것<br>○ 가슴은 길고 충실하며 넓은 것<br>○ 등과 허리는 길며 후구로의 이행이 좋은 것<br>○ 등은 목에서 엉덩이까지 넓은 것<br>○ 갈비는 잘 개장되어 있고 주름살이 없는 것<br>○ 옆구리는 깊고 충실한 것<br>○ 넓적다리는 두껍고 넓으며 비절까지 후구 전체가 풍만한 것<br>○ 엉덩이는 넓고 길며 꼬리는 높게 부착된 것 | 40 |
| 지제 | ○ 네 다리의 길이는 적당하고 다리 사이는 중간 정도로 넓고 비절은 튼튼한 것<br>○ 관골은 굵지 않고 단단하며 발목은 짧고 탄력이 있는 것<br>○ 발굽은 질이 치밀하고 좌우가 고른 것<br>○ 걸음걸이는 가볍고도 유연한 것 | 15 |
| 유기<br>생식기 | ○ 정상적인 유두가 6쌍 이상 배열되어 있어야 하며 부유두가 없는 것<br>○ 수퇘지는 적어도 포피 앞쪽으로 유두가 3쌍이고 요류(尿溜)가 없는 것 | 15 |
| 계 | | 100 |

※ 실격 조건
① 귀가 앞으로 심하게 늘어진 것
② 피부에 반점이 있는 것
③ 정상적인 유두가 12개 미만 또는 유두의 형질이 불량한 것
④ 수컷의 생식기가 정상적이 아닌 것

표 12-3. 두록(Duroc)종 돼지의 외모심사기준(축산법 제6조 및 동법 시행규칙 제9조)

| 부위 | 설명 | 배점 |
|---|---|---|
| 일반외모 | ○ 체형은 대형에 가깝고 발육과 살붙임이 좋으며 전체적으로 활 몽양을 이루고 체고는 적당한 것<br>○ 몸 아래선은 거의 평평하고 곧으며 각 부위의 균형이 좋은 것<br>○ 얼굴은 긴 편이고 안면은 약간 오목하고 턱은 바르고 충실하며 뺨은 느슨하지 않는 것<br>○ 털색은 적갈색이며 반점이 없는 것 | 20 |
| 머리<br>목 | ○ 머리는 가볍고 얼굴은 긴 편이며 안면은 약간 오목하고 코끝은 좁지 않은 것<br>○ 눈은 온화하면서 생기가 있는 것<br>○ 귀는 전방으로 하수되고 양귀 사이는 넓은 것<br>○ 턱은 바르고 충실하며 뺨은 잘 가다듬어져 있는 것<br>○ 목의 길이는 긴 편이고 잘 가다듬어져 있는 것 | 10 |
| 몸의 구성 | ○ 어깨는 부착이 좋고 앞다리와 중구에 이행이 좋은 것<br>○ 가슴과 배는 깊고 충실하며 넓은 것<br>○ 등과 허리는 길며 후구로의 이행이 좋은 것<br>○ 갈비는 잘 개장되어 있고 주름살이 없으며, 옆구리는 깊고 충실한 것<br>○ 넓적다리는 두껍고 넓으며 비절까지 후구 전체가 풍만한 것<br>○ 엉덩이는 넓고 길며 꼬리는 높게 부착된 것 | 40 |
| 지제 | ○ 네 다리의 길이는 적당하고 다리 사이는 중간 정도로 넓고 비절은 튼튼한 것<br>○ 관골은 굵지 않고 단단하며 발목은 짧고 탄력이 있는 것<br>○ 발굽은 질이 치밀하고 좌우가 고르며, 걸음걸이는 가볍고도 유연한 것 | 15 |
| 유기<br>생식기 | ○ 정상적인 유두가 6쌍 이상 배열되어 있어야 하며 부유두가 없는 것<br>○ 수퇘지는 적어도 포피 앞쪽으로 유두가 3쌍이고 요류(尿溜)가 없는 것 | 15 |
| 계 | | 100 |

※ 실격 조건

① 귀가 곧게 선 것

② 피부에 검은 점이나 흰점이 있는 것

③ 정상적인 유두가 12개 미만 또는 유두의 형질이 불량한 것

④ 수컷의 생식기가 정상적이 아닌 것

표 12-4. 햄프셔(Hampshire)종 돼지의 외모심사기준(축산법 제6조 및 동법 시행규칙 제9조)

| 부위 | 설명 | 배점 |
|---|---|---|
| 일반외모 | ○ 체형은 대형에 가깝고 발육과 살붙임이 좋으며 전체적으로 활 모양을 이루고 체고는 적당한 것<br>○ 몸 아래선은 거의 평평하고 곧으며 각 부위의 균형이 좋으며 후구가 잘 발달된 것<br>○ 털은 검고 윤기가 있으며 앞다리, 가슴, 어깨에 흰띠가 둘러 있는 것 | 20 |
| 머리<br>목 | ○ 머리는 가볍고 얼굴은 긴 편인 것<br>○ 코는 곧고 코끝이 좁지 않은 것<br>○ 눈은 온화하면서 생기가 있는 것<br>○ 귀는 곧게 서 있고 양귀 사이는 넓은 것<br>○ 턱은 바르고 충실하며 빰은 잘 가다듬어져 있는 것<br>○ 목의 길이는 긴 편이고 중등으로 잘 가다듬어져 있는 것 | 10 |
| 몸의 구성 | ○ 어깨는 부착이 좋고 앞다리와 중구에 이행이 좋은 것<br>○ 가슴이 깊고 충실하며 넓은 것<br>○ 등과 허리는 길며 후구로의 이행이 좋고 등의 폭은 넓은 것<br>○ 갈비는 잘 개장되어 있고 주름살이 없으며, 옆구리는 깊고 충실한 것<br>○ 넓적다리는 두껍고 넓으며 엉덩이는 될수록 경사 지지 않고 비절까지 후구 전체가 풍만하며, 엉덩이는 넓고 길며 꼬리는 높게 부착된 것 | 40 |
| 지제 | ○ 네 다리의 길이는 적당하고 다리 사이는 중간 정도로 넓고 비절은 튼튼한 것<br>○ 관골은 굵지 않고 단단하며 발목은 짧고 탄력이 있는 것<br>○ 발굽은 질이 치밀하고 좌우가 고르며, 걸음걸이는 가볍고도 유연한 것 | 15 |
| 유기<br>생식기 | ○ 정상적인 유두가 6쌍 이상 배열되어 있어야 하며 부유두가 없는 것<br>○ 수퇘지는 적어도 포피 앞쪽으로 유두가 3쌍이고 요류(尿溜)가 없는 것 | 15 |
| 계 | | 100 |

※ 실격 조건

① 어깨띠의 너비가 몸 길이의 2/3 이상인 것

② 뒷다리에 흰털이 비절 이상 올라간 것

③ 정상적인 유두가 12개 미만 또는 유두의 형질이 불량한 것

④ 수컷의 생식기가 정상적이 아닌 것

표 12-5. 버크셔(Berkshire)종 돼지의 외모심사기준(축산법 제6조 및 동법 시행규칙 제9조)

| 부위 | 설명 | 배점 |
|---|---|---|
| 일반외모 | ○ 체형은 중형으로 발육이 좋고 장방형인 것<br>○ 등선은 약간 활 모양으로 보이며 몸 아래선은 평평한 것<br>○ 각 부위의 균형이 좋고 영양 상태가 적당한 것<br>○ 성질은 온순하면서도 활기가 있고 체질이 강건한 것<br>○ 털은 검고 될수록 육백(六白 얼굴, 네 다리, 꼬리 끝)이며 질이 좋고 윤기가 나는 것<br>○ 피부는 탄력이 있고 주름살이 없는 것 | 20 |
| 머리<br>목 | ○ 머리는 가볍고 얼굴은 될수록 오목하며 길이는 중간 정도이고 코끝이 넓은 것<br>○ 눈은 양 눈 사이가 넓고 온화하면서 생기가 있는 것<br>○ 턱은 바르고 충실하며 빰은 잘 가다듬어져 있는 것<br>○ 목의 길이와 폭이 적당하고 머리와 어깨로 이행이 좋은 것 | 10 |
| 몸의 구성 | ○ 어깨는 부착이 좋고 앞다리와 중구에 이행이 좋은 것<br>○ 가슴이 깊고 충실하며 넓은 것<br>○ 등과 허리는 길이는 중간 정도이고 후구로 이행이 좋고 등은 거의 수평이고 강하며 폭이 넓으며, 갈비는 잘 개장되어 있고 주름살이 없는 것<br>○ 옆구리는 깊고 충실하며, 엉덩이는 넓고 길고 꼬리는 높게 부착된 것<br>○ 넓적다리는 두껍고 비절까지 충실하고 잘 가다듬어져 있는 것 | 40 |
| 지제 | ○ 네 다리의 길이는 중간 정도이고 바르게 서며 다리 사이가 넓고 비절은 튼튼한 것<br>○ 관골은 굵지 않고 단단하며 발목은 짧고 탄력이 있는 것<br>○ 발굽은 질이 치밀하고 좌우가 고르며, 걸음걸이는 가볍고도 유연한 것 | 15 |
| 유기<br>생식기 | ○ 정상적인 유두가 6쌍 이상 배열되어 있어야 하며 부유두가 없는 것<br>○ 수퇘지는 적어도 포피 앞쪽으로 유두가 3쌍이고 요류(尿溜)가 없는 것 | 15 |
| 계 | | 100 |

※ 실격 조건

① 몸에 흰점이 있거나 흰털과 곱슬털이 심한 것

② 귀가 심히 늘어진 것

③ 정상적인 유두가 12개 미만 또는 유두의 형질이 불량한 것

④ 수컷의 생식기가 정상적이 아닌 것

## 12.1.2
## 후천적 개체식별

가축의 개체식별을 위하여 사용되는 방법으로 가장 일반적인 방법은 이표 방법이다. 소와 돼지의 경우에 각 개체의 정보를 담고 있는 이표가 태어난 후 부착이 된다(그림 12-2). 돼지의 경우에는 어린돼지시기에 이각기를 이용하여 그림 12-3과 같이 이각을 표시하고 개체식별방법으로 사용한다. 그러나 성장하면서 이각한 귀 부위가 잘라져 나가는 등 번호를 해독할 때 오류가 발생하는 경우가 있어 정확한 개체식별을 위하여 복수의 다른 방법을 사용하기도 한다. 이럴 경우 문신기를 사용하여 엉덩이부위에 문신을 새기는 방법도 사용된다. 그러나 전자칩과 같은 칩 방식은 돼지나 소에 있어 사육 후 도축하여 고기로 사용될 경우에 문제가 발생 할 수 있어서 대개 사용하지 않고 있으며, 사육기간이 짧거나 비용부분에 있어서도 소나 돼지 보다는 말과 같이 오랜 기간 사육되거나 가축의 가격이 고가일 경우에만 사용한다. 그리고 애완견과 같이 식용을 목적으로 하지 않는 소동물의 경우에도 관리 차원에서 칩을

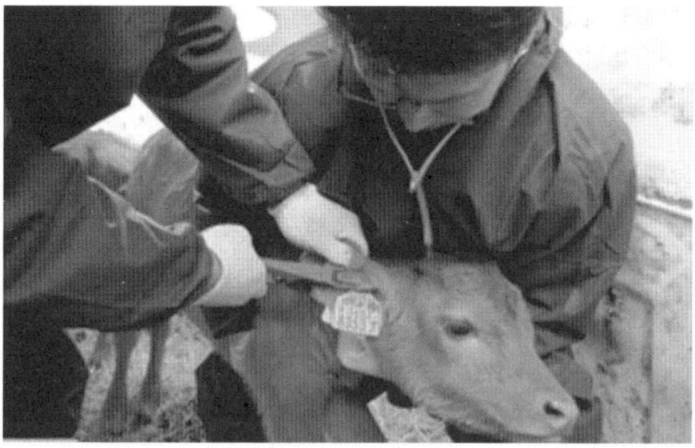

그림 12-2. 송아지 후천적 개체식별을 위한 이표장치 부착(축산물품질평가원)

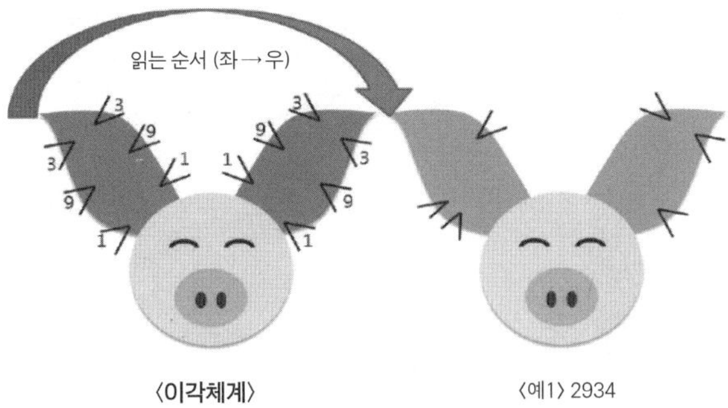


그림 12-3. 돼지의 이각체계 및 이각 읽는 방법

이식하여 개체식별 및 개체관리를 한다. 최근에는 RFID(radio frequency identification)기술이 발달하여서 몸속에 칩을 이식하지 않고 전자정보를 담고 있는 전자이표를 부착하는 경우도 있다. 이러한 경우에 장점으로는 만일, 그 사육농가에 IT기술이 접목된 사육시설이 설치되었을 경우, 예를 들면 사료급이시 전자이표의 기록을 분석하여 급이량을 측정할 수 있고 특정지역을 지날 때 체중을 측정하여 RFID신호를 보내주어 컴퓨터에 개체의 능력을 기록 및 저장하고 이를 통하여 개체관리 및 개량에 활용할 데이터를 얻을 수 있는 기술구현이 가능하다. 또한 전자이표를 부착할 경우 이표기에 온도센서나 건강을 측정할 수 있는 센서를 같이 부착하여 개체의 건강상태를 농장주가 실시간으로 판단할 수 있다. 특히, 최근 연구되고 있는 기술 중에 구제역과 조류인플루엔자같은 바이러스성질병의 경우 감염되면 농장주가 바로 판단하여 전파를 미연에 방지 할 수 있는 기술도 시도되고 있다. 개체식별기술은 개량과 번식 등에 응용되고 첨단기술이 접목되어 개체사양관리, 질병관리영역에서도 매우 중요한 분야가 되고 있다. 닭의 경우는 후천적 개체관리는 익대가 주로 사용된다(그림 12-4). 가끔 개체에 따라 발목에 차는 개체식별용 링을 사용하는 경우도 있지만, 링의 경우 성장에 따라 매번 교체를 해 주

그림 12-4. 개체식별을 위하여 병아리에 익대를 부착한 모습

어야 하는 단점이 있어서, 일반 닭의 경우보다는 특수목적의 조류에 주로 사용된다. 비둘기가 주로 전자칩이 내장된 링을 부착하여 관리되는 대표적인 조류품종이다.

## 12.2 DNA검사를 통한 개체식별 및 친자판정

생물의 DNA는 A, T, C 및 G 등 4가지의 염기배열에 의해 유전정보를 담게 된다. DNA염기서열은 특정아미노산들의 배열 순서를 결정하고 되고, 이러한 아미노산들의 배열에 의해 단백질의 종류가 결정된다. 하지만 사람과 같은 진핵생물의 DNA는 모두가 단백질을 만드는 정보를 담고있는 것이 아니며, 대부분은 쓸모 없는 것처럼 보이는 junk DNA로 이루어져 있다. 이 junk DNA는 단백질을 직접적으로 생산해 낼 수 있는 암호화서열정보를 담고 있지 않으므로 이 부분에 변이가 일어난다고 해서 생물체의 생존에 크게 영향을 주지는 않는다. 이러한 junk DNA가운데 특정한 염기서열이 반복적으로 나타나는 구간이 있는데, 이를 유전체복제수변이(copy number variation, CNV)라고 한다. 유전체복제수변이는 반복되는 염기서열의 수가 길고 짧음에 따라 두 가지 형태로 구분할 수가 있다. 반복되는 염기서열의 수가 약 14~100 bp 정도로 비교적 길게 반복되어 나타나는 서열을 종열반복변이(variable number tandem repeat, VNTR) 또는 미니위성체(minisatellite)라고 하며, 2~7 bp 정도의 비교적 짧고 단순한 형태로 반복되어 나타나는 서열을 단순염기배열반복변이(simple sequence repeats, SSR), 단연쇄반복(short tandem repeats, STR) 또는 초위성체(microsatellite, MS)라고 칭한다. 이러한 반복구간의 반복횟수가 개체간에 차이가 있기 때문에 이 반복배열 수에 의한 염기서열의 길이를 비교함으로써 DNA지문분석(DNA fingerprinting)이 이루어지게 된다. 이와 같이 매우 높은 유전적 다형성을 지닌 미세위성체 표지인자는 개체식별, 친자확인, 법의학에서의 범인색출 등에 널리 사용되고 있다.

## 12.2.1
## 초위성체표지인자(MS marker) 분석을 통한 개체식별

포유류를 포함한 동물의 계통분류와 근연관계연구에서 여러 가지 유전분석방법 중에서 동일성검정을 위해서 가장 많이 활용되어 온 마커가 초위성체 표지인자이다. 초위성체는 생물체의 전 염색체에 고르게 분포하고 있으며, 사람의 경우 di-nucleotide repeat은 140,000개, tetra-nucleotide repeat은 105,000개로 보고되어 있다(IHGSC, 2001). 그리고 MS마커는 다형성이 매우 높아 유전체 정보를 많이 제공해주며, 실험상의 용이성 등이 좋아 가축집단의 유전적 다양성 분석 등에 주로 사용되고 있다.

초위성체표지인자를 이용한 개체식별방법은 유전자의 다형성을 이용한 판별법으로서 인간을 비롯하여 소, 돼지, 개 등 다양한 가축과 동물에서 개발되어 사용되고 있다. 현재 국내 축산업현장에서 활용되고 있는 대표적인 개체식별용 초위성체표지인자로는 한우의 개체식별용 MS마커가 있으며, 쇠고기이력제에서 개체식별 및 개체DNA동일성검사를 위한 매우 유용한 수단으로 활용되고 있다.

## 12.2.2

## 초위성체표지인자(MS marker) 분석을 통한 친자판정

초위성체표지인자를 이용한 DNA검사방법은 개체식별 뿐 만 아니라 친자판정에도 유용하게 사용될 수 있다. 자손은 부모로부터 반반씩 유전자를 물려받는다는 것이 일반적으로 우리가 알고 있는 유전법칙의 정설이다. 이와 같은 맥락으로 MS마커의 대립유전자형 유전정보도 부모로부터 각각 반씩 물려받게 된다. 따라서, 각 개체 MS마커의 다형성 정보를 알게 될 경우, 이것을 이용하여 친자여부를 쉽게 판정할 수가 있다.

그림 12-5에 제시한 그림은 소를 대상으로 초위성체표지인자분석을 통한 친자판정에 대한 예를 설명한 그림이다. 총 11개 좌위(BM1824, BM2113, ETH10, ETH225, ETH3, INRA23, SPS115, TGLA122, TGLA126, TGLA227 및 TGLA53)에 대한 MS marker 정보를 부, 모, 자 개체 모두 분석한 다음 각 좌위별로 자식이 부, 모로부터 어떤 대립유전자를 받았는지 여부를 검정함으로써 친자여부를 판정할 수가 있다. 즉, 그림 12-5(A)의 경우와 같이 자손이 모든 좌위에서 부, 모로부터 빠짐없이 각각 한 개씩의 대립유전자를 전달받은 것으로 확인되면 친자일치로 판정하고, 그림 12-5(B)의 경우와 같이 몇몇의 좌위에서 부, 모로부터 대립유전자를 전달

(A) 친자 일치의 경우

| 구분 | 개체식별번호 | BM1824 | | BM2113 | | ETH10 | | ETH225 | | ETH3 | | INRA23 | | SPS115 | | TGLA122 | | TGLA126 | | TGLA227 | | TGLA53 | |
|---|---|---|---|---|---|---|---|---|---|---|---|---|---|---|---|---|---|---|---|---|---|---|---|
| 부 | KPN365 | 19 | 19 | 20 | 21 | 20 | 23 | 24 | 24 | 21 | 26 | 20 | 20 | 21 | 23 | 25 | 25 | 17 | 17 | 19 | 20 | 25 | 27 |
| 모 | 002006567891 | 17 | 19 | 19 | 20 | 19 | 22 | 22 | 24 | 22 | 23 | 21 | 21 | 23 | 24 | 25 | 43 | 17 | 21 | 14 | 19 | 20 | 27 |
| 자 | 002002987653 | 19 | 19 | 20 | 21 | 20 | 22 | 22 | 24 | 22 | 26 | 20 | 21 | 23 | 24 | 25 | 43 | 17 | 21 | 14 | 20 | 25 | 27 |

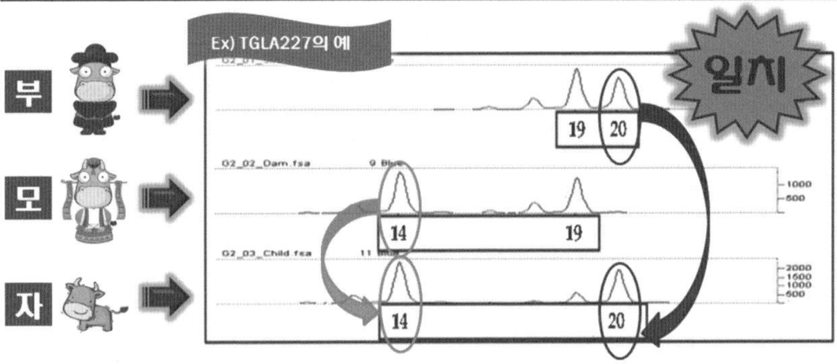


(B) 친자 불일치의 경우

| 구분 | 개체식별번호 | BM1824 | | BM2113 | | ETH10 | | ETH225 | | ETH3 | | INRA23 | | SPS115 | | TGLA122 | | TGLA126 | | TGLA227 | | TGLA53 | |
|---|---|---|---|---|---|---|---|---|---|---|---|---|---|---|---|---|---|---|---|---|---|---|---|
| 부 | KPN365 | 19 | 19 | 20 | 21 | 20 | 23 | 24 | 24 | 21 | 26 | 20 | 20 | 21 | 23 | 25 | 25 | 17 | 17 | 19 | 20 | 25 | 27 |
| 모 | 002006567891 | 17 | 19 | 19 | 20 | 19 | 22 | 22 | 24 | 22 | 23 | 21 | 21 | 23 | 24 | 25 | 43 | 17 | 21 | 14 | 19 | 20 | 27 |
| 자 | 002002945335 | 15 | 19 | 17 | 21 | 20 | 22 | 20 | 24 | 20 | 24 | 20 | 21 | 20 | 24 | 25 | 43 | 15 | 21 | 13 | 17 | 25 | 27 |

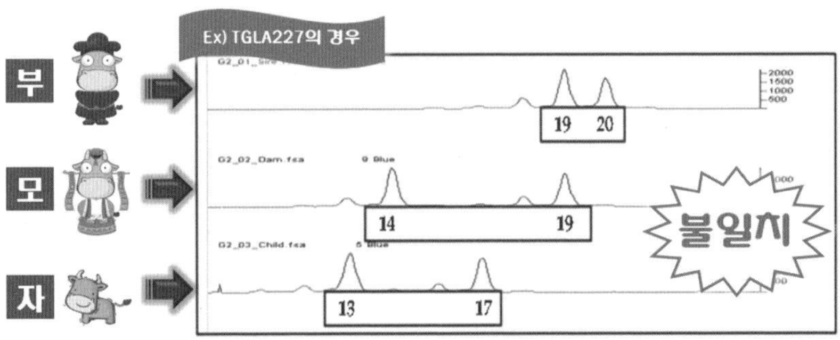


그림 12-5. 소에서 초위성체표지인자 분석을 통한 친자판정 방법

받지 못한 것이 확인되면 친자불일치 즉, 친자가 아닌 것으로 판정한다. 이와 같은 DNA검사를 통한 친자판정방법은 소뿐 만 아니라 인간을 비롯한 다른 동물의 친자감별에도 동일하게 적용되고 있다.

## 12.3 DNA검사를 통한 품종판별

전 세계적으로 품종의 분류는 전통적인 멘델의 유전법칙에 의한 표현형 위주의 품종분류와 생화학적 특성에 의한 분류방식을 취해왔다. 그러나 이러한 방식이 가지고 있는 한계는 변이의 빈도차이와 더불어 종자의 순수도, 혼혈정도를 확인하는 방법에 국한되어 있다. 최근 생명과학의 발달과 DNA에 대한 많은 지식이 축적되면서 DNA내에 숨겨진 여러 특성들이 또한 멘델의 유전법칙을 따르고 있다는 사실이 밝혀졌다. 이에 따라 첨단 분자생물학적 분석기법을 이용한 DNA검사를 통해 보다 과학적으로 품종을 식별할 수 있는 다양한 기술들이 개발되어 활용되고 있다.

대표적인 방법으로 제한효소절편다형성(restriction fragment lengh polymorphism, RFLP) 분석법, 이외에도 임의증폭다형DNA(random amplified polymorphic DNA, RAPD) 분석법, 증폭절편길이다형성(Amplified Fragment Lengh Polymorphism, AFLP) 분석법, 및 단일가닥입체다형(single strand conformation polymorphism, SSCP) 분석법 등이 있다. 본장에서는 이와 같은 다양한 DNA 다형성 분석방법들에 대한 주요 분석원리를 소개하고자 한다.

## 12.3.1

## 제한효소절편다형성(RFLP)

제한효소(restriction enzyme, restriction endonuclease)는 미생물이 자신을 보호하기 위하여 생성시키는 DNA의 특정부위를 절단하는 효소를 말한다. 제한효소는 원래 세균이 자신의 세포내로 침입해 들어오는 바이러스와 같은 외부 DNA를 제거하기 위한 방어기전으로 가지고 있는 것이며, 자신의 DNA는 절단부위의 염기(adenine, cytosine)를 메틸화 시켜서 자신의 제한효소가 자신의 DNA를 자를 수 없게 보호하고 있다. DNA를 자른다는 것은 nucleotide들이 연결되어 있는 phosphodiester결합을 끊어내는 것을 의미하는데, 이런 역할을 하는 효소를 nuclease라고 하며 이에 대표적인 것이 바로 제한효소이다. 제한효소는 각각의 제한효소 종류마다 특이적으로 가지고 있는 DNA염기서열부위를 인식하여 절단한다. 제한효소의 명명은 발견된 세균의 이름 및 혈청형(serotype)에 따라서 붙이게 된다. 즉 Hinf I은 Haemophilus influenza type f에서 분리된 것이다. 제한효소가 인식할 수 있는 부위는 회문구조(palindrome), 즉 앞으로 읽으나 뒤로 읽으나 염기서열이 같은 모양을 하고 있는 것이 특징이다. 잘린 후의 DNA모양은 점착성말단(5'-overhang cohesive end, 3'-overhang cohesive end; sticky end) 또는 평활말단(blunt end)이 만들어질 수 있으므로 실험목적에 따라서 잘 선택해서 사용해야 한다(그림 12-6). 제한효소는 크게 type I, II 및 III로 분류되어지는데, 주로 분자생물학실험에 사용되는 제한효소는 특별한 언급이 없는 한 type II를 지칭한다. 대부분의 type II 제한효소는 4개, 5개 또는 6개 이상의 염기서열을 인식하는데, 이에 따라 DNA 상에 제한효소 인식부위 빈도가 다르게 나타난다. 즉 게놈상에 6개의 염기서열을 인식하는 제한효소를 처리한다면 이론상 $4^6$ = 4096 bp 마다 한 번씩 인지부위가 출현하게 된다. 그 밖의 type I 과 III 형태의 경우에는 DNA의 특정부위를 인식하여 작용하지만 인식된 그 부위가 아닌 그 곳으로부터 어느 정도 떨어진 다른 부위(type I의 경우 약 1 kb 떨어진 부위)를 절단하기 때문에 분자생물학실험에서는 잘 사용되어지지 않고 있다. 제한효소를 이용한 제한효소절편다형성분석법의 모식도는 그림 12-7에 제시하였다.

예1) EcoR I 효소의 절단 부위: 5'-overhang cohesive end 형성

5'--GAATTC--3' → 5'—G ↓AATTC--3'
3'--CTTAAG--5'   3'--CTTAA ↑G--5'

예2) Sac I 효소의 절단 부위: 3'-overhang cohesive end 형성

5'--GAGCTC--3' → 5'--GAGCT ↓C--3'
3'--CTCGAG--5'   3'--C ↑TCGAG--5'

예3) Sma I 효소의 절단 부위: blunt end 형성

5'--CCCGGG--3' → 5'--CCC ↓GGG--3'
3'--GGGCCC--5'   3'--GGG ↑CCC--5'

그림 12-6. 제한효소 절단형태에 따른 제한효소의 분류

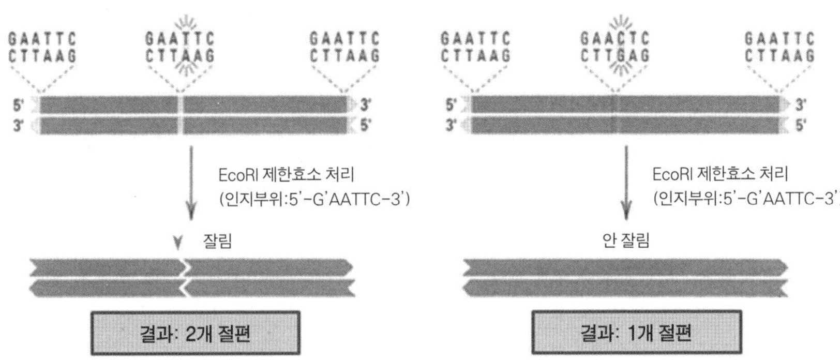


그림 12-7. RFLP분석법 모식도

## 12.3.2

## 임의증폭다형DNA (RAPD)

DNA수준에서의 유전자다형 확인과 개발을 통해 가축육종분야에 이용될 수 있는 방안으로 임의증폭다형DNA를 들 수 있다. RAPD법은 대개 9 - 11 bp의 임의적이고 짧은 primer를 제작하여 게놈DNA의 큰 템플릿을 대상으로 PCR 증폭반응을 수행하고, 아가로스겔(agarose gel)에 전기영동하여 검출되는 DNA단편의 길이와 이동도의 차이를 비교분석하는 방법이다(그림 12-8). 즉, 유전자형이 서로 다른 개체간에 이 방법을 적용하게 되면 유전자형의 차이에 의해 나타나는 무작위적인 DNA단편의 다형성이 나타나게 된다. 이렇게 나타난 DNA단편의 다형성을 비교분석하여 개체별로 고유한 임의증폭다형DNA를 검출할 수 있다.

DNA를 재료로 한다는 점에서 RFLP와 별 다를 바가 없이 보이나, 전체 DNA에 직접 제한효소를 처리하는 RFLP의 marker들은 개체들이 지니는 특정형질의 우성/열성과 관계없이 band를 나타내는 공우성(codominant)의 특성을 지니는 반면, PCR에 의해 생성된 band들은 염색체의 특정위치에 작용하는 annealing primer들에 의해 나타나게 되어 그 변화 양상이 우성(dominant; band의 유무)의 특성을 보이게 된다. 뿐만 아니라 아주 작은 primer 단편들은 DNA중합효소(Taq DNA polymerase)의 특성상 특히 낮은 온도에서 염색체상의 DNA에 대해 약 70%의 상동성만 지니고 있으면 증폭이 가능하기 때문에 극도의 세심한 실험실조건을 필요로 하고, 증폭의 재현성이 다른 분석방법에 비해 높지 않은 단점이 있다(Giovannoni 등, 1991; Reiter등, 1992, Mulcahy등, 1992; Michelmore등, 1991, Postlethwait 등, 1994; Levin 등, 1993, 1994).

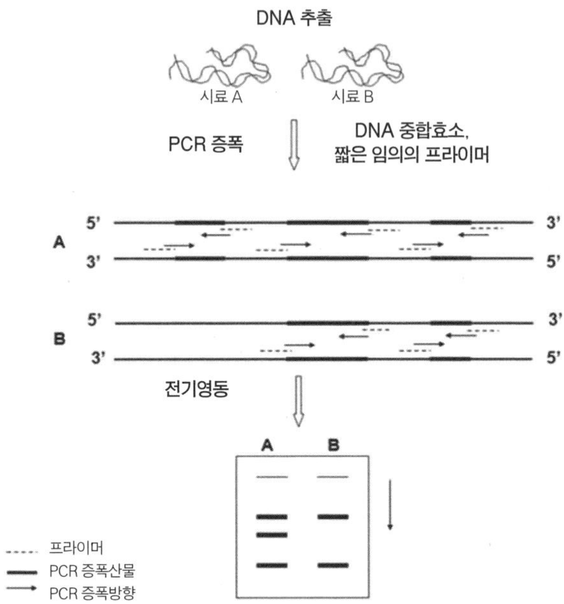


그림 12-8. RAPD분석법 모식도

## 12.3.3
## 증폭절편길이다형성(AFLP)

AFLP분석법은 특정제한효소가 인지하는 부위가 많지 않은 것들을 선별하여 절단한 다음, 절단된 DNA의 말단 단편에 우리가 이미 알고 있는 DNA단편adaptor(임의로 합성한 DNA 조각)을 붙인 후 이 DNA단편정보를 이용하여 제작된 primer를 사용하여 각 단편들을 증폭시켜 얻어지는 band pattern의 차이를 비교하는 것이다(그림 12-9). AFLP는 RFLP의 단점을 극복하여 분석이 어려운 유전체내 제한효소 인식부위변이를 보다 더 용이하게 탐지할 수 있고 RAPD보다 고감도로 PCR 산물을 얻을 수 있다. 여러개의 유전자좌위를 동시에 동정하는 것이 가능하며, 유전자 다

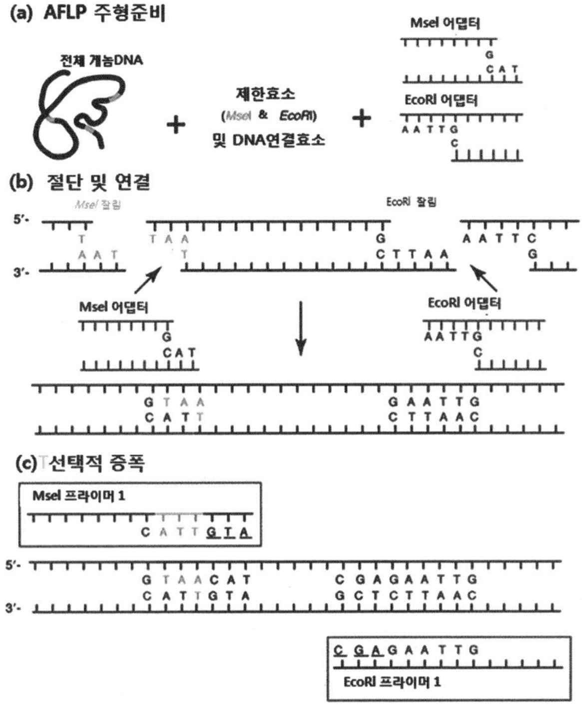


그림 12-9. AFLP분석법 모식도

형성이 드문 계통에 적용할 수 있고, 양 말단의 DNA염기서열을 알지 못하는 제한효소단편을 증폭시킬 수 있는 장점이 있다.

## 12.3.4

## 단일가닥입체다형성(SSCP)

RFLP분석법은 제한효소가 인지하는 부위 이외의 게놈 상의 다양한 변이에 대해서는 검출이 불가능하다. 이런 경우 단일가닥입체다형성(single strand conformation polymorphism, SSCP) 분석법(Orita 등,1989)을 이용하여 다양한 변이에 대한 개체별 SNP유전자형의 판별이 가능하다. 먼저 정상개체의 DNA와 변이를 나타내는 개체의 특정유전자의 DNA영역을 PCR방법으로 증폭하고, 증폭된 산물의 이중가닥DNA에 95℃ 정도의 고온을 가해 단일가닥으로 변성시킨 후 급속하게 냉각시켜준다. 이렇게 하면 SNP유전자형에 따라 각각의 단일가닥DNA가 이루는 이차구조가 다른 형태로 나타나게 되는데, 이것을 곧바로 polyacrylamaid gel (PAGE)에 전기영동하면 SNP유전자형에 따라 DNA band의 이동도가 각각 다르게 발현되므로 각 개체의 SNP유전자형을 판독할 수가 있다. 최종적으로 DNA band의 이동도가 다르게 분석된 각각의 개체시료에 대해 DNA 염기서열분석(DNA sequencing)을 통해 각 개체별 SNP유전자형의 차이가 존재함을 확인할 수 있다(그림 12-10).

이 방법의 장점은 PCR을 이용한 증폭과 전기영동 이외의 다른 작업이 필요하지 않아 손쉽다는 것이며 기존의 방사능동위원소의 표지방법 이

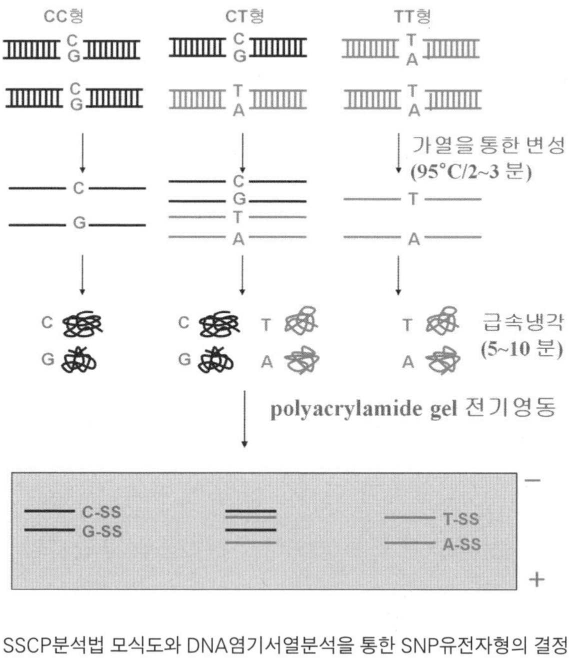


그림 12-10. SSCP분석법 모식도와 DNA염기서열분석을 통한 SNP유전자형의 결정

외의 은염색법(silver staining)이나 ethidium bromide염색 등의 방법을 이용하게 되어 더욱 편리해졌다는 점이다. 또한 이 방법은 200 bp 이하의 경우에는 70-95%의 정확도로 변이를 검색해 낼 수 있으며, 400 bp크기 이상에서는 50%이하의 정확도를 갖는다(Michaud 등, 1992).

## 12.4 축산물이력제

### 12.4.1 축산물이력제의 정의

축산물이력제는 소나 돼지 등 가축의 출생에서부터 도축, 포장처리, 판매단계에 이르기까지의 정보를 기록 및 관리하여 위생안전에 문제가 발생할 경우 이동경로를 따라 그 이력을 추적, 소급하여 신속한 원인 규명 및 조치를 하기 위한 제도이다. 이 제도를 통해 축산물유통의 투명성을 확보할 수 있으며, 원산지 허위표시나 둔갑판매 등이 방지되고, 판매되는 축산물에 대한 정보를 미리 알 수 있어 소비자가 안심하고 구매할 수 있다. 국내에서는 한우나 돼지 등 가축이 출생하면 개체별로 개체식별번호를 부여하고 그 번호가 표시된 귀표를 부착하여 출생, 거래, 폐사, 수출입 등 이동실적을 신고하도록 하고 있다. 또한 이력관리시스템에 기록, 관리, 표시하여 거래하고 그 거래실적을 기록, 관리, 이력번호 확인을 위해 도축된 축산물의 시료를 채취 보관하여 판매되는 축산물과 동일성검사를 통해 검증하는 제도도 시행되고 있다.

## 12.4.2

## 축산물이력제의 도입 배경 및 국내외 축산물이력제 시행 현황

광우병(Bovine Spongiform Encephalopathy, BSE)이라 불리어지는 BSE육이 유럽과 일본에서 발생함에 따라 소비자들이 식품안전성에 대한 불안이 커지면서 소비자단체와 축산단체 등의 제도요구에 의하여 시작되었다. EU, 일본, 호주 등은 육류이력관리제를 통해 시행하고 있으며(표 12-6), 미국은 가축개체식별을 통해 질병방제 등에 대처하고 있다.

국내에서도 쇠고기와 돼지고기를 대상으로 축산물이력제를 수행하고 있다(그림 12-11). 쇠고기이력제는 2009년 6월 22일부터 국내에서 생산되는 모든 한우를 대상으로 전면 시행해오고 있으며, 사육단계, 도축단계, 포장처리(가공)단계 및 판매단계에 걸친 모든 단계에 대한 이력을 기록 관리하여 문제 발생 시 신속하게 해당 농가에 대한 정보를 추적하여 문제를 해결함으로써 방역의 효율성을 도모할 수 있을 뿐 만 아니라, 축산물 유통의 투명성을 확보할 수 있으며, 원산지 허위표시나 둔갑판매 등이 방지를 위한 수단으로 활용하고 있다. 한편, 국내에서 생산되는 돼지고기에 대해서도 2014년 12월 28부터 돼지고기이력체가 전면 시행되고 있다.

## 12.4.3

## DNA동일성검사

### 12.4.3.1 시료채취

축산물생산이력을 위한 시료 채취는 이력관리 대상의 경영자가 관리하고 있는 사육지에서 채취하거나, 도축단계의 이력관리 가축을 대상

표 12-6. 주요 각국의 축산물이력제 실시현황(축산물품질평가원, 2010)

| 구분 | | 일본 | 프랑스 | 호주 | 한국 |
|---|---|---|---|---|---|
| 실시근거 | | 소의 개체식별을 위한 정보관리 및 전달에 관한 특별 조치법('03. 3) | 97년 EC/820/97 제정 '00년 EC/1760/2000발표 | 주별 축산공사법 ('98, NSW) | 소 및 쇠고기이력 추적에 관한 법률 ('07,12.21. 제정-공포) |
| 시작연도 | 생산 단계 | '03.12 | '98 | '99 | '08.12.22. |
| | 유통 단계 | '04.12 | '00 | - | '09.6.22. |
| 추진체계 | 농가 부담 | 없음(정부지원) | 귀표구입 및 장착비 | 귀표구입 및 장착비 | 없음(정부지원) |
| | 귀표 부착 | 농가(농협 등 지원) | 농가 | 농가 | 위탁기관(농협 등) |
| | 신고 방법 | FAX, 전화, WEB, 메일 등 | FAX, 전화, 우편 | RFID체계에 의한 인터넷 신고 | FAX, 서면, 전화 등 |
| | 이력정보 입력 | 가축개량센터 | Department(현) EDE(축산식별 관리사무소) | 농가, 도축장, 가축시장 각 담당자 | 위탁기관(농협 등) |
| | 전산정보 내용 | 개체식별번호, 소의 품종 출생일 성별 사육지 등 | 개체식별번호, 소의 품종 출생일 성별 사육농장 등 | 개체식별번호, 사육농가, NVD(출하증명서) 발급번호 등 | 개체식별번호, 소의 품종 출생일 성별 사육 농가 등 |
| | 국가 DB 관리 | 가축개량센터 | 농업식량부 동물건강과 식품안전국 | MLA(호주축산공사) | 농식품부 |
| 소비자 정보제공 | | 인터넷, 휴대폰, 전화 | 없음 | 인터넷 | 인터넷, 스마트폰, 휴대폰(6626) |
| DNA 동일성검사 | | 전체 도축두수의 1%(가축개량기술연구소) | - | 수출용 브랜드 등 일부 자율실시(Genetic Solution사) | 전체 도축두수의 1.5%(품질평가원) |
| 지도 감독 | | 농림수산성, 지방농정국 | 농림부, 경제재정부 | 제1차산업부 | 농식품부, 시 도, 농산물품질관리원 |

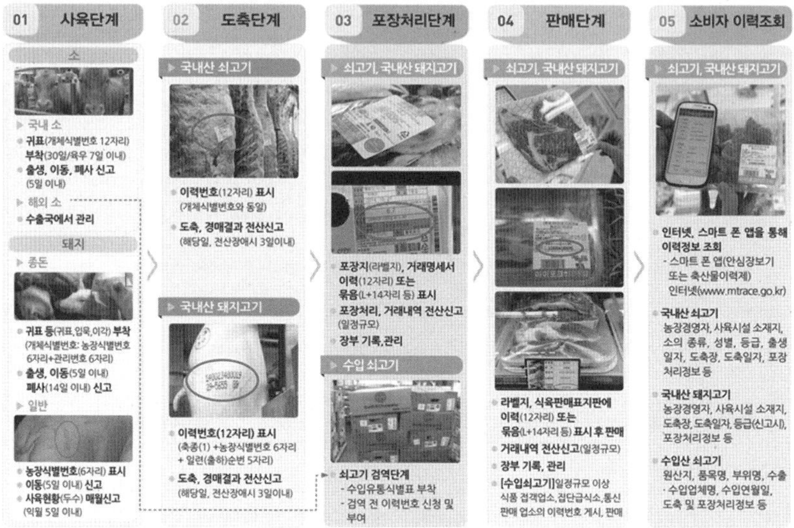

그림 12-11. 축산물이력제 이력단계 개요(축산물품질평가원, 2015)

으로 한다. 그리고 도축 이후에는 도축업자, 식육포장관리업자, 식육판매업자, 축산물 유통 전문판매업자의 영업장에서 도축, 식육포장처리, 진열, 보관 및 판매되고 있는 국내산 축산물에서 채취한다. 경우에 따라 둔갑육, 섞어 팔기 등을 단속하기 위하여 식당에서 판매하고 있는 고기에 대해서도 시료를 채취하기도 한다.

#### 12.4.3.2 초위성체표지인자를 이용한 DNA동일성검사

초위성체표지인자(microsatellite marker)를 이용한 DNA동일성검사방법은 최근 인간, 가축, 애완동물, 어류, 식물 등 다양한 생물종에서의 동일개체 판정을 위한 과학적인 수단으로 널리 활용되고 있을 뿐 만 아니라 범죄 현장에서의 증거물과 용의자의 DNA동일성비교검사를 통해 범인 검거를 위한 매우 유용한 방법으로 활용되고 있다. 특히, 축산업분야에서도 개체동일성검사를 위한 매우 유용한 수단으로 활용되고 있다.

유럽공동체 생산이력관련연구 project인 'Electronic Identification and Molecular Markers for Improving the Traceability of Livestock and Meat'(EID+DNA Tracing project, http://quiro. uab.es/tracing/Index.html), 국제동물유전학회(http://www.isag. org.uk), Rosline 연구소(http://projects.roslin.ac.uk/pigbiodiv/markers.html) 등에서 권장하는 40여 종의 MS마커를 이용하여 이

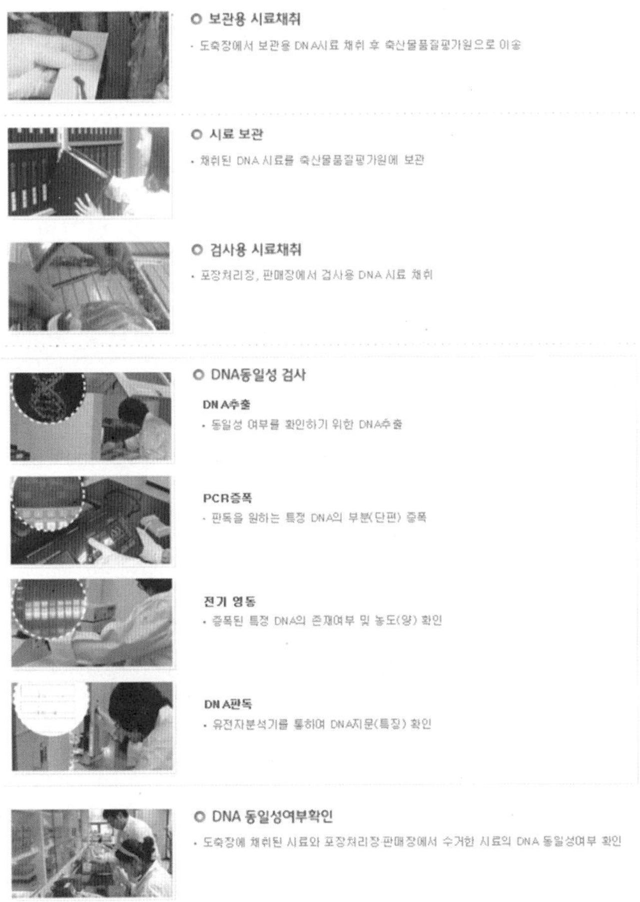


그림 12-12. 국내 쇠고기이력제에서 활용되고 있는 DNA동일성검사방법(축산물품질평가원 홈페이지, http://aunit.mtrace.go.kr/1.business/3.businessFlowChartList.jsp)

력추적제, 친자감별 및 계통유전학 등에 광범위하게 활용되고 있다.

국내에서도 쇠고기이력제에 한우DNA동일성검사를 적용하여 시행해 오고 있다. 그림 12-12에 제시한 바와 같이 도축장에서 DNA시료를 채취 후 축산물품질평가원으로 이송하여 보관한 다음, 포장처리장 및 판매장에서 검사용 DNA시료를 채취하여 두 가지 시료의 DNA동일성검사를 통해 일치여부를 분석한다.

현재 국내 쇠고기이력제에서 활용되고 있는 한우의 DNA동일성검사 대상 MS마커는 성감별마커를 포함하여 총 12개의 마커로 구성되어 있으며, 두 가지 시료에 대한 이들 마커의 일치여부를 분석하여 DNA동일성을 최종적으로 판독한다(그림 12-13). (A)의 경우 DNA동일성검사 결과 도축장시료와 판매장시료의 DNA peak의 위치가 서로 일치하기 때문에 동일한 개체로 판독하며, (B)의 경우 도축장시료와 판매장시료의 DNA peak 위치가 서로 불일치하기 때문에 서로 다른 개체로 판독한다.

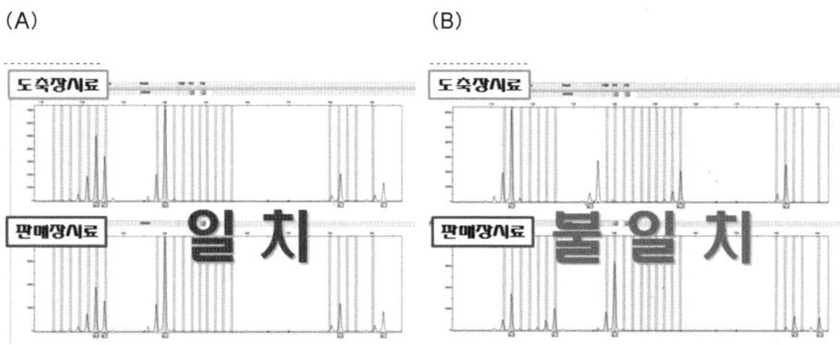


그림 12-13. 한우 DNA동일성검사 결과의 예

## 〈참고문헌〉


1. Giovannoni J. J., R. A. Wing, M. W. Ganal and S. D. Tanksley. (1991) Isolation of molecular markers from specific chromosomal intervals using DNA pools from existing mapping populations. *Nucleic Acids Res.* 19, 6553-6558.
2. Gitschier, J., D. Drayna, E. G. D. Tuddennam, R. L. White and H. M. Lewin. (1985) Genetic mapping and diagnosis of haemophilia A achieved through a Bcl I polymorphism in the factor VIIl gene. *Nature* 314, 738.
3. Levin, I., L. Santangelo, H. Chen, L. B. Crittenden and J. B. Dodgson. (1994) An autosomal genetic linkage map of the chicken. *J. Hered.* 85, 79-85.
4. Levin, I., L. B. Crittenden and J. B. Dodgson. (1993) Genetic map of the chicken Z chromosome using random amplified polymorphic DNA (RAPD) markers. *Genomics* 16, 224-230
5. Meissen, G. J., R. H. Muers, C. N. Mastromauro, W. J. Kornshetz, K. W. Klinger, L. A. Farrefl. R. A. Watkins, J. F. Gusella, E.D. Bird and J.B. Martin. (1988) "Predictive testing for Huntingtons disease with use of a linked DNA rnarker". *N. Eng. J. Med.* 318, 535.
6. Michaud, J. *et al.*, (1992) Strand-separating conformational polymorphism analysis, efficacy of detection of point mutations in the human ornithine delta-aminotransferase gene. *Genomics* 13, 389-394
7. Michelmore, R. W., I. Paran and R. V. Kesseli. (1991) Identification of markers linked to disease-resistance genes by bulked segregant analysis, a rapid method to detect markers in specific genomic regions by using segregation population. *Proc. Natl. Acad. Sci. USA* 88, 9828-9832.
8. Mulcahy, D. L., N. F. Weeden, R. Kesseli and S. B. Carroll. (1992) DNA probs for the Y-chromosome of Silence latifolia, a dioecious angiosperm. *Sex. Plant Reprod.* 5, 86-88.
9. Orita, M., H. Iwahana, H. Kanazawa, K. Hayashi and T. Sekiya. (1989) Detection of polymorphisms of human DNA by gel electrophoresisas single-strand conformation polymorphisms. *Proc. Natl. Acad. Sci. USA* 86, 2766.
10. Postlethwait, J. H., S. L. Johnson, C. N. Midson, W. S. Talbot, M. Gates, E. W. Ballinger, D. Africa, R. Andrews, T. Carl, J. S. Eisen, S. Horne, C. B. Kimmel, M. Huthinson, M. Johnson and A. Rodriguez. (1994) A genetic linkage map for the zebrafish. *Science* 264, 699-703.
11. Reiter, R. S., J. G. K. Williams, K. A. Feldmann, J. A. Rafalski, S.V.Tingey and P.A.Scolnik. (1992) Global and local genome mapping in Arabidopsis thaliana by using recombinant inbred lines and random amplified polymorphics DNAs. *Proc. Natl. Acad. Sci. USA* 89, 1477-1481

# 제13장

# 동물분자육종의 응용:

## II. 한우

# 13.1 한우 분자육종

## 13.1.1

### 한우개량체계의 과거와 현재

우리나라 산업 생산의 70% 이상을 농업에 기반한 1960년대 이전의 한우는 역우로서 농업생산에 기여하였다. 그러나 농업에 기계동력이 도입되면서, 1963년에 개최된 한우개량협의회에서 한우는 역용에서 육용으로 그 사육목적과 개량목표가 정해지게 되었다.

개량체계에서 가장 중요한 요소는 종축의 선발이다. 초기 씨수소의 선발은 축산진흥대회라고 칭한 품평회의 입상축을 농협에서 인공수정용 정액을 생산하기 위한 목적이었다. 1983년부터는 국립축산과학원을 비롯한 각도의 종축장에서 당대 검정을 수행한 수소들을 농협에서 인수하여 보증종모우로서 인공수정에 사용하였다.

한우 암소의 증식과 개량을 위한 사업으로 1979년 각 도에 1개소의 한우개량단지(8개소)를 지정하여 계통번식을 시작하였으며, 1998년까지 전국에 250개로 확대 설치하여 암소를 관리하다, 2000년대 들어 점차 단지를 축소 운영하였고, 2011년에 개량단지 사업은 완전히 중단하였다. 외모심사를 통한 체형위주의 선발과 도태로 개량을 이끌어왔다. 한우개량단지 사업 중단을 결정하면서 2005년부터는 한우육종농가사업을 통하여 보증종모우 선발에서 선발강도와 선발의 정확도를 높이는 농장검정을 실시하게 되었다.

한우개량사업소가 설립된 1985년부터 당 · 후대검정(수소)에 대한 한우검정요령이 제정되어 1987년에 처음으로 능력검정을 필한 씨수소를 선발하게 되었다. 현재 한우의 씨수소개량은 당대검정과 후대검정으로 나누어 실시하고 있으며, 당대검정은 보증씨수소와 고등등록우 및 육종농가로 지정된 농가에서 사육되고 있는 우량 암소와의 계획교배를 통하여 태어난 수송아지를 6개월령에 매입하여 6개월간 발육 및 사료효율, 체중, 일당증체량 등을 조사하고 능력검정을 마친 후, 외모 및 정액생산능력 등을 검정하여 능력검정성적을 기준으로 약 40두의 후보씨수소를 선발한다. 후대검정은 당대검정을 통하여 선발된 약 40두의 후보씨수소 정액을 우량 암소(30두/수소)에 인공수정시켜 태어난 수송아지를 후보씨수소별로 5개월령에 친자감별과 외모심사를 한 후 씨수소별 10두씩 총 400두를 매입하여 농협 한우개량사업소에서 후대검정을 실시한다. 후대검정은 수송아지를 6개월령에 거세한 후 7개월령부터 24개월령까지 비육하여 발육능력 및 도체성적을 조사평가하여 총 40두의 후보씨수소에서 최종적으로 검정필 20두의 보증씨수소(proven bull)를 선발한다.

## 13.1.2
## 한우 유전체연구와 분자육종

가축의 유전체정보를 이용하여 능력을 높이는 연구에 많은 투자가 이루어져 왔다. 한우품종에 대한 유전체 정보의 이용은 다른 축종에 비해 경제적으로 얻을 수 있는 이점이 있다. 그 이유는 육우세대간격이 길고 산자수가 적어 개량 속도가 늦기 때문에, 육우를 개량연구목적으로 사육하는데 많은 시간과 경비가 소요된다. 한우에서 주요경제형질에 관한 유전자마커를 개발하고, 선발강도(selection intensity)나 선발정확도(selection accuracy)를 높이기 위한 산업적 활용은 비용과 시간 대비 매우 효과적인 방법이다. 유전체 정보를 한우육종도구로 활용하기 위해서 노력해온 성과와 앞으로 고려해야 할 사항과 방향성을 살펴보도록 하자.

#### 13.1.2.1 한우 유전체 연구의 목적

한우유전체연구의 목적은 한우품종의 유전적 정립에 관한 명확한 기준을 마련하는 것이어야 한다. 두 번째로 한우개량의 대상이 되는 형질이나 특성에 대한 유전적인 원인을 규명하여 선발하는 도구로 활용 되어야 한다. 세 번째로는 지속가능한 한우산업을 위하여 직면하고 있는 문제를 해결하는 수단과 미래 발전방향을 수립하는 나침반 역할이 될 수 있어야 한다.

#### 13.1.2.2 한우 기준집단

한우 유전체정보를 연구하기 위한 대상집단 즉 기준집단(reference population)의 조성은 매우 중요하다. 유용유전자와 표현형과의 연관을 조사하기 위해서 필수적인 요소이다. 한우에서 개량과 유전체 연구를 위한 기준집단으로 한우 씨수소를 선발하기 위해서 실시되고 있는 후대검정사업에 참여하는 한우집단을 주로 활용하고 있다.

이 후대검정사업 한우집단에서는 한우품종의 유전적 개량에 대한 선발형질로 24개월령 거세우에서 도체중, 등지방두께, 근내지방도 및 배장근단면적 등을 측정하고 있으며, 이들 형질에 있어 유전적으로 우수한 선발된 씨수소는 인공수정용 정액생산에 이용하고 있다. 이 과정에서 선발강도와 정확도를 높이기 위해서는 유전체정보를 적절히 활용할 수 있다.

또한 한우품종에서 경제적으로 중요한 형질들에는 암소 번식이나 송아지 질병관련 형질들이 포함될 수 있다. 하지만 이러한 형질에 대한 측정이나 자료수집이 이루어지기 어렵기 때문에 유전적 개량이 미흡한 형편이다. 한우농가의 사육정보가 수집될 수 있는 통합적인 관리시스템이 축산물이력제의 보완을 통해 이루어진다면, 한우개체식별과 한우농가에서의 사양정보, 유전자분석정보를 번식 및 송아지 질병관련 개량에도 활용할 수 있을 것이다.

한우품종의 분자유전학적 특징을 연구하기 위해서는 상이한 표현형을 가진 품종과 교배를 통해서 전달되는 표현형변이와 유전자형변이를 사용하는 방법이 효과적이지만, 한우품종과 외래품종의 교잡집단을 구성하는 것에 대한 거부감으로 인하여 한우품종의 유전적 특징에 대한 정밀하고 체계적인 연구가 수행되기 어려운 형편이었다. 하지만 대용량 유전체 염기서열분석으로 한우와 다른 품종간의 비교가 가능해짐에 따라 염기서열정보의 비교연구를 통하여 한우품종의 유전적 특징을 일정부분 규명할 수 있게 되었다.

여전히 한우품종이 가진 특징들이 후대에 전달되는 유전적 작용기작을 구분해내기 위해서는 품종간 교배를 통한 유전학적 연구집단을 조성하는 것이 바람직하다. 전세계적으로 소 품종간 교배를 통해 변화하는 기후와 사육환경에 적응하는데 유리할 수 있는 새로운 품종이 개발되고 있다. 유전제정보를 이용한 분자육종의 목적은 가장 효과적인 유전자의 조합을 이루어 내서 축산업현장에서 활용될 수 있도록 하는 것이다. 이러한 관점에서 새로운 소 품종개발과 개량에 활용되고 있는 유전체정보에 관심을 두어야 할 것이다.

# 13.2 한우품종의 분자유전적 특성

## 13.2.1 한우 모색

한우품종의 구분은 주로 모색과 같은 외모적 특성에 우선 의존하였다. 과거 일제시대인 1938년의 심사표준에 검은털 또는 칡소털을 가진 개체를 탈락시킨 이후, 1975년에 고시된 종축 및 후보종축의 외모심사 기준에서 한우 품종의 외모적 특징을 황갈색으로 권장하였기 때문이다. 따라서 한우농가에서 이모색을 가지는 한우가 발생하는 경우 순수한 한우가 아닌 것으로 판정하기도 하였다.

한우모색의 차이에 영향을 주는 유전적인 요인이 무엇인지를 규명하기 위해서는 황갈색 한우와 다른 모색을 가진 품종과 교배시켜 황갈색의 모색발현 양상에 대한 검정교배를 통해서 유전양식을 조사하고, 유전적 원인을 밝힐 수 있는 유전자형과 표현형의 연관분석을 수행하여야 한다. 한우모색의 분자유전적인 원인을 규명하기 위해서 한우와 모색에서 차이를 가진 소 품종과 교잡종을 만들어 표현형의 유전양식을 조사한 연구를 소개한다(그림 13-1).

그림 13-1에서 보는 봐와 같이 황갈색 한우와 백반을 가진 홀스타인을 교배시켜 생산되는 F1은 모두 검정색 모색을 가지게 된다. $F_1$검정색 암소에 다시 한우를 검정교배를 하여 생산된 자손은 검정색과 황갈색이 1:1의 비율이었다. 또한 황갈색 모색에 관여하는 MC1R, ASIP, 그리고 TYRP1 유전자들의 변이들 가운데 1:1의 비율을 가진 유전자형은 MC1R G310del (e/e) 이었다. 이 결과는 한우에서 황갈색으로 나타나는 고유한 모색은 MC1R 단일유전자가 중요한 조절인자이라는 것을 보여준다.

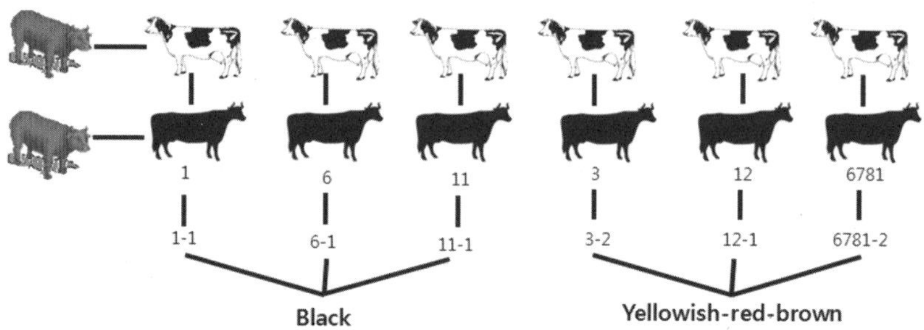


| | | | | | | |
|---|---|---|---|---|---|---|
| MC1R C296T | $E^D/E^+$ | $E^D/E^+$ | $E^D/E^+$ | $E^+/E^+$ | $E^+/E^+$ | $E^+/E^+$ |
| MC1R G310del | E/e | E/e | E/e | e/e | e/e | e/e |
| ASIP int2 A-248C | M | A | C | C | C | M |
| ASIP int2 A-157T | W | W | T | T | T | W |
| TYRP1 ex4 C77G | S | G | C/g | C | S | S |
| TYRP1 ex5 A71G | R | G | A/g | A | R | R |
| TYRP1 ex5 G88T | K | T | G/t | G | K | K |

그림 13-1. 한우와 젖소를 교배한 가계에서 나타나는 모색발현 양상과 개체별 모색관련 MC1R, ASIP, TYRP1 유전자들의 형태

한편 모색을 지배하는 MC1R유전자 변이는 국내산 한우와 육우품종의 구분에 중요한 역할을 하고있다. 황갈색한우의 대부분은 e/e형으로 고정되어 있지만, 젖소품종인 홀스타인은 $E^D/E^D$, 또는 $E^D/E^+$형으로만 나타났다. 칡소는 $E^+/E^+$, 또는 $E^+/e$ 으로 나타나 e/e형은 거의 출현하고 있지 않고, 제주흑우는 $E^D/E^+$형과 $E^+/E^+$, 또는 $E^+/e$ 형이 보고되었다. 따라서 국내에서 생산되는 품종별 소고기를 구분하는 유전적감별 수단으로 MC1R 유전자형이 이용되고 있고, 이를 위해서 제주흑우에서는 $E^D$ 보유 개체들을 제거함으로 $E^D$의 빈도가 감소하고 있는 추세이다.

이처럼 가축모색은 인위적인 선발육종의 결과로 품종을 구분하는 중요한 수단이 되기도 한다. 포유동물에서 모색발현의 유전적 기작은 상당히 많은 연구와 정보가 축적되어 있다.

## 13.2.2 한우품종의 유전적 분석

유전자마커를 사용하여 가축의 개체 및 품종을 식별할 수 있다면 개체의 혈통 정보가 없거나 의심스러운 경우에 이를 확인 할 수 있는 유용한 정보를 제공할 수 있다. 품종식별을 위한 DNA마커가 중요한 이유는 품종 이름 자체가 축산물의 "브랜드"로서 인지도를 가지기 때문이다. DNA마커를 사용하여 소 품종식별이 가능한 이유는 소 품종사이에 특이적인 대립유전자를 가지고 있거나 빈도의 차이를 보이고 있고, 그러한 차이는 소 품종이 가지고 있는 외모적 특징(모색, 모각유무)이나, 육질 특성에 영향을 주게 된다. 현재 한우품종에서는 단일염기다형성(single nucleotide polymorphism, SNP)와 초위성체(microsatellite, MS) 유전자형 진단이 품종의 식별과 개체식별의 수단으로 유용하게 이용되고 있다. 최근 발전된 대량의 DNA염기서열분석, 컴퓨터소프트웨어, 그리고 생물정보학적 기술들로 SNP 마커들에 대한 효율적인 분석이 가능하게 되었다.

## 13.2.3 한우품종의 계통연구

소의 진화와 가축화의 과정에서 혹이 있는 소(인도종, Bos Indicus)와 혹이 없는 소(유럽종, Bos taurus), 그리고 그 혼합종으로 나눌 수 있는데, Y염색체와 미토콘드리아 유전자변이에서 우리나라 한우, 칡소 및 흑우 품종은 모두 Bos taurus에 속해 있다. 한우품종을 다른 소품종과 유전적인 다양성 정도를 11개의 MS마커를 이용하여 분석하였을 때 동북아시아 품종집단과 유럽이나 아프리카 품종집단 등이 지리적 분포도에 따른 유전적 거리가 있음을 분석해 낼 수 있었다. 한우와 연변우, 일본 화우 등은 같은 조상에서 유래된 것을 확인하는 것과 한우를 포함한 동북아시아 품종들은 독립적으로 가축화 품종형성의 기원을 가지는 것도 추정할 수 있었다.

포유동물의 계통분류와 유전학적 관계를 규명하는데 mitochondrial DNA (mtDNA)를 이용한다. 그 이유는 핵 DNA 보다 염기치환의 속도가 빠르고 모계를 통한 유전방식으로 전달양상의 추적이 안정적이기 때문이다. 특히 mtDNA displacement loop (D-loop) 영역은 가장 다형성이 많은 부위여서, 이 영역의 염기서열 차이를 분석하여 종 및 품종간 진화와 계통분류를 연구하는데 널리 활용하고 있다.

동북아시아 지역의 소품종에 대한 유전적 계통분류에도 최근까지 mtDNA D-loop서열을 주로 이용하였다(그림 13-2). mtDNA d-loop

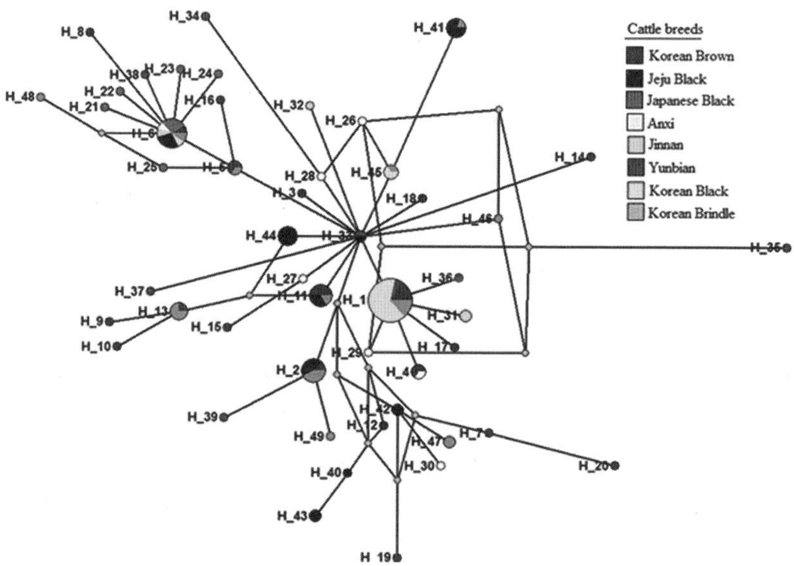


그림 13-2. 동북아시아 소 품종들의 미토콘드리아 계통분류 (Dadi *et al*., 2013)

서열에 존재하는 변이들을 이용하여 유전학적 관계를 분석하는데 NETWORK 프로그램을 이용한다.

한국과 중국 그리고 일본 소품종에서 mtDNA d-loop 서열을 이용하여 분석한 결과 이들 품종은 모두 T3계열로 분류가 되었고, 제주흑우와 연변우에서 가장 오래된 조상형으로 추측되는 서열을 가지고 있었다. 분류학상 제주흑우와 연변우가 공통조상으로 뿌리가 되는 서열을 가지고 있으며, 황갈색 한우와 칡소, 그리고 일본화우와 일부 중국재래소 품종이 갈라져 나오는 결과는 동북아시아지역에서 한민족이 보유한 소품종이 가장 먼저 가축화된 것으로 추정할 수 있는 증거가 된다. 이러한 연구결과를 기반으로 좀더 다양한 지역의 재래소품종의 유전정보를 비교하는 것 뿐만아니라 고대유물지역에서 발굴된 소뼈 DNA로부터 유전정보를 얻어서 비교함으로써 과거역사에서 소 품종간 교류의 흔적을 통해 고대사를 재해석하거나 새로운 역사적 사실을 발견하게 되기도 한다. 특히 동북아시아지역에서 한우의 유래에 대한 과학적 사실을 규명하는 것은 한민족의 기원을 밝혀내는데도 도움을 줄 수 있게 된다.

## 13.2.4
## 한우 유전체분석

2003년 소의 genome project가 시작된 이래 높은 완성도를 가진 유전체 염기서열정보를 현재 이용할 수 있게 되었다. 특히 전장유전체수준의 대량의 SNP 정보를 간편하게 분석할 수 있게 한 Illumina SNP Chip의 보급은 한우와 다른 여러 소 품종간의 유전적 특성을 정밀하게 비교할 수 있는 도구가 되었다. 또한 한우품종의 유전적 특성 뿐만아니라 경제형질에 대한 유전적 능력을 예측할 수 있는 도구로써 활용이 가능하게 됨으로써 분자육종기술이 한우산업에 활용될 수 있게 된 것이다.

초기 시판된 Illumina Bovine 50K chip은 총 54,001개의 SNP로 구성되어 있다. 한우품종에 적용된 초기 Illumina Bovine SNP Chip의 특성은 평균 0.2 정도의 최소대립인자빈도(minor allelic frequency, MAF) 이었고, Hardy-Weinberg Equilibrium에 벗어나는 SNP는 전체 대비 1.2%정도였다. 가장 이상적인 SNP 유전자형의 빈도는 0.3-0.7사이의 범위를 가져야 하는데 총 54001개의 전체 SNP 대비 11.6%인 5,939개의 SNP는 한우에서 다형성을 나타내지 않았으며, 약 24.4%의 SNP가 0.1미만의 빈도로 나타냈고, 64%만이 0.3이상의 빈도를 나타내었다(Dadi 등, 2012). 이는 유전적 조성이 다른 품종의 유전체정보를 기반으로 제작되었기 때문이다.

Illumina Bovine SNP Chip을 이용하여 한우품종내에서 형질에 영향을 미치는 유전좌위를 정밀하게 찾거나, 유전자형에 근거하여 유전능력을 정확하게 추정하기 위해서는 중요한 고려사항이 있다. 그것은 SNP 마커들간의 연관불균형구조를 파악하는 것이다. 특정 염색체영역에 나타나는 연관불평형구조는 SNP마커들로 이루어진 특정 반수체의 빈도가 감소하거나 증가하는 효과를 가지게 되는 것으로, 선발에 따른 반응 또는 흔적으로 품종의 유전적 특성을 규명하는데 유용한 정보가 된다. 특히 Illumina Bovine SNP Chip에서 얻어진 조밀한 유전자형정보는 한우품종과 서구품종간에 유의적으로 차이가 있는 염색체영역을 탐색할 수 있도록 하였으며, 탐색된 염색체영역내에 기능유전자정보는 형질의 조절에 영향을 주는 유전적 기작을 규명하는 것을 용이하게 하였다. 또한 특정형질의 개량을 위한 강한 인위적인 선발은 선호되는 유전변이의 빈도를 높이게 되고 그 과정에서 선발되는 유전변이는 주변 염색체영역의 연관불평형구조를 변화시키게 되는데, 이러한 특정한 반수체의 빈도변화를 품종간에 집단유전체적 비교를 통해서 정밀하게 측정할 수 있다.

한우품종은 고품질의 소고기를 생산하는 유전적자질은 높게 평가되나 암소의 경우 산유능력이 불량하여 오래전부터 한우개량의 문제점으로 지적되어왔다. 산유능력이 우수한 젖소품종인 홀스타인과 비교하여 한우와 홀스타인품종간에 산유능력에 관한 유전적차이를 Illumina Bovine SNP Chip의 유전자형정보를 비교함으로써 탐색해 낼 수 있다. 특히 홀스타인품종은 산유능력을 높이기 위하여 집중적이며 높은 강도의 선발과정을 거쳤기에, 홀스타인품종만의 특이적으로 높은 연관불평형 염색체영역이 선발흔적(또는 선발신호) 영역으로 존재할 수 있다. 한우품종에서는 상대적으로 선발흔적이 고품질의 소고기를 생산하는 유전자좌위에서 나타나게 된다. 이러한 경제형질과 관련한 양적형질유전자좌위는 선발에 비례하여 증가하는 특정영역의 반수체 동형접합도를 측정하는 것이다.

전장유전체분석을 통해서 얻어질 수 있는 부가적인 정보는 유용한 유전인자의 도입과 고정을 통해 동형접합영역을 이용하여 근교계수를 추정하는 것이다. 특정형질에 대한 선발강도를 높이기 위해서는 동형접합영역과 전장관련성분석의 결과를 결부하여 이용하는 것이 효과적이다. 적절한 수준의 집단의 다양성을 유지하면서 특정염색체영역의 반수체 선발을 통해서 선발강도를 높이는 것은 서로 상보적이기 때문이다.

## 13.2.5

### 한우 전장유전체 관련성분석: 도체중

한우유전체에 대한 연구는 한우종자개량의 측면에서 중요성이 널리 인식되고 있다. 한우개량의 주요선발형질은 도체중, 등지방두께, 근내지방도 및 배장근단면적이다. 그동안 한우품종에서 개량의 도구로 유전자마커는 주로 외국 소 품종에서 발표된 자료에 의존하여 후보유전자와 염색체영역을 한우집단에 적용하는 연구를 수행하였다.

llumina Bovine SNP Chip은 한우 품종내에서 중요 염색체영역을 규명하여 한우의 선발형질에 대해서 우수한 유전적 자질을 보유한 후보개체를 조기에 선발할 수 있는 유전자마커를 확보할 수 있는 도구가 될 수 있었다. 이러한 유전자마커정보는 한우농가에서도 우수한 유전적 자질을 보유한 암소개체와 송아지 선발에 이용될 수 있을 뿐만아니라 추가적으로 한우소고기의 이력관리를 위한 개체식별 DNA 검사에도 동시에 활용될 수 있는 장점을 가진다. 그동안 한우에서의 분자유전학적인 연구결과가 산업적으로 검증되어 활용된 사례는 매우 미미하다. 그 이유가운데 하나는 한우유전체 R&D가 소규모로 이루어져 왔고, 연구결과를 활용할 주체가 불분명하였기 때문이다. 한우유전체에 대한 연구결과에 대한 상호검증과 보완을 이루어 낼 수 있도록 논의를 진행함과 동시에 의미있는 연구결과가 사장되지 않고 산업현장에서 이롭게 활용될 수 있는 운영체계를 갖추도록 하여야 한다.

2007년에 수행된 '한우 육량 · 육질 조기 선발용 DNA Kit 산업화 기술개발' 연구과제에서 농협중앙회 한우개량사업소의 협조로 분양받은 후보종모우와 그 자손의 DNA를 Illumina bovine SNP50K BeadChip을 이용하여 분석하였다. 그 결과 한우 염색체에서 한우의 육량과 육질에 영향을 주는 예비마커로 96개의 SNP들이 선발되었고, 이를 한우농가의 실용축군에서 검증실험을 거쳐서 최종적으로 한우경제형질마커로 48개의 SNP마커가 선발되어 그중 일부 SNP마커가 한우산업현장 적용되었다.

한우 전장유전체 관련성분석을 통해서 발굴된 14번염색체 영역에 대해서 차세대 염기서열 분석방법을 통해서 한우도체중에 영향을 주는 원인유전인자로 PLAG1 유전자변이가 규명되었다. 한우 도체중에 영향을 주는 염색체좌위를 발굴하기 위해서 한우 후대검정우 집단 497두에서 전장유전체분석을 하였다. 전장유전체분석에 사용되는 SNP 유전자형에 대해서는 (1) 성염색체에 존재하는 SNPs, (2) Call rate 〉 90%, (3) minor allele frequency (MAF) 〉 0.05, (4) 하디와인버그평형(Hardy-Weinberg equilibrium) 〉 0.0001의 4가지의 조건에 만족하는 약 36,000개의 SNP 마커들을 이용할 수 있었다. 전장유전체 관련성분석을 통해 한우 염색체 14번 25M 부위에서 도체중에 유의적인 영향을 주는 좌위가 발굴되었다(그림13-3).

발굴된 염색체 14번영역에 대한 원인유전인자를 탐색하기 위해서는 체계적인 단계의 접근이 필요하다. 먼저 유전체염기서열자료를 이용하여 원인유전자로 가능성이 높은 후보유전자 내에 존재하는 변이들을 선발하고, 그 가운데 염기서열에서 발굴된 변이와 Illumina Bovine 50K

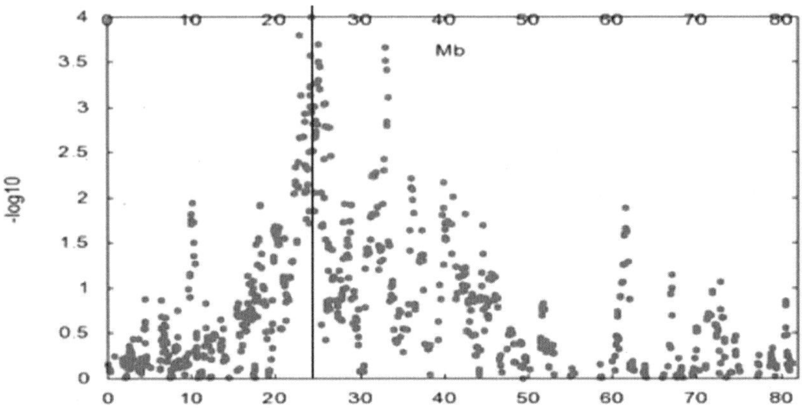


그림 13-3. 소 14번 염색체에서 한우 도체중관련 원인유전자좌위를 발견한 전장유전체관련성분석

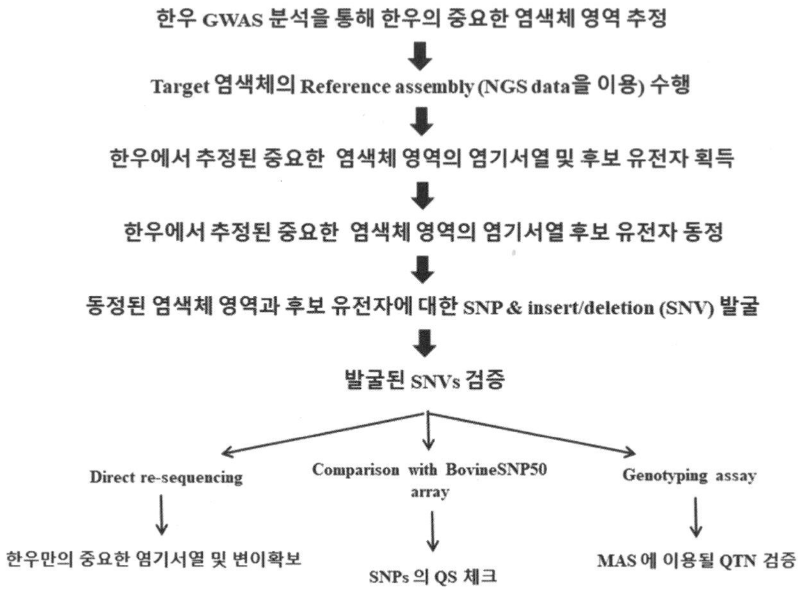


그림 13-4. 전장유전체분석과 원인유전인자 규명을 위한 단계별 분석방법

Chip에 공통적으로 존재하는 SNP를 이용하여 반수체를 구축하여 원인 변이가 될 수 있는 변이들의 검정을 위한 tagSNP를 선발할 수 있게 된다 (그림 13-4).

표 13-1에서는 한우 염색체 14번에서 도체중에 유의적인 연관성을 보여주는 SNP 마커들의 위치와 대립인자의 유형과 빈도를 보여주고 있다. 한우 22-30M 영역에 속하는 비교적 넓은 영역에서 연관성을 보여주고 있다. 이 영색체영역의 위치한 PLAG1 유전자 3'-UTR 내에 있는 SNP (rs109231213)가 원인유전요인으로 알려져 있다.

표 13-1. 소 염색체 14번 도체중관련 유전좌위의 SNP마커 특성 및 효과

| Marker name | BTA[a] | Position[b] | $-\log_{10}$ P-value | MAF[c] | MA[d] | Allele substitution effect (kg) |
|---|---|---|---|---|---|---|
| BTB-01417864 | 14 | 22,420,390 | 4.10 | 0.15 | A | -21.4 |
| BTB-01143619 | 14 | 24,315,258 | 5.34 | 0.06 | C | 33.6 |
| BTB-01143580 | 14 | 24,383,627 | 6.79 | 0.06 | A | 32.9 |
| Hapmap30932-BTC-011225 | 14 | 24,898,781 | 6.30 | 0.06 | T | 33.7 |
| UA-IFASA-7902 | 14 | 24,933,302 | 4.53 | 0.26 | T | 11.6 |
| Hapmap31672-BTC-065429 | 14 | 24,968,796 | 4.53 | 0.26 | A | 11.6 |
| **PLAG1 (rs109231213)** | **14** | **25,003,338** | **7.85** | **0.08** | **C** | **43.0** |
| BTB-01280026 | 14 | 25,170,557 | 7.69 | 0.08 | C | 34.7 |
| Hapmap27934-BTC-065223 | 14 | 25,288,714 | 6.30 | 0.06 | G | 33.7 |
| ARS-BFGK-BAC-8496 | 14 | 30,543,605 | 4.18 | 0.06 | G | 34.8 |
| ARS-BFGL-NGS-6936 | 14 | 33,171,241 | 4.02 | 0.06 | A | 25.6 |

[a] Bovine chromsome; [b] Position (UMD4.0); [c] Minor allele frequency; [d] Minor allele

한우 PLAG1 유전자변이와 Illumina Bovine SNP Chip SNP의 연관불평형분석을 하여 구축된 반수체들은 유의적인 연관성을 나타내는 유전자형을 찾아내는데 이용하였다(표 13-1). 그 결과 총 1,550두의 한우도체중 자료에서 분석한 결과, 한우염색체 14번내의 수많은 변이들 가운데 PLAG1 3'UTR 영역의 단일염기변이(rs109231213)가 한우의 도체중에 가장 유의적인 효과를 나타낸다는 것을 확인할 수 있었다 (표13-2). 하지만 도체중을 증가시키는 C 대립유전자의 빈도가 외국 육우품종에 비교하여 매우 낮은 편으로, C 대립유전자의 선발에 따른 개량효과는 매우 높을 것으로 추정되었다.

표 13-2. PLAG1 3' UTR 영역 유전자 변이의 도체중 증대 효과

| 집단 | CC형(n) | CG형 (n) | GG형 (n) |
|---|---|---|---|
| 후대검정우 (24개월령) | 395.3 ± 22.0 (6) | 376.4 ± 36.5 (53) | 352.3 ± 39.1 (359) |
| 한우능력평가대회 출품우 | 579 ± 16.0 (2) | 449.3 ± 44.7 (94) | 430.8 ± 40.3 (493) |
| 농협 안심한우 거세우 | 456.6 ± 30.8 (18) | 410.5 ± 46.5 (225) | 396.5 ± 50.2 (699) |

소 염색체 14번에 도체중에 영향을 주는 유전좌위가 있다는 것은 일본화우에서 2007년 최초로 보고되었다(Takasuga, 2016). 그 후 2011년 벨기에와 뉴질랜드 연구자들이 PLAG1 유전자변이가 소의 체형을 증대하는 유전인자라는 것을 보고하였고(Karim 등, 2011), 소의 체형과 도체중은 PLAG1 유전인자가 동일한 효과를 가진다는 것이 밝혀지게 되었다. 이상의 연구결과는 전세계 육우품종의 도체중에 영향을 미치는 가장 중요한 유전인자로서 PLAG1 유전자가 인정되고 있으며, PLAG1 유전인자 내에 추가적인 변이가 다양한 소품종에 존재하며 체형발달에 영향을 주게 될 가능성도 있다.

## 13.2.6

## 한우 전장유전체 관련성 분석: 마블링과 지방산

한우농가가 높은 수익을 올리고 소비자가 신뢰할 수 있는 한우고기를 생산하는데 도움이 될 수 있는 것은 한우개체의 육량을 증대시키는 것이고, 맛과 건강에 이로운 지방산조성을 가진 소고기를 생산하는 것이다. 즉 도체중과 고기내 올레인산 함량이 높아질 수 있도록 개량하는 것이다.

그동안의 육우 품종에서 얻어진 지방산조성에 영향을 주는 유전자연구결과를 종합하면 FASN 또는 SCD 유전자형에 따라 소고기내 지방산조성에 차이가 있다는 것이 규명되었다. 또한 일본흑우나 앵거스 품종에서 알려진 지방산 조성의 차이에 영향을 주는 유전자형효과가 한우품종에서도 큰 차이는 없는 것으로 알려져 있다. 이러한 결과가 중요한 이유는 소고기내 지방산조성에 영향을 줄 수 있는 특정유전자형의 빈도를 높이도록 선발이 가능하다는 것이다.

특히 앵거스 품종과 비교하였을 때 올레인산의 함량을 높이는 유전자형의 빈도가 한우에서 월등히 높다는 것은 고품질 소고기를 생산하는데 한우품종의 우수성을 나타내는 것이고, 국내소비자에게 인식시켜야할 중요한 정보라고 생각한다. 또한 올레인산과 같은 불포화지방산 조성비율이 높은 일본화우품종에서 어떠한 유전자형이 조절하는지를 파악하여 한우품종에 적용하는 것도 가능하기 때문이다.

특히 올레인산 함량을 조절하는 것으로 알려진 FASN 유전자내의 중요한 유전자 변이의 빈도를 한우와 화우에서 비교하였을 때 올레인산의 비율을 높일 수 있는 유전자형의 빈도가 한우에서 상대적으로 매우 낮은 편으로 조사되었다. 따라서 FASN 유전자형을 이용한 직접선발은 한우육의 품질을 개선하는데 매우 유용한 방법이 될 것이다.

## 13.3 한우 유전자마커의 적용

한우분자육종에서 유전자변이 즉 SNP효과는 어떤 집단을 대상으로 하느냐에 따라 달라지게 된다. 유전자효과를 추정하는 기준집단의 경우에 나타나는 한우 SNP효과는 극히 소수만이 상용집단(즉 상이한 사양환경관리)에서 나타나게 된다. 그 이유는 유전자마커효과는 사양관리와 집단의 규모에 따라 영향을 받기 때문이다. 따라서 상용집단에 적용하는 유전자마커는 효과가 검증된 소수의 마커 적용하여, 그 유전마커의 효과가 발휘되는지를 우선 점검을 하고, 점진적으로 개량이 이루어지도록 보완해 나가는 세심한 접근이 필요하다.

유전자마커정보를 한우암소개량에 적용하는 체계는 그림 13-5에 나타내었다. 한우산업의 지속가능한 개량을 위해서는 지역별 핵군암소집단의 혈통정보와 유전자형 정보를 기반으로 선발된 우군에 수정란이식과 같은 신기술을 도입해서 우수한 한우의 확산에 노력하여야 한다. 앞으로 한우산업은 지역별 특성화된 차별화된 한우육 생산 사양기술을 접목하여 한우고기상품을 다양화해야할 뿐만 아니라, 한우 사육현장에서 수집될 수 있는 많은 형질들의 유전능력평가와 개량도 이루어 질 수 있어야 한다. 특히 한우암소의 번식과 유량관련 형질도 반드시 포함될 수 있는 생명공학과 분자유전의 접목이 요구된다.

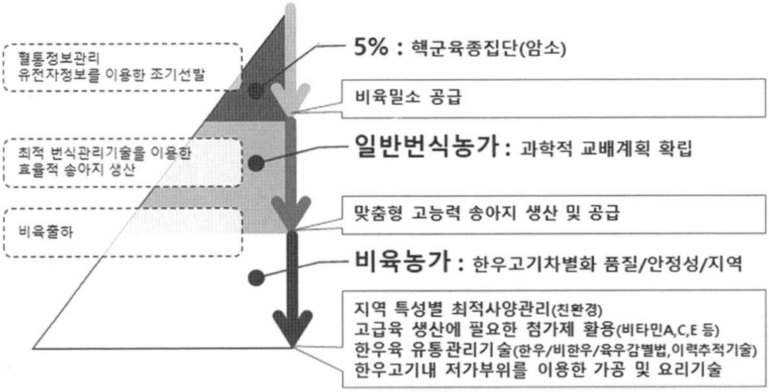


그림 13-5. 한우산업체계와 유전자 정보 적용방안

## 〈참고문헌〉


1. Dadi H., Lee S.H., Lee S.,S., Park C., and Kim K.S. (2014) Inter- and intra-population genetic divergence of East Asian cattle populations: focusing on Korean cattle. *Genes & Genomics* 36, 261–265.
2. Dadi H., Kim J.J., Yoon D., and Kim K.S. (2012) Evaluation of single nucleotide polymorphisms (SNPs) genotyped by the Illumina Bovine SNP50K in cattle focusing on Hanwoo breed. *Asian Austral. J. Anim. Sci.* 25, 28-32.
3. Karim L., Takeda H., Lin L., Druet T., Arias J.A., Baurain D., and *et al.* (2011) Variants modulating the expression of a chromosome domain encompassing PLAG1 influence bovine stature. *Nat. Genet.* 43, 405–413
4. Takasuga A. (2016) PLAG1 and NCAPG-LCORL in livestock. *Anim Sci J.* 87, 159-167.

# 제14장

# 동물분자육종의 응용:

## III. 젖소

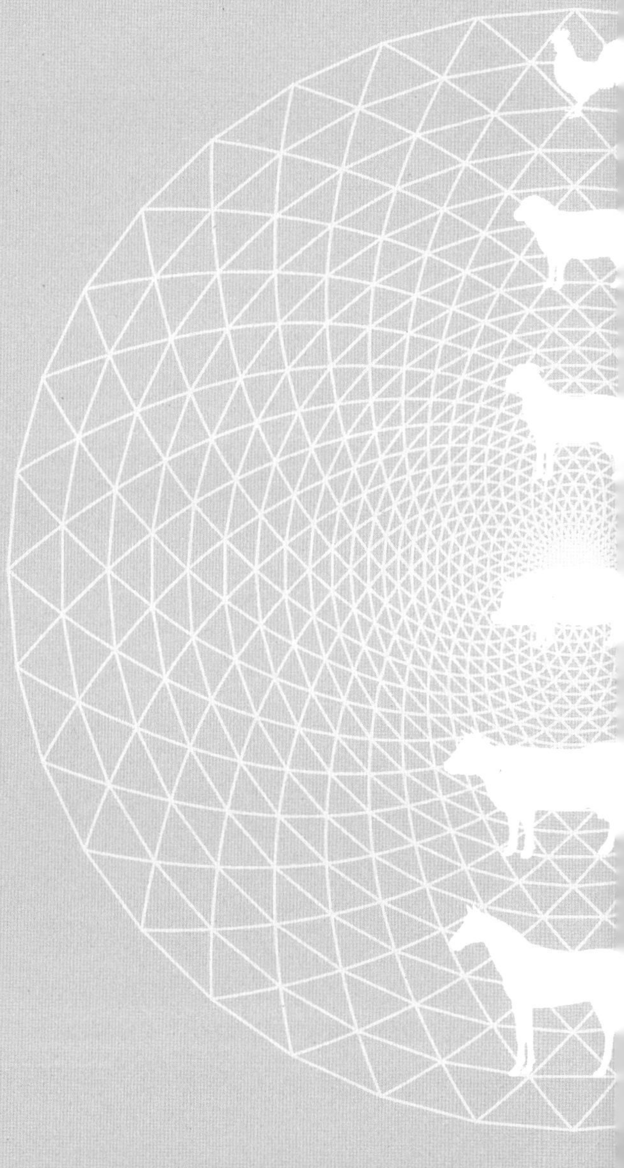

# 14.1 젖소의 개량

## 14.1.1 젖소개량체계

양질의 영양원을 인류에게 제공하고 있는 젖소는 세계적으로 약 1억 두 이상이 사육되고 있다. 젖소는 신석기시대에 유럽과 아시아에서부터 가축화된 것으로 알려졌으며 젖소의 육종은 선사시대 이전부터 동물의 가축화에서 이미 시작되었다. 가축화 과정에서 인간과 친화적이고 온순한 가축으로 의도적이거나 또는 우연히 선발되어 왔다.

능력의 기록이나 개체의 식별이 지금은 양적형질의 선발에 대한 기초로서 모두가 자연스럽게 받아들여지고 있지만, 역사적으로는 18세기에 이르러서야 Robert Bakewell이 개량 형질의 고정을 위하여 가축의 혈통을 기록하고 근친교배를 이용하였다. 영국에서는 그를 근대 가축육종의 아버지라 하며 기록의 중요성을 강조하고 있다. 젖소의 Herd Book은 품종의 혈통기록을 보존하는데, 1882년에 영국의 Shorthorn품종에서 Herd Book이 기록되기 시작하였다. 대부분의 품종에서 폐쇄적으로 혈통을 기록하며 순수 품종을 유지하는데 이를 이용하였다. 당시에는 혈통등록 요건에 가축의 능력은 평가 또는 기록의 대상이 아니었다.

개체의 능력과 혈통을 함께 기록하기 시작한 것은 미국의 Michigan과 New York주에서 각각 1906년과 1908년에 Cow Test Association의 프로그램이다. 1926년에 Dairy Herd Improvement Association (DHIA)의 프로그램으로 명실상부한 젖소의 생산과 기록을 시작하였다. 현재는 미국 DHIA는 기록의 수집을 위하여 지역마다 기록수집기관으로서 다양한 조직의 형태를 가진 Dairy Record Processing Center를 설치하

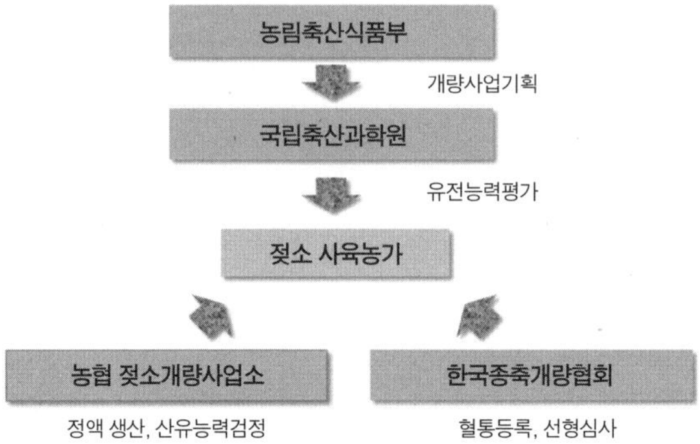


그림14-1. 우리나라의 주요 젖소개량기관과 역할

여 산유능력자료를 수집하고, 미국 홀스타인협회에서는 혈통과 심사자료를 수집한다. 미국 농무성산하의 Agriculture Research Station (ARS)의 Animal Improvent Programs Laboratory (AIPL)에서 수집된 자료를 분석하여 농가에 제공한다. 우리나라에서는 1966년 한국홀스타인 등록협회에서 젖소의 혈통정보를 수집 기록하기 시작하였다가, 한국종축개량협회로 통합되었다. 협회는 1977년에 검정기관으로 지정되었었고, 지금은 젖소의 혈통등록정보와 심사자료를 수집하고 있다. 농협산하의 젖소개량사업소는 농가의 산유능력검정과 젖소 씨수소의 검정사업을 담당하고 있다. 국내에서는 젖소의 유전능력평가가 1992년에 최초로 이루어지게 되고, 현재 공인된 국가단위의 유전능력평가는 국립축산과학원이 담당하고 있다(그림 14-1).

## 14.1.2

## 젖소의 개량 형질

젖소에서 기록의 시작은 산유량으로 농장의 생산관리를 위한 목적이

그림 14-2. Stephen M. Bobcock, Wikipedia (Professor of the University of Wisconsin-Madison)

가장 큰 이유였다. 그러나 우유가공산업의 발달로 자연스럽게 수익성에 영향하는 우유크림함량에 대한 관심이 생겼다. Bobcock은 우유내 지방의 비율을 측정하는 Bobcock Test (1890)를 개발하였고, 이 측정방법은 미국 DHIA에서 채택되어 유지방함량의 기록도 수집하게 되었다(그림14-2). 유조성분에 대한 소비자들의 관심은 더욱 측정형질을 세분화하여, 유단백질과 무지고형분은 물론 최근에는 건강과 관련하여 불포화지방산의 함량까지 측정하는 곳도 생기게 되었다.

한편 생유의 소비와 관련하여 위생에 대한 소비자들의 관심을 반영하여 체세포 및 세균에 대한 검사도 원유의 집유과정에 들어가는 필수조사항목이 되었으며, 또는 산유능력검정과 함께 수집되는 우유내 아세톤, 불포화지방산, 또는 요소질소 등의 자료를 이용하여 젖소 대사질병의 내병성 또는 저항성의 지표형질로서 개량의 대상이 되고, 젖소의 평가와 선발에 이용하기 시작하였다.

젖소에서 일차적인 관심이 젖소의 우유생산능력이라면 또 하나의 중요한 관심사항은 젖소의 임신과 분만이다. 젖소가 생리적으로 분만 후에 착유가 이루어지기 때문에 첫 분만은 대단히 중요하다. 착유하기 위해서 교배를 시키고, 임신기간을 거쳐 분만을 하게 되는데 이 과정에 효율성은 농가의 수익에 크게 영향을 미친다. 수태율, 분만율, 초산일령, 분만간격, 분만난이도 등이 분만형질들로서 조사 기록하여 능력평가와 더불어 선발에 활용되고 있다.

모든 가축에서는 육종을 위해 기록이 시작되기 훨씬 이전부터 외모를 보고 평가하고 품종을 구분 또는 육종하는데에 이용하여왔다. 젖소에서는 이러한 외모에 대한 평가가 육우나 또는 다른 축종보다 더욱 활발하였다. 젖소의 외모와 젖소의 산유능력과의 관계를 사육자들이 오래전부터 인식하고 있었던 것으로 보인다. 특히 젖소의 매매시에 외모가 소의 가치를 평가하는데 중요한 기준이 되었으며, 일찍부터 젖소의 외모를 평가하고 거래하는 시장의 기능과 품평회심사가 발달하게 되었다. 젖소의 외모를 평가하기 위한 기준도 부위별 또는 기능별로 구체화되고 세분화되었다.

한국과 미국에서는 젖소의 등록협회를 중심으로 체형심사의 기준을 만들고, 심사자들을 양성하여 심사기록을 수집하고 평가하여 젖소의 선발에 활용한다. 세계 각국의 젖소의 심사부위와 기능에 대한 분류는 일반적으로 체형(frame and capacity), 엉덩이(rump), 유방(udder)과 지제(feet and leg)로 크게 분류하며, 우리나라의 심사형질들도 이 분류를 따르고 있다. 젖소의 심사형질들 중에는 산유능력이나 장수성(longevity)과 연관되는 형질로 주목을 받는 부위는 유방과 지제 등이 있다(표 14-1).

표 14-1. 우리나라의 젖소의 주요 체형심사부위와 세부형질

| 주요부위 | 세부형질 | 주요부위 | 세부형질 |
|---|---|---|---|
| 엉 덩 이 | (1) 엉덩이기울기 | 지 제 | (13) 발굽기울기 |
| | (2) 엉덩이너비 | | (14) 뒤꿈치깊이 |
| | (3) 허리강건성 | | (15) 뼈질 |
| 유방 | (4) 유방깊이 | | (16) 옆에서 본 뒷다리 |
| | (5) 유방질 | | (17) 뒤에서 본 뒷다리 |
| | (6) 정중제인대 | | (18) 보행성(2차형질) |
| | (7) 앞유방붙음성 | 유용강건성 | (18) 키 |
| | (8) 앞유두위치 | | (19) 전구높이 |
| | (9) 뒷유방높이 | | (20) 가슴너비 |
| | (10) 뒷유방너비 | | (21) 체심 |
| | (11) 뒷유두위치 | | (22) 예각성 |
| | (12) 유두길이 | | (23) BCS |

(한국종축개량협회, 2017)

지금까지 기술한 바와 같이 젖소에는 산유능력, 체형 및 외모, 번식 형질 등 개량하여야 할 많은 형질들이 있다. 동시에 이 형질들을 개량하기 위해서 각 형질들의 경제적 가치에 따라서 가중치를 주어 만들어진 하나의 선발지수(selection index)를 만들어 경제적인 선발을 추구하기도 한다. 젖소의 선발지수는 기능에 따라 다양한 선발지수식을 만들어 사용하고 있다. 미국의 경우 종합 선발지수인 TPI (total performance index), MFP$ (milk fat protein dollar) 그리고 단백질생산기능지수인 Cheese$ 등이 있다. 국내에서도 KTPI (Korean TPI)를 만들어 사용하고 있으며 산유능력, 번식효율, 그리고 체형의 경제적 가치를 포함하고 있다. 우리나라에서는 매 5년마다 여러 형질에 대하여 가축개량목표를 설정하고 젖소의 개량사업을 추진하고 있다(표 14-2).

표 14-2. 국내 홀스타인종 젖소의 개량형질에 대한 성과와 목표

| 구분 | 2010 | 2015 | 2020 | 연간개량량 |
|---|---|---|---|---|
| 산유량(kg) | 8,584 | 8,688 | 8,791 | 20.7 |
| 유지방량(kg) | 321 | 333 | 337 | 1.6 |
| 유지방율(%) | 3.83 | 3.83 | 3.83 | 0.0 |
| 단백질량(kg) | 271 | 284 | 292 | 2.1 |
| 단백질율(%) | 3.22 | 3.27 | 3.32 | 0.01 |
| 무지고형분량(kg) | 742 | 763 | 772 | 3.0 |
| 무지고형분율(%) | 8.78 | 8.78 | 8.78 | 0.0 |
| 최종점수(점) | 76.9 | 78.0 | 79.1 | 0.22 |
| 지제(점) | 76.4 | 77.4 | 78.4 | 0.20 |
| 유방(점) | 76.7 | 79.4 | 82.0 | 0.53 |

(국립축산과학원, 2016)

## 14.1.3

## 인공수정과 씨수소의 개량

미국은 1938년 젖소의 인공수정기술을 덴마크로부터 도입하였고, 이후 인공수정에 의한 교배가 농가로 빠르게 보급되었다. 1939년에 세계 처음으로 미국에 상업화된 씨수소 사육장(artificial insemination stud, AI stud)이 생기게 되었고, 우수한 씨수소의 확보는 이 사육장들의 수입에 결정적인 역할을 하게 되었다.

1960년대 이르러서는 정액제조기술의 발달로 냉동정액으로도 수태율이 70%까지 이르게 되어, 정액의 장기보관 및 이동이 가능하게 되어 인공수정은 젖소개량의 중요한 수단이 되었다. 많은 농가에서 인공수정에 참여함으로서 상업용 씨수소와 사육장의 수가 점차 늘어나게 된다. 씨수소를 개량하여야하는 AI Stud를 중심으로 암소를 사육하는 일반사육농가와 함께 후대검정(progeny test)을 통하여 씨수소들의 능력을 평가하게 되었다(표 14-3).

광범위한 자료수집이 필요한 후대검정과 같은 개량사업은 소수의 AI stud와 젖소 사육농가에 의해서 수행될 수 없기 때문에 전국적인 조직을 가진 공공기관과 국가연구기관이 참여하게 된다. 미국에서는 DHIA와 각 젖소품종등록협회 그리고 미국 농무성 ARS의 AIPL이 참여하고, 이러한 젖소개량의 사회적 기반을 통하여 많은 씨수소사육장들이 국제적인 정액제조기업으로 성장하게 되고, 젖소의 정액은 가축의 유전자원중에 가장 활발한 국제거래품목이 된다(그림 14-3).

표 14-3. 미국내 인공수정의 도입으로 인한 씨수소를 이용한 소 육종산업의 성장

| 연도 | 씨수소 · 사육장 수 | 씨수소 수 | 목장 수 | 교배 암소 수 |
|---|---|---|---|---|
| 1939 | 7 | 33 | 646 | 7,359 |
| 1940 | 25 | 138 | 2,971 | 33,977 |
| 1941 | 35 | 237 | 5,997 | 70,751 |
| 1942 | 46 | 412 | 12,118 | 112,788 |
| 1943 | 59 | 574 | 23,448 | 182,524 |
| 1944 | 56 | 657 | 28,627 | 218,070 |
| 1945 | 67 | 729 | 43,998 | 360,732 |
| 1946 | 78 | 900 | 73,293 | 537,376 |
| 1947 | 84 | 1,453 | 140,571 | 1,184,168 |
| 1948 | 91 | 1,745 | 224,493 | 1,713,581 |
| 1949 | 90 | 1,940 | 316,177 | 2,091,175 |
| 1950 | 97 | 2,104 | 409,300 | 2,619,555 |
| 1951 | 94 | 2,187 | 548,300 | 3,509,573 |
| 1952 | 94 | 2,324 | 671,100 | 4,295,243 |
| 1953 | 96 | 2,598 | 755,000 | 4,845,222 |
| 1954 | 93 | 2,661 | 805,000 | 5,155,240 |
| 1955 | 79 | 2,450 | 845,900 | 5,413,874 |
| 1956 | 79 | 2,553 | 900,400 | 5,762,656 |
| 1957 | 75 | 2,651 | 946,000 | 6,055,982 |
| 1958 | 71 | 2,676 | 975,372 | 6,645,568 |
| 1959 | 64 | 2,460 | 930,059 | 6,932,294 |
| 1960 | 62 | 2,544 | 910,000 | 7,144,679 |

(Dairy Herd Improvement Letter, ARS-NE-1, 48(4):10 ARS, USDA)

우리나라에서는 젖소 씨수소의 선발을 위하여 농협 젖소개량사업소가 후대검정(progeny test)사업을 담당한다. 우수한 능력의 부모로부터 태어난 후보씨수소(young sire)를 선발하고, 산유능력검정중인 암소들에게 교배하여 얻어진 딸소들의 기록을 이용, 유전능력을 평가하고, 보증씨수소(proven sire)를 선발한다. 농협 젖소개량사업소는 보증씨수소를 사육관리하며, 정액을 제조하여 농가에 보급하고 있다. 젖소정액의 50%는 외국 정액업체(AI stud)로부터 도입하고 있다.

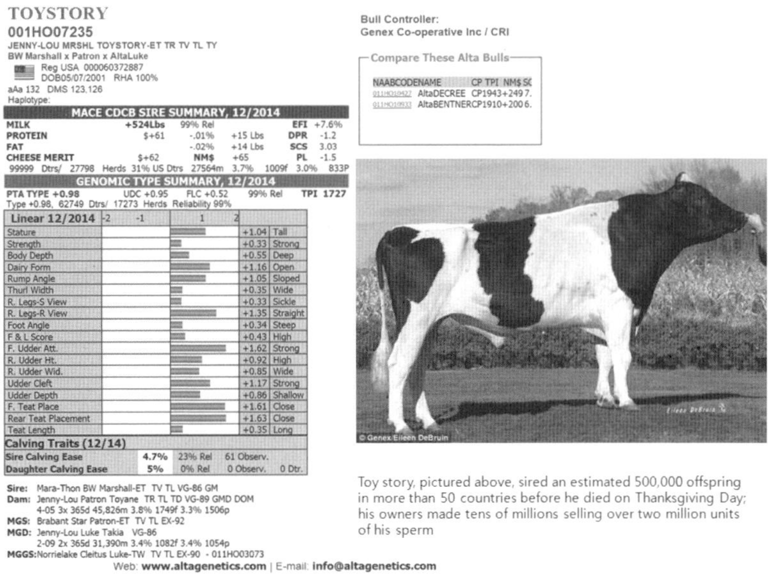

TOYSTORY
001HO07235
JENNY-LOU MRSHL TOYSTORY-ET TR TV TL TY
BW Marshall x Patron x AltaLuke
Reg USA 000060372887
DOB05/07/2001 RHA 100%
aAa 132 DMS 123,126
Haplotype:

**MACE CDCB SIRE SUMMARY, 12/2014**

| MILK | +524Lbs | 99% Rel | | EFI | +7.6% |
|---|---|---|---|---|---|
| PROTEIN | $+61 | -.01% | +15 Lbs | DPR | -1.2 |
| FAT | | -.02% | +14 Lbs | SCS | 3.03 |
| CHEESE MERIT | $+62 | NM$ | +65 | PL | -1.5 |

99999 Dtrs/ 27798 Herds 31% US Dtrs 27564m 3.7% 1009f 3.0% 833P

**GENOMIC TYPE SUMMARY, 12/2014**

PTA TYPE +0.98 UDC +0.95 FLC +0.52 99% Rel TPI 1727
Type +0.98, 62749 Dtrs/ 17273 Herds Reliability 99%

| Linear 12/2014 | | |
|---|---|---|
| Stature | +1.04 | Tall |
| Strength | +0.33 | Strong |
| Body Depth | +0.55 | Deep |
| Dairy Form | +1.16 | Open |
| Rump Angle | +1.05 | Sloped |
| Thurl Width | +0.35 | Wide |
| R. Legs-S View | +0.33 | Sickle |
| R. Legs-R View | +1.35 | Straight |
| Foot Angle | +0.34 | Steep |
| F & L Score | +0.43 | High |
| F. Udder Att. | +1.62 | Strong |
| R. Udder Ht. | +0.92 | High |
| R. Udder Wid. | +0.85 | Wide |
| Udder Cleft | +1.17 | Strong |
| Udder Depth | +0.86 | Shallow |
| F. Teat Place | +1.61 | Close |
| Rear Teat Placement | +1.63 | Close |
| Teat Length | +0.35 | Long |

| Calving Traits (12/14) | | | | |
|---|---|---|---|---|
| Sire Calving Ease | 4.7% | 23% Rel | 61 Observ. | |
| Daughter Calving Ease | 5% | 0% Rel | 0 Observ. | 0 Dtr. |

**Sire:** Mara-Thon BW Marshall-ET TV TL VG-86 GM
**Dam:** Jenny-Lou Patron Toyane TR TL TD VG-89 GMD DOM
4-05 3x 365d 45,826m 3.8% 1749f 3.3% 1506p
**MGS:** Brabant Star Patron-ET TV TL EX-92
**MGD:** Jenny-Lou Luke Takia VG-86
2-09 2x 365d 31,390m 3.4% 1082f 3.4% 1054p
**MGGS:** Norrielake Cleitus Luke-TW TV TL EX-90 - 011HO03073
Web: **www.altagenetics.com** | E-mail: **info@altagenetics.com**

Bull Controller:
Genex Co-operative Inc / CRI

Compare These Alta Bulls

| NAABCODE | NAME | CP | TPI | NM$ | SC |
|---|---|---|---|---|---|
| 011HO10427 | AltaDECREE | CP | 1943 | +249 | 7. |
| 011HO10933 | AltaBENTNER | CP | 1910 | +200 | 6. |



Toy story, pictured above, sired an estimated 500,000 offspring in more than 50 countries before he died on Thanksgiving Day; his owners made tens of millions selling over two million units of his sperm

그림 14-3. 전 세계에 50만마리의 딸소를 생산했던 전설의 종모우 Toystory의 유전능력표

## 14.1.4

## 유전능력 평가방법의 발전

그림 14-4. Jay L. Lush (Professor of Iowa State University)

과학적이고 현대적인 가축의 육종은 돼지육종에서 아이오와주립대학의 Jay L. Lush에 의해 처음 시작되었다고 할 수 있다(그림 14-4). 그는 현대 가축육종의 아버지라 불리며, '가축의 개량은 주관적인 외모에 의해서 육종하기 보다는 객관적이며, 통계적이고 그리고 유전적인 정보에 의해 육종을 하여야 한다.' 고 주장했다. 그가 제안했던 가축의 양적형질의 육종개량을 위한 이론과

실무의 토대는 형질들의 측정치와 혈통정보(pedigree)를 근거로 한다.

젖소는 대부분의 형질이 암소의 기록으로 이루어진다. 이 기록들을 통하여 개체들간의 능력을 비교 평가하는데, 비교를 위해서는 기록에 포함되어 있는 비유전적 요소(non genetic effect)를 제거하여야 한다. 이러한 요인들의 제거는 측정기록에 대한 보정(adjustment)을 통하여 이루어지기도 하는데, 예를 들면 산유량의 경우 분만시연령 또는 산차의 효과에 대한 보정을 통하여 비록 나이 또는 산차가 다르더라도 동일한 조건 즉 성년의 같은 조건에서 비교할 수 있게 된다. 24개월령에 분만한 암소가 있다면 그 암소에 대한 보정계수를 이용 성년형으로 보정한다. 이용된 보정계수는 다음과 같이 산출할 수 있다.

$$24\text{개월령 보정계수} = \frac{\text{성년형 유량}}{24\text{개월령 분만우의 유량}} \qquad [1]$$

보정은 24개월령 분만한 젖소의 산유량에 보정계수를 곱하여 성년형 유량으로 전환하고 다른 암소와 능력을 비교 할 수 있다. 산유량에 영향하는 요인들에는 체중, 건유기간, 분만간격, 착유횟수, 착유일수를 305일에 보정하는 305일유량 등이 있다. 이러한 요인들은 같은 품종내의 모든 젖소에서 유사한 형태로 영향하기 때문에 [1]식과 같은 형태의 보정계수를 이용 보정하여 서로 비교가 가능하게 할 수 있다. 또 이렇게 보정된 기록의 평균으로부터 편차를 젖소의 양적형질의 표현형 또는 관측변수로 간주하기도 하며 씨수소의 관점에서 이름을 붙여 딸소생산량편차(daughter yield deviations, DYD)라 부른다.

그러나 일반화되지 않아 보정시키기 힘든 요인들도 있는데 이에 대해서는 통계모형(statistical model)에 의한 보정을 하는 경우도 있다. 유전능력평가 모형(genetic evaluation model)에 보정하고자하는 효과를 포함시켜 육종가를 추정하면서 동시에 이러한 효과들을 제거한다. 예로 유량에서 목장의 효과, 분만계절의 효과들을 제거하기 위한 유전능력평가방법이 발전되어 왔는데, 1954년 고안된 우군비교법(herdmate comparison)은 농장의 효과를 암소와 농장내 전체 암소의 평균과 비교를 통하여 농장효과를 제거하는 것이다. 다음으로 고안된 방법은 식별 가능한 환경효과(identifiable environmental effect)를 고려하여 평가하는 방법으로서 동기우군비교법(contemporary comparison)은 같은 목장에서 자라고 분만 산차와 분만계절의 환경요인이 같은 무리(contemporary mate)의 평균과 비교함으로서 농장, 산차, 분만년도 및 계절의 요인을 제거하는 실질적 효과를 얻게 된다.

이렇게 환경효과와 유전능력은 통계적으로 최소자승법(least square method)을 이용하여 추정하였고, 비교적 높은 정확도의 유전능력평가 결과를 얻었다. 특히 씨수소의 유전능력은 모든 암소의 평균능력과의 차이라는 뜻에서 예상차(predicted difference, PD)라 한다. 이렇게 추정된 유전능력을 씨수소의 선발결정에 이용하였다.

한편 Henderson은 최소자승법을 수정하여 식[2]와 같은 혼합모형 방정식(mixed model equation, MME)을 창안하였다. 환경효과(고정효과, fixed effect)를 추정하면서 동시에 젖소 개체의 육종가(임의효과, random effects)를 추정하는 방법이다. 임의유전능력(random genetic value)의 추정치 $\hat{u}$는 최적선형불편추정(best linear unbiased prediction, BLUP)의 통계적 특성을 가진다.

$$y = Xb + Zu + e \qquad [2]$$

여기서, y : 관측치

b, u : 관측치의 고정효과와 임의효과

X, Z : 고정효과와 임의효과의 발생행렬

e : 임의의 잔차효과

유전능력의 예측에는 혈통정보를 이용하는데 친척간에 유전에 의해서 같은 유전자 보유(identical by descent)의 확률을 상가적유전관계(additive genetic relationship) 또는 혈연계수(relationship coefficient)라 한다. 미국에서는 오랫동안 후대검정을 기반으로 아비와 딸의 혈연관계를 주로 이용한 씨수소모형(sire model)을 적용하여 우수한 보증씨수소를 생산하여 괄목할 만한 개량성과를 거두었다. 1989년에는 미국 농무성 ARS의 AIPL에서 세계 최초로 모든 혈연관계를 이용하여 추정된 육종가의 정확도를 높이면서도 암소의 육종가도 동시에 추정하는 개체모형(animal model)을 채택하여 국가적인 유전능력평가에 적용하였다. 이 방법을 이용할 수 있었던 것은 Henderson의 혈연계수행렬(numerator relationship matrix)의 역행렬 계산을 간단히 얻을 수 있는 algorithm의 개발에 기인한 바 크다(그림 14-5). 개체모형에서 예측된 젖소의 유전능력은 개체 자신의 유전능력인 육종가(estimated breeding value, EBV)와 육종가의 반인 자손에게 유전되는 예상전달능력(predicted transmitting ability, PTA)으로 표시한다.

그림 14-5. Charles R. Henderson (Emeritus Professor of Cornell University)

## 14.1.5

## 젖소에서 분자표지도움선발(marker assisted selection, MAS)

소(B.taurus)는 29쌍의 상염색체와 1쌍의 성염색체가 있으며, $3\times10^9$bp (base pair) 길이의 DNA를 가지고 있다. 소와 같은 포유류는 20,000~25,000개의 단백질 합성유전자를 가지고 있다.

유전적개량은 특정한 유전자좌위의 유전자형 효과에 의해 결정된다. 관측 가능한 다형성의 유전자좌위는 3가지 형태로 발견된다. 1) 직접마커(direct markers): 이 좌위는 기능적 돌연변이(functional mutation)를 합성(code)한다. 2) 연관불평형마커(linkage disequilibrium (LD) markers): 이 좌위는 기능적 돌연변이(functional mutation) 좌위와 집단 내에서 연관불평형 상태에 있다. 3) 연관평형마커(linkage equilibrium (LE) markers): 이 좌위는 기능적 돌연변이(functional mutation) 좌위와 집단 내에서 연관평형상태에 있다.

직접마커는 관심 대상 유전자의 일부분이고, 마커가 식별되면 선발과 도태에 활용하기 쉽다. 다만 연관마커(linked marker)들보다 발견하기가 쉽지 않다. 실험실의 분석과 표현형분석을 통하여 찾아낼 수 있다. 그림 14-6에 제시되어 있는 DNA fragment는 소의 백혈병을 유발하는 BLAD carrier의 직접마커를 보여준다. 정상적 유전자형(wild type, homozygous normal)과 돌연변이(mutation, homozyous BLAD)의 염기서열과 agarose gel의 band를 보여주고 있다.

연관마커(linked marker)는 잘 설계된 실험을 통하여 찾아낼 수 있으며, 관심대상의 주요유전자와 근접해 있는 마커를 일컫는다. 연관마커 자체는 형질유전자내 DNA의 일부는 아니지만 염색체내의 형질유전자와 가까이 위치한다. Microsatelites는 소의 유전체에서 수천 개 이상 출현

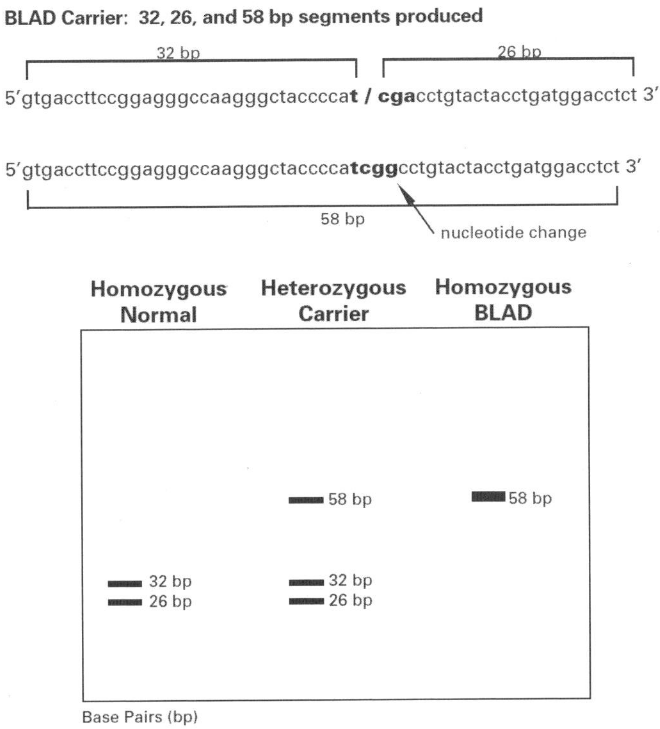


그림14-6. BLAD carrier의 DNA fragments와 BLAD 돌연변이 유전자형 따른 agarose 젤의 band 형태(Iowa State University, 2017).

하고, 다형성(polymorphism)이 높아 다른 축종에서와 마찬가지로 가장 널리 이용되는 연관마커다.

마커개발을 위한 노력의 크기는 직접마커가 가장 크고, LE마커가 가장 작다. LE마커는 임의의 무명표지(random anonymous marker)로도 개발될 수도 있지만, 직접마커는 스스로 돌연변이(mutation)를 합성(coding)하는지 여부를 밝혀야 한다. LD마커는 원인이 되는 돌연변이와 긴밀한 연관이 있거나, 고밀도마커지도나 또는 후보유전자의 다형성으로 식별되어야 한다. LE마커를 사용하면 15~50cM 간격으로 제한된 수의 마커를 기반으로 하는 QTL의 유전체 전체의 분석이 가능하다. 유전체 차원의 분석은 LD마커에서도 가능하지만, 집단내의 LD 정도에 따라 매우 조밀한 마커지도가 필요하다. LD마커는 가축의 집단에서 광범위하게 나타나지만, QTL을 검출하기 위해서는 대부분 1 내지 2 cM 간격에서 마커의 검사가 되어야 충분하다고 할 수 있다.

표 14-4. 젖소와 다른 가축 표현형의 유형별 표지유전자 (Dekkers, 2004)

| 형질 | 직접마커 | 연관불평형마커 | 연관평형마커 |
|---|---|---|---|
| 선천적 기형 | BLAD<br>Citrulinaemia<br>DUMPS<br>CVM<br>Maple syrup urine<br>Mannosidosis<br>RYR (pig) | RYR (pig) | |
| 외모 | MC1R/MSHR<br>MGF (beef) | | Polled (beef) |
| 우유의 질 | κ-Casein<br>β-lactoglobulin<br>FMO3 | | |
| 육질 | RN/PRKAG3 (pig) | THYR (beef)<br>Leptin (beef) | |
| 사료섭취 | MC4R (pig) | | |
| 질병 | F18 (pig) | K88 (pig) | |
| 번식 | | ESR (pig)<br>PRLR (pig) | |
| 성장과 구성 | MC4R (pig)<br>Myostatin (beef) | CAST (pig) | QTL (pig, beef) |
| 유량과 조성분 | DGAT<br>GRH<br>κ-Casein | PRL | QTL |

QTL과 연관마커의 탐색은 연관불평형(linkage disequilibrium)과 표현형

에 나타나는 유전자형의 효과를 이용하여 찾는데, 젖소와 같이 세대 간격이 길고, 자손의 수가 적은 경우 혈연관계를 이용한 연관을 찾아야 하지만 식물 또는 가금류들과 비교할 때 많은 비용이 소요된다. 따라서 기존의 후대검정체계에 접목하여 아비와 딸, 할아버지와 손녀의 QTL과 마커의 연관실험을 통하여 유전자의 평형상태, 즉, 분리의 비율(%)을 측정한 값으로 QTL을 찾아낸다. 젖소의 생산(production), 번식(reproduction), 생산수명(herd life), 건강형질 등에 대한 QTL의 효과에 대한 연구가 많이 있었다. 이러한 형질들과 연관된 마커들은 젖소의 1, 3, 6, 9, 10, 14 그리고 20번 염색체에서 많이 나타난 것으로 알려져 있다(표 14-4).

산유량에 대한 marker의 효과는 딸소생산량편차(DYD)를 이용, 식 [3]과 같이 추정할 수도 있고, Henderson의 혼합모형식의 개체모형(animal model)에 개체의 마커정보를 식 [2]의 고정효과부분에 포함하여 평가하면, 마커효과와 개체의 유전효과($u_i$)를 동시에 얻게 된다. 그러한 방법을 채택하였을 경우 육종가($BV_i$)는 식 [4]와 같이 고정의 마커효과($\sum_j m_t$)와 임의의 유전효과($u_i$)로 구성된다.

$$DYD_i = \sum_j m_t \qquad [3]$$

여기서, $DYD_i$ : 개체 $i$의 $DYD$

$m_t$ : 개체 i의 j번째 마커

$$BV_i = \sum_j m_t + u_i \qquad [4]$$

세 가지 유형의 표지좌위(marker loci)는 검출방법뿐만 아니라 선발프

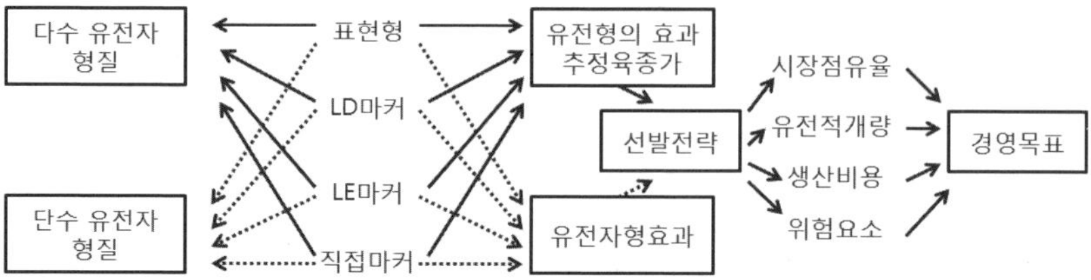


그림 14-7. 표현형가와 직접마커, LD마커, 그리고 LE마커를 분석하고 육종가를 추정하여 선발프로그램에 이용할 때 다수유전자(실선)와 단수유전자 (점선) 형질에서 정보의 흐름(Deckers, 2004).

로그램의 적용에서도 서로 다르다. 유전자형과 표현형간에 일관된 연관성을 갖는 직접마커와 LD마커는 한 집단으로부터 가축의 집단이 달라져도 일관된 유전자형을 선발할 수 있다. 한편 LE마커를 사용하면 가계와 가계 간에 marker와 QTL의 서로 다른 연관정도(linkage phase)가 허용된다. 따라서 한 LE marker의 효용성은 가계 또는 집단에 따라 달라질 수 있다.

선발에서 마커를 사용하는 용이성과 능률은 마커탐지의 용이성과 반대이며 직접마커에서 LD마커 및 LE마커 순서로 증가한다. 이러한 3가지 유형의 마커에 대한 선발을 유전자보조선발(gene assisted selection, GAS), LD마커보조선발(LD-marker assisted selection, LD-MAS) 및 LE마커보조선발(LE-marker assisted selection, LE-MAS)이라 한다.

MAS는 형질에 영향하는 유전자의 수에 따라 선발의 형태가 달라진다. 대부분의 양적형질들은 다수의 QTL에 의해 발현되거나 많은 유전자마커들을 갖고 있다. 집단에서 MAS에 의해서 의미 있는 선발반응을 얻기 위해서는 QTL의 유전자형에 따라 양적형질에서 유전적 변이가 크거나, BLAD와 같은 단수유전자형질(monogenic trait)에서는 유전자형에 따라 사전 선발에 의해 원하는 유전자형으로 고정할 수 있다. MAS는 육종가들의 관심을 많이 받았지만, 효율성 있는 마커들의 발견이 쉽지 않았던 이유로 실제로는 젖소의 개량에서 체계적으로 광범위하게 활용되지는 않았다.

## 14.1.6
## 유전체 선발

Meuwissen 등은 2001년 소위 유전체선발(genomic selection)의 토대가 될 수 있는 다수의 표지유전자의 유전자형에 의해 유전능력을 평가할 수 있다고 제안하였다. 그들은 모의실험(simulation)에서 양적형질유전자와 연관관계에 있는 많은 수의 불특정 다수의 표지유전자의 유전자형가를 추정하고 개체의 유전능력은 표지유전자의 유전자형에 따라서 결정될 수 있음을 보여줬다.

그림 14-8. 주요 소품종들의 53,714 개의 SNP들의 정보를 포함하는 Illumina사의 BovineSNP50 BeadChip.

한편 DNA염기서열분석(DNA sequencing)기술이 고도화되면서 많은 수의 단일염기다형성(sigle nucleotide polymorphism, SNP)이 소 유전체에서도 발견되었다. 또한 SNP가 표지유전자로서 또한 이들의 genotype들에 의하여 젖소의 중요한 경제형질들에서 유전적 변이의 대부분이 설명 가능한 것으로 알려졌다. 그리고 DNA chip의 개발을 통하여 SNP 검사가 이제 비교적 저렴한 가격으로 이루어져, 연구목적으로 뿐만 아니라 젖소개량체계 내에서 육종목적으로도 이용 가능해졌다(그림 14-8).

전장유전체상관성분석(genome-wide association study, GWAS)은 한 형질과 관련하여 많은 개체들의 전체 유전체에서 유전적 변이(genetic variants) 여부

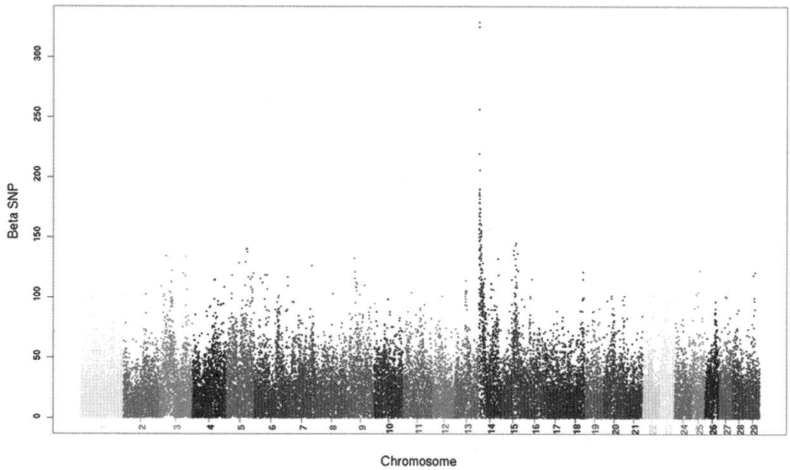


그림 14-9. 젖소의 PTA milk에 대한 염색체별 SNP effects (Weigel 2015)

를 조사하는 것이다. 젖소에서는 개량대상 경제형질의 기록으로부터 유의적으로 연관된 SNP를 탐색한다. 일정 젖소집단의 기록들로부터 SNP의 대립유전자형에 따라 생기는 관심형질의 변이가 유의성이 있는지를 조사하고, 그 SNP마커의 상가적 유전효과를 추정한다. 그림 14-9는 한 젖소의 염색체별로 SNP들의 효과를 나타낸 그래프이다. 이름하여 SNP효과의 'Manhattan graph'이다. 그림에서 점(dot)들은 젖소가 가지고 있는 SNP마커의 PTA 유량이다. 젖소의 유량에서는 점의 높이가 클수록 SNP의 상가적 유전효과가 크고 가치가 있는 SNP마커이다.

참조집단(reference population)으로부터 추정된 SNP마커의 상가적효과(additive genetic effects)들의 값을 이용하여 SNP검사가 이루어진 특정 개체에 대하여 유전체추정육종가(genomic estimated breeding value, GEBV)를 계산할 수 있다. 유전체선발(genomic selection)은 GEBV에 근거하여 다음세대를 위한 부모의 선발을 결정하는 것을 말한다. 특히 젖소가 성 성숙에 도달하지 않은 어린나이에, 심지어 배아단계에서도 DNA검사를 통하여

GEBV의 추정이 가능하여 우수한 개체의 조기선발이 가능하게 된다. 젖소는 세대간격이 길고, 번식률이 낮아, 젖소의 후대검정체계는 효율적이지 못하다. 즉, 젖소의 생산 형질이 주로 암소에서 발현되므로 후대검정에 필요한 적정한 규모의 딸소의 확보, 딸소의 성년형 생산기록을 얻기 위해서 걸리는 많은 시간, 그리고 그 기간 동안에 비용이 많이 소요된다. 젖소의 유전체선발은 이러한 후대검정의 약점을 극적으로 해소시켜준다(그림 14-10). 형질의 유전력과 정보에 따라서 다르게 나타날 수 있지만 비교적으로 높은 정확도의 GEBV를 이용하여 후보씨수소의 성성숙이전 조기선발이 가능하게 된다, 젖소의 유전체에 의한 GEBV 평가는 2009년에 미국에서 세계 최초로 공식 채택하였고, 다른 여러 나라들도 뒤를 이어 유전능력 평가방법에 유전체정보를 포함하였다.

젖소의 개량체계에서는 오랜 기간 능력검정을 통하여 누적된 방대한 자료와 등록을 통하여 수집된 혈통정보를 이용하여 유전능력을 평가하여 왔다. 대부분의 국가에서 씨수소들은 딸소에 의한 후대검정을 통하여 이미 높은 수준의 정확도로 유전능력평가를 받아서, 보증씨수소로

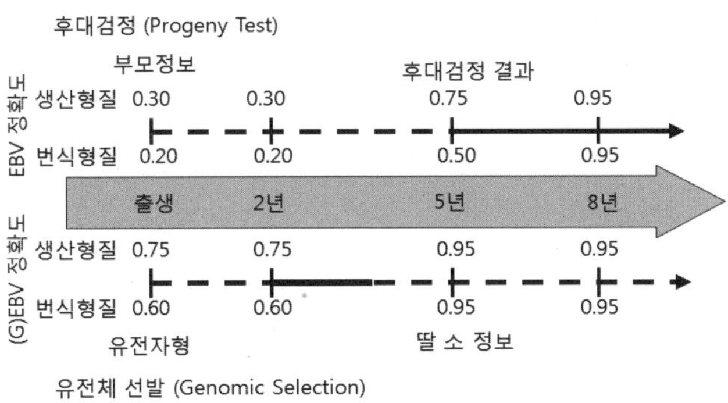


그림 14-10. 후대검정과 유전체선발에서 선발 이후 씨수소 육종가의 정확도 비교

광범위하게 인공수정에 사용된다(표 14-5). 딸소의 정보가 많아지면서 수소들의 육종가의 정확도는 100%에 가까워진다. 이러한 씨수소들을 이용하여 SNP마커의 효과를 추정하면 암소의 표현형에 의한 SNP효과의 추정보다 훨씬 더 정확하게 추정할 수 있다. 그래서 젖소에서는 SNP 효과의 추정을 위한 참조집단은 수소들로 구성된다. 그리고 참조집단의 수소 두수가 많아질수록 추정된 SNP효과의 정확도는 높아진다.

표 14-5. 미국에서 SNP효과 추정을 위한 참조집단 내 씨수소의 품종별 두수

| 품종 | 2015년 | 연간 증가두수 |
|---|---|---|
| Ayrshire | 711 | 29 |
| Brown Swiss | 6,112 | 336 |
| Holstein | 26,759 | 2,174 |
| Jersey | 4,448 | 245 |

젖소의 능력검정과 혈통등록을 통하여 젖소의 기록들이 오랫동안 누적되어왔다. 젖소의 능력기록은 유전체조사가 이루어진 개체와 이루어지지 않은 개체 모두 포함되어 있다. VanRaden (2008)은 등록에서 얻어진 혈연관계(identical by descent)와 유전체 분석에서 얻어진 유전체의 관계정보(identical by state)를 통합 이용하는 유전체불편선형예측(genomic best linear unbiased prediction, GBLUP)을 제안하였다. 개체간의 혈연관계는 두 개체가 공통적으로 보유하고 유전자의 확률로 정의 되지만, 유전체의 관계는 SNP검사가 이루어진 두 개체의 전체 다형성의 마커 중에 일치되는 비율 즉 유전적 유사성(genetic similarity)으로 정의한다. 유전능력을 평가하기 위한 식[5]의 혼합모형식에서 포함되는 혈연계수행렬 A 대신에 유전체정보(G)와 혈연정보(A)를 동시에 나타내는 행렬 H를 채택한 GBLUP을 통하여 GEBV와 EBV를 동시에 계산한다.

$$\begin{bmatrix} X'X & X'Z \\ Z'X & Z'Z + A^{-1}\alpha \end{bmatrix} \begin{bmatrix} b \\ u \end{bmatrix} = \begin{bmatrix} X'y \\ Z'y \end{bmatrix} \quad [5]$$

Aguilar 등(2011)은 H의 역행렬을 A와 G 행렬을 이용하여 식[6] 와 같이 제시하였다. 식[5]의 육종가의 해 vector $u$를 vector $\begin{bmatrix} u_1 \\ u_2 \end{bmatrix}$으로 가축의 개체들을 분류하여 표시하고, 식[6]에서 식의 두 번째 행렬의 행 {0 G-$A_{22}^{-1}$}에서 G-$A_{22}^{-1}$이 곱해지는 부분이 $u_2$라면, 해당 개체들은 유전체정보와 혈연정보를 동시에 갖고 있는 개체들이고, G-$A_{22}^{-1}$는 두 종류의 유전적 정보에 대한 처리에 해당한다. 이러한 방법으로 혈통정보와 함께 수집되었던 기존의 자료도 모두 활용하여 유전평가의 정확도를 높게 유지한다.

$$H^{-1} = A^{-1} + \begin{bmatrix} 0 & 0 \\ 0 & G - A_{22}^{-1} \end{bmatrix} \quad [6]$$

GEBV의 정확도는 참조집단의 크기, 개량형질의 유전력($h^2$), 참조집

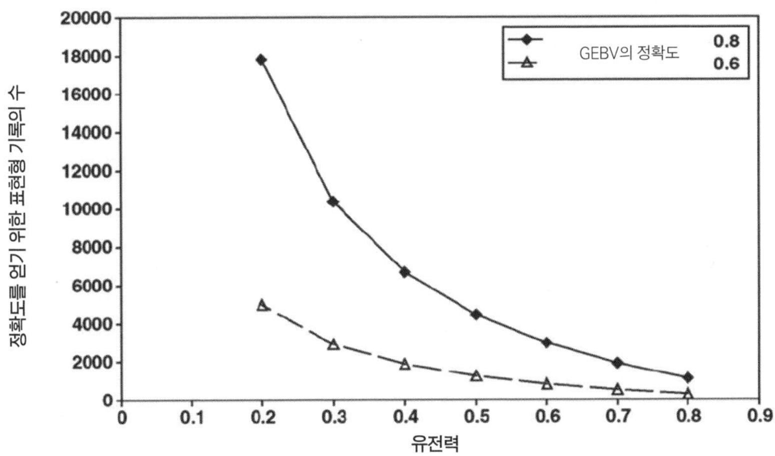


그림 14-11. GEBV 정확도 0.8과 0.6을 얻기 위한 형질의 유전력과 표현형 기록의 수(Hayes 등. 2009)

단과 선발후보젖소와의 혈연관계에 따라 영향 받는다(그림 14-11). 우리나라에만 국한해서 볼 때 씨수소의 두수가 적고, 젖소집단의 크기가 크지 않아, 암소의 기록과 유전체자료도 수집하여 종모우 유전체기록과 함께 사용할 수밖에 없는 여건이다. 씨수소들의 유전체 검사를 통하여 참조집단으로 사용할 수 있는데, 참조집단의 크기가 증가되면 유전체 선발의 효과가 더욱 커지게 된다. 결과적으로 젖소의 경우는 후대검정과 유전체선발체계의 융합으로 새로운 모형의 개량체계가 성립된다.

## 14.1.7
## 국제간 유전능력평가

Interbull은 1983년 국제낙농연맹(IDF), 유럽가축생산협회(EAAP), 국제가축기록위원회(ICAR)가 공동으로 설립한 ICAR의 산하조직이다. 1988년에는 세계식량농업기구(FAO)도 후원기관으로 참여하였고, Interbull 설립의 주요 목적은 국가간 종축(정액 포함)의 교역이 활발해짐에 따라 요구되는 종축의 표준화된 능력을 제공하여 국가간 거래종축이 정당한 가치의 평가를 받도록 하는 것이다. 즉 환경이나 여건이 다른 나라에 자국의 종축을 수출하기 위해서는 자국의 기준으로 산출한 정보가 아닌 표준화된 정보를 이용할 수 있도록 하는 것이다.

ICAR에서 여러 국가로부터 9명의 운영위원을 임명하여 Interbull의 기획, 업무계획, 예산운영을 수행하고, 세계 37개국이 국제유전능력평가 회원국으로 참여하고 있다. 2003년에는 과학자문위원회와 국제유전평가기술위원회를 구성하였다. 과학자문위원회는 국제유전능력평가 서비스에 대한 장기계획, 과학적 검증, 전략적 방향을 제시하고, 유전평가의 방법론 개발을 제안 및 권고하는 위원회이다. 국제유전평가기술위원회는 유전평가효율과 정확도 향상 등 유전평가결과에 대한 양질의 서비스를 제공하기 위해 기술적으로 새로운 방법을 조사하고 검토하는 위원회이다.

Interbull은 국제유전평가서비스를 제공하는데, 국제유전평가는 개별형질에 대한 유전적 장점이 국경을 넘어 인정되는 평가가 된다. Interbull이 제공하는 국제유전평가서비스(international genetic evaluation service)는 6 품종 및 7 가지 형질그룹(우유생산, 유방건강, 체형, 장수성, 분만, 암소 번식능력 및 작업형질)에 대하여 씨수소의 유전능력을 평가한다. Interbull은 국제유전평가를 수행하기 위해 국제유전능력평가(multiple across country evaluation, MACE) 라는 과학적으로 발전된 방법을 사용한다. MACE는 Interbull 실행지침(Interbull practice code)을 통하여 엄격하게 관리 통제하여 유전능력평가를 수행한다(그림 14-12).

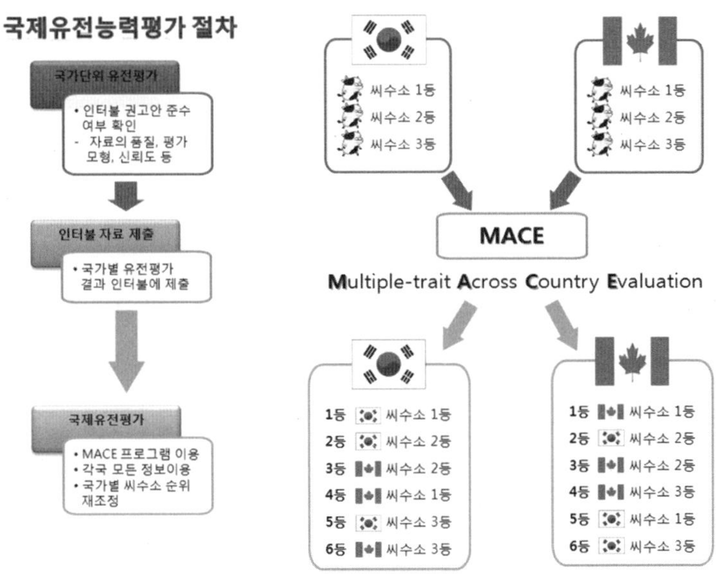


그림 14-12. 국제유전능력평가(MACE) 절차

우리나라는 국제유전평가에 2011년 비교적 늦게 참여하였지만 2012년부터 우리나라 젖소가 국제유전평가의 안정적 단계에 진입하게 되었다. 2011년부터 국제유전능력평가 참여를 위한 자료검증작업을 수행하였다. Interbull의 평가는 국제공동평가인 관계로 참가국 중 한 국가가 잘못된 자료를 제출할 경우 참가한 모든 나라의 평가결과에 심각한 오류를 미치게 되고, 이는 정액의 국제거래 등에 직접적인 영향을 미치게 되므로 Interbull에서는 각국에서 제출한 자료를 엄격히 검증하고 있다.

검증방법은 Method 1~3의 세 가지 방법이 있다. Method 1은 서로 다른 연령그룹에서 나오는 젖소(cow) 기록들이 유전적 추세(genetic trend)에 미치는 영향을 조사하기 위하여 일반선형모형(generalized linear model, GLM)을 이용한 분산성분 분석에서 전체 산차(overall lactations)를 이용한 회귀계수와 1산차를 이용한 회귀계수의 차이를 ∂라 하고 차이의 절대값이 각 형질의 유전표준편차의 0.01 또는 0.02% 보다 작아야 검증을 통과한다. 이는 전체 산차의 유전적 추세와 1산차의 유전적 추세가 큰 변이가 없이 동일한가를 점검하는 것이다. Method 2는 씨수소의 연간 DYD가 분석의 대상이다. DYD는 딸소의 분만년도의 효과가 제거된 값으로서 분석기간 중에 국가평가에서 도출되는 환경효과의 변화추세를 조사하기 위한 것이다. 모든 국가에서는 씨수소(AI bull)의 딸소자료를 최초로 수집할 때는 최소 10개의 우군(herd)이 고려 되어야한다. Method 3는 최근 분석한 전체자료와 최근 분석년도에서 4년을 제외한 자료로 유전평가를 실시하여 종모우의 딸소 수의 변화와 새롭게 추가된 딸소들의 효과가 육종가나 유전전달능력에 어느 정도 포함되었는지를 점검하는 과정이다.

우리나라는 2011년 12월 정기평가(년 3회)부터 국제유전평가에 참여하고 있으며 2012년 4월에 실시한 국제유전평가결과 평가된 세계 보증씨수소 125천두 중 고능력군내(상위10%)에 한국형 보증씨수소가 7두가 포함되었으며 특히 한국형 보증씨수소 “유진”의 유생산량순위는 상위 1% 내에 포함되는 것으로 나타나 한국형 보증씨수소의 우수성을 객관적으로 검증하는 계기가 되었다.

젖소 유전체정보는 2009년을 기점으로 미국, 캐나다 등 낙농 선진국에서 씨수소 선발 및 암소의 유전능력을 추정하는데 사용하기 시작하였고 현재 세계 17개국에서 유전능력비교에 유전체정보를 응용하고 있지만 우리나라도 유전체평가 준비를 하고 있다. 2014년부터 Interbull의 국제유전평가서비스는 MACE와 국제유전체유전능력평가 (genomic multiple across country evaluation, GMACE)를 동시에 같이 제공하고 있다. 젖소에서 국제유전체평가는 참조집단으로 씨수소를 사용하여, MACE의 씨수소 EBV가 GMACE에서 유전체효과를 추정하는데 사용되기 때문이다 (그림 14-13).

Interbull은 GMACE를 준비하면서 2013년 12월과 2014년 4월에

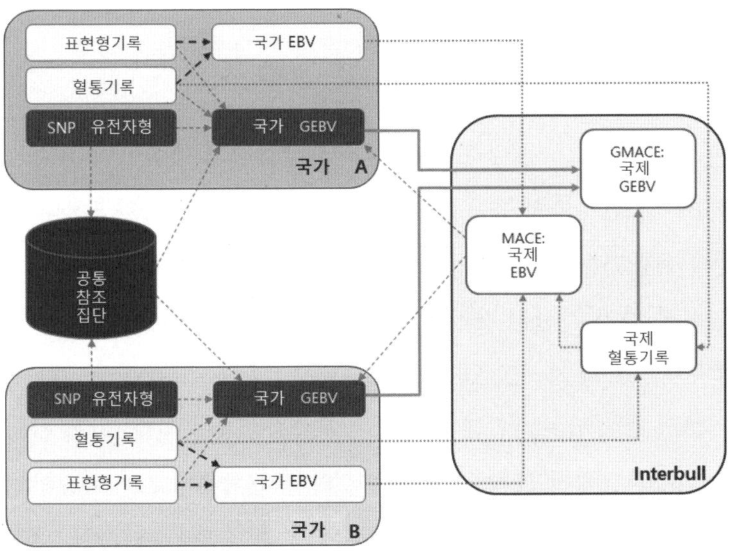


그림14-13. 국제유전체유전평가 절차(Interbull, 2017)

GMACE 시험운영(testing run)과 GMACE 이행운영(implementation run)을 실시했다. 참여국가로는 호주, 캐나다, 덴마크/핀란드/스웨덴 (공동평가), 프랑스, 독일, 이탈리아, 네덜란드, 폴란드, 스위스, 영국 및 미국이 포함되었다. GMACE 시험운영과 관련하여 분석결과의 경우 데이터에는 모든 참여국가에서 유전체평가(공식 또는 비공식)에 모든 어린 수소가 포함되지만 결과를 받은 국가에서 개별 수소평가의 공표를 허용하지 않았다. GMACE 이행운영에서는 참여국가에 제공된 배포자료에 포함된 후보씨수소의 평가를 각국에서 공표할 수 있도록 허락하였다. Interbull은 2014년 8월부터 Holsteins 품종에 대하여 공식적으로 정기적인 GMACE 서비스를 제공하고 있다. Interbull은 MACE에 참여하는 30개 이상의 국가에 대해 국가규모에서 '공표 가능한' 젊은 수소에 대한 유전체평가를 제공한다.

## 14.1.8
## 우리나라 유전체조사(genomic testing)의 활용

젖소의 육종가(유전능력)추정은 젖소개량업무의 핵심이며 젖소의 유생산능력과 번식능력 등을 검정한 기록들이 있어야만 가능하다. 젖소 자신의 육종가는 아비에서 온 유전자와 어미에서 온 유전자가 합쳐져서 형성한 자기 자신이 가지고 있는 모든 유전자들의 총화 값이다. 즉, 각각의 유전자가 가지고 있는 상가적 유전자효과(additive genetic effect)를 모두 더한 값이 육종가인데 기존의 추정방식에서는 부모-자식 간의 유전자흐름의 통계적 확률을 파악하기 위하여 혈통정보를 이용하였다. 여기에 유전체자료를 추가하면, 혈통에 의한 통계적 확률의 유전정보와 더불어서 유전자의 실질적 확인을 통한 유전정보를 추가하는 것이어서 개체의 유전능력의 정확도는 높아지고, 더 정확하게 선발함으로써 개량을 가속화 할 수 있다.

유전체정보를 이용한 개체의 GEBV 정확도는 표현형정보(능력검정 자료)와 유전체정보를 같이 갖고 있는 개체들로 구성된 참조집단의 크기에 지대한 영향을 받는다. 보다 정확한 GEBV를 추정하기 위해서는 보다 많은 개체들로 구성된 참조집단이 필요하다. 우리나라에서는 씨수소로만 참조집단을 구성할 경우에 선진국과 비교하여 상당히 규모가 작아, 농가에서 사육하고 능력검정에 참여하는 암소들도 DNA sample을 수집하도록 하여 보다 큰 참조집단을 구축하는 것이 필요하다.

기존의 혈통정보만을 이용한 EBV를 통해서는, 딸소 수가 많은 씨수소는 비교적 정확하게 평가할 수 있으나 농가 암소의 EBV의 정확도는 낮을 수밖에 없다. 그러나 유전체정보를 활용하게 되면 암소의 유전능력 또한 씨수소에 비슷한 정확도로 추정할 수 있다. 더욱이 유전체정보를 활용할 경우 기존의 혈통을 이용한 육종가추정방법보다 더 정확도가 높은 육종가를 얻을 수 있고, 조기선발에 이용하면 농가자체의 개량 측면에서 효율성이 높아진다.

국립축산과학원에서 추진하고 있는 유전체육종체계(genomic breeding system)가 국내에 정착하게 되면 표현형정보가 없는 어린송아지의 선발이 가능해져 농가에 사육하는 불필요한 육성우의 수를 줄임으로써 결국 우유의 생산비를 절감할 수 있으며, 더불어서 유전적 개량도 가속화 할 수 있다. 농가에서는 암소의 유전체선발을 시행할 경우 비용이 발생하므로 혈통지수(부모의 육종가평균, pedigree index)를 이용하여 1차선발을 시행하고 선발된 개체에 대하여 유전자분석을 의뢰하여 GEBV를 구하고 추가로 선발하는 방법도 경제적으로 고려할 만한 방법이 될 수 있다(그림 14-14).

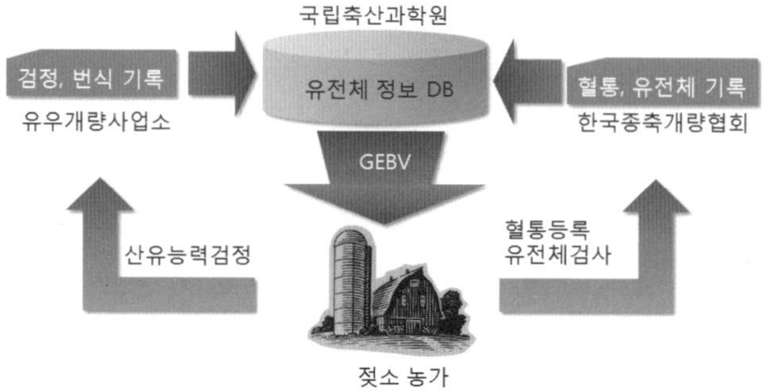


그림 14-14. 우리나라의 젖소의 유전체육종체계의 예상도

유전체조사는 젖소의 개량에서 향후 많은 응용과 새로운 적용이 있을 것으로 예상된다. DNA는 젖소의 모근(毛根), 혈액 또는 비경점막세포에서 추출할 수 있으며, 추출한 DNA샘플은 DNA chip으로 분석하여 유전체정보를 얻을 수 있다. 고밀도 DNA chip을 통하여 효과가 우수한 SNP들을 확인한 후, 우수하고 유용한 SNP들만 포함하는 저밀도 DNA chip을 제작하여 유전체검사(genomic testing) 비용을 줄일 수 있다. 또한 저밀도 DNA chip에 의해 측정된 개체들이라 하더라도 고밀도 DNA chip에 의해 측정된 개체와 직계 혈연관계를 이용하거나, 집단의 유전체 반수체지도(haplotype map)를 활용하여 관찰되지 않은 유전자형의 통계적 추론(imputation)을 할 수 있다. 또한 저렴해진 비용으로 DNA검사가 가능하므로 일반농가에서도 대체우(replacement heifer)의 선발에도 활용가능하며, 친자감별 등에도 활용가능하다. 또한 유전력이 낮은 수태율 등의 번식효율 관련 형질에서도 후대검정으로 높은 정확도의 EBV를 가진 씨수소를 참조집단으로 갖게 된다면 유전체선발이 큰 이점이 될 수 있다. 생체에서 측정 불가능한 형질, 예를 들면, 도체형질 등에 대한 유전체정보는 유용한 평가수단이 될 수 있다. 즉 SNP효과는 도축된 개체

에서 조사하지만, 유전체육종가평가는 살아있는 개체들에 대해 실시할 수 있다. 유전체검사가 일반화되면 근친계산을 그동안 혈통에 의한 혈연관계를 이용하였지만 유전체관계(genomic relation)를 이용하면 계획교배를 통하여 더욱 정확한 근친의 조절이 가능해진다.

## 〈참고문헌〉


1. Aguilar, I., I. Misztal, A. Legarra and S. Tsuruta. (2011) Efficient computation of the genomic relationship matrix and other matrices used in single-step evaluation. *J. Anim. Breed. Genet.* 128, 422–428.
2. Dairy Herd (1971) Improvement Letter. 1971. Artificial Breeding Report, ARS-NE-1, 48(4), 10
3. Dekkers, J. C. M. (2004) Commercial application of marker- and gene-assisted selection in livestock: Strategies and lessons. *J. Anim. Sci.* 82, E313-328.
4. Hayes, B. J. Hayes, P. J. Bowman, A. J. Chamberlain, and M. E. Goddard. (2009) Genomic selection in dairy cattle: Progress and challenges. *J. Dairy Sci.* 92, 433–443.
5. Interbull. (2017) GMACE Evaluations Archive. http://www.interbull.org/ib/gmace_archive Accessed May. 2017.
6. Iowa State University Extension. (2017) Marker Assisted Selection. Lesson Module II
7. VanRaden, P. M. (2008) Efficient methods to compute genomic predictions. *J. Dairy Sci.* 91, 4414–4423.
8. Weigel, K. E. (2015) New developments in genetic and genomic selection of dairy cattle in the United States. Chungnam National University.
9. 한국종축개량협회. 2017. 유우개량 심사사업. http://www.aiak.or.kr/sub3_15.jsp Accessed April 5, 2017.
10. 국립축산과학원, 2016. 가축개량관련자료.

# 제15장
# 동물분자육종의 응용
## IV. 돼지

# 15.1 각국의 돼지개량 체계

## 15.1.1 유럽의 돼지개량체계

### 15.1.1.1 네덜란드

#### 15.1.1.1.1 개량의 개요

네델란드는 PRRSv가 만성화 되면서 국내에서의 개량은 내수를 위한 종돈으로 활용하고 수출을 위한 종돈은 기존의 유전자원을 근간으로 캐나다 등 해외에 설립한 종돈장에서 생산된 종돈을 활용하고 있다. 따라서 종돈장의 규모는 크지 않다고 볼 수 있으나 오랜 기간 개량을 통하여 조성된 우수한 유전자원과 높은 기술력으로 세계 종돈시장에서 많은 점유율을 차지하고 있다.

#### 15.1.1.1.2 IPG(Institute for Pig Genetics): 돼지육종연구소

돼지의 등록 및 검정 Database를 운영하며 육종가추정 및 R&D 등을 수행하는 연구기관으로 네덜란드의 육종과 인공수정프로그램을 위한 연구를 수행하며 연구정보센터 (research and knowledge center)를 운영하고 있다. IPG의 미션은 돼지개량을 위한 독립적인 전문기술 및 행정분야를 지원하고, 육종/인공수정프로그램을 운영하여 농가를 지원한다.

#### 15.1.1.1.3 Topigs

네덜란드의 종돈회사로서, 네덜란드 모돈시장의 86% 및 정액시장의

88%를 점유하고 있으며, 전세계에도 종돈을 수출하는 대규모 종돈장이다.

#### 15.1.1.1.4 육종목표

네덜란드의 육종목표는 생산효율, 도체품질 및 돼지고기의 품질 등 세 개의 범주로 나누어 볼 수 있다. 이 중 생산효율은 농장의 생산성과 관련되어 농장에서 요구하는 목표이며, 도체품질 및 돼지고기품질은 소비자가 요구하는 목표이다.

① 생산효율 : 사료효율, 일당증체량, 활력
② 도체품질 : 주요 부위에서의 정육과 지방의 분포
③ 돼지고기품질 : 소비자인식 (육색, 육즙손실, 근내지방도)

### 15.1.1.2 덴마크

#### 15.1.1.2.1 개량의 개요

덴마크의 양돈산업은 조합에 의해 철저히 통제되고 관리되며 계획적으로 운영되는 체계를 가지고 있다. 따라서 국가가 하나의 거대한 종돈장으로서의 역할을 수행하고 있으며 수년전까지도 햄프셔종을 보유하고 있었으나, 수요가 적고, 많은 종류의 순종을 보유하는 것이 유전적 개량량을 저하시키는 단점이 있으므로, 현재는 Landrace, Yorkshire 및 Duroc의 3개 품종만 보유하고 있다.

덴마크 돼지개량의 목표는 산자수를 증가시키고, 사료효율을 개선하는데 중점을 두고 있다. 덴마크의 돼지중앙능력검정소는 사료효율을 측정하고, 개량하기 위한 목적으로 운영하고 있다. 산자수개량을 위해 LP5라는 지표를 개발하여 활용하고 있는데, LP5는 양자를 포함하여 출생후 5일령까지 살아남은 자돈수를 나타내는 형질로서, 농장의 전산화가 되어 있기에 가능하다. 모계통에 있어서 LP5에 37.5%, 사료효율에 29.5%의 가중치를 두고 선발하고 있어 이 두 형질에 가장 중점을 두고 개량하고 있으며, 부계통에서도 사료효율과 일당증체량에 중점을 두고 선발에 활용하고 있다.

30개의 핵돈군(GGP)에서 13,000두의 모돈을 보유하고 있으며, 130개의 증식돈군(GP)은 59,000두의 모돈을 가지고 AI센터로부터 정액을 공급받아 자돈을 생산하고 비육농장에 공급하는 체계를 가지고 있다.

덴마크내 농장간에 유전자를 공유하는 open system을 운영하고 있으며, 이를 통하여 유전적 개량을 촉진하고 있다(그림 15-1). 핵돈군에서는 조합에서 유전능력평가를 하고 그 결과에 따라 우수자돈을 중앙능력검정소에 출품하며, AI센터나 증식돈군에 판매한다. 중앙능력검정소에서 검정된 종돈은 AI센터로 판매되며, 정액을 생산하여 증식돈군 또는 일

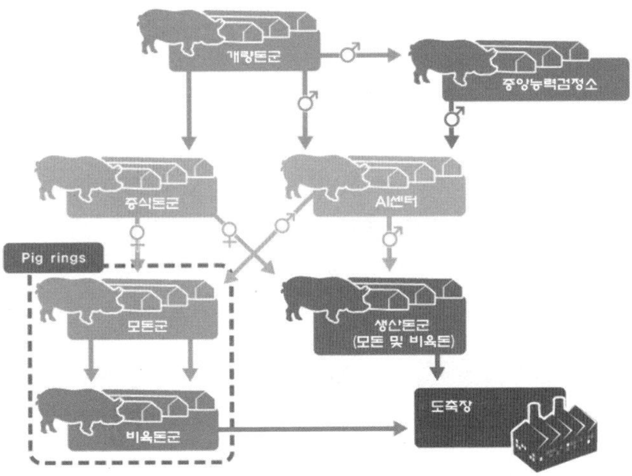


그림 15-1. 덴마크 종돈개량시스템

반농가로 판매되고 있다. 판매된 정액의 일정액은 핵돈군의 돼지를 출품한 농장으로 환류되며, 만약 이 정액을 이용하여 증식돈을 생산하게 되면, 일정액을 로얄티로 추가 지급한다. 따라서 중앙능력검정소에 돼지를 출품하는 것은 핵군농장(GGP)에 큰 이익을 가져다 줄 수 있다.

#### 15.1.1.2.2 유전적 연결성의 확보

각 핵돈군의 유전자는 중앙검정소나 AI센터를 통하여 다른 핵돈군과 교류되므로 핵돈군간의 유전적 연결을 이룰 수 있다(그림15-2). 이를 통하여 국가단위의 유전능력평가가 가능하며 평가 결과에 의해 종돈의 가치가 결정된다.

이를 담보하기 위해서는 방역수준이 모든 종돈장에서 동일하게 적용되어야 한다. 덴마크에서는 일반 종돈장에 적용되는 블루시스템과 핵돈군에 적용되는 레드시스템의 방역시스템을 갖추고 있으며, 같은 시스템 내에서만 돼지의 교류가 허용되는 엄격한 방역관리시스템을 운영하고 있다.

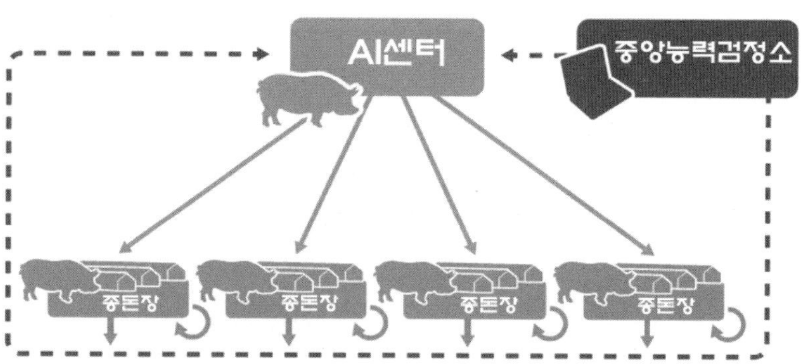


그림 15-2. 덴마크 검정소, 종돈장 및 AI센터간의 관계

### 15.1.1.3 프랑스

#### 15.1.1.3.1 개량의 개요 및 배경

프랑스 종돈개량은 1965년부터 준비하였으며, 1970년대에 Yorkshire 품종부터 종돈장간 유전적 연결성을 확보하는 체계를 갖춤으로서 개량을 시작하였다. 프랑스의 종돈개량은 LGPC에 의해 개량이 시작되었다. 초기에는 정부지원으로 유지되었으나 점차 지원비율이 줄어들어 현재는 사용 당사자가 절반을 부담하고 있다.

종돈개량에 있어서 모돈규모가 200~250두일 경우 개량효율이 60%에 불과한 반면에, 모돈규모가 1,000두인 경우 75%까지 높일 수 있고 2,000두 이상인 경우 개량효율을 100%가 된다(그림15-8). 유전적 개량량은 개량에 참여하는 종돈(모돈)의 규모에 따라 달라지기 때문에 프랑스에서는 세 개의 종돈장이 연합하여 같이 유전능력평가를 하는 네트워크체계를 갖추고 있다.

#### 15.1.1.3.2 자료수집 및 분석

종돈장과 육질검정소에서 자료를 수집하여 LGPC(돼지 능력검정 D/B)를 통해 INRA(프랑스 농업연구소)에서 분석을 담당하며, 분석된 육종가는 매월 종돈장에 전달되며 타 종돈장의 성적을 열람할 수 없게 되어 있지만, AI 센터의 수퇘지성적은 공개된다. 4개 품종(Y,L,P,모계Y)에 대해서 종돈장간 자료를 공유하고 있다. 종돈장으로부터 수집된 자료는 IFIP(프랑스 양돈협회 양돈연구소)를 통해서 INRA에 전달되고 품종별로 분석된 육종가 등의 자료는 매월 평가하고 있다(그림15-3). 종돈의 선발은 각 종돈장과 GGP농장에서 실시하며 특정 종돈에 대해서 의무적으로 AI센터에 출연하는 규정은 없다.

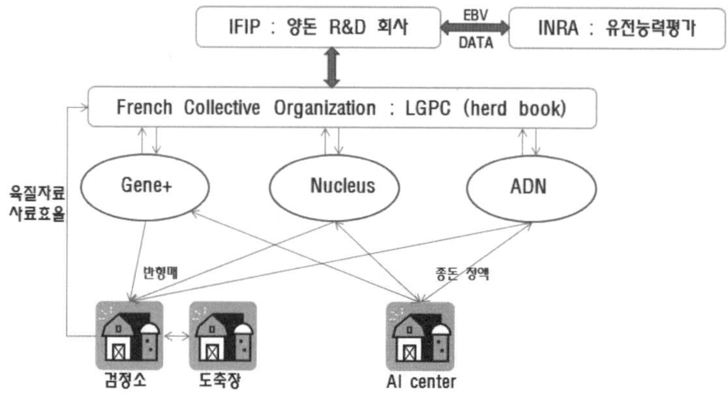


그림 15-3. 프랑스의 종돈개량체계

### 15.1.1.3.3 참여종돈장

주요 종돈장으로 Nucleus, Gene+, ADN, France Hybrid, Ben Alran등이 있었는데 그 중 Nucleus, Gene+, AND(90-95%) 등 5곳이 참여해서 운영 중에 있다. 현재 참여종돈장의 시장점유율은 50% 정도이다. France Hybrid는 자체 개량체계 구축을 시도하여 네트워크개량체계를 시행하기 이전에는 시장점유율 1위 였으나 현재는 참여종돈장보다 점유율이 뒤처지고 있는 실정이다. Ben Alran은 주로 중국 품종과의 교잡종을 판매하는 종돈회사이다.

### 15.1.1.3.4 규모

3개 품종, 4개 계통을 Gene Pool로 공유하여 개량하고 있다. Yorkshire는 모계계통 3,415두(40,800두 검정), 부계계통 350두를 유지하고 있으며, Landrace는 1,770두(22,500두 검정), Pietrain은 1,500두(21,500두 검정) 규모이다.

GGP의 경우, 모계 48개 농장 5,310두, 부계 21개 농장 2,130두(IFIP)를 보유하고 있으며, F1생산종돈장은 193개소에 모돈 31,000두를 보유하고 있다.

#### 15.1.1.3.5 주요 기구/기관 : IFIP(Technical Institute in Pig Production)

IFIP는 돈육산업에 관련된 각 조합들이 출자하여 설립한 연구개발회사이며 프랑스 정부 축산연구소인 INRA와 산업계의 중간에서 경제적인 면을 중점적으로 연구한다. 전체 비용의 50%를 국가에서 부담하며, 대규모 종돈회사, 가공업계 등에서 자금을 출연하여 운영하며 종돈에서부터 소비자까지 연결된 각 분야에 대한 연구를 수행하고 있다.

종돈장은 자체적으로 얻기 어려운 육질자료 등의 확보를 위하여 자발적으로 참여하며, IFIP는 이러한 종돈장을 위해 국가적인 종돈개량프로그램을 운영한다. 연구를 위해 살아있는 돼지에 CT도 활용하고 있으며 환경을 달리하기 위해서 무인도등에 동일한 유전자를 사육하여 비교하고 있다. 업계에서 원하는 연구를 하는데, 때에 따라 업계의 요구사항을 INRA에 전달하기도 하고, INRA와 같이 연구하기도 한다.

#### 15.1.1.3.6 육질검정소(Control testing station)

IFIP에서 운영하며 주로 순종 거세돈을 검정하여 증체, 효율, 육질성적 등을 분석(일종의 형매검정)하며, 일부 Pietrain 암퇘지도 검정하고 가끔씩 비육돈의 경제형질도 분석한다. 4kg, 또는 8kg에 입식하여 35-110kg까지 검정하고 모두 도축한다. 검정결과는 공유하고 비용의 일부는 비육돈으로 판매한 것으로 충당하고 나머지는 국가와 종돈장이 분담한다.

#### 15.1.1.3.7 AI센터

CobiPorc와 Genes Diffusion, Amelis가 종돈 정액을 연간 6백만 병을

공급하고 있다. 수퇘지의 공여는 의무 사항이 아니지만 우수한 종돈은 같이 공유하려고 하는데 지수가 120이상(SD20)인 경우에만 AI센터로 입식한다. 하나의 회사가 여러개의 AI센터를 운영하고 있으며 수퇘지는 임대형식으로 사육 및 판매 수수료를 제외하고 정액판매수입의 일정부분(20%전후)만 종돈장에 돌려 준다.

## 15.1.2
## 북미의 돼지개량체계

### 15.1.2.1 미국

#### 15.1.2.1.1 미국 종돈개량의 개요

미국의 종돈개량은 다국적 기업의 독자적 개량체계의 운영과 중소종돈업체의 연합 개량체계로 이원화되어 있다(그림 15-4). PIC, Newsham Genetics(몬산토 계열) 등과 같은 다국적 기업은 독자적 개량 체계와 목표를 가지고 종돈 개량을 하고 있으며, 중소규모의 종돈장은 NSR(National Swine Registry)과 같은 품종 등록협회에 가입하여 종돈 개량에 참여하고 있다.

NSR은 순종등록, 유전능력평가, NBS(National Barrow Show) 등의 업무를 수행하고, Purdue 대학은 STAGES program 개발 및 운용, Iowa 대학은 검정소 운용 및 육질 검사를 수행하는 등 산학 협력체계를 가지고 있다.

NPPC(National Pork producer council), NPB(National Pork Board)와 같은 협의체와 협력하여 National Barrow Show를 운영하고 있으며 Show를 통하여 종돈의 판매, 홍보 등의 역할을 수행하고 있다. 모든 협회나 협의체는 자율적으로 운영되고 있으며 정부의 보조나 통제는 없다. 1975년에

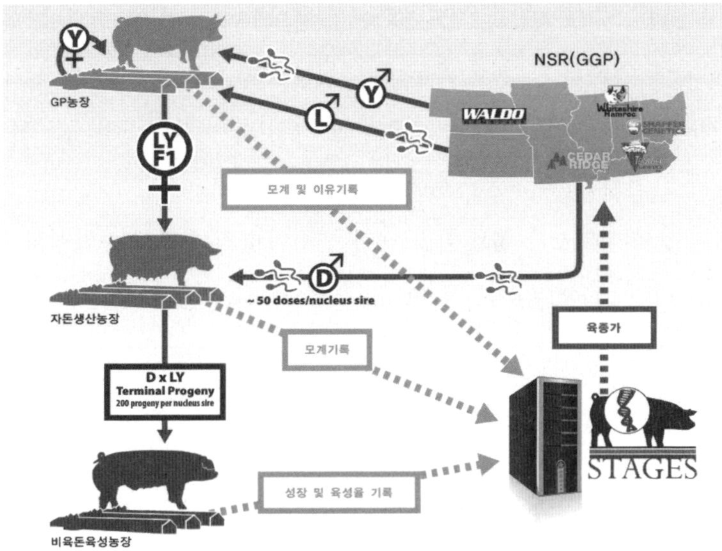


그림 15-4. 미국의 종돈정보 수집 및 유전능력평가 시스템

27개주에서 43개소의 검정소가 운영되는 등 세계 최대의 공인 능력검정소를 운영하였으나 현재는 질병 전파 등의 이유로 운영되고 있지 않고 있다. 미국돼지개량연합회(NSIF)에서 검정 요령 및 매뉴얼을 발간하여 검정 표준화를 유도하고 있다.

미국에서는 돈육 유통 주체인 팩커가 하나의 브랜드이며 팩커 중심으로 가격이 결정하는 시장 구조를 가지고 있다. 미국내에는 다양한 계층의 소비자가 존재하므로 국가적으로 한 방향으로 육종 할 수 없으며, 그에 따라 각 종돈 육종회사마다 선발 지수가 다르며 국가 선발지수는 없으며 정부에서는 관여하지 않는다.

15.1.2.1.2 NSR (National Swine Registry)

1994년 Yorkshire, Hampshire 및 Duroc협회가 통합하여 설립되었으

며 1998년 Landrace협회가 통합되어 운영되고 있으며 인디애나주 West Lafaette에 위치하고 있다. 자돈등기, 혈통등록, breed promotion, 마케팅 지원 및 교육재료개발 등의 임무를 가지며, 유전능력평가를 하며 6개월에 한번씩 national sire summary를 발간한다.

미국에서 상기 4개 품종중 87%가 우리나라의 종축개량협회와 같은 역할을 하는 NSR에 참여하고 있다.

### 15.1.2.2. 캐나다

#### 15.1.2.2.1 캐나다 종돈개량센터(CCSI)

1980년대까지 캐나다 종돈개량센터(Canadian center for swine improvement : CCSI)는 캐나다 정부로부터 개량에 필요한 비용을 지원받으며, ROP(record of performance)의 표준화를 실시하여 종돈개량을 도모하였다. 실제로 캐나다 종돈장의 규모가 작아서 일부 기업종돈장을 제외하고 대부분의 종돈장이 이에 참여하였다.

1990년대부터 CCSI는 정부기관으로부터 독립되어 민영화되었고, 정부의 지원도 매년 줄어들어 현재 정부의 지원없이 독립적으로 운영되고 있다. CCSI가 주로 동부에 있는 종돈장 위주로 운영되고 있으며, 1998~99 연간보고서에 의하면 153개 농장에서 98,104두가 검정되었고, 4개 중앙검정소에서 육질 및 비육생산성 비교실험으로 931두가 검정되었다.

2000년대 이후 Genesus, Geneti Porc 등 대형종돈장이 CCSI를 탈퇴하고, 지방정부의 지원이 감소하면서, 자구책으로 인공수정센터 등의 영리사업을 전개하기 시작하였으며, 현재에는 캐나다 종돈의 15% 정도만 대변하는 규모로 축소되었다(그림15-5).

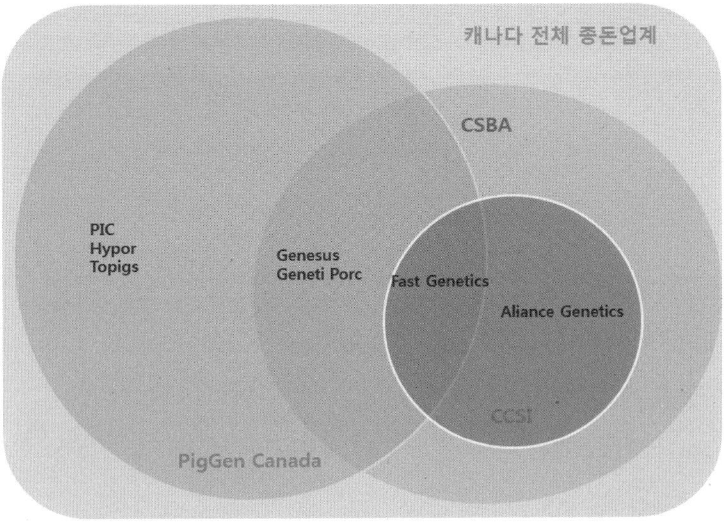


그림 15-5. 캐나다의 종돈업체

### 15.1.2.2.2 캐나다 혈통등록

캐나다의 종축등록은 법적으로 의무사항이다. 캐나다 종축등록공사(Canadian Livestock Records Corp. : CLRC)가 종축의 등록을 주관하고 있으며, 종돈의 경우 캐나다 종돈장협회(Canadian Swine Breeders Association : CSBA)가 가계도(herd book)를 가지고 있어서 CLRC가 CSBA에 서비스를 제공하고 있다.

캐나다의 혈통등록은 종돈장에서 복당 비용을 지불하고 있으며, 등록증을 발급받을 때마다 일정비용을 수수료로 지불하고 있다. 소의 경우 친자감별을 실시하는 경우도 있으나, 종돈의 경우에는 기록만으로 등록을 해주고 있으며, 순종으로 인정받기 위해서는 반드시 등록을 해야 한다. CSBA에서는 대체가계도를 만들어서 PIC 등과 같이 합성종을 별도로 등록하고 있다.

캐나다의 혈통증명서는 참여하는 종돈장에서만 육종가(EBV)를 기록하고 있으며, 단지 혈통만을 증명하는 것일 뿐, 성적을 증명하는 것은 아니다.

#### 15.1.2.2.3 PigGen Canada

PigGen Canada의 설립목적은 종돈업계가 한목소리를 내어 양돈산업에 대한 이익을 목적으로 종돈개량을 지원하고 전략을 수립하여 종돈업계의 종돈경쟁력을 강화하는데 있으며, 2007년 국가기관인 Genome Canada가 돼지의 유전체정보활용에 대한 심포지엄을 통해 추진위원회를 구성하여 2009년 발족하게 되었다.

PigGen Canada의 회원은 Fast Genetics, Genesus, Geneti Porc, Hypor, CCSI, Topigs, CSBA 및 퀘벡농협 등이며, 연구프로젝트를 위해서는 회원사의 2/3 이상이 승인을 해야하며, 50% 이상을 현금으로 참여해야 한다.

## 15.2 우리나라 돼지개량 현황 및 방향

### 15.2.1 종돈의 능력검정 및 개량

#### 15.2.1.1 종돈산업 현황

종돈의 생산체계는 핵돈군(GGP - 순종돈생산농장), 증식돈군(GP - F1 생산농장), 비육돈군(PS - 비육돈생산농장)의 피라미드식 사육형태로 되어 있다.

그림 15-6. 우리나라의 종돈생산체계

종돈개량의 핵심은 순종돈을 생산하는 GGP종돈장에 초점을 두고 있다. 우리나라는 2004년 7월부터 종축업 등록제를 실시하고 있으며, 종돈업체수는 98년 IMF구제금융 지원시기에 89개로 감소하였으나 2015년에 122개까지 증가하였다(표 15-1).

표 15-1. 국내 종돈장 현황(2015년)

| | | 전문종돈장 | | 병행종돈장 (GGP+GP) | 합계 |
|---|---|---|---|---|---|
| | | 원종돈 (GGP) | 종돈 (GP) | | |
| 종돈장 수(개소) | | 22 | 43 | 57 | 122 |
| 사육규모 (두수) | GGP | 8,037 | - | 10,726 | 18,763 |
| | GP | - | 25,966 | 24,346 | 50,312 |
| | 합계 | 8,037 | 25,966 | 35,072 | 69,075 |

* 품종별 사육비율 : (모계) Y 65%, L 25%, (부계) D 등 기타 10%수준

종돈은 농장검정과 검정소 검정을 통하여 선발지수를 추정하여 경매 또는 판매하는 형식으로 이용되고 있으며 국립축산과학원에서 매년 종돈검정 성적을 이용하여 돼지 능력개량 보고서를 발간하고 있다(그림 15-6).

국내 종돈장의 현황을 보면 전문종돈장은 GGP 22개소, GP 43개소이

며 나머지 57개 종돈장은 혼합된 종돈업체로 전문화되지 못하고 있다. 현재 연간 갱신에 필요한 모돈의 두수는 36만두(갱신율 40% 기준)이나 122개 종돈장에서 공급하는 모돈(F1)의 두수는 20만두에 불과하다.

국내 종돈업체의 종돈개량수준은 아직 낮고, 매년 혈통갱신용종돈(6,500두)의 20%를 수입에 의존하고 있다. 순종돈을 생산하는 종돈장 52개소가 능력검정에 참여하고 있으나 능력검정율이 40%이상인 종돈장의 수는 8개소에 불과하다.

AI센터의 경우 2015년 현재 총 48개소로서, 연간 190만두분(dose)의 정액을 생산하고 있으나, AI센터당 보유 모돈두수는 평균 70여두에 불과하여, 유럽 평균인 200두에 비교하여 볼 때 규모가 작고 영세한 구조를 지니고 있다(표 15-2). 또한 종돈장과 AI센터간의 유기적인 연결 관계도 결여되어 있는 것으로 나타났다.

표 15-2. 국내 AI센터 현황

| | 경기 | 강원 | 충북 | 충남 | 전북 | 전남 | 경북 | 경남 | 제주 | 계 |
|---|---|---|---|---|---|---|---|---|---|---|
| 개소 | 7 | 2 | 3 | 16 | 6 | 3 | 5 | 4 | 2 | 48 |
| 두수 | 414 | 141 | 280 | 1,270 | 477 | 209 | 339 | 280 | 124 | 3,537 |

우리나라 종돈수입 현황은 연간 평균 1,500두~1,800두 수준으로 표 15-3에 종돈수입 현황을 나타내었다.

종돈업체의 검정참여율이 선진국에 비해 낮으며, 국내 GGP종돈장 수는 덴마크에 비해 두 배로 많으나, 검정참여율과 비육돈생산두수는 절반수준으로 개량효율이 낮다.

표 15-3. 연도별, 국가별 종돈수입 현황

| 국가 \ 연도 | 2005 | 2006 | 2007 | 2008 | 2009 | 2010 | 2011 | 2012 | 2013 | 2014 | 2015 |
|---|---|---|---|---|---|---|---|---|---|---|---|
| 미 국 | 1,190 | 993 | 635 | 592 | 303 | 366 | 2,992 | 404 | 905 | 247 | 429 |
| 캐 나 다 | 350 | 736 | 894 | 475 | 532 | 633 | 4,179 | 2,099 | 525 | 763 | 1,065 |
| 일 본 | | | 26 | | 19 | | | | | | |
| 영 국 | | | 94 | | | | | | | | |
| 덴 마 크 | 41 | 89 | 41 | 46 | | 46 | | 92 | | 32 | 140 |
| 스 웨 덴 | | 32 | | | | | | | | | |
| 아일랜드 | | | 13 | | | | | | | | |
| 프 랑 스 | 255 | | 142 | 149 | 90 | 334 | | 2,149 | 635 | 463 | 219 |
| 계 | 1,836 | 1,850 | 1,832 | 1,262 | 944 | 1,379 | 7,171 | 4,744 | 2,065 | 1,525 | 1,873 |

* 한국종축개량협회 : 종돈개량부 사업보고서(2015년)

표 15-4. 한국과 덴마크의 종돈두수 비교

| 구분 | 덴마크(2006년) | | | 한국(2008년) | | |
|---|---|---|---|---|---|---|
| | 농가수 | 모돈수 | 평균 | 농가수 | 모돈수 | 평균 |
| GGP | 36 | 15,735 | 437 | 72 | 16,671 | 231 |
| GP | 127 | 39,313 | 310 | 124 | 49,706 | 400 |
| 모돈수 | 8,000 | 115만두 | | 7,700 | 91만두 | |
| 도축두수 | 2,470만두 | | | 1,380만두 | | |
| 검정 참여율(%) | 69% | | | 47% | | |

우리나라의 인공수정보급률은 84% 수준으로 정액처리업체(AI센터) 56개소에서 씨수돼지 3,501두를 사육하면서 돼지정액을 연간 140~150 만두분을 생산하여 비육돈농장에 공급하고 있다. AI센터 운영 형태는 민간(영농조합) 40개소, 농협 6개소, 도센터 3개소 및 대학 1개소로 구성되어 있으며, 씨수돼지를 연간 1,500두 교체(연간 50%)하고 있다.

정부에서는 종돈업체의 전문화 및 현대화를 유도하기 위해, '08년부터 종돈장종합평가를 실시하고 정책자금을 지원하고 있다. '08년 우수종돈장으로 농협중앙회 종돈사업소, ㈜다비삼성종돈, ㈜금보육종, ㈜선진한마을 단양GGP, 다비육종 청암 GGP, 가야육종㈜, ㈜다비육종, ㈜다비육종 GP 대월종돈장, ㈜활천농장, ㈜다비육종 GP 조산농장, ㈜예림종돈장, 구시월드, 아성 GP, 팜스코㈜ 장수종돈장, 형제농장(PICKOREA GP) 등이 선정되었다.

종돈장간의 유전적연결을 위하여 돼지개량네트워크사업을 추진하고 있으며 현재 Duroc종에 대하여 농협종돈사업소, 다비육종, 대상팜스코 및 금보육종이 종돈장으로 참여하고 다비중원AI와 김제AI가 핵군AI센터로 참여하고 있다.

#### 15.2.1.2 농장검정

농장검정은 1992년부터 시작되어 '07년까지는 대한양돈협회와 한국종축개량협회에서 이원화하여 실시하였으나 검정의 표준화 및 효율화를 위하여 '08년부터는 한국종축개량협회에서 전담하여 실시하고 있다. 농장검정사업은 종돈의 경제형질(90kg 도달일령, 일당증체량, 등지방두께, 등심단면적, 정육율, 산자수)에 대한 생산능력을 조사하여 유전적자질이 우수한 후보축의 선발에 이용함은 물론 계획교배에 기초자료로 활용할 수 있도록 정보를 제공함으로서 돈군의 유전적개량과 생산성을 향상시켜 국제경쟁력을 제고하는데 그 목적이 있다.

농장검정은 입회검정과 자가검정으로 나눌 수 있는데 2000년대 초부터 공인능력 검정원 인증을 통하여 농장자체인력으로 검정을 실시하기 시작하였으며, 질병 등의 문제로 자가검정의 비율이 확대되어 왔다.

농장검정은 농림수산식품부 고시 제2008-83호('08.09.23)의 돼지검정기준(부록 1)에 의거하여 실시하며, 조사사항은 체중이 70~110kg에 도달하였을 때 1일평균증체량, 등지방두께, 등심단면적(등심깊이), 종돈의 적격성을 조사하며, 이를 체중 90kg 기준으로 보정한다. 연도별 품종별 농장검정두수는 표 15-5 및 그림 15-7과 같다.

표 15-5. 연도별 품종별 농장검정두수

| 연도 \ 품종 | 버크셔 | 햄프셔 | 랜드레이스 | 대요크셔 | 두록 | 기타 (순종) | 계 |
|---|---|---|---|---|---|---|---|
| 1993 | | 446 | 11,813 | 16,513 | 7,684 | 243 | 36,699 |
| 1994 | 6 | 390 | 12,554 | 19,757 | 7,843 | 120 | 40,670 |
| 1995 | 10 | 272 | 10,529 | 18,288 | 7,117 | 45 | 36,261 |
| 1996 | 203 | 308 | 11,553 | 20,517 | 6,995 | 95 | 39,671 |
| 1997 | 294 | 174 | 10,161 | 20,038 | 7,444 | 36 | 38,147 |
| 1998 | 34 | 108 | 8,437 | 16,185 | 8,217 | 2 | 32,983 |
| 1999 | 14 | 68 | 7,235 | 17,412 | 7,627 | 13 | 32,369 |
| 2000 | | 104 | 13,511 | 26,197 | 10,453 | 235 | 50,500 |
| 2001 | 86 | 59 | 8,467 | 21,958 | 7,390 | 8 | 37,968 |
| 2002 | 170 | 101 | 10,342 | 26,171 | 7,481 | 45 | 44,310 |
| 2003 | 306 | 41 | 11,911 | 31,756 | 7,065 | 0 | 51,079 |
| 2004 | 604 | 75 | 13,078 | 31,717 | 8,898 | 3 | 54,375 |
| 2005 | 706 | 48 | 11,685 | 32,171 | 10,763 | 0 | 55,373 |
| 2006 | 994 | 115 | 11,153 | 34,421 | 8,829 | 0 | 55,512 |
| 2007 | 1,316 | 201 | 12,687 | 35,837 | 8,354 | 25 | 58,420 |
| 2008 | 2,168 | 95 | 10,161 | 30,967 | 7,841 | 141 | 51,373 |
| 2009 | 1,300 | 159 | 8,184 | 26,914 | 7,745 | 68 | 44,370 |
| 2010 | 594 | 142 | 7,673 | 26,228 | 6,130 | 136 | 40,903 |
| 2011 | 861 | 119 | 14,420 | 45,841 | 6,480 | 28 | 67,749 |
| 2012 | 611 | | 8,589 | 31,136 | 5,485 | 124 | 45,945 |
| 2013 | 667 | 52 | 5,708 | 27,647 | 6,864 | 48 | 40,986 |
| 2014 | 386 | 40 | 7,315 | 29,530 | 4,960 | 61 | 42,292 |
| 2015 | 627 | 16 | 6,676 | 37,029 | 5,545 | 23 | 49,916 |
| 계 | 11,957 | 3,133 | 233,842 | 624,230 | 173,210 | 1,499 | 104,7871 |

출처 : 한국종축개량협회

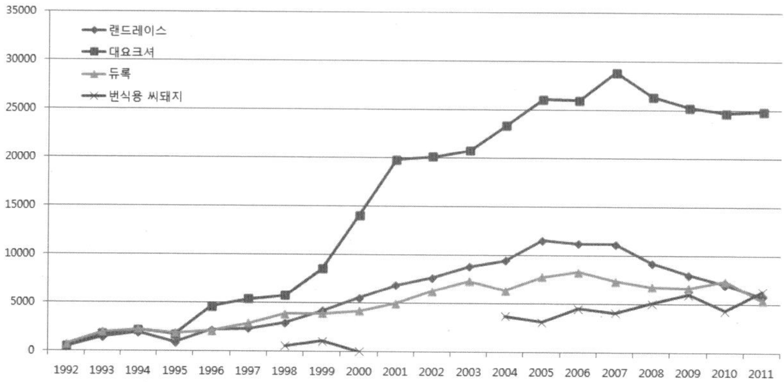


그림 15-7. 연도별 능력검정두수(농장검정)

### 15.2.1.3 검정소검정

대한양돈협회는 1984년 7월 5일 경기도 이천에 제1검정소에서 최초로 246두를 검정완료하여 제1차 검정돈 32두를 경매하였다. 제2검정소는 1988년 10월 21일 경남 하동에 설립승인을 받아 1990년 최초로 496두를 검정하였다.

이천의 제1종돈능력검정소는 '07년 7월 노후시설을 교체하기 위하여 신축검정소를 완공하였다.

#### 15.2.1.3.1 검정요령

검정소검정은 버크샤, 랜드레이스, 요크샤, 두록, 햄프샤종, 재래돼지, 합성돈(가축개량총괄기관에서 인정한 것)과 기타 검정기관이 필요하다고 인정하는 품종의 암 · 수로 한다. 검정돈은 검정돈사에서 입식(27~32kg)후 체중 35kg에 도달시까지 예비사육기간을 두며, 35kg 도달시부터 검정을 개시하고 체중 90kg 도달시 검정을 종료한다(단 개시체중이 35kg을 초과한 경우 검정을 실시할 수 없다). 검정돈사의 크기는 원칙적으로 폭 160cm, 길이 350cm로 하고, 운동장을 병설한 경우에는 폭 150cm, 길이 270cm로 하며 검정돈은 1돈방에 동복자 2두 수용을 원칙으로 한다. 단, 기존 검정시설의 경우 시설개선시까지 현재의 검정돈사를 활용할 수 있다.

예비사육기간중에는 검정사료로 순치시키고, 내부기생충을 구제하며, 검정사료는 무제한 급여하고, 질병예방 및 치료를 위하여 비타민 및 첨가제를 첨가할 수 있다. 급수는 자유급수하며, 기타 사양관리는 검정기관 관행에 따른다. 검정기간중에는 체중(검정 개시시, 검정 종료시), 사료섭취량(돈방별), 사료요구율, 등지방두께, 등심단면적(90kg 전후 검정종료시), 일반체형, 사지의 상태, 번식능력(생식기의 발육, 성욕 상태) 등을 조사한다. 검정소 검정용 선발지수는 표 15-6과 같다.

표 15-6. 검정소 검정용 선발지수

| 구분 | 품종 | 선발지수 |
|---|---|---|
| 일반 | Duroc | 250 − (0.05 × D90) − (10.03 × FCR) − (0.33 × BF(mm)) |
| | Landrace | 250 − (0.10 × D90) − (9.18 × FCR) − (0.46 × BF(mm)) |
| | Yorkshire | 250 − (0.09 × D90) − (9.34 × FCR) − (0.29 × BF(mm)) |
| 제한 | Duroc | 250 − (0.04 × D90) − (9.70 × FCR) + (0.41 × BF(mm)) |
| | Landrace | 250 − (0.11 × D90) − (8.58 × FCR) + (0.31 × BF(mm)) |
| | Yorkshire | 250 − (0.10 × D90) − (8.64 × FCR) + (0.33 × BF(mm)) |

*D90 : 90Kg 도달일령, FCR : 사료요구율, BF : 등지방 두께

#### 15.2.1.3.2 공인능력검정소의 문제점

① 농장검정과의 검정형질의 측정방법이 상이하고, 농장검정 참여종돈장과 검정소검정 출품농장이 서로 다르기 때문에 연계성이 떨어진다.

② 참여종돈장에 질병전파의 위험성이 높아진다. 실제로 덴마크의 경우 중앙검정소에 출품하는 농가는 특정수준의 위생수준을 준수하는

인증을 받은 종돈장에 국한되고, MEW를 운영하여 격리 및 질병검사를 통하여 질병통제를 실시한다.

③ 공인능력검정소의 운영에 있어 표준화 및 매뉴얼을 갖추고 있지 못하며 그로인해 순종 300두 미만의 중소규모농장만 참여하며 참여농장의 수도 감소하고 있다.

④ 종돈장에서 검정소에 종돈을 입식할 당위성이나 필요성을 느끼지 못하고 있다. 미국의 경우 NBS출품이라는 목표를 부여하고, 덴마크의 경우 사료효율측정과 농가수익창출이라는 목표를 갖추고 있다.

### 15.2.1.4 현행 종돈정책의 문제점 및 개선방안

#### 15.2.1.4.1 종돈개량체계의 문제

① 종돈의 개량효율은 개량집단의 규모에 따라 현저하게 차이가 난다. 우리나라의 경우 개별 종돈장이 독자적으로 개량을 추진하였기 때문에 규모가 작아 개량효율이 저하되었으며(그림 15-8) 이로 인하여 우수한 유전자원을 수입에 의존하는 악순환이 거듭되고 있다.

② 종돈의 개량은 한우나 젖소와 달리 민간종돈장 위주로 수행되었기 때문에 체계화되고 전문화된 개량체계 및 방법을 이용하기가 어려웠으며, 민간종돈장간의 협력관계가 미흡하여 발전된 체계를 갖추기 어려웠다.

③ 종돈개량의 대상이 되는 경제형질들은 단기적으로 이루어지지 않기 때문에 장기적인 관점에서 지속적인 연구와 투자가 필요하나 종돈개량에 필요한 연구 및 투자지원이 상대적으로 미흡하였다.

④ 종돈장 및 AI센터의 규모가 외국에 비하여 영세하여 개량효율이 낮을 수 밖에 없다.

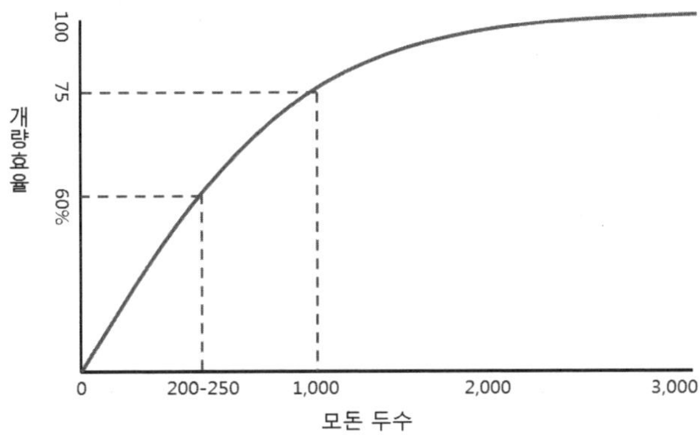


그림 15-8. 모돈두수와 개량효율의 상관관계

⑤ 돼지관련 각종 질병이 국내에 상존하고 있으며 종돈장의 질병에 대한 위생수준이 미흡하여 양돈장들의 신뢰를 확보하고 있지 못한 실정이다. 이로 인하여 국내 양돈장은 국산종돈보다는 위생조건이 양호한 수입종돈을 선호하는 경향도 발생하게 되었다.

⑥ 돼지의 개량목표와 개량형질은 시장의 요구에 따라 다양화되어야 하나 우리나라의 경우 능력검정형질이 단순하고 시장의 변화에도 적응하지 못하고 있다. 예를 들어 육질에 대한 소비자의 요구에 따라 시장출하체중이 평균 110kg에 이르고 있으나 아직까지도 검정기준은 90kg를 유지하고 있다.

⑦ 전술하였듯이 능력검정비율이 낮다. 이는 능력검정이 개량을 위한 수단으로 사용되지 못하고 종돈의 판매를 위한 방법으로 인식되기 때문이다.

⑧ 종돈개량의 목표가 제시되었지만 그 목표를 달성하기 위한 방안이나 방법을 도출하기 위한 일련의 노력이 미흡하였으며, 실제로 달성방안이 제시된 적도 없다.

#### 15.2.1.4.2 종돈개량체계의 개선방안

##### 15.2.1.4.2.1 종돈능력의 국제경쟁력 강화 필요

현재 우리나라 종돈의 생산성은 산자수가 11두 미만으로 14두를 생산하고 있는 외국의 종돈과 비교하면 많은 차이를 보이고 있다(표 15-7). 돈육품질이 우수한 종돈을 만들기 위해서는 소비시장의 품질에 대한 나름의 정의가 필요하여 이를 충족하기 위한 방법을 강구하여야 한다. 양돈장은 더 이상 돼지만을 사육하는 시설이 아니며 소비자의 요구를 만족시킬 수 있는 제품을 생산하는 공장으로서의 역할을 하여야 한다. 따라서 종돈장은 10년 후 소비자가 어떤 돼지고기에 더 많은 돈을 지불할 것인가를 유의하여야하며 이를 위한 개량의 목표를 가져야 한다.

표 15-7. 품종별 종빈돈의 산자능력

| 품종 | 종빈돈 | | 평균산자수(두) |
|---|---|---|---|
| | 조사두수(복) | 평균산차(산) | |
| BB | 210 | 2.92 | 7.8 |
| HH | 53 | 4.55 | 8.5 |
| LL | 2,945 | 3.15 | 11.3 |
| YY | 15,138 | 3.23 | 11.4 |
| DD | 2,504 | 2.51 | 8.4 |
| 계 | 20,850 | 3.13 | 11.0 |

* 출처 : 한국종축개량협회(2015년 농장검정사업보고서)

##### 15.2.1.4.2.2. 개량형질의 확대 필요

현재 돼지개량은 90kg도달일령, 일당증체량, 사료요구율, 등지방두께, 등심단면적, 총산자수, 생존산자수 등에 국한되어 왔다. 연산성, 사료요구율, 육질 등 양돈농가가 현실적으로 원하는 경제형질에 대한 개량체계가 구축되어야 한다. 사료요구율의 경우 개체별 측정이 가능한 자동사료급이기 설치 등을 통하여 접근이 가능할 것으로 기대 된다.

15.2.1.4.2.3. 종돈관련제도의 정비가 필요

외국의 종돈피라미드와 비교할 때, 우리나라는 종돈장이 지나치게 많고 효율이 떨어지므로 개량에도 걸림돌이 된다. 현행법규에서 규정하는 종돈장의 개념을 세분화할 필요가 있다. 종돈장의 전문화를 통해 GGP농장과 GP농장의 구분이 필요하다.

15.2.1.4.2.4. 종돈개량에 대한 연구개발투자 확대

제대로 된 종돈개량을 위해서는 잘 정비된 개량인프라가 구축되어야 하고, 장기적이고 지속적인 연구개발이 이루어져야 한다. 우리나라의 개량인프라나 연구개발투자는 개량을 잘하는 국가들에 비하면 턱없이 부족하고, 결국 종돈에 대한 외국의 의존도가 높아지는 결과를 야기한다. 뒤쳐진 수준을 단기간에 해결하기 위해서는 정부에서 이러한 인프라를 구축하고 종돈산업분야에서 연구개발투자를 과감히 늘려주어야 한다.

15.2.1.4.2.5. 종돈네트워크사업의 추진을 통한 문제점 개선

종돈네트워크를 통하여 유전능력 및 위생수준이 우수한 종돈을 생산, 공급하여 양돈산업 생산성 향상을 유도할 수 있다. 또한 종돈장 종합평가를 실시하여 종돈장간 경쟁을 유도하며 이를 통해 종돈장의 전문화 및 종돈능력을 개량할 수 있다.

## 15.2.1.5 국내 종돈산업의 현황 분석

15.2.1.5.1 개별 종돈장의 개량구조

우리나라 종돈장중에서 규모가 크고, 개량이 비교적 잘 된 종돈장

들은 거의 모두 농장검정체계를 실시하고 있다. 이러한 핵돈군종돈장(GGP)은 자체 GP를 보유한 경우도 있으나, 대부분 계약관계의 GP농장을 여러 개 보유하고 있으며 대개 이러한 GP농장은 전국적으로 산재되어 F1후보돈을 광범위하게 판매할 수 있도록 하고 있다.

대규모 GGP농장들은 번식형질(산자수, 포유능력)과 육질(마블링스코어, 육색)에 있어서 공통적으로 개량해야할 경제형질로 방향을 삼고 있다. 하지만 사산, 미이라 혹은 질병저항성마커 등 종돈장마다 개량하고자 하는 형질에 차이가 나는 부분도 있다. 일부 종돈장의 경우는 종돈개량의 목적이 사료사업 등 외부사업의 일환으로 부속되어 있기도 하다.

GGP종돈장마다 사용하는 프로그램은 각각 자체적으로 개발하거나, 컨설팅 방식으로 개발한 프로그램이 있으며, 육종가분석을 위해 대부분의 종돈장은 BLUP기법을 사용하고 있다. 육종가분석 이외에도 교배조합프로그램을 별도로 운영하여 근친도에 대한 대비를 하고 있으며, 육종모의시험프로그램을 사용하는 종돈장도 있다.

종돈장에서 가장 우선시하는 부분은 방역과 위생으로 GGP농장들은 위생방역관리실태가 우수한 것으로 나타났다. HACCP의 경우 대부분의 농장이 인증받은 것으로 나타났다. 종돈개량을 위해 많은 농장들이 육종학 석/박사 이상의 인력을 보유하고 있으며, 추가인력을 향후 뽑을 계획을 갖고 있거나, 부족한 부분은 대학, 연구소 등으로부터 컨설팅을 통해 해결하고 있다.

모든 종돈장이 종돈개량네트워크의 취지와 방향에는 공감을 하지만, 질병 등의 이유로 절반이 조금 넘는 종돈장만이 적극적인 참여의사를 밝히고 있다. 참여수준에는 모계라인의 참여가 높았으며, 부계라인의 경우 40% 정도가 불참의사를 밝혔다. 대부분의 GGP농장이 외국의 주요종돈장으로부터 종돈을 수입하여 기술료 등을 납부하고 있지만,

MEW돈군조성을 통해 10년 이상 폐쇄돈군으로 성적을 유지하는 GGP도 있다.

표 15-8. 국가별, 품종별, 성별 종돈수입현황

| 구분 | | 미 국 | 캐나다 | 프랑스 | 덴마크 | 계 |
|---|---|---|---|---|---|---|
| 버크셔 | 암 | 101 | | | | 101 |
| | 수 | 27 | | | | 27 |
| | 계 | 128 | | | | 128 |
| 햄프셔 | 암 | 3 | | | | 3 |
| | 수 | 1 | | | | 1 |
| | 계 | 4 | | | | 4 |
| 랜드레이스 | 암 | 37 | 105 | 35 | 29 | 206 |
| | 수 | 29 | 80 | 5 | 16 | 130 |
| | 계 | 66 | 185 | 40 | 45 | 336 |
| 대요크셔 | 암 | 146 | 467 | 174 | 43 | 830 |
| | 수 | 25 | 80 | 5 | 17 | 127 |
| | 계 | 171 | 547 | 179 | 60 | 957 |
| 두록 | 암 | 6 | 77 | | 25 | 108 |
| | 수 | 54 | 276 | | 10 | 340 |
| | 계 | 60 | 353 | | 35 | 448 |
| 계 | 암 | 293 | 649 | 209 | 97 | 1,248 |
| | 수 | 136 | 436 | 10 | 43 | 625 |
| | 계 | 429 | 1,085 | 219 | 140 | 1,873 |

* 출처 : 한국종축개량협회(2015)

모든 농장이 백색계종돈(Landrace, Large White)을 보유하고 있으며, Duroc, Berkshire 혹은 Chester White 등을 개량하는 종돈장도 있다. 이러한 대형 GGP농장들은 AI센터를 별도로 가지고 있으며, 웅돈을 100~150두를 보유하고 있고, 거의 400두 가까이 보유한 AI센터도 있다.

## 15.2.2 돼지개량네트워크(network system for swine improvement)

### 15.2.2.1 돼지개량네트워크사업의 목적

돼지개량네트워크사업은 종돈장간 우량종돈교류에 의한 유전적 연결(네트워크)로써 국가 단위 유전능력평가체계를 구축하는데 그 목적이 있다. 우량종돈의 선발, 교류 및 평가를 통하여 유전적 개량량을 확대하고, 국내여건에 맞는 한국형종돈선발 및 종돈수출을 가능케 할 수 있다(그림 15-9).

### 15.2.2.2 돼지개량네트워크사업의 현황 및 실적

#### 15.2.2.2.1 참여업체 및 규모

부계종돈장으로는 금보, 농협, 원산, 태흥, 축산원, 가야(고성), 우정, 석

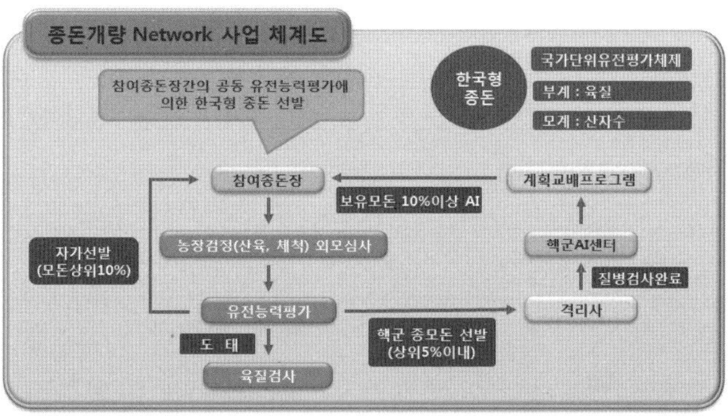


그림 15-9. 돼지개량네트워크사업 체계도

원 및 팜스코 등 9개소로서 두록종 규모가 총 840두이다. 모계종돈장으로는 총 15개 종돈장(농협, 성진, 태흥, 가야(산청), 디앤디, 선진, 신청봉, 경북, 성산, 구시, 축산원, 석원, 팜스코)이 참여하고 있고, 대요크셔 3,610두 및 랜드레이스 880두의 규모로 구성되어 있다(그림 15-10).

핵군AI센터로는 다비중원, 도드람, 가야의 3개센터가 참여하고 있다.

그림 15-10. 돼지개량네트워크 참여종돈장

#### 15.2.2.2.2 돼지개량네트워크구축사업의 주요 내용

돼지개량네트워크구축사업은 2008년부터 시작되었다(그림15-11).

| 2008 | 2009 | 2010 | 2011 |
|---|---|---|---|
| 부계3<br>핵군AI1 | 부계6<br>핵군AI2<br>정액공유<br>육질검정<br>표현형선발 | 부계7<br>핵군AI2<br>정액공유<br>육질검정 | 부계7<br>모계 참여 신청<br>핵군AI1<br>정액공유<br>육질검정 |

| 2012 | 2013 | 2014 | 2015 |
|---|---|---|---|
| 부계6<br>모계6<br>핵군AI1<br>정액공유<br>육질검정<br>동결정액<br>육종가선발 | 부계5<br>모계5<br>핵군AI1<br>정액공유<br>육질검정<br>동결정액 수입<br>육종가선발 | 부계5(협력1)<br>모계6(협력2)<br>핵군AI1<br>정액공유<br>육질검정<br>동결정액 수입<br>육종가선발 | 부계8(협력3)<br>모계14(협력9)<br>핵군AI4<br>정액공유<br>육질검정<br>동결정액 수입<br>육종가선발<br>월단위->주단위(7월) |

① 유전능력평가

국립축산과학원은 돼지검정자료를 한국종축개량협회로부터 수집한다. 국립축산과학원은 수집한 검정자료의 기초통계량분석 및 유전능력평가를 실시하고, 그 결과를 한국종축개량협회 및 사업대상자에 격주단위로 통보한다.

② 핵군 AI센터 우수종돈 선발

국립축산과학원으로부터 나온 유전능력평가결과를 바탕으로 참여 및 협력 종돈장간 정액공유를 위해 유전능력(선발지수) 상위 2% 이내의 우수종돈을 선발한다.

③ 해외 우수유전자원 수입

국가단위 유전능력평가체계를 구축하고 돼지개량에 이용하기 위하여 참여 및 협력종돈장에서 해외 우수유전자원(종돈 및 동결정액)을 수입하여 혈연을 공유한다.

④ 정액공유

참여 및 협력 종돈장은 교배모돈두수의 10% 이상을 선발된 핵군종모돈 및 해외 우수유전자원의 정액을 이용하여 계획교배를 실시한다.

⑤ 질병검사

돼지개량네트워크에서 가장 중요한 것은 질병이 없어야 한다는 것이다. 참여종돈장의 질병청정화 유도로 유전자교류에 있어 신뢰도를 확보한다.

⑥ 참여 및 협력 종돈장의 능력검정

참여 및 협력 종돈장은 반드시 모돈이 생산한 자돈의 일정두수 이상을 검정해야 한다(표 15-9).

표 15-9. 참여종돈장 및 협력종돈장의 검정두수

| | 부계 | 모계 |
|---|---|---|
| 참여종돈장 | 암 2두/복당<br>수 2두/복당 | 암 3두/복당<br>수 0.5두/복당 |
| 협력종돈장 | 암 1두/복당<br>수 1두/복당 | 암 1.5두/복당<br>수 0.25두/복당 |

⑦ 친자감정

참여업체는 돼지 DNA분석을 통해 친자감정을 실시한다. 친자감정을 위해 핵군AI센터의 경우 입식한 종모돈 및 수입유전자원의 모근 또는 정액으로부터 DNA를 추출하며, 참여종돈장 및 협력종돈장의 경우 보유돼지의 모근 또는 조직으로부터 DNA를 추출한다. 추출한 DNA를 Microsatellite marker를 이용하여 친자감정을 실시한다.

⑧ 육질검사

육질검정을 통해 돼지개량네트워크사업 참여 및 협력 종돈장의 고품질돈육생산 및 한국형종돈개발의 기초자료로 활용한다. 검사대상은 참여 및 협력종돈장의 두록종 검정종료돈이다.

표 15-10. 육질검사 주요 내용

| | 검사 내용 |
|---|---|
| 도축장 검사 및 시료채취 | 등급판정내역, pH24, 육색 |
| 이화학 분석 | 지방산조성(팔미트산, 올레산, 스테아르산, 리놀레산 등), 육색(명도, 적색도, 황색도), 전단력, 가열감량, pH, 근내지방함량, 보수력, 관능검사(색, 연도, 향, 다즙성, 기호도), 수분함량 등 |

⑨ 보조금 지원

참여하는 핵군AI센터의 경우 우수종돈 구입시 두당 300만원을 보조

지원하며, 해외 우수유전자원 구입시 70%를 보조해준다.

수태지검정시 검정돈에 대해 전년도 평균시세 기준으로 시세차액의 80%를 지원하며, 질병검사시 대상업체 검사비용의 100%를 모두 보조해준다.

육질개량을 위해 참여업체의 육질검사 및 DNA분석비용도 100% 보조한다. 정액공유용 우수종돈을 생산한 업체의 경우 참여종돈장에 두당 1,000만원의 보조를 하며, 사료효율 측정을 위한 측정기 구입시 구입비용의 50%를 지원한다.

⑩ 사업평가

매년 사업의 종합평가를 실시하여 사업이 부진한 업체는 제재를 가함으로써 사업의 부실 방지와 사업성과 극대화를 도모하고 있다.

평가항목으로는 종돈업 및 정액 등 처리업의 전문성 및 의무사항 이행수준과 함께 우수종돈선발 협조 여부를 통해 사업부진 참여업체에 제재를 가할 수 있도록 하였다.

| 평가점수 | 제제 |
|---|---|
| 70점 미만 | 경고 |
| 70점 이상 80점 미만 | 주의 |

### 15.2.2.2.3 돼지개량네트워크구축사업 추진 성과

① 연도별 모돈규모, 핵돈선발, 정액공유 및 검정실적

- 부계

| 연도 | 모돈두수 | 종돈선발 | 정액공유 | 검정두수 | | | 육질검정 | |
|---|---|---|---|---|---|---|---|---|
| | | | | 암 | 수 | 계 | pH | 이화학 |
| 2008 | 380 | 20 | - | 1,681 | 1,295 | 2,976 | - | - |

| 2009 | 660 | 19 | 145 | 2,337 | 2,898 | 5,235 | 264 | 66 |
|---|---|---|---|---|---|---|---|---|
| 2010 | 680 | 25 | 146 | 2,908 | 3,358 | 6,266 | 227 | 157 |
| 2011 | 680 | 21 | 146 | 1,822 | 2,538 | 4,360 | 225 | 200 |
| 2012 | 730 | 6 | 181 | 2,426 | 3,280 | 5,706 | 313 | 226 |
| 2013 | 600 | 9 | 161 | 2,023 | 2,620 | 4,643 | 195 | 199 |
| 2014 | 570 | 10 | 116 | 1,918 | 2,264 | 4,182 | 79 | 79 |
| 2015 | 774 | 14 | 210 | 2,674 | 3,096 | 5,770 | 114 | 114 |
| 계 | | 124 | 1,105 | 17,789 | 21,349 | 39,138 | 1,417 | 1,041 |

- 모계

· 요크셔

| 연도 | 모돈두수 | 종돈선발 | 정액공유 | 검정두수 | | | 육질검정 | |
|---|---|---|---|---|---|---|---|---|
| | | | | 암 | 수 | 계 | pH | 이화학 |
| 2012 | 2,470 | - | 144 | 12,332 | 1,912 | 14,244 | - | - |
| 2013 | 1,490 | - | - | 8,765 | 1,138 | 9,903 | - | - |
| 2014 | 2,040 | - | 261 | 16,078 | 1,673 | 17,751 | - | - |
| 2015 | 3,308 | - | 692 | 21,734 | 2,987 | 24,721 | - | - |
| 계 | | | 1,097 | 58,909 | 7,710 | 66,619 | - | - |

· 랜드레이스

| 연도 | 모돈두수 | 종돈선발 | 정액공유 | 검정두수 | | | 육질검정 | |
|---|---|---|---|---|---|---|---|---|
| | | | | 암 | 수 | 계 | pH | 이화학 |
| 2012 | 440 | - | 138 | 2,119 | 557 | 2,676 | - | - |
| 2013 | 440 | - | - | 2,355 | 677 | 3,032 | - | - |
| 2014 | 440 | - | 108 | 3,200 | 947 | 4,147 | - | - |
| 2015 | 785 | - | 161 | 4,809 | 1,272 | 6,081 | - | - |
| 계 | | - | 407 | 12,483 | 3,453 | 15,936 | - | - |

### ② 종돈장간 유전적 연결성 분석

모계종돈장의 경우 돼지개량네트워크에 참여한 시기가 부계계통 참여종돈장보다 늦기 때문에 유전적 연결성이 낮을 수 밖에 없다. 현재 Landrace종 및 Yorkshire 종의 유전적 연결성을 분석한 결과는 표 15-11 및 표 15-12와 같다.

표 15-11. Landrace의 유전적 연결율(connectedness rating)

| | 금보 | 농협 | 도화 | 디디 | 성진 | 선진 | 신청봉 |
|---|---|---|---|---|---|---|---|
| 금보 | | | | | | | |
| 농협 | 0.9 | | | | | | |
| 도화 | 0.6 | 3.44 | | | | | |
| 디디 | 0.07 | 0.45 | 18.18 | | | | |
| 성진 | 0.28 | 1.51 | 18.74 | 3.36 | | | |
| 선진 | 1.2 | 5.49 | 2.94 | 0.34 | 1.36 | | |
| 신청봉 | 0.71 | 3.31 | 2.58 | 0.32 | 1.11 | 4.12 | |

표 15-12. Yorkshire의 유전적 연결율(connectedness rating)

| | 금보 | 농협 | 대덕 | 디디 | 삼성 | 성진 | 원산 | 선진 | 신청봉 |
|---|---|---|---|---|---|---|---|---|---|
| 금보 | | | | | | | | | |
| 농협 | 0.08 | | | | | | | | |
| 대덕 | 0.26 | 0.28 | | | | | | | |
| 디디 | 1.26 | 1.1 | 20.72 | | | | | | |
| 삼성 | 0.94 | 1.04 | 18.78 | 72.69 | | | | | |
| 성진 | 0.43 | 0.5 | 61.87 | 32.49 | 29.38 | | | | |
| 원산 | 0.99 | 0.85 | 17.11 | 79.08 | 66.47 | 26.83 | | | |
| 선진 | 0.13 | 1.14 | 0.41 | 1.65 | 1.61 | 0.71 | 1.3 | | |
| 신청봉 | 0.04 | 0.15 | 0.02 | 0.06 | - | 0.13 | - | 2.34 | |

### ③ 부계의 유전능력평가 실시 현황

Duroc종에 대한 유전능력평가는 2009년부터 시작하였다. 2012년 1/4

분기까지 표현형선발위주로 유전능력평가를 실시하였으며, 2012년 2/4 분기부터 분기별 유전능력평가 및 선발을 진행하였다. 2014년 7월부터 매월, 2015년 7월부터는 격주 유전능력평가 및 선발을 실시하여 유전능력평가빈도를 증가시켜왔다. 참여종돈장의 검정자료를 검정종료일 등에 대한 이상치를 제거하여 기본통계량과 유전능력평가를 실시하였다.

④ 공동선발축과 농장선발축 후대의 표현형 변화

90kg 도달일령에 대한 표현형과 EBV에 대해 년도별추세는 그림 15-12과 15-13에 표시하였다.

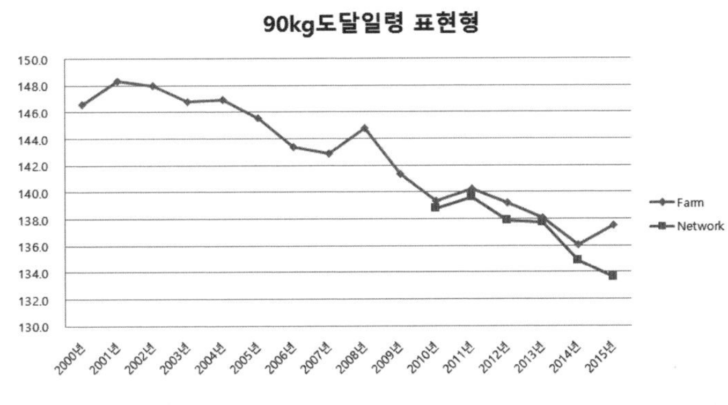


그림 15-12. 90kg 도달일령 표현형

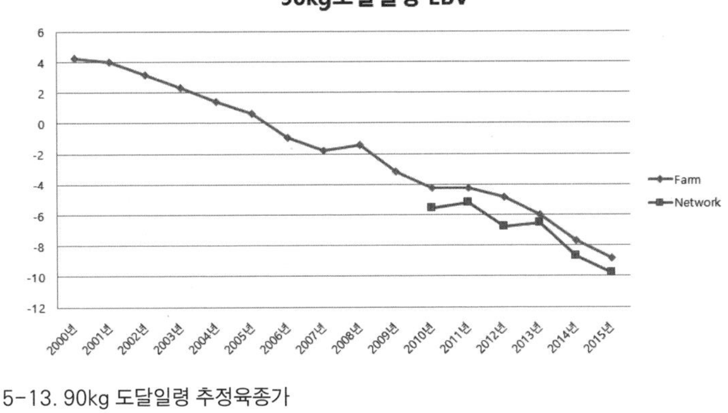


그림 15-13. 90kg 도달일령 추정육종가

⑤ 핵돈과 농장보유축 자손의 능력 비교

표 15-13에는 네트워크 참여 종돈장과 일반 종돈장의 검정 성적을 비교하여 표시하였다. 실제로 유전자공유에 이용하는 핵돈의 자손과 기존농장보유축 자손간의 능력을 비교한 결과 핵돈의 자손이 90kg도달 일령에서 평균 1일 정도 단축되는 것으로 나타났다.

표 15-13. 핵돈과 농장보유축 자손간의 능력 비교

| 구 분 | 핵돈 자손(A) | 농장보유축 자손(B) | 선발차(A-B) |
|---|---|---|---|
| 두 수 | 3,553 | 24,899 | |
| 종료체중 | 102.994 | 101.954 | 1.039 |
| 근교계수 | 0.023 | 0.042 | -0.019 |
| **90㎏도달일령(일)** | **137.556** | **138.62** | **-1.064** |
| **90㎏도달일령 육종가** | **-7.135** | **-5.626** | **-1.508** |
| 등지방두께(㎜) | 13.473 | 13.042 | 0.431 |
| 등지방두께 육종가 | 0.491 | 0.407 | 0.084 |
| 등심단면적(㎠) | 27.485 | 27.515 | -0.03 |
| 등심단면적 육종가 | -0.56 | -0.524 | -0.036 |
| 정육율(%) | 57.325 | 57.56 | -0.235 |
| **정육율 육종가** | **-0.751** | **-0.657** | **-0.094** |

주) 돼지개량네트워크 구축사업 실시인 2009년 이후 참여종돈장 자손의 능력비교
핵돈 : 돼지개량네트워크구축사업을 통해 공동선발되어 정액공유가 이루어진 종돈장
농장선발축 : 돼지개량네트워크구축사업 참여 종돈장에서 자체적으로 선발한 종돈

#### 15.2.2.2.4 사업추진 문제점

종돈장의 규모나 위생수준차이 등에 따른 네트워크사업의 진입 장벽이 발생할 수 있으며, 사업참여의 이해 부족도 나타나고 있다. 특히 구제역, PRRS 발생에 따라 참여종돈장의 축군 변동 혹은 사업추진의 업무 지연의 문제도 발생하고 있다.

또한, 참여종돈장간의 국가단위유전능력평가가 지연되고, 때로는 종돈장간 이해관계에 따른 네트워크사업 참여에 소극적이고, 자발적인 참여의식이 아직 부족하다. 돼지개량네트워크사업 관리프로그램을 종돈장에서 활용하는 정도도 아직 낮은 수준이다.

신선정액을 사용하고 있어 AI센터에서 질병이 확인되지 않은 상태에서 종돈장에 정액이 유입될 경우 종돈장의 질병교차감염 우려도 높다.

#### 15.2.2.2.5 돼지개량네트워크구축사업 발전방향

① 모계계통의 유전능력평가체계 구축이 심화되어야 한다.

② 종돈장별 다양한 경제형질에 대한 정의를 통일하여 표준화시켜야 한다.

③ 사료효율, 육질, LP5 등 다양하고 새로운 경제형질을 추가로 개발하여야 한다.

④ 종돈구매시 표현형기반으로 구매하던 것을 육종가기반으로 유전적으로 우수한 능력을 가진 종돈을 선택하여 구매할 수 있도록 지원하여야 한다.

## 15.3 돼지의 주요 유전자 발굴 및 활용

분자유전학분야에서의 발전은 돼지를 포함한 다양한 축종에서 생산효율을 높이는데 중요한 역할을 해왔다. 마커기술의 급속한 발전으로 말미암아 육종방향을 표현형과 마커정보에 기반하여 결정할 수 있게 되었다. 2016년 12월까지 돼지에서 나타나는 626개 이상의 각기 다른 형질에 대해 16,156개 이상의 QTL들이 보고되었다(http://www.animalgenome.org/QTLdb/release). 대부분 경제적으로 중요한 형질의 범주로는 능력(performance), 육질(meat quality), 번식(reproduction) 및 질병저항성(disease resistance)이 있다.

## 15.3.1 산자 및 산육 형질관련 유전자 발굴 및 활용

### 15.3.1.1 생산능력 및 도체 형질

생산능력형질에 유의적인 영향을 주는 DNA변이에 대해 여러 유전자들이 확인되었다. Ibeagha-Awemu 등(2008)은 돼지를 포함한 가축에서 능력 및 육질에 유의적 영향을 주는 여러 유전자들을 검토하여 정리하였다. 돼지에 있어서 능력 및 육질개량에 이용하는 주요 유전자/마커들을 표 15-14에 정리하였다. MC4R, HMGA1, CCKAR은 성장률, 사료효율 및 정육율 등의 개량을 위해 상업적으로 이용되는 마커들이다.

돼지에서 MC4R유전자좌는 일당증체량, 사료섭취량 및 정육율을 증가시키는 유전자좌이다. 이 마커는 2가지 유전자, A와 G로 이루어져 있다. 몇몇 상업군에서 A대립유전자는 빠른 성장과 연관되어 이용되는 반면, G 유전자는 살코기생산과 효율적 성장과 연관되어 있다. AA의 동형접합체인 돼지가 GG의 동형접합체인 돼지보다 시장출하일령이 3일 빠른 것으로 나타났다. 반면 MC4R유전자좌에 대해 GG동형접합체를 가진 개체를 선발하면, 등지방이 8% 감소하며, 유의적으로 사료효율이 좋아진다고 보고되었다.

돼지의 7번염색체에 존재하는 HMGA1유전자마커는 등지방 및 살코

기성장과 관련있으나 Duroc에서는 예외이다. CCKAR의 5'비전사구역 내의 다형성은 사료섭취율을 빠르게 하는 것과 관계가 있으며, 사료섭취행동에 영향을 주는 증거와는 관계가 없다.

PRKAG3와 CAST마커를 이용한 분자구조에 대한 검정은 육질에 대한 품종개량 및 유전적 계통에 대한 개량에 도움을 줄 수 있다. 모든 주요 돼지품종에서 관찰된 PRKAG3마커는 근육내 glycogen 함량 및 육질과 관련이 있다. CAST마커는 고기의 연도에 영향을 주는 protease라 불리는 효소를 억제한다. Ciobanu 등(2004)은 CAST유전자는 가열감량을 낮추면서, 다즙성을 높이는 것과 유의하게 관련이 있음을 보여주었다.

표 15-14. 돼지의 능력 및 도체 형질 관련 보고된 후보 유전자

| Gene name | Gene symbol | Traits | Refs |
|---|---|---|---|
| Calpastatin | CAST | Meat tenderness | Ciobanu D 등 [2]<br>Nonneman D 등 [18] |
| Cholecystokinin type A<br>receptor | CCKAR | Feed intake | Houston R 등[5] |
| High mobility group AT-hook 1 | HMGA1 | Backfat and lean growth | Kim KS 등[9] |
| Melanocortin 4 receptor | MC4R | Growth and carcass composition | Bruun C 등[1]<br>Van den Maagdenberg K 등 [26]<br>Kim KS 등[8] |
| Protein kinase adenosine monophosphate-activated gamma subunit | PRKAG3 | Pork quality | Milan D 등[15] |

### 15.3.1.12 산자수관련형질

산자수를 증가시키게 되면 보다 적은 수의 모돈으로 돼지를 생산하기 때문에 돼지1두생산시 소비되는 사료량을 감소시킬 수 있으며, 이를 통해 생산효율을 높이는 결과를 보이게 된다. 산자수를 증가시키기 위한 선발은 지난 20년간 육종가들이 수행하여 온 것 중 가장 큰 이익을 가져다주는 형질이다. 돼지의 산자수와 관련되어 있는 후보유전자를 표 15-15에 정리하였다. 두 개의 새로운 마커인 ESR(estrogen receptor)유전자와 EPOR(erythopoietin receptor)유전자는 현재 상업적으로 이용하고 있다.

표 15-15. 돼지의 산자수 형질과 연관된 후보유전자

| Gene name | Gene symbol | Refs |
|---|---|---|
| Erythopoietin receptor | EPOR | Vallet J 등[25] |
| Estrogen receptor | ESR | Rothschild M 등[19] |
| Follicle-stimulating hormone beta | FSHB | Zhao Y 등[30]<br>Li N 등[12] |
| Prolactin receptor | PRLR | Tomas A 등[24]<br>Terman A 등[23]<br>Kmie M 등[11] |

ESR유전자는 1980년대초 중국에서 미국으로 수출된 세 품종 중 번식성적에서 가장 주목할만한 품종인 메산돈(Meishan pigs)에서 최초로 발견되었다. ESR유전자 마커는 산자수와 관련되어 있으며 대규모 돼지육종회사에 의해 수 년동안 이용되어 왔다. 이 유전자마커는 Large White 및 Yorkshire 품종과 두 품종의 1대 교잡종에서 효과적이다. 산자수와 연관된 다른 유전자는 erythropoietin receptor(EPOR)이다. EPOR유전자는 태아적혈구의 말단분화를 조절한다. Vallet 등은 EPOR마커유전자가 자

궁의 규모와 산자수와 연관되었음을 보고한 바 있다.

FSHB유전자는 상업용돼지품종에서 산자수를 조절하는 주요유전자와 관련이 있다. FSHB는 Landrace, Yorkshire 및 Yorkshire와 Erhualian과의 교잡종에서 몇몇 번식형질에 유의적인 영향을 주는 유전자형이다. BB유전자형을 가진 모돈은 AA유전자형을 가진 모돈보다 초산에서 복당 평균 2.53두의 자돈을 더 생산하며, 산차가 지나갈수록 더 많은 자돈을 생산한다.

돼지의 16번염색체에 위치한 prolactin receptor gene(PRLR)은 번식형질에 대한 후보유전자이다. 황체수에 영향하는 효과는 PRLR, SNP1217 및 SNP1439 다형성이 관련이 있다. 초산차에서 AA동형접합체유전자를 가진 모돈은 많은 산자수를 가지는 반면 BB동형접합체유전자를 가진 모돈은 가장 적은 산자수를 나타내었으며, AB는 중간이었다. 이 유전자는 또한 정액의 양, 질 등과 같은 형질에서 웅돈의 번식능력도 향상시킨다. AB유전자형을 가진 개체는 다량의 사정량과 생존정자비율이 높으며, 사정시 더 많은 정액을 생산한다. BB유전자형을 가진 웅돈의 정액에서 가장 높은 농도의 정액이 나타났다.

## 15.3.2
## 질병 및 기타 유전자 발굴 및 활용

전세계적으로 바이러스성 또는 세균성 병원균에 의한 전염병은 양돈산업에서 생산효율을 심각하게 제한하고 막대한 경제적 손실을 야기한다. 전통적으로 백신, 약물치료 및 감염돈의 제거등을 통해 질병을 조절하는 전략을 주로 사용한다. 질병저항성에 대한 선발과 같이 돼지에 있어 유전적인 방법은 그리 보편적으로 이용되지 않았다. 그렇지만 PRRSv

와 같은 몇몇 질병은 질병에 대항할 효과적인 백신개발이 아직 요원하다. 따라서 유전적 도구는 질병배후의 메카니즘을 탐구하고 내성이 있거나 감수성이 낮은 개체를 선발할 수 있는 대안을 제공할 수 있다.

α-(1,2)-fucosyl transferase(FUT1)유전자는 F18 fimbriae를 경유하여 E.coli의 장 등에 부착되는 작용을 하는 ECF18R유전자의 발현을 조절하는 후보유전자로 밝혀졌다. FUT1유전자의 돌연변이는 돼지의 병원성 감염에 관여하고 있으며, AA유전자형의 개체가 AG 및 GG유전자형개체에 비해 저항성을 가지고 있다.

돼지의 4번염색체에 WUR유전자는 증체량과 바이러스혈증을 나타내는 PRRS 감염에서 숙주 반응과 관련되어 있는 것으로 알려져 있다. 이러한 다형성은 다른 종의 박테리아 및 바이러스감염에 대한 면역선천적반응의 조절과 관련된 guanylate-binding protein 1, interferon-induced (GBP1)유전자에 위치한다. Gol 등(2015)은 WUR1000125 변이가 T-cell 조절자 GBP1 유전자발현의 변화에 관련되어 있다고 하였다. GBP1유전자는 PRRSv감염에서 돼지의 저항성을 나타내었다.

## 15.4 유전체정보를 활용한 돼지개량체계

지난 10년동안 축산분야에서 많은 게놈정보들을 이용할 수 있게 되었고, 실제 육종프로그램에서도 사용하고 있다. 특히 고밀도분자마커를 사용하여 각 개체의 유전체육종가(GEBV)의 예측을 기반으로 하는 유전체선발(GS)이 많은 품종에서 구현되었다. 이 육종기술은 선발의 정확도 증대 및/또는 세대간격의 감소를 이룸으로써 소, 돼지 및 다른 종들에게 매우 성공적으로 적용되고 있다.

돼지에서 유전체선발을 적용하기 위해서 고도의 genotyping을 처리할 수 있는 상업용 SNP 패널이 개발되고, 돼지게놈의 sequencing 결과와 함께 유우에서 처음 개발된 통계적, 방법론적 연구사항을 양돈업의 특성에 맞게 적용시키는 일들이 수행되었다. 여러가지 가정하에서 모종의 집단구조와 자료를 이용하여 돼지에서 유전체선발을 모의실험 하였을 때 유전체선발은 낮은 유전력을 가진 형질, 한쪽 성에서만 기록되는 형질(예, 산자수) 또는 도살해야 나타나는 형질(예, 육질)과 같이 선발의 정확도가 낮은 형질에서 높은 효과를 가질 수 있을 것으로 기대되었다.

모계에서 번식 및 기능형질은 돼지농장에서 효율적이고 지속가능한 생산을 보장해야 할 모계라인의 상업적 경쟁력을 위해 돼지육종과 밀접하게 관련되어 있다. 이러한 형질은 일반적으로 유전력이 낮기 때문에, 유전적개량의 속도가 매우 느리고 전통적인 BLUP을 통해 혈연관계 자료에 가중치를 할당하는 수준이다. 게놈예측(genome prediction)은 유전체선발의 장점에 영향을 주거나 장점을 제한할 수도 있지만, 산자수와 모성관련형질에 대하여 집단의 모형, 유전체 관련 사항, 집단 구조의 특성 등을 이용하여 혈통기반예측방법보다 훨씬 뛰어나다.

몇몇 연구에서 육질에 대한 유전체선발이 고려된 바 있다. 육질모수는 일반적으로 높은 유전력을 가지고 있으나 가축을 도살한 후 측정해야 하기 때문에, 자료를 구하기에 비용이 많이 들고 어려운 부분이 있다. pH와 같은 대표적인 육질의 개량에 유전체선발의 잠재적 가치가 높이 평가된다.

유전체선발은 표현형정보가 모든 선발후보돈들 및 모든 세대에 걸쳐 활용될 수 있으므로 능력검정형질에 대해 유리하며, 대규모 표현형을 사용할 돼지를 고려할 수 있는 유연성을 지니고 있어서 생산에 기초한 표현형자료의 수집량이 감소될 수 있다. 그럼에도 불구하고 GEBV의 정확도가 세대에 걸쳐 급속히 감소될 수 있음에 따라 유전체선발 예측모형들을 갱신하는데에 있어서 특별히 선발후보돈과 관련한 개체들에서 매 세대 표현형자료를 지속적으로 수집할 필요가 있다(그림 15-14).

생산 및 번식형질과는 다른 형질에 대해서도 돼지에서 유전체선발을 하기 위한 연구가 진행되고 있다. 유사하게 다른 종에서 이미 고찰한 바

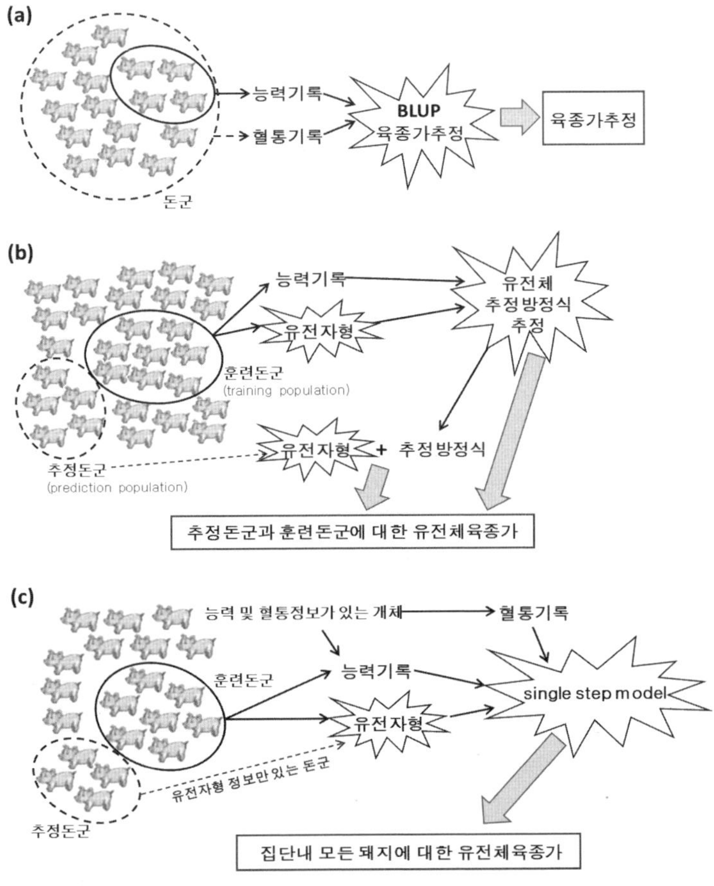


그림 15-14. 전통적인육종가추정(a), 유전체육종가추정(b) 및 single-step model을 이용한 유전체육종가추정(c)에 필요한 돼지와 자료 (Samorè 등, 2016)

와 같이 PRRS에 대항하기 위한 예처럼 질병 저항성 개체를 선발하는 데에 있어서 유전체선발이 도움을 줄 수 있다. 유전체선발은 특정한 환경에서 수집한 표현형자료 또는 질병이 발생한 지역만의 표현형자료를 가진 건강한 돼지에 대한 육종가예측도 가능하게 해준다.

결국 유전체선발의 실행은 모돈의 연산성이나 행동과 같은 돼지의 복지와 관련된 모수와 같이 간접적으로 생산효율에 영향을 주는 몇몇 형질에 대해서도 예측이 가능하게 한다.

## 〈참고문헌〉


1. Bruun C., Jørgensen C.B., Nielsen V.H., Andersson L., and Fredholm M. (2006) Evaluation of the porcine melanocortin 4 receptor (MC4R) gene as a positional candidate for a fatness QTL in a cross between Landrace and Hampshire. *Anim. Genet.* 37, 359-362.
2. Ciobanu D., Bastiaansen J., Lonergan S.M., *et al.* (2004) New alleles in calpastatin gene are associated with meat quality traits in pigs. *J. Anim. Sci.* 82, 2829-2839.
3. Dekkers J.C. (2010) Use of high-density marker genotyping for genetic improvement of livestock by genomic selection. *CAB Reviews* 5, 1-13
4. Gol S., Estany J., Fraile L., and Pena R. (2015) Expression profiling of the GBP1 gene as a candidate gene for porcine reproductive and respiratory syndrome resistance. *Anim. Genet.* 46, 599-606.
5. Houston R., Rance K., Sutcliffe E., Archibald A., and Haley C. (2008) The cholecystokinin type A receptor g.179A>G polymorphism affects feeding rate. *Anim. Genet.* 39, 187-188.
6. Ibeagha-Awemu E.M., Kgwatalala P., and Zhao X. (2008) A critical analysis of production-associated DNA polymorphisms in the genes of cattle, goat, sheep, and pig. *Mamm. Genome* 19, 591-617.
7. Kim B.-H., Shenoy A.R., Kumar P., Das R., Tiwari S., and MacMicking J.D. (2011) A Family of IFN-γ–Inducible 65-kD GTPases Protects Against Bacterial Infection. *Science* 332, 717-721.
8. Kim K.S., Larsen N., Short T., Plastow G., and Rothschild M.F. (2000) A missense variant of the porcine melanocortin-4 receptor (MC4R) gene is associated with fatness, growth, and feed intake traits. *Mamm. Genome* 11, 131-135.
9. Kim K.S., Lee J.J., Shin H.Y., and *et al.* (2006) Association of melanocortin 4 receptor (MC4R) and high mobility group AT-hook 1 (HMGA1) polymorphisms with pig growth and fat deposition traits. *Anim. Genet.* 37, 419-421.
10. Kim K.S., Thomsen H., Bastiaansen J., and *et al.* (2004) Investigation of obesity candidate genes on porcine fat deposition quantitative trait loci regions. *Obes. Res.* 12, 1981-1994.
11. Kmieć M., and Terman A. (2006) Associations between the prolactin receptor gene polymorphism and reproductive traits of boars. *J. Appl. Genet.* 47, 139-141.
12. Li N., Zhao Y., Xiao L., and *et al.* (1998) Candidate gene approach for identification of genetic loci controlling litter size in swine. In, Proc 6th World Congress on Genetics Applied to Livestock Production Armidale, Australia. 183-186
13. Lopez B.M., Kang H.S., Kim T.H., and *et al.* (2016) Optimization of Swine Breeding

Programs Using Genomic Selection with ZPLAN+. *Asian -Austral J. Anim. Sci.* 29, 640-645.

14. Meijerink E., Fries R., Vögeli P., and *et al.* (1997) Two α (1, 2) fucosyltransferase genes on porcine chromosome 6q11 are closely linked to the blood group inhibitor (S) and Escherichia coli F18 receptor (ECF18R) loci. *Mamm. Genome* 8, 736-741.
15. Milan D., Jeon J.-T., Looft C., and *et al.* (2000) A mutation in PRKAG3 associated with excess glycogen content in pig skeletal muscle. *Science* 288, 1248-1251.
16. Moritz K., Lim G.B., and Wintour E. (1997) Developmental regulation of erythropoietin and erythropoiesis. American Journal of Physiology-Regulatory, *Integrative and Comparative Physiology* 273, R1829-R44.
17. Niu P., Kim S.W., Kim W.I., and Kim K.S. Association analyses of DNA polymorphisms in immune-related candidate genes GBP1, GBP2, CD163, and CD169 with porcine growth and meat quality traits. *J. Biomed. Res.* 16, 40-46.
18. Nonneman D., Lindholm-Perry A., Shackelford S., and *et al.* (2011) Predictive markers in calpastatin for tenderness in commercial pig populations. *J. Anim. Sci.* 89, 2663-2672.
19. Rothschild M., Jacobson C., Vaske D., and *et al.* (1996) The estrogen receptor locus is associated with a major gene influencing litter size in pigs. *Proc. Natl. Acad. Sci. USA* 93, 201-205.
20. Samorè A.B., and Fontanesi L. (2016) Genomic selection in pigs, state of the art and perspectives. *Italian J. Anim. Sci.* 1-22.
21. Selleck E.M., Fentress S.J., Beatty W.L., and *et al.* (2013) Guanylate-binding Protein 1 (Gbp1) Contributes to Cell-autonomous Immunity against Toxoplasma gondii. *PLoS Pathogens* 9, e1003320.
22. Stock K., and Reents R. (2013) Genomic selection, status in different species and challenges for breeding. *Reprod. Domest. Anim.* 48, 2-10.
23. Terman A. (2005) Effect of the polymorphism of prolactin receptor (PRLR) and leptin (LEP) genes on litter size in Polish pigs. *J. Anim. Breed. Genet.* 122, 400-404.
24. Tomas A., Casellas J., Ramirez O., Munoz G., Noguera J., and Sanchez A. (2006) High amino acid variation in the intracellular domain of the pig prolactin receptor and its relation to ovulation rate and piglet survival traits. *J. Anim. Sci.* 84, 1991-1998.
25. Vallet J., Freking B., Leymaster K., and Christenson R.. Allelic variation in the erythropoietin receptor gene is associated with uterine capacity and litter size in swine. *Anim. Genet.* 36, 97-103.
26. van den Maagdenberg K., Stinckens A., Claeys E., and *et al.* (2007) The Asp298Asn missense mutation in the porcine melanocortin-4 receptor (MC4R) gene can be used to affect growth and carcass traits without an effect on meat quality. *Animal*

1:1089-1098.

27. Wang S., Liu W., and Yang L., and *et al.* (2012) Effects of FUT1 gene mutation on resistance to infectious disease. *Mol. Biol. Rep.* 39, 2805-2810.

28. Yang T., Wilkinson J., Wang Z., Ladinig A., Harding J., and Plastow G. (2016) A genome-wide association study of fetal response to type 2 porcine reproductive and respiratory syndrome virus challenge. *Sci. Rep.* 6, 20305.

29. Zhao S., Zhu M., and Chen H. (2012) Immunogenomics for identification of disease resistance genes in pigs, a review focusing on Gram-negative bacilli. *J. Anim. Sci. Biotech.* 3, 34.

30. Zhao Y., Li N., Xiao L., and *et al.* (1998) FSHB subunit gene is associated with major gene controlling litter size in commercial pig breeds. Science in China Series C, Life Sciences 41, 664-668.

31. (사)한국종축개량협회 (2015) 2015년도 종축개량사업보고서. http://www.aiak.or.kr.

## 〔부록 1〕 농장검정요령

· **개시체중** : 농림수산식품부 고시 돼지검정요령에 의거하여 생시체중(공히 1.0kg)을 이용

· **개시일령** : 생년월일을 기록

· **종료체중** : 종료체중은 90kg 전후의 체중을 측정

· **종료일령** : 생년월일부터 종료체중 측정일까지의 일령을 기록

· **등지방 두께** : 초음파측정기를 사용하여 A-모드의 경우 어깨(제4늑골), 등(최후늑골), 허리(최후척추)의 3개 부위를 측정하여 평균한 후 90kg으로 보정하고, B-모드의 경우는 제 10늑골의 1개 부위만을 측정하여 90kg으로 보정, 90kg기준의 등지방 두께는 다음의 보정공식을 이용하였다.

$$\text{90kg 기준 등지방 두께} = \frac{(\text{90kg} - \text{측정시 체중}) \times \text{측정시 등지방 두께}}{\text{측정시 체중} - 11.34} + \text{측정시 두께}$$

· **일당증체량** : 검정기간 중의 증체량을 검정 일수로 나눈 것으로 다음과 같이 측정

$$\text{일당증체량} = \frac{(\text{종료 시 체중} - \text{개시 체중})}{\text{종료일} - \text{개시일}}$$

· **90kg 도달일령** : 생년월일부터 90kg 도달시의 일령으로서 다음의 보정공식을 이용

$$\text{90kg 도달일령} = \frac{(\text{90kg} - \text{측정시 체중}) \times (\text{측정시 일령} - 38)}{\text{측정시 체중}} + \text{측정시 일령}$$

· **등심단면적** : 등심단면적은 초음파 측정기를 사용하여 A-모드의 경우 최후 늑골의 정중선에서 측방 5cm 부위를 측정하였으며, B-모드의 경우는 제 10늑골 부위에서 측정하였고 측정수치는 다음의 공식을 이용하여 90kg 기준의 등심단면적으로 보정하였다.

$$\text{90kg 기준 등심단면적} = \frac{(\text{90kg} - \text{측정시 체중}) \times \text{측정된 등심단면적}}{\text{측정시 체중} + 70.31} + \text{측정시 등심단면적}$$

· **정육율** : A-모드(PIGLOG 105) 및 B-모드(MYSONO-2000)를 이용하여 조사하며, 체중에 따른 보정을 적용하였다.

표 1. 정육율 보정계수

| 체중(kg) | 보정계수(%) |
|---|---|
| 70~75 | -2.0 |
| 75~80 | -1.5 |
| 80~85 | -1.0 |
| 85~90 | -0.5 |
| 90~85 | 0.0 |
| 95~100 | +0.5 |
| 100~105 | +1.0 |
| 105~110 | +1.5 |
| 110~115 | +2.0 |
| 115~120 | +2.5 |

· **선발지수** : 1개 농장을 1개 돈군으로 하고 기본단위는 품종별, 성별로 평가한 후 부계지수, 모계지수로 분리하여 지수값을 산출

※ 육종가 선발지수
- 부계(Ip)지수 = 100+ [0.22× 일당증체량(g) 육종가 - 4.58 × 등지방두께(mm) 육종가]
- 모계(Im1)지수 = 100 + [0.22× 일당증체량(g) 육종가 - 4.58 × 등지방두께(mm) 육종가] +58.7 × 복당포유개시두수 육종가

표 2. 모계 표현형 선발지수

| 구분 | 품종 | 선발지수 |
|---|---|---|
| 일반 | Duroc | 100-(0.12×(D90-d90)) + (1.04×(LS-ls)) - (0.17×(BF-bf)) |
| | Landrace | 100-(0.13×(D90-d90)) + (0.95×(LS-ls)) - (0.24×(BF-bf)) |
| | Yorkshire | 100-(0.12×(D90-d90)) + (0.96×(LS-ls)) - (0.26×(BF-bf)) |
| 제한 | Duroc | 100-(0.12×(D90-d90)) + (1.05×(LS-ls)) - (0.09×(BF-bf)) |
| | Landrace | 100-(0.14×(D90-d90)) + (0.95×(LS-ls)) - (0.02×(BF-bf)) |
| | Yorkshire | 100-(0.12×(D90-d90)) + (0.96×(LS-ls)) + (0.26×(BF-bf)) |

*D90:90Kg 도달일령(일), d90:동기군의 90Kg 도달일령 평균(일)
LS:산자수(두), ls:동기군의 산자수 평균(두),
BF:등지방 두께(mm), bf:동기군의 등지방 두께 평균(mm)

표 3. 부계 표현형 선발지수

| 구분 | 품종 | 선발지수 |
|---|---|---|
| 일반 | Duroc | 100 - (0.87×(D90-d90)) - (0.40×(BF-bf)) |
| | Landrace | 100 - (0.11×(D90-d90)) - (0.30×(BF-bf)) |
| | Yorkshire | 100 - (0.11×(D90-d90)) - (0.24×(BF-bf)) |
| 제한 | Duroc | 100 - (0.08×(D90-d90)) + (0.04×(BF-bf)) |
| | Landrace | 100 - (0.11×(D90-d90)) - (0.001×(BF-bf)) |
| | Yorkshire | 100 - (0.11×(D90-d90)) - (0.01×(BF-bf)) |

*D90:90Kg 도달일령(일), d90:동기군의 90Kg 도달일령 평균(일)
BF:등지방 두께(mm), bf:동기군의 등지방 두께 평균(mm)

# 제16장
# 동물분자육종의 응용:
## V. 닭

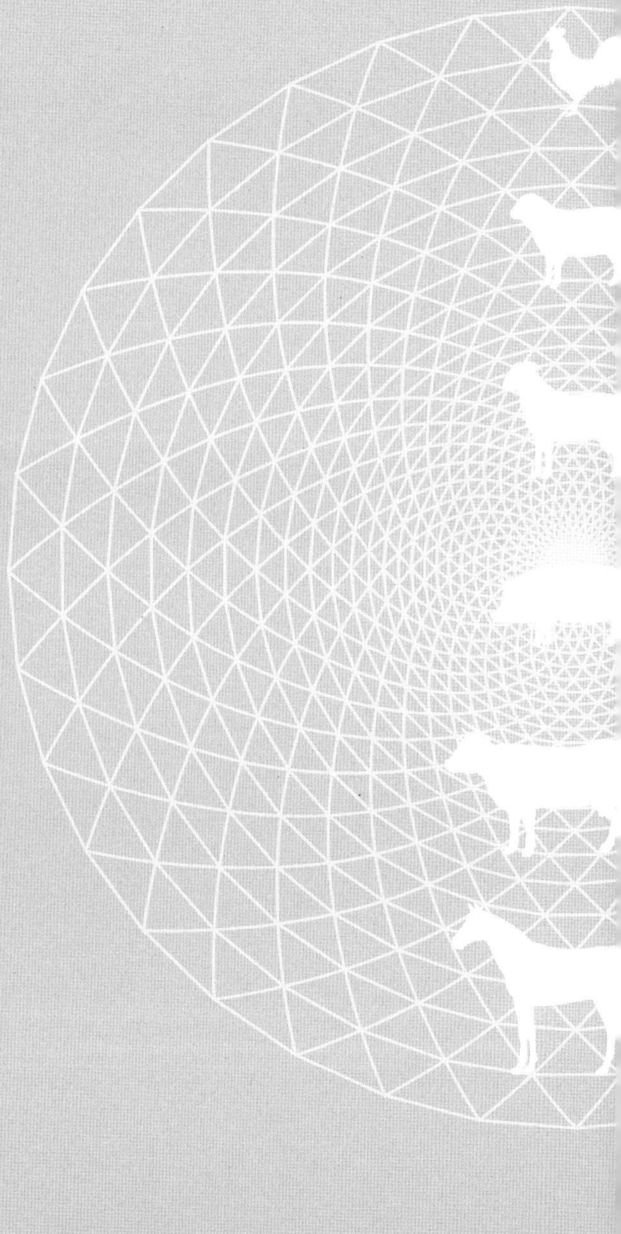

가금(家禽, poultry)이란 가축화된 조류(aves)를 일컫는 말로서 생산되는 다양한 산물을 경제적 목적으로 이용하고 있다. 현재 닭, 오리, 칠면조, 메추리 등 매우 다양한 가금이 사육되고 있다. 가금 중에 닭은 전세계적으로 가장 많이 사육되고 있는 축종으로써 인류에게 중요한 동물성단백질을 공급하고 있다. 오늘날의 닭의 원종은 동남아시아지역의 적색야계(Red Junglefowl)를 기반으로 회색야계(Grey Junglefowl)와의 교잡에 의해 유래된 것으로 여겨지고 있다(그림 16-1).

닭은 인류역사와 오랫동안 함께 한 매우 중요한 축종이며, 오늘날에도 종교, 문화와 상관없이 전세계적으로 가장 폭넓게 소비되고 있는 축종으로써 경제동물산업의 중추적인 역할을 담당하고 있다. 닭고기는 저지방 백색육으로 다이어트와 건강식품으로 인식되면서 소비가 지속적으로 증가 추세를 보이고 있다. 국내에서는 육류소비량 중에서 닭고기 소비량이 돼지고기에 이어 1인당 15.4kg이나 선진국의 경우에는 닭고기 소비량이 다른 육류에 비해 월등하게 높은 소비를 보이고 있다. 닭

그림 16-1. 오늘날 사육되어지고 있는 닭의 원종인 적색야계(Red Junglefowl).

은 닭고기뿐만 아니라 완전식품으로써 계란을 공급해주는 유용한 축종이다. 계란은 하나의 완전한 생명체를 발생시킬 수 있기 때문에 영양학적으로 완전한 식품으로 여겨지고 있다. 국내 1인당 계란소비량은 254개(2014)로 아직 선진국에 비해 낮은 소비량을 보이고 있다.

가금을 포함한 축화된 가축들은 인간에 의해 사육되는 과정 중에서 인위적인 선발에 의한 표현형적 변이와 진화를 보여주는 좋은 실례가 되고 있다. 초기에 닭은 닭고기와 계란생산을 위한 난육겸용종으로 사육되었다. 그러나 육계와 산란계의 다른 두 형질을 분리해서 육종하는 것이 보다 개량효율이 높고, 생산효율도 유리하여 육용종과 난용종으로 분리되어 선발 및 육종되어져 왔다. 이와 같이 닭 육종은 양적유전학(quantitative genetics)을 기반으로 하여 불과 수십 년의 결과로 다른 목적성을 가지는 육용계와 산란계로 완전 분리된 다양한 품종으로 개발하게 되었다. 따라서 닭은 다른 가축에 비하여 세대간격이 상대적으로 짧고 계통별로 많은 수의 유지와 관리가 용이하다는 장점으로 인해 체계적인 육종프로그램을 기반으로 하면 단시간 내에도 효율적으로 유용한 경제형질을 가지는 신품종의 개량이 가능함을 보여주고 있다. 뿐만 아니라 전통적인 교배조합에 의한 통계육종과 더불어 오늘날에는 분자유전학적 기법을 통해 보다 빠르고 효율적으로 품종개량을 진행하고 있다. 또한 제11장에서 서술된 바와 같이 보다 적극적인 방법으로 닭 유전체내에 인위적으로 유용유전자를 전이하는 방법인 형질전환기술(transgenic technology)과 유전자교정기술(genomic editing)에 의한 유전체제어(genomic modulation)는 미래에는 축산을 넘어 새로운 생명공학분야로서 가금의 역할에 대한 확장성을 제시할 것으로 예측된다.

소비자가 원하는 형질과 품질은 점점 더 다양화 및 세분화되고 있어 앞으로의 닭 육종 목표 및 방향성은 매우 다양해질 것으로 예측된다. 따라서 단순한 동물성단백질 공급원뿐만 아니라 식육의 맛, 질감, 소비자들의 기호성이나 기능성 향상 등 소비자 지향적 다양화와 고급화를 위한 많은 질적향상을 위한 노력과 육종전략이 필요한 시점이다. 현재 전 세계적으로도 대형글로벌육종회사에 의해 종계시장이 잠식되어 몇몇의 상업용 품종만 사육되어지고 있다. 또한 가금산업은 사육시설과 사육규모가 대형화가 되어가고 있어 조류인플루엔자(Avian Influenza, AI) 등 질병전파와 집단폐사에 의한 막대한 경제적 손실을 초래하고 있다. 따라서 우수한 국내유전자원의 경제형질을 활용한 품종의 개발과 국내사육환경에 적합하고 질병에 강한 신품종의 개발이 매우 시급한 상황에 있다. 앞서 언급한 바와 같이 지난 세기동안 육용계와 산란계는 매우 빠른 속도로 개량이 되었다. 그러나 지속적인 인구증가와 절대빈곤에 따른 식량부족해결을 위한 계육과 계란의 생산효율은 앞으로도 지속적 농축산업 기술을 기반으로 하여 꾸준하게 향상되어야 할 것이다.

## 16.1 닭의 경제형질

본 단원에서는 난용계와 육용계에 있어 경제형질에 대해 살펴보고 각각의 개량체계와 개량효과에 대해 논의하고자 한다.

### 16.1.1 난용종 닭의 경제형질

기본적으로 난용종은 시판되는 난각색에 따라 백색란계와 갈색란계로 구분될 수 있다. 현재 국내의 경우는 갈색란계가 대부분을 차지하고 있으나 영양적 측면이나 계란성분의 차이는 없으며 계통간 교배조합에 따라 난각색이 다르게 나오는 것이다. 난용종 경제형질에 대한 개량목표는 소비자성향이나 시장현황 등에 맞춰 다양하게 설정될 수 있다. 그러나 오늘날에는 몇몇의 글로벌육종회사가 전세계 시장에 대한 품종공급을 독점하고 있어 판매국가나 시장의 특성보다는 상대적으로 생산량만 높은 방향으로 개량하고 있다. 난용종육종에서 있어서 산란능력, 난중, 난질, 사료효율, 성계생존율, 체중 등이 개량대상형질이 된다. 기본적으로 난용종육종을 위한 가장 중요한 경제형질은 산란능력이다. 사양과 환경에 의해 영향을 받지만 산란능력은 근본적으로 유전적요인에 의해 결정되는 중요형질이다. 그러나 산란형질의 결정에는 매우 다양한 유전적인자가 영향하여 매우 복잡한 유전양식을 나타낸다.

#### 16.1.1.1 산란능력

산란계에 있어 가장 중요한 경제형질은 산란능력이다. 이러한 산란능력은 환경적요인에 의해 영향을 많이 받기는 하지만 기본적으로는 복합적인 유전자조합에 의해 결정되는 경제형질이다. 산란능력은 검정기간내에 산란수 또는 산란율로 표시한다. 산란능력기록은 개체별 또는 가계집단단위로 측정하게 된다. 산란수에서 고려해야 할 사항은 종란의 경우에 병아리발생을 위한 입란이 가능한 산란수로, 식용란을 목적으로 할 경우에는 식란판매가 가능한 계란의 수로 한정되어야 한다. 이는 실질적인 생산과 판매가 가능한 산란수가 경제적인 의미를 가지기 때문에 파란, 쌍란 등 이상란을 구별하여 제외하는 것이 일반적이다. 또한 경제능력검정을 위해서는 동일주령의 개체나 계통에 대해 동일한 환경적조건에서 진행되어야한다. 계군의 산란율은 검정기간 중 연생존수수에 대한 총산란수의 비율로 표시되며, 산란지수는 검정기간중에 총산란수를 검정개시일 입식수수로 나눈 값으로 표기된다. 산란율은 성계폐사체가 연생존수수에 포함되지 않기 때문에 산란능력평가와 별개로 성계생존율은 고려되지 않게 된다. 산란지수는 계군에 대한 기록과 계산이 용이하지만 계군에 대한 성성숙과 성계생존율에 영향을 받게 된다. 계군의 성성숙일령이 빨라져 산란개시일이 빨라지게 되면 산란기간이 길어지게 되고, 산란기간중 성계폐사체가 없으면 산란수가 많아져 산란지수가 높아지는 반면 성계폐사체가 많으면 산란지수가 낮아지게 된다.

#### 16.1.1.2 난중과 산란량

시판되는 계란등급의 가격을 결정하는 가장 중요한 요소는 계란무게인 난중(egg weight)이다. 난중은 산란초기에는 낮지만 지속적으로 증가하여 평균 38~40주령에는 평균난중에 이르게 된다. 난중은 각각의 계란의 무게로 나타내며 계란등급결정에 중요한 지표이다. 반면 산란량(egg mass)은 식용이나 종란으로 사용할 수는 없지만 상업적으로는 이용가능한 쌍란 등 이상란까지 포함한 전체계란의 총무게를 의미한다. 따라서 계군의 총산란량은 생산된 전체계란수의 평균난중의 합보다는 높게 나타나게 된다.

#### 16.1.1.3 난질

난질을 나타내는 항목으로는 난형, 난각색, Haugh Unit (HU), 난황색, 난각질, 난각두께 등이 있다. 난형은 계란의 최장길이에 대한 폭의 비율인 난형지수로 표기되며 0.70~0.75의 값이 정상범위이다. 난형은 정상범위에서 벗어날 경우 규격화된 포장에 맞지 않아 수송중에 파란이 생길 가능성이 높아진다. 난형은 유전적요인에 의해 계통에 따라 다소 차이를 나타낸다. 난각색의 경우에는 계통에 따라 유색란인 갈색란과 백색란을 생산한다. 계란내부의 품질은 주로 농후난백의 상태에 따라 결정된다. 난백품질은 할란 시 농후난백의 지름에 대한 높이비율인 난백계수로 측정된다. 계란의 경우 저장기간이 길어져 신선도가 떨어지면 수분증발과 농후난백 수양화과정을 거쳐 농후난백의 높이는 낮아지고 지름은 커지게 되어 난백계수는 낮아지게 된다. 그러나 동 조건이라 하더라도 농후난백의 높이는 난중에 의해 영향을 받기 때문에 난중에 대해 보정을 해주어야 하는데 이는 Haugh Unit으로 표기되게 된다. 난각질과 난각두께의 경우에는 영양과 사양에 의해 많은 영향을 받지만 기본적으로 유전적요인에 기인하게 된다. 일반적인 난각질 기준은 6~8lbs의 압력을 견딜 수 있어야 포장과 수송중에 파란비율을 낮을 수 있다.

$$\text{Haugh Unit (HU)} = 100\log(h - 1.7w^{0.37} + 7.57)$$

h : 농후한 난백의 높이(mm)
w : 계란무게(g)

### 16.1.1.4 체중

기본적으로 난용종에서도 체중은 사료요구율, 성성숙, 난중과 밀접한 관계가 있다. 산란계의 경우 다른 경제형질이 나빠지지 않은 한 체구가 작을수록 경제성은 좋아지게 된다. 체중자체는 생산성에 대한 지표가 되지 못하지만 주령에 따른 체중은 표준화를 위한 좋은 지표가 된다. 결론적으로 산란계와 종계에서 과체중은 이상적이지 못하게 된다. 따라서 주령별표준체중에 맞추어 체중이 증가할 경우에 높은 생산성을 얻을 수 있다.

#### 16.1.1.5 사료요구율

가축사육의 소요비용 중에서 종에 상관없이 사료비는 단일비용으로 가장 높은 비율을 차지하고 있다. 산란계의 경우 계란 1kg생산에 소요되는 사료량으로 표기되며 사료섭취량 대비 계란생산량이 높을수록 우수하다. 사료섭취량은 계통에따라 동일 조건이라도 체내에서의 에너지와 영양소이용률이 유전적요인에 의해 다르게 나타난다.

## 16.1.2
## 육용종 닭의 경제형질

난육겸용종에서 육용만을 목적으로 하는 닭개량은 1950년대 후반부터 본격적으로 진행되었다. 닭은 체중과 사료효율에 대한 유전력이 상대적으로 높고 짧은 세대간격으로 인하여 빠른기간내에 효율적인 개량효과를 나타내었다. 그러나 성장률과 산란율은 서로 부(-)의 유전상관을 나타내므로 동시에 두 개의 경제형질을 가지는 계통조성은 매우 어렵다. 따라서 산육성이 높은 계통을 부계통으로 선발하고 성장률과 사료효율 등 산육성이 상대적으로 떨어지지만 산란율이 좋은 계통을 모계통으로 선발하여 최종적으로 교배조합에 의해 우수육용종을 생산하고 있다. 이는 산육성이 우수하더라도 산란율이 떨어지면 상대적으로 실용계생산을 위한 병아리생산비용이 올라가기 때문이다. 따라서 육용계의 경우에 최종목표는 산육성 향상이지만 부계와 모계에 대한 개량방향은 다르게 설정되어 진행되기도 한다. 그러나 높은 생산성을 위한 산육성향상과 더불어 앞으로는 소비자지향의 질적인 향상도 고려해야 할 것이다. 닭고기 육질의 맛이나 각 지역이나 국가별 특성화를 위한 다양한 품종개발도 진행되어야 할 것이다.

#### 16.1.2.1 성장률

성장률은 기본적으로 육계의 생산성에 있어 가장 중요한 경제형질이다. 첫모이급이 후 최종일령의 체중을 검정기간으로 나눈 평균값을 일당증체률로 산출하게 된다. 현재에는 일반적으로는 6주령을 기준으로 하며 성장률의 경우에는 유전력이 상대적으로 높아 6주령이후 성장률을 이용하더라도 선발효과는 차이가 없다. 육용계에 있어 산육관련경제형질이 우수한 방향은 부계통으로 개량되어왔으며, 모계통은 산란형질관련해서 개량되어 왔다. 특히 모계통의 경우에는 왜소유전자를 기반으로 두어 체형이 작은 방향으로 개량하고자 하는 방법이 모색되기도 하였다. 이는 모계통의 경우 기본적인 산란형질 및 우수한 유전인자는 보유하고 왜소유전자에 의해 체형만 작게 되면 생산 및 유지비용을 낮출 뿐만 아니라 산란율 및 부화율을 높여주는 장점이 있기 때문이다. 또한 열성인 왜소유전자는 부계통에 의해 정상의 형질이 나타나기 때문에 자손에는 영향을 미치지 않는 장점을 가지고 있다.

#### 16.1.2.2 사료효율, 사료요구율

사료효율(feed efficiency)과 사료요구율(feed conversion ratio, FCR)은 체중증가량에 기초하는 가축사료 영양평가법의 하나로서 사료효율은 검정기간동안 체중의 증체량을 사료섭취량으로 나누어 표기한다. 사료요구율은 체중을 1kg 증가시키기 위해서는 몇 kg의 사료가 필요한지를 나타내는 지수가 된다. 사료효율은 [증체량÷사료섭취량]이며,

사료요구율은 역수의 개념으로 [사료섭취량÷증체량]으로 표기된다. 따라서 사료효율은 값이 높을수록, 사료요구율은 낮을수록 경제성은 높아지게 된다.

#### 16.1.2.3 산육효율, 생산성지수

산육효율은 생체중과 사료요구율에 대한 복합적인 값으로서 [산육효율 = 생체중 ÷ 사료요구율 x 100]으로 계산된다. 육계에 있어 생체중이 높고 사료요구율이 낮을수록 산육효율은 증가되어 생산성이 높게 된다. 아래의 실례를 보면, B계군이 평균체중은 A계군보다 높지만 산육효율에 있어서는 A계군이 높게 산출된다. B계군의 경우 체중은 높지만 많은 사료섭취로 인하여 B계군보다는 A계군이 생산성은 더 좋게 된다.

예)
A계군 : 평균체중 2.0kg (4.41lb), 사료요구율 1.8
[산육효율: 4.41 ÷ 1.8 x 100 = 245]

B계군 : 평균체중 2.1kg (4.63lb), 사료요구율 2.1
[산육효율: 4.63 ÷ 2.1 x 100 = 220]

생산성지수는 정확한 경제성평가를 위해 생체중, 생존율, 사육기간 및 사료요구율 등 좀 더 복잡하고 많은 요소를 대상으로 산출한다. 생산성지수는 [{평균생체중(g) x 생존율(%)}÷{사육기간(일) × 사료요구율}÷10]로 계산한다. 아래의 실례를 보면 B계군이 생체중은 A계군에 비하여 높지만 생존율이 낮고 사료요구율이 높게 측정되었다. 따라서 생체중만 보면 B계군이 우수하지만 생존율과 사료요구율을 복합적으로 고려하였을 경우에는 A계군이 B계군보다 더 좋은 생산성을 나타내고 있다.

예)
A계군 : 사육일수 7주, 평균체중 2.0kg, 생존율 97%, 사료요구율 2.0
[생산성지수: (2,000x97)÷(49x2.0)÷10=197.96]

B계군 : 사육일수 7주, 평균체중 2.2kg, 생존율 90%, 사료요구율 2.2
[생산성지수: (2,200x90)÷(49x2.2)÷10=183.67]

#### 16.1.2.4 생존율

생존율은 입식계군에 대한 생존수수를 나타내는 수치(%)를 의미한다. 기본적으로 생존율이나 폐사율측정에 있어서는 폐사체와 도태 개체를 포함하여 산출하게 된다. 일반적으로 산란 및 육용종계와 산란종 실용계의 경우에는 육성기생존율과 성계생존율을 구분하여 측정한다.

#### 16.1.2.5 체중의 균일도, 변이계수

계군 체중의 균일성(uniformity)은 전체 계군의 체중분포가 평균체중을 중심으로 어느 정도 모여 있는지를 나타내준다. 전체계군 중에 평균체중±10% 범위내에 포함되는 백분율로 표시되며, 계군의 체중분포가 평균체중을 중심으로 많이 모여 있어 체중분포의 폭이 좁을수록 좋은 계군이 된다. 계군의 개체체중에 대한 분포를 나타내는 다른 지표는 변이계수(coefficient of variance, CV)이며, 이는 다음과 같이 계산한다.

변이계수(CV, %) = 체중에 대한 표준편차(standard deviation, sd)÷체중평균 x 100

일반적으로 체중의 균일도가 80%이상, 체중의 변이계수는 8%미만

이면 우수하며, 균일도 70%미만이나 변이계수 12%이상이면 불량계군으로 판단한다. 성별에 따른 사육조건에서 체중분포는 정상분포를 나타내지만 무감별계군의 경우에는 성별에 따른 계군보다 넓은 변이계수값을 나타낸다. 또한 영양 및 사양조건에 따라서 균일도 및 변이계수는 달라질 수도 있다.

## 16.2 닭의 개량체계

닭은 산업적 목적성이 전혀 다른 난용종과 육용종으로 분리되어 선발되었다. 난용종 닭의 개량을 위해서는 일차적으로는 산란능력이 개량을 위한 가장 중요한 경제형질이며, 육용계는 우선적으로는 성장률과 사료효율이 가장 중요한 개량대상이 된다. 산란계는 기초계군에 대한 선발을 통해 개량하고 기초계통간 교배조합을 통해 경제적으로 우수한 실용계를 생산하게 된다. 육용계의 경우 모계통은 산란능력에 비중을 두어 선발하고 부계통은 성장률과 사료효율에 비중을 두어 개량을 하게 된다. 따라서 난용종과 육용종 모두 교잡을 통해 경제적으로 우수한 조합을 검정하여 최종적으로 실용계는 3원 또는 4원교배를 통해 생산하게 된다. 국립축산과학원에서 개발한 '우리맛닭'은 3원계통교잡에 의해 생산된 실용계의 실례를 보여주고 있다. 일반적으로 재래종 토종닭은 일반적으로 체중이 가볍고 연간산란수도 적어서 육용계나 산란계로 이용하기에는 낮은 경제성을 가지고 있다. 그러나 재래종 토종닭의 고기맛은 우수하기 때문에 이를 활용하면서 산육성과 산란성을 높이기 위해 각각 산육성과 산란성이 우수한 토종닭과 교잡하여 '우리맛

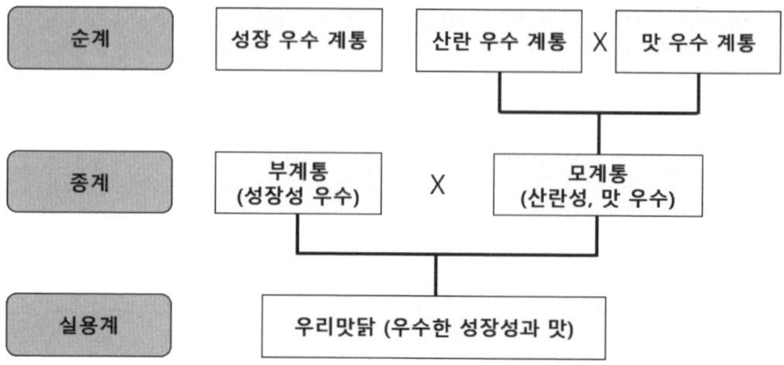


그림 16-2. 3원계통교잡을 통한 '우리맛닭' 실용계 생산모식도

닭'을 개발하였다. 성장이 우수한 계통을 부계로 사용하고 산란이 우수한 계통과 맛이 우수한 계통사이의 교배를 통해 생산된 F1종계를 모계로 사용하여 최종적으로 3원교잡을 통해 성장도 우수하고 맛도 좋은 우리맛닭 실용계를 생산하게 된다. '우리맛닭'에 대한 생산모식도는 그림 16-2와 같다.

이와 같이 현재 전세계적으로 순계 자체를 소비할 목적으로 사용되어지는 경우는 거의 없고 사용목적에 따라 개량된 계통의 교배를 통한 교잡종인 실용계가 농가에서 사육되어 시장에서 소비되고 있다. 순계(pure line, PL)는 원종계(grand parent stock, GPS)를 생산하는 목적으로 사육되는 닭으로서 각 계통 고유의 형질을 보유한 기초계군을 말하며, 실용계를 생산하기 위한 가장 기본이 되는 모집단이 된다. 이러한 각각의 순계는 빠른 성장, 우수한 산란능력, 강한 질병저항성 등 고유의 유전적특성을 보유하기 위해 유지된다. 또한 실용계 생산뿐만 아니라 경제형질 개량을 통해 새로운 품종의 개발에 활용될 수 있어 산업적으로 매우 중요한 유전자원이 된다. 이에 향후 유전자원에 대한 경제적가치는 매우 높아질 것으로 예상되어 각 국가별로 고유유전자원에 대한 보존과 개량을 위한 많은 투자와 노력이 이루어지고 있다. 원종계는 종계(parent stock, PS)를 생산할 목적으로 사육되는 계통을 의미하며, 종계는 실용계(commercial chick, CC)를 생산할 목적으로 사육되는 닭을 말한다. 최종적으로 교배조합에 의해 생산된 실용계는 시장소비를 위한 식용란이나 닭고기생산을 위해 사육되는 닭이 되며, 실용계 생산체계는 그림 16-3과 같다.

국내의 경우에는 닭경제능력검정소에서 닭의 경제형질에 대한 능력검정을 수행하고 있으며, 표 16-1은 1991년부터 2010년까지의 닭개량 검정성적이다. 표를 보면 산란계의 경우에는 20년 동안 산란율과 산란지수는 현저하게 개량되었음을 알 수 있다. 또한 생존율과 산란율은 꾸준하게 증가하고 있다. 성성숙일령의 경우 154일에서 137일로 17일정도 단축되었으며, 산란율도 77.3%에서 89.2%로 증가하였다. 육용계의 경우에도 7주령 체중이 2.445kg에서 3.340kg로 거의 1kg 가량이 증가되었다. 물론 개량효과는 국내에서의 개량보다는 수입종에 대한 개량과 더불어 환경적인 요소에 의해 기인한다고 분석된다. 농림축산식품

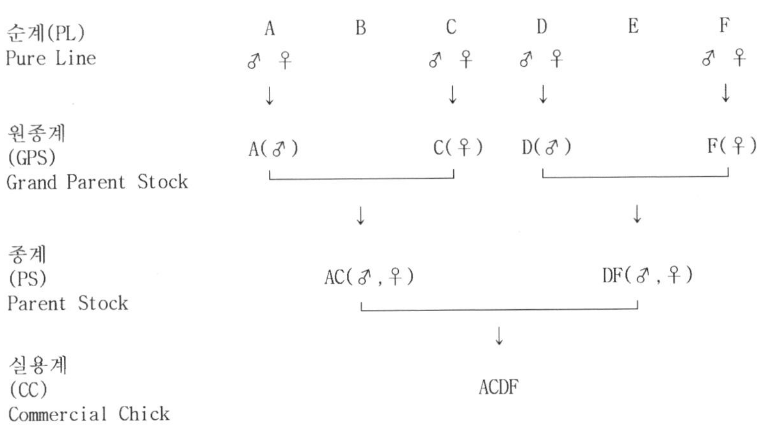


그림 16-3. 4계통교배조합을 통한 실용계 생산모식도(4원교잡)

표 16-1. 닭개량검정성적(1991~2010)

| 구분 | 산란계 | | | | | 육계 | | | | |
|---|---|---|---|---|---|---|---|---|---|---|
| | 생존률 | 성성숙 일령 | 산란율 | FCR | 산란 지수 | 체중 (5주) | 체중 (6주) | 체중 (7주) | FCR (6주) | 육성율 (6주) |
| '91 | 89.8 | 154 | 77.3 | 2,661 | 265 | - | 2,000 | 2,445 | 1,884 | 98.4 |
| '92 | 89.0 | 150 | 77.3 | 2,580 | 266 | - | 2,100 | 2,512 | 1,872 | 98.4 |
| '93 | 93.4 | 146 | 79.7 | 2,477 | 282 | - | 2,117 | 2,610 | 1,929 | 97.5 |
| '94 | 91.6 | 145 | 80.3 | 2,422 | 283 | - | 1,988 | 2,471 | 1,936 | 98.0 |
| '95 | 95.6 | 148 | 80.7 | 2,431 | 286 | - | 1,887 | 2,212 | 1,982 | 90.4 |
| '96 | 91.9 | 157 | 79.5 | 2,405 | 272 | 1,667 | 2,129 | 2,551 | 1,975 | 97.6 |
| '97 | 92.6 | 156 | 82.6 | 2,348 | 284 | 1,552 | 1,944 | 2,416 | 1,997 | 96.0 |
| '98 | 88.6 | 152 | 82.0 | 2,420 | 281 | 1,567 | 1,948 | 2,331 | 1,982 | 97.5 |
| '99 | 93.4 | 149 | 84.9 | 2,285 | 299 | 1,749 | 2,194 | 2,723 | 1,902 | 96.4 |
| '00 | 88.9 | 151 | 82.3 | 2,411 | 279 | 1,816 | 2,300 | 2,840 | 1,831 | 97.3 |
| '01 | 90.9 | 148 | 82.1 | 2,310 | 285 | 1,661 | 2,127 | 2,757 | 1,871 | 98.9 |
| '02 | 92.5 | 150 | 84.4 | 2,260 | 297 | 1,801 | 2,285 | 2,882 | 1,807 | 98.8 |
| '03 | 90.0 | 137 | 86.5 | 2,061 | 307 | 1,881 | 2,431 | 3,056 | 1,795 | 97.6 |
| '04 | 95.5 | 138 | 87.7 | 2,046 | 316 | 1,973 | 2,544 | 3,125 | 1,782 | 98.0 |
| '05 | 94.8 | 133 | 85.4 | 1,956 | 320 | 2,033 | 2,615 | 3,240 | 1,790 | 96.8 |
| '06 | 93.1 | 138 | 86.8 | 2,011 | 312 | 1,906 | 2,530 | 3,782 | 1,706 | 96.2 |
| '07 | 94.4 | 136 | 87.5 | 2,058 | 318 | 2,102 | 2,644 | 3,408 | 1,772 | 96.6 |
| '08 | 92.7 | 136 | 89.0 | 2,015 | 322 | 2,012 | 2,670 | 3,439 | 1,801 | 97.3 |
| '09 | 92.4 | 138 | 88.3 | 2,108 | 319 | 2,042 | 2,575 | 3,250 | 1,865 | 97.4 |
| '10 | 93.4 | 137 | 89.2 | 2,122 | 321 | 1,991 | 2,558 | 3,340 | 1,938 | 98.4 |

* 작성기준: 당해연도 조사된 성적

* 자료출처: 대한양계 검정성적

* 91-96년의 육계 체중(5주)은 대상형질 항목이 아니었음

* 2010년 이후 대한양계협회 경제능력검정소 검정 중단

표 16-2. 닭의 개량목표(2010~2020)

| 구 분 | | 2010 | 2015 | 2020 | 연간개량량 |
|---|---|---|---|---|---|
| 산란계 | 성계생존율(%) | 93.40 | 93이상 | 93이상 | - |
| | 초산일령(일) | 137.0 | 317.0 | 137.0 | - |
| | 산란율(%) | 89.2 | 90.3 | 91.4 | 0.22 |
| | 산란지수(개) | 321 | 323 | 325 | 0.40 |
| | 평균난중(g) | 60.7 | 61.0 | 61.0 | 0.03 |
| | 사료요구율 | 2.12 | 2.12 | 2.12 | - |
| | 체중(g) | 2,126 | 2,094 | 2,061 | △6.5 |
| 육용계 | 6주 육성율(%) | 98.4 | 98이상 | 98이상 | - |
| | 5주 체중(g) | 1,991 | 2,085 | 2,179 | 18.80 |
| | 6주 체중(g) | 2,558 | 2,679 | 2,800 | 24.19 |
| | 7주 체중(g) | 3,340 | 3,610 | 3,880 | 54.02 |
| | 6주 사료요구율 | 1.94 | 1.94 | 1.94 | - |

* 축산법 제5조 제1항의 규정
* 산란계는 72주 기준

부는 향후 2020년까지의 산란계 및 육용계의 경제형질에 대한 개량목표치를 제시하고 있다(표 16-2).

난용종과 육용종 닭의 개량목적은 각각 우선적으로 우수한 산란능력과 성장률을 가지는 계통을 생산하는데 있다. 난용종 순계의 경제능력은 72주령까지 검정하며, 육용종 순계의 경우에는 64주령까지 검정한다. 필요에 따라 검정기간은 증감이 가능하다. 검정기간중 조사항목 및 기준은 표 16-3과 같다(농림축산식품부, 가축검정기준). 이에 난용종 닭의 경

표 16-3. 산란계 및 육용계 순계에 대한 경제형질능력검정 조사항목 및 기준

| | 조사사항 | 기준 |
|---|---|---|
| 산란순계 | 수정률 | 부화를 위한 입란수 대비 수정란 백분율 |
| | 부화율 | 수정란에 대한 발생수수 백분율 |
| | 육성기 생존율 | 첫 모이 급이시 수수에 대한 17주 종료일 생존수수 백분율 |
| | 성계 생존율 | 18주령 개시일 수수에 대한 검정종료일 생존수수 백분율 |
| | 첫 산란일령 | 첫 모이 급이 후 첫 산란 개시일령 |
| | 첫 산란난중 | 첫 산란 개시일령 난중 |
| | 18주령 체중 | 첫 모이 급이 후 18주령 종료일 체중 |
| | 40주 및 72주령 체중 | 첫 모이 급이 후 40주령 및 72주령 종료일 체중 |
| | 40주 및 72주령 난중 | 첫 모이 급이 후 40주령 및 72주령 사이의 평균 난중 |
| | 40주 및 72주령 산란수 | 첫 산란개시일부터 40주령 및 72주령 종료일까지 생존 개체별 산란수 |
| 육용순계 | 수정률 | 부화를 위한 입란수 대비 수정란 백분율 |
| | 부화율 | 수정란에 대한 발생수수 백분율 |
| | 육추율 | 첫 모이 급이 후 8주령 종료에서의 수수 백분율 |
| | 육성율 | 9주령 개시일 수수에 대한 23주령 종료에서의 생존수수 백분율 |
| | 성계 생존율 | 24주령 개시일 수수에 대한 검정종료일 생존수수 백분율 |
| | 6주, 23주, 40주령 체중 | 첫 모이 급이 후 6주령, 23주, 40주령 종료에서의 체중 |
| | 첫 산란일령 | 첫 산란 개시일령 |
| | 64주령 산란수 | 첫 산란일로부터 64주령까지의 생종 개체별 산란수 |
| | 64주령 산란수 난중 | 첫 모이 급이 후 62~64주령 사이의 평균 난중 |

제형질개량을 위한 능력검정은 72주간사육을 통한 경제형질(생존율, 초산일령, 산란율, 사료요구율 등)에 대해 검정을 수행하며, 육용계의 경우에는 육성율, 체중, 사료요구율 등에 대한 검정을 6~7주간사육을 통해 진행하게 된다.

난용종 실용계에 대한 경제능력검정은 첫모이급이후 72주령까지 수행하며, 조사 형질은 다음과 같다. 육성율은 첫모이급이후 17주령 종료일에서의 생존수수에 대한 백분율을 말하며, 성계생존율은 18주령개시일수수에 대한 검정종료일수수에 대한 백분율을 의미한다. 성성숙일령은 검정계군의 산란율이 연속2일동안 50%에 해당되는 일령을 기준으로 한다. 산란율(Hen-day Egg Production)은 성성숙일령으로부터 검정종료일까지 생존수수에 대한 총산란개수의 비율을 말하며, 산란지수(Hen-housed Egg Production)는 18주령개시일로부터 검정 종료일까지의 총산란개수를 18주령개시시점에서의 개체수로 나눈 산란수를 의미한다. 체중은 42주령종료일 및 검정종료일에 측정한 검정계의 평균체중을 의미하며, 난중은 18주령개시일로부터 검정종료일까지의 총난중을 총산란개수로 나눈 평균계란중량을 말한다. 사료소비량은 첫모이급이후 검정종료일까지 섭취한 사료의 총량을 표시하되 육성기와 산란기별로 표기하고, 사료요구율은 18주령개시일로부터 검정종료일까지 계란 1kg 생산에 소요된 사료총무게의 비율을 말한다. 난질에 대한 기준은 30주령, 50주령, 72주령에 각각 조사하며 조사항목은 난형, 난각색, Haugh unit, 난황색, 난각두께를 측정하게 된다(농림축산식품부, 가축검정기준).

육용종 실용계에 대한 경제능력검정은 첫모이급이후 6~10주령까지 수행하며, 조사형질은 다음과 같다. 생존율은 검정개시수수에 대한 검정종료일수수의 백분율로 표기하며, 체중은 첫모이급이직전과 2, 4, 5주, 종료일에 각각 기간별로 조사하고 최종조사는 검정종료일에 수행한다. 사료소비량은 검정개시일부터 검정종료일까지 소비한 사료총량으로 계산하며, 사료요구율은 검정개시일로부터 검정종료일까지의 생체중 1kg증체에 소요된 사료중량비로 계산한다. 전체적인 생산성지수는[{평균생체중(g)×생존율(%)}÷{사육기간(일)×사료요구율}÷10]로 계산하여 산출한다(농림축산식품부, 가축검정기준).

## 16.3 닭 유용유전자 및 분자표지를 활용한 분자육종

본 항에서는 분자육종을 위한 닭의 분자표지와 유용유전자에 대해 다루기로 한다. 다양한 분자표지의 활용과 더불어 기능유용유전자에 대한 선발을 바탕으로 산육 및 산란형질관련 능력향상을 위한 노력이 진행되고 있다. 전장유전체관련성분석(genome-wide association study, GWAS)이나 전장유전체연관분석(genome-wide linkage study, GWLA)은 특정유전자에 대한 질적표현형질이 아닌 양적표현형질에 대해서 유전체(genome) 전체에 분포되어 있는 표지유전자의 위치를 탐색하여 특정 경제형질과 관련된 좌위의 변이 및 후보유전자를 추정하는 분석법이다. 분자표지에 의한 유전체분석은 양적표현형질관련 변이좌위나 후보유전자를 발굴하는데 효율적인 전략이며, 이러한 형질관련 QTL(quantitative trait locus)연구결과는 닭을 포함한 여러 가축에 대해 다양한 Animal QTL 데이터베이스에 공유되고 있다. 닭은 유전체 크기가 포유류에 비해 1/3 정도이기 때문에 분자육종 적용이 용이할 뿐만 아니라 실험모델동물로써도 유용한 장점을 가지고 있어 오래전부터 이용되어져 왔다. 이와 같은 이유로 닭은 2004년에 인간게놈프로젝트 이후에 가축에서는 가장 먼저 유전체초안이 발표되었으며, 최근에는 재염기서열분석(resequencing) 데이터를 기반으로 유전체 전체영역에 대한 품종별 유전적 변이와 분자표지가 보고되고 있다. 현재 보존되고 있는 한국재래닭은 식육의 맛, 연도, 기호성 등에서 다른 상업종에 비하여 한국소비자들이 선호하는 것으로 보고되고 있다. 이에 한국재래닭의 유전적특성 및 변이를 밝혀내기 위해 다양한 분자표지(microsatellite, SNPs 등)를 활용한 많은 연구들도 진행되고 있다. 또한 최근에는 차세대염기서열분석방법(next generation sequencing, NGS)과 생물정보학(bioinformatics)을 통해 대량의 유전체정보해독 및 유전체에 대한 유전적 변이분석을 통한 정확한 한국재래닭의 유전적변이에 대한 연구도 보고되고 있다. 본 항에서는 보다 효율적이고 정확한 분자육종을 위한 유용유전자의 생물학적 기능성 연구와 이를 기반으로 한 선발을 중심으로 논의하고자 한다.

## 16.3.1 갑상선자극호르몬수용체

적색야계(Red Junglefowl)와의 유전체비교분석을 통해 가축화과정 중에서 선택적 일소(selective sweep)에 의해 선별된 가축화 유전자(domestication locus) 중 하나로 갑상선자극호르몬수용체(thyroid stimulating hormone receptor, TSHR) 유전자의 변이가 보고되었다(그림 16-4).

현재 전세계적으로 사육되고 있는 닭의 경우 대부분이 갑상선자극호르몬수용체 유전자에 대한 변이를 가지고 있는 것을 볼 때, 닭의 가축화 초기에 이 유전자변이는 선발된 것으로 예측되고 있다. 갑상선자극호르몬수용체는 갑성선소포(thyroid follicle)에서 발현되며 갑상선자극

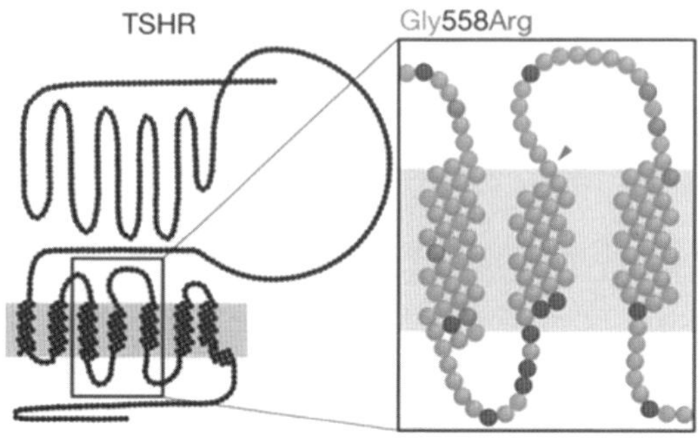


그림 16-4. 닭의 가축화 과정 중에 선발된 갑상선자극호르몬수용체(thyroid stimulating hormone receptor, TSHR)에서 558번째 아미노산이 글라이신에서 아르기린으로 유전자의 변이(Nature, 2010)

호르몬(thyroid stimulating hormone)과 결합하여 갑상선에서 갑상선호르몬(thyroid hormone) 생산 및 분비를 촉진하는 기능을 가지고 있다. 특히 이러한 갑상선관련 호르몬은 배발달초기부터 조절되어 배발달과 발생에 매우 중요한 역할을 수행하게 된다.

## 16.3.2
## 인슐린유사성장인자, 인슐린수용체

경제동물에 있어서 성장과 밀접하게 관련되어 잘 알려진 유전자중 하나는 인슐린유사성장인자(insulin-like growth factor-1, IGF-1)이다. IGF-1은 성장호르몬(growth factor)과 유사하게 세포의 성장 및 분열, 생존을 촉진함은 물론, 인슐린에 대한 감수성을 증가시켜 세포대사를 활발하게 한다. 이와 함께 IGF-1과 결합하는 수용체로서 인슐린수용체(insulin receptor, INSR)도 성장관련형질에 분자표지로 활용되고 있다. 현재까지 IGF-1과 INSR 유전자에 대한 다형성(polymorphism)이 보고되었으며, 이를 분자표지로 활용하여 우수계통선발에 응용되고 있다.

## 16.3.3

## SH3 domain containing ring finger 2 (SH3RF2)

야생계인 적색야계와 가축화된 닭과의 유전체비교를 통해 가축화 과정중에 선별된 중요유전자 중에 SH3 domain containing ring finger 2 (SH3RF2) 유전자가 보고되었다. 현대의 가축화된 닭의 경우 SH3RF2 유전자에서 첫 번째 엑손(exon)을 제외한 대부분의 유전자부위가 제거된 형태를 가지고 있다. 특히 성장이 빠른 계통에서 SH3RF2 유전자가 제거된 형태를 가지고 있으며, 상대적으로 성장이 느린 계통의 경우에는 SH3RF2 유전자에 대한 결손이 없음이 보고되었다. 또한 성장이 느린 계통의 경우 시상하부(hypothalamus)에서 유전자발현이 확인되지만 성장이 빠른 계통에서는 SH3RF2 유전자발현이 확인되지 않았다. 이에 SH3RF2 유전자의 결손이 성장을 촉진시키는 것으로 예측되고 있다. 아직까지 SH3RF2 유전자의 정확한 생물학적기능과 작용기작은 밝혀지지 않았으나 시상하부에서의 사료섭취욕구 제한이나 조절에 관여할 것으로만 추측되고 있다.

## 16.3.4

## Peroxisome Proliferator-activated Receptor-γ (PPARγ)

Peroxisome Proliferator-activated Receptor γ (PPARγ)는 복부지방축적에 중요한 역할을 수행하는 것으로 알려져 있다. 닭을 포함한 경제동물의 경우, 성장속도가 빠른 것이 중요한 경제형질이지만 이와 더불어 낮은 지방축척은 도체율증가와 가공과정중에 손실을 줄일 수 있기 때문에 지방관련 대사기작조절을 통한 다양한 연구들이 진행되고 있다. 닭을 포함한 조류는 지방대사가 주로 간에서 이루어지며 지방조직은 지방의 축척역할을 수행한다. 지방이 많은 닭과 적은 닭을 비교하면 PPARγ 발현이 지방조직에서는 큰 차이가 보이지 않으나 간에서의 많은 차이를 나타낸다. 따라서 간에서 PPARγ 발현의 증가에 의해 복부지방축적과 상관관계가 있으며, PPARγ 발현은 지방조직에서의 지방세포의 분열과 분화에 매우 중요한 역할을 하고 있다. 따라서 이러한 유전자의 인위적조절을 통해 지방축적을 제어함으로써 생산성증대를 꾀할 수 있을 것이다.

## 16.3.5
## Flavin-containing Monooxygenase 3 (FMO3)

소비자에게 식품으로써의 계란 소비에 있어 문제중 하나가 계란비린내(계란어취)이다. 계란비린내는 섭취하는 사료원인과 유전적요인에 의해 유발되게 된다. 사료내 비린내유발물질(어분이나 생선부산물에 들어있는 비린내유발물질 또는 유채나 채종박 등의 사료원료내에 들어있는 시나핀(sinapine), 콜린(choline), 베타인(betaine) 등)의 섭취 또는 생체대사과정 중에서 생성되는 비린내유발물질이 계란내로 전이됨으로써 발생하게 된다. 일반적으로 계란비린내는 난황내에 trimethylamine (TMA)이 축적되어 발생하게 된다. TMA는 소장이나 맹장의 박테리아에 의한 발효과정중에 생성되는데, 일반적으로 이렇게 생성된 TMA는 간에서 TMA산화효소(trimethylamine-oxidase)에 의해 trimethylamine N-oxide (TMAO)으로 산화되어 제거되게 된다. 그러나 원료내 유발물질의 과다섭취시에는 소장이나 맹장에서 박테리아에 의해서 발생한 과다한 TMA를 제거하지 못하고 계란으로 이행되어 계란비린내가 발생하게 된다(그림 16-5).

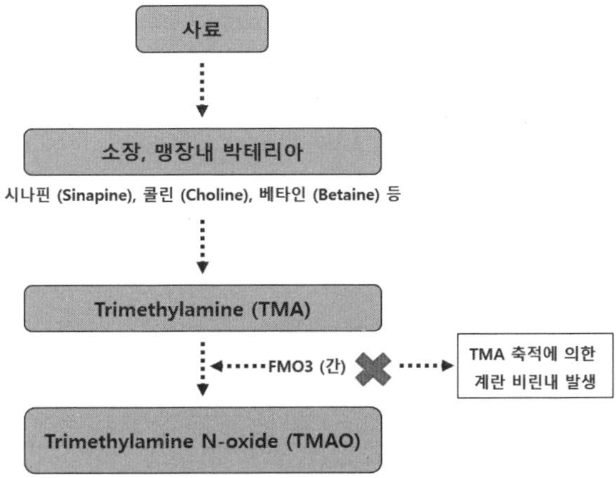


그림 16-5. 계란비린내 발생관련 유전자조절작용

유전적요인으로는 TMA를 제거하는 유전자의 효소역가차이에 기인하게 된다. 따라서 계란비린내는 산란계 계통간 차이가 있으며 백색란을 생산하는 계통보다는 갈색란을 생산하는 계통에서 발생한다. 다양한 TMA 대사경로중에서 현재까지 계란비린내의 유발에 직접적으로 관여하는 유전자로서 flavin-containing monooxygenase 3 (FMO3)가 밝혀져 있다. FMO3는 플라빈단백질효소(flavinprotein enzyme)로서 TMA에 대해 N-산화 반응을 촉매함으로써 trimethylamine N-oxide (TMAO)로 변환시킴으로 제거하게 된다. FMO3 효소에 결함이 있거나 효소가 충분하게 생성되지 않으면 TMA를 제거하지 못하여 계란비린내유발을 촉진하게 된다. 따라서 종계회사중심으로 결함이 있거나 역가가 떨어지는 FMO3 유전자를 유전표지인자검출을 통해 산란계 계통으로부터 제거하는 유전선발을 진행 중에 있다.

간에서 FMO3 유전자의 발현이 저해되면 TMA의 축적에 의해 계란비린내가 발생된다. 따라서 FMO3 유전자 발현 조절에 의해 계란비린내가 제거된 계통생산이 가능하다.

## 16.3.6 단일염기다형성

단일염기다형성(single nucleotide polymorphism, SNP)은 유전체 DNA염기서열에서 하나의 염기서열(A,T,G,C)의 차이를 보이는 유전적변이를 말하며, 동물의 경우 유전체상에 약 1,000개의 염기쌍중 하나 정도의 빈도로 나타난다. 닭의 경우에는 전체유전체가 해독완료된 이후 SNP 발굴 및 분석을 진행중에 있으며, 특히 품종별(적색야계, 산란계, 육용계 등) 비교분석을 통하여 대규모 SNP발굴과 함께 이러한 SNP를 활용하여 전통적인 선발을 기반으로 하는 육종방법을 보완하고자 하는 노력이 이루어지고 있다. 다양한 SNP를 분자표지로 이용(Marker-assisted Selection, MAS)함으로써 경제형질과의 상관관계를 유추하고 이를 기반으로 유전능력 평가에 보다 정확성과 효율성을 높이고자 하고 있다. 육용계에서 중요한 산육형질인 체중, 도체중, 복강지방중량, 가슴근육무게 등에 대한 다양한 SNP의 발굴 및 이를 이용한 육종체계구축을 진행하고 있다. 동일하게 산란계에서는 산란관련 경제형질 분석을 위한 성성숙, 산란수, 난중, 난질 등에 연관된 SNP의 발굴을 진행중에 있다. 산육성관련해서는 성장인자중 하나인 인슐린유사성장호르몬(insulin-like growth factor: IGF1)과 이에 대한 수용체 및 결합단백질(insulin-like growth factor receptor: IGF1R, insulin-like growth factor binding protein2, IGFBP2) 유전자내에 존재하는 SNP와의 산육관련경제형질과의 연관성이 보고되어 특정유전자형에 따라 산육성에 유의적 차이가 있음이 보고되었다. 산란형질과 관련해서는 닭에서 생식의 발달과 기능에 관여하는 성선자극호르몬수용체(gonadotropin-releasing hormone receptor, GnRHR) 유전자에 존재하는 SNP의 차이에 대한 산란수와 산란량에 유의적인 차이가 있음이 보고되었다. 또한 지방단백질대사와 합성에 중요한 역할을 하는 것으로 알려져 있는 low-density lipoprotein receptor (LRLR)에 있어 차이를 나타내는 SNP가 난중, 난황 무게, 난각 두께, 난각색, 난형 지수 등에 밀접하게 영양함이 보고되었다. 따라서 이와 같은 분자표지를 선발, 육종프로그램에 접목시킴으로써 정확하고 효율적인 우수계통 육성을 꾀하고자 노력하고 있다.

## 〈참고문헌〉


1. Honkatukia M., Reese K., Preisinger R., Tuiskula-Haavisto M., Weigend S., Roito J., Mäki-Tanila A., and Vilkki J. (2005) Fishy taint in chicken eggs is associated with a substitution within a conserved motif of the FMO3 gene. *Genomics* 86, 225-232.
2. International Chicken Genome Sequencing Consortium. (2004) Sequence and comparative analysis of the chicken genome provide unique perspectives on vertebrate evolution. *Nature* 432, 695-716.
3. Karlsson A.C., Svemer F., Eriksson J., Darras V.M., Andersson L., and Jensen P. (2015) The Effect of a Mutation in the Thyroid Stimulating Hormone Receptor (TSHR) on Development, Behaviour and TH Levels in Domesticated Chickens. *PLoS One* 10, e0129040.
4. Kim H., Choi S., Lee J., Hong Y.H., and Lee S. (2013) Current Status of Study about Association of SNPs on Meat Quantity and Egg Production Traits in Chickens: An Overview. *Ann. Anim. Resour. Sci.* 24, 178~188.
5. Rubin C.J., Zody M.C., Eriksson J., Meadows J.R., Sherwood E., Webster M.T., Jiang L., Ingman M., Sharpe T., Ka S., Hallböök F., Besnier F., Carlborg O., Bed'hom B., Tixier-Boichard M., Jensen P., Siegel P., Lindblad-Toh K., and Andersson L. (2010) Whole-genome resequencing reveals loci under selection during chicken domestication. *Nature* 464, 587-591.
6. Wong GK et al. (2004) International Chicken Polymorphism Map Consortium. A genetic variation map for chicken with 2.8 million single-nucleotide polymorphisms. *Nature* 432, 717–722.
7. 오봉국 (2014) 가금학, 문운당.
8. 농림축산식품부, 농촌진흥청 국립축산과학원 (2016) 2016년 가축개량관련자료.
9. 대한양계협회 (1991~2010) 산란계 및 육용계 경제능력검정성적.

# 제17장
# 동물분자육종의 응용:
## VI. 말

# 17.1 말의 개량

## 17.1.1

### 더러브렛 품종의 형성과 개량의 역사

말은 가축화 이후 수많은 품종이 새롭게 만들어 졌으나, 체계적인 개량의 역사는 경주마를 만들어 내기 위한 노력에서 그 단서를 찾을 수 있다. 경주마는 1660년대에 1마일(약 1,600미터)을 1분대에 주파한 아랍계 우수 씨말이 생산되면서 시작되었고, 이때부터 본격적인 개량의 역사가 시작되었다. 더러브렛(Thoroughbred)은 Thorough(철저하게) + Bred(개량)되었다는 어원을 가지고 있는 만큼 인간이 만들어 낸 말 품종 중에서 가장 빠르고 완벽한 체형을 가지고 있다. 윈스턴 처칠 전 영국총리는 "인간이 창조한 가장 위대한 예술품"이라고 극찬하기도 했다. 더러브렛은 3세기 무렵 아라비안 호스와 바브 혈통이 영국에 소개되었다는 기록까지 거슬러 올라간다. 이후 17세기 영국 요크셔지방을 중심으로 재래종 암말에 스피드와 스태미너가 뛰어난 아랍종의 종마들을 교배시켜 만들어낸 품종으로 당시 영국이 수입한 아랍종의 종마는 약 200여두에 달했다고 한다. 이들 중 대부분의 혈맥이 끊어지고 '다알리아라비안

Darley Arabian　Godolphin Arabian　Byerley Turk

그림 17-1. 더러브렛 3대시조(http://en.Wikipedia.org)

(Darley Arabian, 1704)', '고돌핀아라비안(Godolphin Arabian, 1729)', '바이얼리 터크(Byerley Turk, 1680)' 등 3종마의 혈통이 유지되었으며, 우리는 이들을 더러브렛의 3대시조라 칭하고 있다(그림 17-1).

1793년 첫 혈통서(General Stud Book)의 발간 이후 더러브렛은 경주마로서 본격적 개량뿐만 아니라 수많은 말 품종 형성단계에 활용되어 왔다. 특히 18세기 산업화 이후 기존의 농경과 물자수송, 전쟁에 활용되었던 말들은 사회적 가치를 잃게 되었고, 이후 재래품종을 제외한 대부분의 말들은 유럽에서 스포츠로 자리 잡은 승마산업의 체계적 발전을 위해 전문승용마 품종으로 개량에 이용되었다. 더러브렛은 다른 말들에 비해 체형의 비율이 우수하여 품종간 교배의 필수 관문처럼 활용 되었던 것이다(그림 17-2).

그림 17-2. 근대 말 품종개량의 흐름도(Willian *et al.*, 1982)

## 17.1.2

## 말의 개량목표

일반적으로 가축들은 도축과 가공을 통해 주로 식용으로 소비되는 반면, 말은 살아있는 상태에서 활용가치가 더 큰 가축으로서 기존 축산업과의 차별성을 가져왔다. 말은 용도에 따라 개량방향이 달라지는데 일반적으로 경주마와 승용마는 운동능력이 개량목표로 설정된다.

국내 가축개량목표 설정은『축산법 제5조』에 의거하여 가축개량총괄기관인 국립축산과학원의 주관아래 분과별 가축개량협의회를 거쳐 개량목표를 설정 후 심의를 하고 있으며, 말은 경마산업의 경쟁력향상을 위하여 더러브렛 경주마의 경주기록에 중점을 둔 개량목표를 고시하고 있다. 경주마의 개량목표는 경주능력이며, 이는 주파기록, 수득상금, 레이팅 등과 같은 결과들로부터 평가가 이루어진다. 2015년까지 경주마의 개량고시목표는 초과 달성되었으며, 향후 2025년까지 단거리는 연간 -0.07초, 중장거리는 연간 −0.15초씩 주파기록 갱신을 목표로 하고 있다(표 17-1).

표 17-1. 더러브렛 주파기록에 대한 개량목표

<table>
<tr><th>대상형질</th><th>경주거리</th><th>2015년</th><th>2020년</th><th>2025년</th><th>연간개량량</th></tr>
<tr><td rowspan="5">주파기록<br>(출주마 평균)</td><td>1000m</td><td>1:02.99</td><td>1:02.64</td><td>1:02.29</td><td rowspan="3">-0.07초/년</td></tr>
<tr><td>1200m</td><td>1:16.95</td><td>1:16.60</td><td>1:16.25</td></tr>
<tr><td>1400m</td><td>1:29.65</td><td>1:29.30</td><td>1:28.95</td></tr>
<tr><td>1800m</td><td>1:59.30</td><td>1:58.55</td><td>1:57.80</td><td rowspan="2">-0.15초/년</td></tr>
<tr><td>2000m</td><td>2:12.20</td><td>2:11.45</td><td>2:10.70</td></tr>
</table>

국내 승마산업은 말산업육성법(2011년) 시행 이후 경마산업에 치우쳐진 말산업의 균형적인 발전과 국민소득향상에 따른 새로운 레저문화 창출의 목적과, 체계적인 승용마의 생산 · 육성 · 이용 · 개량을 통한 세분화된 질적성장이 필요하다. 승용마의 경우 승마경기종목에 따라 개량형질과 개량목표가 다르게 나타난다. 용도는 크게 승마대회용(마장마술, 장애물, 종합마술 등)과 레저용(생활체육 등)으로 구분된다. 각 용도별 승용마의 개량형질과 개량목표 설정은 능력검증, 혈통관리, 기록관리 등을 통해 체계적인 개량관리시스템으로 구축될 필요가 있다.

유럽의 승마선진국의 경우 승용마의 개량목표는 주로 3~5세의 승용마의 능력검정을 필드 검정, 검정소 검정, 승마대회 검정을 통해 마장마술, 장애물비월, 종합마술, 지구력대회 등 세분화된 경기에 따라 체형, 걸음걸이, 점핑능력, 복종성, 지구력, 번식력, 기질 등과 같은 형질의 개량을 통해 경기능력을 향상시키는데 있다. 승마선진국들이 연맹을 맺고 있는 유럽의 경우, 세계스포츠호스생산자연맹(World Breeding Federation for Sport Horses, WBFSH)에 가입된 19개 웜블러드(Warmblood) 생산자협회에서 추구하는 개량목표와 개량형질들은 아래와 같다(표 17-2). 품종별 특징을 고려하여 적합한 용처를 규정하고, 생산 · 육성 단계에서 품평과 선발을 통한 끊임없는 개량을 추구하고 있다.

표 17-2. 유럽 19개 웜블러드 생산자협회 승용마 개량목표 및 개량형질

| 협회명 | 체형 | 걸음걸이 | 품행 | 건강 | 수태능력 | 장애비월 | 마장마술 | 종합마술 | 마차경기 |
|---|---|---|---|---|---|---|---|---|---|
| BAD* | O | | O | | | O | O | | |
| BAVAR | O | O | O | O | O | O | O | O | |
| BWP | O | O | O | O | | | | | |
| DWB | O | O | O | O | O | O | O | | |
| FWB | O | O | O | O | | O | O | O | |
| HAN | O | | O | | | O | O | O | O |
| HOLST | O | O | O | | | O | | | |
| HUN | O | | | | | O | O | O | O |
| ISH | O | O | | O | | O | O | O | |
| KWPN | O | O | | O | | O | O | | |
| NRPS | | | | | | | | | |
| NWB | O | O | O | O | O | O | O | O | |
| OLD | O | O | | | | O | O | O | O |
| SF | O | O | O | | | O | O | O | |
| SHBGB | O | O | | O | | O | O | O | |
| SI | | | | | | O | | | |
| SWB | O | O | O | O | | O | O | O | |
| TRAK | O | O | O | | | | | | |
| WEST | O | O | | | | O | O | O | O |
| 합계 | 17 | 14 | 11 | 9 | 3 | 16 | 14 | 11 | 4 |

* BAD; Baden-Württemberg, BAVAR; Bavarian Warmblood, BWP; Belgian Warmblood, DWB; Danish Warmblood, FWB; Finnish Warmblood, HAN; Hanoverian, HOLST; Holsteiner, HUN; Hungarian Sporthorse, ISH; Irish Sport Horse, KWPN; Dutch Warmblood, NRPS; Dutch Riding Horse and Pony Studbook, NWB; Norwegian Warmblood, OLD; Oldenburg, SF; Selle Français, SHBGB; Sport Horse Breeding of Great Britain, SI; Italian Saddle Horse, SWB; Swedish Warmblood, TRAK; Trakehner, WEST; Westphalia

## 17.1.3
## 말의 개량시스템

### 17.1.3.1 국내 경주마의 유전능력평가시스템

국내 말의 유전능력평가는 더러브렛 경주마에서 이루어지고 있다. 경주능력지수(Racing Index, RI), 평균수득상금지수(Average Earning Index, AEI), 개체모형(Animal Model, AM)으로 평가되고 있다. 씨수말과 씨암말같은 번식말은 평균수득상금지수(AEI)와 개체모형(AM), 현역경주마의 경우 경주능력지수(RI)와 개체모형(AM)을 이용한다.

평균수득상금지수는 1948년 Joe Estes에 의해 제시되었으며, 1997년 Jockey Club은 300만마리 이상의 정보를 담은 데이터베이스를 구축함으로써 매년 북미 씨수말들의 순위발표에 이용되고 있으며, 국내 씨수말들도 평균수득상금지수를 이용하여 매년 씨수말의 가치 척도 기준인 리딩사이어(Leading Sire)를 발표하고 있다. 경주능력지수는 경주마의 연간수득상금을 전체 경주마들의 평균연간수득상금으로 나눈 값으로 평균수득상금지수와 같은 개념이다.

개체모형은 1984년 C. R. Henderson에 의해 발표된 BLUP이론을 기반으로 1990년대 초에 소개되어 말의 유전능력평가에 이용되었으며, 국내에서도 개체모형에 의한 번식마 및 현역경주마의 경주능력평가가 이루어지고 있다(그림 17-3).

한국마사회는 2010년부터 경주마의 육종가를 발표하고 있으며, 개체모형에 의한 유전능력평가는 번식마로서 능력을 측정하는 과학적인 육종방법으로서 환경효과를 최대한 제거하여 선대로부터 물려받아 후대로 물려주는 유전능력을 과학적으로 측정하는 것으로 환경요인으로는 기수, 경주거리, 출발대 순서, 주로상태, 계절 등의 일시적인 환경효과

| 말의능력 (P) | | 유전요인 (G) | | 환경요인 (E) |
|---|---|---|---|---|
| 경주기록<br>수득상금 등 | = | • 선조의 혈통<br>• 우수/불량유전자<br>=<br>상가적유전효과(BV)<br>+<br>비상가적유전효과(GSV)<br>(우성효과,상위성효과) | + | 〈일시 환경효과〉<br>• 경주거리, 번호<br>• 주로상태, 경주계절<br>• 기수 등<br>+<br>〈영구 환경효과〉<br>• 사양관리, 육성효과 |

그림 17-3. 경주마의 유전능력평가모형(http://studbook.kra.co.kr/)

와 사양관리 및 육성효과 등의 영구 환경효과로 구분된다(그림 17-3).

경주마의 육종가는 한국마사회에서 매년 2회 더러브렛 경주마의 혈통자료와 경주성적 데이터를 토대로 유전능력평가를 통해 산출하며, 주파기록을 근거로 하기 때문에 육종가는 '0'을 기준으로 우수한 유전능력을 갖춘 말일수록 더 작은 수를 갖게 된다. 경주마의 육종가는 한국마사회 말혈통정보 홈페이지를 통해 공개된다.

#### 17.1.3.2 해외 승용마의 개량시스템

프랑스는 독일과 달리 정부주도하에 중앙통제식 말 자원관리시스템을 운영하고 있으며, 승용마 등록기관은 국립종마사육장이지만 품종개량은 각 품종개량협회에서 품종별 기준과 규칙을 만들어 개량을 주도하고 있다. 품종개량협회들은 농림부와 업무협약을 맺어 농림부의 지침을 준수하며 개량을 수행하고 있다.

프랑스의 승용마개량시스템을 살펴보면 크게 씨수마는 4단계의 선발과정을 거쳐야 한다. 첫 번째 선발단계는 3세가 된 승용마의 체형과 걸음걸이를 평가하고, 5세가 된 승용마는 점핑능력을 검증한다. 두 번째 선발단계는 그 외의 형질테스트에 적합한 말들을 선택할 목적으로 체형, 걸음걸이, 점핑능력을 평가한다. 세 번째 단계는 그들 중 제한된 수의 씨수말을 선발하기 위해 평가순위별로 선발하게 된다. 네 번째 단계는 12세 무렵이 된 씨수말들 중 자손의 능력이 우수한 순위별로 우선선발을 하여 리딩사이어를 선발하는 시스템을 가지고 있다(그림 17-4). 개량형질은 점핑능력에 60%정도의 가중치를 주고 있으며, 체형과 걸음걸이에 20%, 그 외의 형질들에 20% 수준의 가중치를 주어 평가하고 있다.

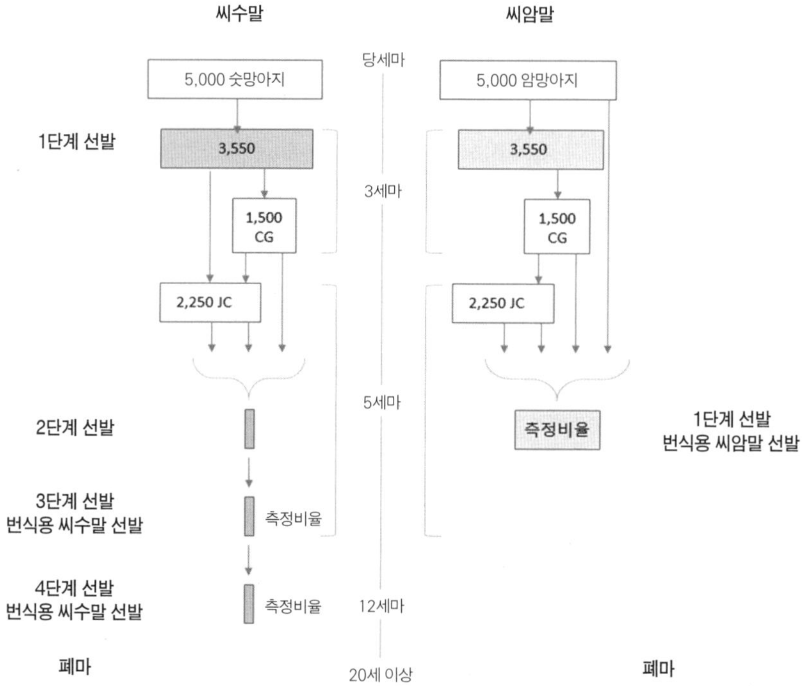


그림 17-4. 프랑스 승용마 선발육종체계도 (Dubois *et al.*, 2008) CG: 체형과 걸음걸이, CJ: 점핑능력, TT: 그 외 형질, 회색박스: 선발단계, 흰색박스: 능력검정

# 17.2 말의 분자육종

## 17.2.1 말의 분자육종 연구현황

### 17.2.1.1 말의 진화와 유전학 연구

말은 오랜 진화과정을 거쳐 400만년 전 현생 말인 에쿠스(Equus)가 출현하게 되었으며 말류 1종, 당나귀류 4종, 얼룩말류 3종인 총 8종이 살아남은 것으로 알려져 있다(그림 17-5).

인류는 이들 중 말과 아프리카당나귀를 길들이는데 성공하였으며, 이들을 대상으로 염색체연구를 진행한 결과 당나귀류의 염색체수는 E. asinus 62개, E. hemious, E. kiang, E. onagar는 모두 56개를 가지고 있었으며, 얼룩말류의 3종은 E. zebra 32개, E. burchelli 44개, E. grevyi 46개로 각각 다른 염색체수를 가지고 있었고, 말류인 E. caballus는 64개의 염색체를 가진 반면 몽골야생말로 잘 알려진 E. ferus przewalskii는 66개의 염색체를 가지고 있음이 밝혀졌다(Benirschke *et al.*, 1965). 이후 E. ferus przewalskii 염색체 23번과 24번이 E. caballus 5번 염색체로 결합되었다는 연구결과가 발표되었다(Myka *et al.*, 2003)(그림 17-6).

말의 미토콘드리아는 세포의 동력원이며 운동에너지 생산의 90% 이상을 담당하는 중요한 역할을 한다. 말 미토콘드리아 게놈은 ~16,600 bp의 길이로 5개 단백질 복합체의 일부인 13개의 단백질(NADH1, NADH2, NADH3, NADH4, NADH4, NADH4, NADH6, COXI, COXii, COXiii, CYTB, ATP6 및 ATP8)과 22개의 RNA와 2개의 리보솜 RNA로 구성되어 있다(Xu & Arnanson, 1994).

국제적인 말참조집단지도(Horse Reference Family Panel map, IHRFP)는 국제 공동노력으로 만들어지게 되었으며, Radiation Hybrid(RH) 및

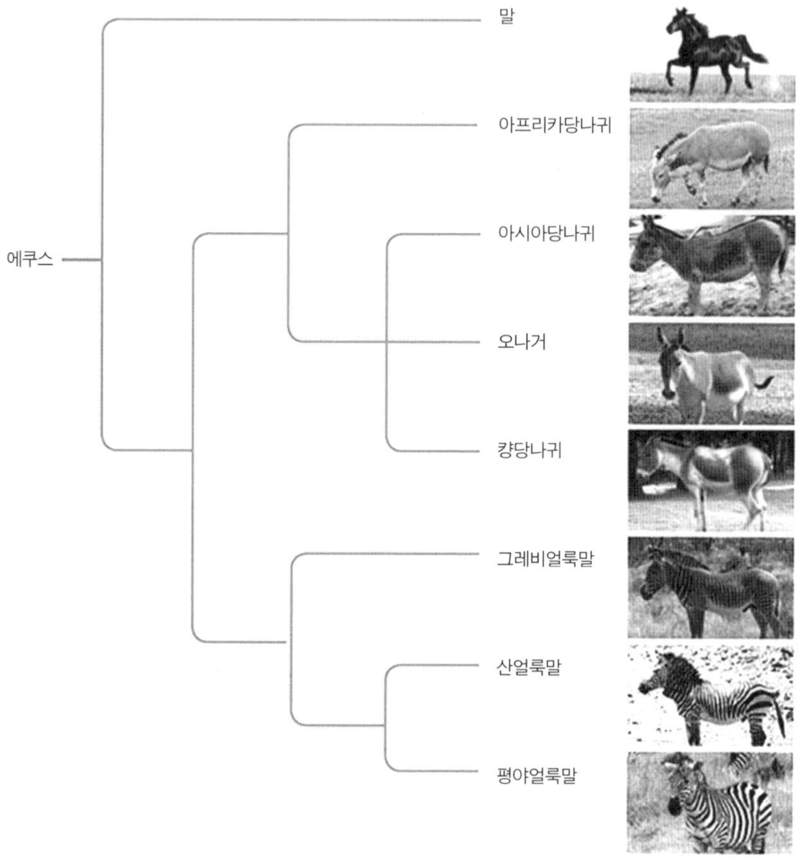


그림 17-5. 에쿠스(Equus)의 계통도(http://science.dongascience.com/)

Fluorescence in situ Hybridization(FISH)을 기반으로 물리적/세포유전학적 지도와 함께 유전자연관지도를 만드는 것을 목표로 하였다. 이를 통해 질병, 번식, 성장 및 모색과 같은 흥미로운 유전현상을 이해하고 돌연변이의 기능을 파악하고자 하였으며 1단계는 온혈종, 경종마, 포니 품종의 448개체로 구성된 12집단의 부계의 형제-자매 계통을 161개의 표지로 유전자형분석을 통해 지도를 만들었으며, 지도의 총길이

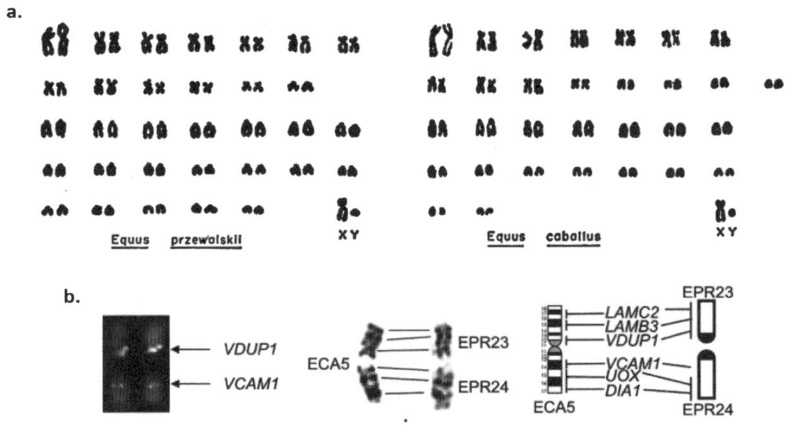


그림 17-6. a: E. Przewalskii와 E. Caballus 각각의 염색체(Benirschke *et al*., 1965)
b: E. przewalskii 23, 24번이 E. caballus 5번 염색체로 결합된 모식도(Myka *et al*., 2003)

는 936cM이었다(Guerin *et al*., 1999). 2단계에서는 추가로 한개 집단의 55개체가 추가되었고, 344개의 표지로 유전자형 분석을 하였으며, 지도의 총길이는 2,262cM이었다(Guerin *et al*., 2003).

#### 17.2.1.2 말 게놈프로젝트(Equine Genome Project)

말(Equine)은 지난 2007년 6월 Broad Institute에서 'Twilight'라고 불리는 더러브렛 암말의 초벌게놈지도(6.8 folds, 2.47Gb)를 NCBI DB에 공개하였고, 관련 연구결과들은 2009년 'Science' 저널을 통해 발표되었다(Wade *et al*., 2009).

말은 사람의 게놈과 비교시 100kb 이상 보존된 상동영역이 대략 2.76~2.9Gb 정도로 나타났으며 이는 공통조상으로부터 유전자의 재배치(rearrangement)가 상대적으로 적게 일어났음을 보여주고 있으며, 말의 17번 염색체 전체가 사람의 염색체와 매우 높은 상동성을 가진다는 것을 확인할 수 있다(Wade *et al*., 2009)(그림 17-7). 또한 Ensembl Genomes

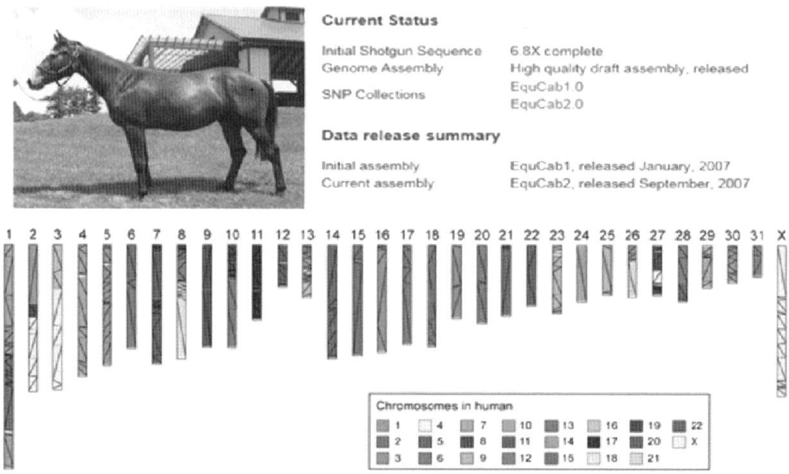


그림 17-7. 말과 사람간의 보존된 상동영역(Wade *et al*., 2009)

DB(Ensembl build 52.2b)에서 확인한 결과 말의 코딩-단백질은 20,322개, 유전자의 수는 15,027개, SNP는 총 1,162,753개, 평균 SNP밀도는 약 2,000bp 수준이다.

경마와 레저스포츠에 활용되는 말이 경제가축인 소나 돼지에 비해 우선적으로 전장유전체분석이 이루어질 수 있었던 이유는 말의 생식능력, 염증성질환 및 근육장애 등 90여가지 이상의 유전적 결함파트에서 인간의 질병모델 종으로 이용될 수 있기 때문이다.

### 17.2.1.3 말의 유용유전자 발굴

말 게놈프로젝트 이후 공개된 SNP데이터를 토대로 만들어진 1세대 'Equine SNP50k Beadchip(54,602 SNPs)'이 출시된 이후 연구자들이 좀 더 쉽게 말 유전체연구에 접근할 수 있게 되었다. 이후 McCue(2012) 등은 14 품종 346두를 대상으로 유전자형분석을 수행한 결과를 기반으로 70k array를 만들었으며, Pérez-Enciso(2015) 등에 의해 고밀도의 670k

SNP chip이 개발되어 말에서도 유전체선발(genomic selection)연구가 가능하게 되었다.

OMIA(Online Mendelian Inheritance in Animals) 데이터베이스를 살펴보면 말은 개나 고양이에 비해 모색에 관한 연구 이외의 멘델형질에 대한 연구 결과가 부족함을 확인할 수 있다(표 17-3).

표 17-3. OMIA 데이터베이스 내 멘델유전형질 비교(Stock *et al.*, 2016)

| | 말 | 개 | 소 |
|---|---|---|---|
| 총 멘델 형질 수<br>(모색형질 포함 수) | 45<br>(11) | 263<br>(15) | 208<br>(12) |
| 돌연변이가 알려진 멘델 형질 수<br>(모색형질 포함 수) | 32<br>(10) | 193<br>(12) | 107<br>(10) |
| 모색형질의 특성을 포함한 돌연변이 발견율 | 71.1% | 73.4% | 51.4% |
| 모색형질의 특성을 제외한 돌연변이 발견율 | 64.7% | 73.0% | 49.5% |

말 게놈프로젝트 이후 SNPchip의 개발은 많은 연구자들이 전장유전체관련성연구(genome-wide association studies, GWAS)를 본격적으로 수행할 수 있도록 하였으며, 이를 통해 질적형질(qualitative trait)인 질병인자들 뿐만 아니라 양적형질(quantitative trait)인 경주능력관련 경제형질(economic trait)들에 대한 연구결과들이 쏟아져 나오게 되었다(Binns *et al.*, 2010; Brooks *et al.*, 2010; Cook *et al.*, 2010; Hill *et al.*, 2010; Lykkjen *et al.*, 2010; Orr *et al.*, 2010).

그간 GWAS분석을 통해 경주마와 승용마의 운동능력과 같은 복합형질과 관련성이 있는 유전자 혹은 QTL좌위를 정리한 결과 18번 염색체의 MSTN 유전자와 4번 염색체의 PDK4 유전자는 경주마의 경주 적성거리 판별과 경주능력 판별에 유효한 것으로 나타났으며, 23번 염색체의 DMRT 유전자는 승용마의 독특한 걸음걸이(Trot)와 연관성이 높게 나타났다. 그리고 점핑능력과 관련성이 높은 QTL영역도 보고되었다(Stock *et al.*, 2016)(표 17-4).

표 17-4. 경주마와 승용마의 운동능력과 관련성이 있는 유전자 혹은 유전좌위(QTL) 영역 정보

| 형질 | 염색체 | 유전자 또는 유전좌위* | 참고문헌 |
| --- | --- | --- | --- |
| 경주거리적성판단 및<br>운동능력관련 | ECA18 | MSTN | Binns *et al*, 2010;<br>Hill *et al*, 2010a;<br>Petersen *et al*, 2013 |
| 경주능력 관련 | ECA4 | PDK4 | Hill *et al*, 2010b |
| 걸음걸이 | ECA23 | DMRT3 | Andersson *et al*, 2012;<br>Petersen *et al*, 2013;<br>Promerov  *et al*, 2014;<br>Kristjansson *et al*, 2014;<br>J derkvist *et al*, 2015;<br>Ricard, 2015 |
| 점핑 능력 | ECA1 | QTL in proximity to PAPSS2<br>(putative QTL in proximity<br>to NRAP) | Schr der *et al*., 2011 |
| | ECA3 | (putative QTL) | Stock *et al*., 2011 |
| | ECA8 | QTL in proximity to MYL2 | |
| | ECA9 | QTL in proximity to TRHR | |
| | ECA11 | (putative QTL in proximity<br>to TBX4) | |
| | ECA17 | (putative QTL) | |
| | ECA26 | QTL in proximity to GABPA | |
| 쇼점핑 능력 | ECA1 | (suggestive QTL in<br>proximity to RYR2) | Brard and Ricard, 2015 |

* MSTN = myostatin; PDK4 = Pyruvate dehydrogenase kinase, isozyme 4; DMRT3 = double-sex and mab-3-related transcription factor 3; PAPSS2 = 3'-phosphoadenosine 5'-phosphosulfate synthase 2; MYL2 = myosin, light chain 2, regulatory, cardiac, slow; TRHR = thyrotropin-releasing hormone receptor; GABPA = GA binding protein transcription factor, alpha subunit 60 kDa (formerly known as nuclear respiratory factor 2, NRF2); NRAP = nebulin-related anchoring protein; TBX4 = T-box 4; RYR2= ryanodine receptor 2 (cardiac).

### 17.2.1.4 분자마커를 활용한 분자육종

가축화 이전의 말들로 추정되는 31종의 고대 말 뼈로부터 모색유전자 분석을 수행한 결과 4가지의 모색이 존재했던 것으로 밝혀졌다(Pruvost M. *et al.*, 2011)(그림 17-8). 말은 오랜 세월 가축화의 과정을 거치며 인간이 원하는 다양한 용도에 따라 선택교배를 해온 결과 몸의 크기, 형태, 모색 등에서 유전적 다양성을 지니게 되었다(Ludwig *et al.*, 2009)(표 17-5).

#### 17.2.1.4.1 말 모색유전을 활용한 개량

말의 모색은 단순히 교통의 대체수단, 군수물자의 이동수단, 농경의 목적으로 활용되던 과거에는 특정 모색과 패턴을 중심으로 개량이 되었던 일부 품종을 제외하고는 개량의 주요형질이 아니었으나, 현대사회에 접어들며 레저스포츠에 활용함으로서 미관적 아름다움을 중요시 여기는 현대인들에게는 개량의 주요 개량형질이 되었다. 해외에서는 실제 모색관련 유전검사를 통해 교배에 활용하는 경우를 쉽게 접할 수

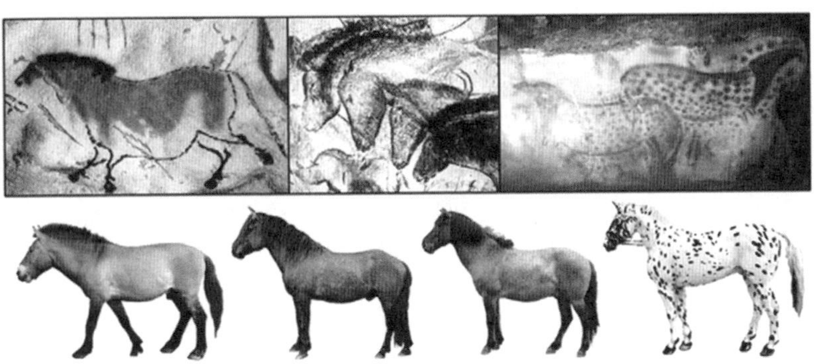

그림 17-8. 가축화 이전 말의 모색(Pruvost M. *et al.*, 2011)

있는데 아래는 교배프로그램에 이용되는 모색과 모색패턴의 유전자패널 정보이다. 최근 아름답고 우아한 외모를 가진 승용마를 생산하기 위해 교배 전 씨수말과 씨암말의 유전자형을 분석하여 태어날 망아지의 모색과 패턴을 예측해주는 유전자분석 회사들이 늘어나고 있으며, 이는 말산업분야에서 대표적인 산업화 사례로 볼 수 있다(표 17-6).

표 17-5. 말의 모색과 유전 패턴

| 유전자형 / 모색 | 유전자형 | | | | | | |
|---|---|---|---|---|---|---|---|
| | Extension | Agouti | Dun | Champagne | Silver | Cream | Pearl |
| Bay | E/- | A/- | d/d | ch/ch | z/z | cr/cr | Prl/Prl |
| Chestnut | e/e | -/- | d/d | ch/ch | -/- | cr/cr | Prl/Prl |
| Black | E/- | a/a | d/d | ch/ch | z/z | cr/cr | Prl/Prl |
| Bay dun | E/- | A/- | D/- | ch/ch | z/z | cr/cr | Prl/Prl |
| Red dun | e/e | -/- | D/- | ch/ch | -/- | cr/cr | Prl/Prl |
| Grullo | E/- | a/a | D/- | ch/ch | z/z | cr/cr | Prl/Prl |
| Amber champagne | E/- | A/- | d/d | CH/- | z/z | cr/cr | Prl/Prl |
| Gold champagne | e/e | -/- | d/d | CH/- | -/- | cr/cr | Prl/Prl |
| Classic champagne | E/- | a/a | d/d | CH/- | z/z | cr/cr | Prl/Prl |
| Silver bay | E/- | A/- | d/d | ch/ch | Z/- | cr/cr | Prl/Prl |
| Silver black | E/- | a/a | d/d | ch/ch | Z/- | cr/cr | Prl/Prl |
| Buckskin | E/- | A/- | d/d | ch/ch | z/z | CR/cr | Prl/Prl |
| Perlino | E/- | A/- | d/d | ch/ch | z/z | CR/CR | Prl/Prl |

표 17-5. 말의 모색과 유전 패턴(계속)

| 유전자형 / 모색 | 유전자형 | | | | | | |
|---|---|---|---|---|---|---|---|
| | Extension | Agouti | Dun | Champagne | Silver | Cream | Pearl |
| Palomino | e/e | -/- | d/d | ch/ch | z/z | CR/cr | Prl/Prl |
| Cremello | e/e | -/- | d/d | ch/ch | z/z | CR/CR | Prl/Prl |
| Bay pearl | E/- | A/- | d/d | ch/ch | z/z | cr/cr | Prl/prl |
| Bay double pearl | E/- | A/- | d/d | ch/ch | z/z | cr/cr | prl/prl |
| Chestnut pearl | e/e | -/- | d/d | ch/ch | z/z | cr/cr | Prl/prl |
| Apricot | e/e | -/- | d/d | ch/ch | z/z | cr/cr | prl/prl |
| Black pearl | E/- | a/a | d/d | ch/ch | z/z | cr/cr | Prl/prl |
| Black double pearl | E/- | a/a | d/d | ch/ch | z/z | cr/cr | prl/prl |

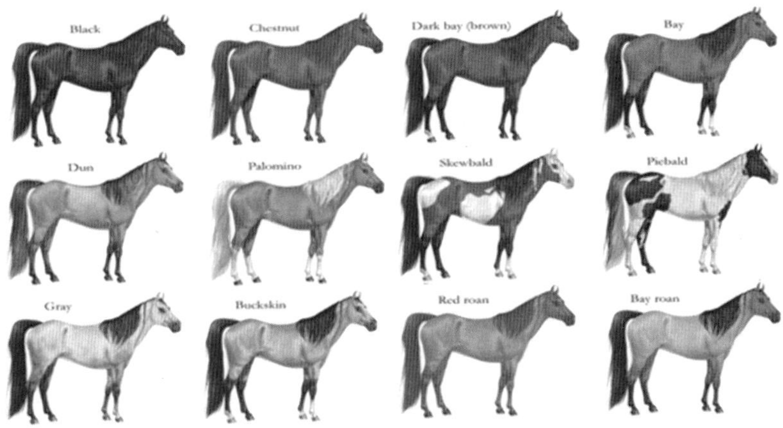


(출처 : https://en.wikipedia.org/wiki/Equine_coat_color_genetics)

표 17-6. 말 모색 유전자의 산업화 활용 사례

| 모색과 패턴관련 유전자분석패널 | | 비용 |
|---|---|---|
| Base Color | Red Factor + Agouti | $40.00 |
| Color Panel | RF, Agouti, Cream, Champagne, Silver, Pearl, Dun | $95.00 |
| Pattern Panel | Tobiano, LWO, Sabino, Splash White, LP, PATN1 | $95.00 |
| Full Color and Pattern | Color and Pattern Panel Combo | $150.00 |
| Appaloosa Pattern | LP + PATN1 | $40.00 |
| Red/Black Factor | | $25.00 |
| Agouti | | $25.00 |
| Cream Dilution | | $25.00 |
| Dun Dilution | | $40.00 |
| Silver Dilution | | $25.00 |
| Champagne Dilution | | $25.00 |
| Pearl Dilution | | $25.00 |
| Gray | | $25.00 |
| Tobiano | | $25.00 |
| Lethal White Overo | | $25.00 |
| Sabino1 | | $25.00 |
| Splash White (SW1,SW2,SW3) | | $25.00 |
| Appaloosa | | $25.00 |
| Appaloosa (PATN1) | | $25.00 |
| Dominant White - W3 | | $25.00 |
| Dominant White - W5 | | $25.00 |
| Dominant White - W10 | | $25.00 |
| Dominant White - W13 | | $25.00 |
| Dominant White - W20 | | $25.00 |

(출처, http://www.horsetesting.com/Equine/Cost_Dollar.asp)

#### 17.2.1.4.2 말 유전결함인자를 활용한 개량

유전적 결함인자가 발견되는 경우 번식이 이루어지기 전 유전자검사를 통해 집단에서 선발적 도태를 통해 유전적 결함인자의 전달을 차단함으로서 개량을 해 나가고 있다.

골격근결함의 사례들로 고칼륨성마비증(hyperkalemic periodic paralysis, HYPP)은 선천적으로 근육과 관련된 유전적질병으로 근섬유에 존재하는 나트륨통로단백질을 조절하는 유전자의 이상에서 기인되었다. 쿼터호스 품종에서 최초 보고되었으며 스트레스에 의해 쉽게 근육이상증세를 보이기도 한다(Rudolph *et al.*, 1992). 유전적외골증(hereditary multiple exostoses, HME)의 경우 상염색체의 우성인자로 작용하여 골격형성에 장애를 유발하고 주로 골격성장이 활발한 장골, 늑골, 견갑골, 치골, 척추 등의 말단에 골종양을 만들며, 이는 더러브렛 품종에서 보고되었다(Leone *et al.*, 1987).

신경결함의 사례로는 신경절세포결손증(lethal white foal syndrome, LFS)은 장 내에 신경세포의 결손으로 음식물하강이 어렵거나 장의 연동운동이 불가능하게 되어 장내 태변이 누적되어 있는 상태이며, 지속되면 치사성을 보이는 질환이다.

유전적결함은 골격근결함, 신경결함, 혈액 및 면역학적결함, 피모결함, 시각 장애, 대사장애 등 다양한 측면에서 발생할 수 있으며, 이러한 유전적 결함인자들을 발견하여 후대로 전달되지 않도록 하는 것은 개량적 측면에서 매우 중요하다.

해외에서는 실제 유전적 결함인자관련 유전검사를 결과를 교배에 활용하는 경우를 쉽게 접할 수 있으며, 아래는 유전질환관련 유전자 분석의 산업화 사례로 볼 수 있다(표 17-7).

표 17-7. 유전결함인자의 산업화 활용사례

| 유전질환관련 유전자 분석 패널 | | 비용 |
|---|---|---|
| HYPP | Hyperkalemic Periodic Paralysis | $30.00 |
| Quarter Horse | HYPP, Hrd, GBED, PSSM1, MH | $95.00 |
| Arabian Horse | CA, LFS, SCID | $125.00 |
| Arabian Color and Disease | CA, LFS, SCID, Red Factor, Agouti, Gray | $155.00 |
| Gypsy Horse | FIS + PSSM1 | $75.00 |
| HERDA | Hereditary Equine Regional Dermal Asthenia | $35.00 |
| GBED | Glycogen Branching Enzyme Deficiency | $35.00 |
| PSSM1 | Polysaccharide Storage Myopathy - Type 1 | $40.00 |
| MH | Malignant Hyperthermia | $35.00 |
| CA | Cerebellar Abiotrophy | $40.00 |
| LFS | Lavender Foal Syndrome | $40.00 |
| SCID | Severe Combined Immunodeficiency | $95.00 |
| JEB1 | Junctional Epidermolysis Bullosa 1 | $45.00 |
| JEB2 | Junctional Epidermolysis Bullosa 2 | $45.00 |
| FIS | Foal Immunodeficiency Syndrome | $45.00 |
| HCP | Hydrocephalus | $45.00 |
| HWSD | Hoof Wall Separation Disease | $40.00 |
| WFFS1 | Warmblood Fragile Foal Syndrome | $55.00 |

#### 17.2.1.4.3 말의 복합인자를 활용한 개량

경주능력 관련 대표적인 연구결과로 말의 염색체 18번에 위치한 MSTN(myostatin) 유전자의 g.66493737에 위치한 SNP(C/T)변이에 따라 단거리와 장거리 경주에 적합한 경주마를 구별할 수 있다는 연구결과를 발표한 Emmeline Hill 박사는 Equinome이라는 회사를 만들어 경주마 경주적성거리 판별 kit를 판매하고 있으며, 이는 복합형질 분석을 통한 산업화 사례로 볼 수 있다(그림 17-9).

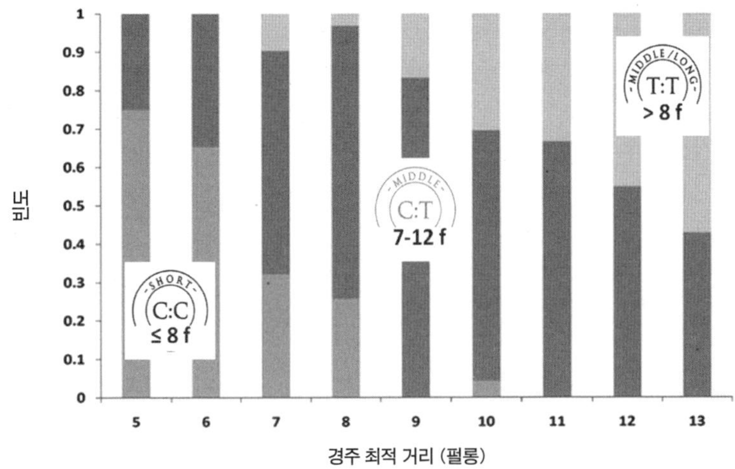


그림 17-9. 경주거리 별 MSTN 마커의 유전자형분석

한국마사회는 현역 경주마를 대상으로 Equine SNPchip 분석결과를 기반으로 경주능력과 상관관계가 높은 SNP들을 선발하여 산출한 육종가와 MSTN 유전자형분석을 통해 씨수말의 경주거리적성정보 등을 종합적으로 분석하여 'K-닉스 교배조합프로그램'을 이용하여 생산자에게 개량정보를 제공하고 있다(표 17-8).

말의 개량목표는 운동능력이며, 경주마는 빠른 스피드와 강건한 체력을 중요시 여기며, 승용마는 승마종목에 따라 우아한 걸음걸이, 아름다운 체형, 점핑능력, 지구력, 번식능력 등의 형질들을 우선시 요구한다. 지금껏 우수개체 선발 시 평가는 대부분 혈통평가와 말의 신체적 특징 관찰에 크게 의존해 왔으며, 내시경검사, 방사선촬영, 심장크기평가, 근섬유유형분석, 운동 후 젖산농도의 변화 분석, 최대심장박동의 속도, 혈액학 및 기타 생리적 변수 등을 운동능력을 예측하기 위한 분석기법으로 이용해왔다.

앞으로 유전능력평가 정보의 정확도가 높아진다면 경주마 생산농가

표 17-8. 국내 경주마 중 씨수말의 혼합육종가 순위 (기준: 2017년도)

| 순위 | 마명 | 혼합육종가 | GEBV | 순위 | 마명 | 혼합육종가 | GEBV |
|---|---|---|---|---|---|---|---|
| 1 | 메니피 | 174 | 142 | 11 | 천년대로 | 139 | 141 |
| 2 | 엑톤파크 | 151 | 136 | 12 | 세명센트럴 | 138 | 141 |
| 3 | 브리그 | 151 | 144 | 13 | 놀부만세 | 138 | 146 |
| 4 | 비카 | 147 | 137 | 14 | 테스타마타 | 136 | 135 |
| 5 | 마니파크 | 146 | 143 | 15 | 천하정복 | 136 | 150 |
| 6 | 와츠빌리지 | 145 | 151 | 16 | 강자 | 136 | 136 |
| 7 | 노시크릿모어 | 141 | 143 | 17 | 스트롱로드 | 135 | 141 |
| 8 | 빛의왕자 | 141 | 149 | 18 | 하트로이 | 135 | 143 |
| 9 | 라이언산타 | 140 | 153 | 19 | 위닝앤디 | 134 | 137 |
| 10 | 인스텝킥 | 140 | 144 | 20 | 케나코 | 134 | 118 |

에서는 이러한 정보들에 근거하여 어린망아지를 판단하고 선정할 수 있을 것이며, 경주거리적성에 따른 맞춤형 훈련이 가능하며, 이는 경주를 뛸 때 전략수립에도 도움이 될 것이다. 또한 번식용 암말의 경우 최적의 교배조합프로그램을 활용한 최상의 번식결과를 얻을 수 있을 것이며, 종마의 경우 잠재적능력이 우수한 경우 거세를 하지 않고 잠재적 종마를 확보할 수 있을 것이다.

**〔용어정리〕**

· 더러브렛(Thoroughbred) : 전 세계 공통된 경주마 대표 품종이며 번식은 자연교배만 허용되고 8대까지 혈통이 확인이 되어야만 경주마로 등록됨. 더러브렛 등록업무는 국내의 경우 한국마사회가 등록기관으로 지정되어 등록 및 혈통서를 발간하고 있음

· 리딩사이어(Leading Sire) : 씨수말 랭킹 1위(수위씨수말)를 지칭. 씨수말이 된 후 한 해 동안 자마들이 거둔 상금의 총합이 가장 많은 '아버지 말'로, 순위는 곧 씨수말의 가치를 평가하는 척도가 됨

· 마장마술(Dressage, 馬場馬術) : 올림픽 정식 종목으로서 가로 60m, 세로 20m의 마장에서 일정하게 정해진 코스를 말과 함께 얼마나 정확하고 아름답게 다양한 보법(步法)의 걸음걸이로 이행하는가를 평가하는 경기

· 말산업육성법 : 말산업의 육성과 지원에 관한 사항을 정함으로써 말산업의 발전 기반을 조성하고 경쟁력을 강화하여 농어촌의 경제 활성화와 국민의 삶의 질 향상에 이바지함을 목적으로 농림축산식품부장관은 말산업의 지속적이고 체계적인 발전을 위하여 5년마다 말산업 육성에 관한 종합계획을 수립하여 시행하여야 함 [2011년 3월 9일 제정, 9월 10일 시행]

· 보법(步法) : 말의 걸음 속도에 따라 평보(平步), 속보(速步), 구보(驅步), 습보(襲步)의 네종류로 구분

· 장애물 비월(show-jumping) : 말과 기수가 정해진 코스를 따라서 일련의 다양한 장애물을 떨어뜨리지 않고 최대한 빠른 시간 내에 뛰어넘는 경기

· 종합마술(Three-day event, 綜合馬術) : 한 선수가 한 마리의 말을 가지고 3일 동안 경기를 치름. 첫날은 마장마술, 둘째 날은 크로스컨트리(야외기승), 셋째 날은 장애물 경기를 실시한 뒤 3일간의 점수를 합산하여 최종 순위를 결정

· 펄롱(ferlong) : 1펄롱은 약 200m

## 〈참고문헌〉


1. Binns, M. M., *et al.* (2010) Identification of the myostatin locus (MSTN) as having a major effect on optimum racing distance in the Thoroughbred horse in the USA. *Anim. Genet.* 41, 154-158.
2. Brooks, S. A., *et al.* (2010) Whole-genome SNP association in the horse: Identification of a deletion in myosin Va responsible for lavender foal syndrome. *PLoS Genet.* 6, e1000909.
3. Cook, D., *et al.* (2010) Genetics of swayback in American Saddlebred horses. *Anim. Genet.* 41, 64-71.
4. Dubois, D., *et al.* (2008) Optimization of breeding schemes for sport horses. *Livestock Sci.* 118 (1), 99-112.
5. Guerin, G., *et al.* (1999) Report of the International Equine Gene Mapping Workshop: Male linkage map. *Anim. Genet.* 30(5), 341-354.
6. Guerin, G., *et al.* (2003) The second generation of the International Equine Gene Mapping Workshop half-sibling linkage map. *Anim. Genet.* 34(3), 161-168.
7. Hill, E. W., *et al.* (2010) A genome-wide SNP-association study confirms a sequence variant (g.66493737C>T) in the equine myostatin (MSTN) gene as the most powerful predictor of optimum racing distance for Thoroughbred racehorses. *BMC Genomics* 11, 552.
8. Hill, E. W., *et al.* (2010) A Sequence Polymorphism in MSTN Predicts Sprinting Ability and Racing Stamina in Thoroughbred Horses. PLoS ONE 5, e8645.
9. Koenen, E. P. C., *et al.* (2004) An overview of breeding objectives for warmblood sport horses. *Livestock Prod. Sci.* 88, 77-84.
10. Leone, N. C., *et al.* (1987) Hereditary multiple exostosis. A comparative human-equine-epidemiologic study. *J. Hered.* 78, 171–177.
11. Ludwig, A., *et al.* (2009) Coat color variation at the beginning of horse domestication. *Science* 324 (5926), 485.
12. Lykkjen, S., *et al.* (2010) Genome-wide association analysis of osteochondrosis of the tibiotarsal joint in Norwegian Standardbred trotters. *Anim. Genet.* 41, 111-120.
13. McCue, M.E., D.L. Bannasch, J.L. Petersen, J. Gurr, E. Bailey, M.M. and Binns, O. Distl. (2012) A high density SNP array for the domestic horse and extant perissodactyla: Utility for association mapping, genetic diversity, and phylogeny studies. *PLoS Genet.* 8, e1002451.
14. OMIA (Online Mendelian Inheritance in Animals). (2015) Online Mendelian Inheritance in Animals. Faculty of Veterinary Science, University of Sydney.
15. Orr, N., *et al.* (2010) Genome–wide SNP association–based localization of a dwarf-

ism gene in Friesian dwarf horses. *Anim. Genet.* 41, 2-7.

16. Pérez-Enciso, M., J.C. Rincón, and A. Legarra. (2015) Sequence- vs. chip-assisted genomic selection: Accurate biological information is advised. *Genet. Sel. Evol.* 47, 43.
17. Pruvost, M., *et al.* (2011) Genotypes of predomestic horses match phenotypes painted in Paleolithic works of cave art. *Proc. Natl. Acad. Sci. USA*, 108(46), 18626-18630.
18. Stock, K. F., *et al.* (2016) Genomic applications in horse breeding. Anim. Frontiers 6, 45-52.
19. Wade, C. M., *et al.* (2009) Genome sequence, comparative analysis, and population genetics of the domestic horse. *Science* 326, 865-867.
20. Xu, X., Gullberg, A., and Arnason, U. (1996) The complete mitochondrial DNA (mtDNA) of the donkey and mtDNA comparisons among four closely related mammalian species-pairs. *J. Mol. Evol.* 43, 438-446.
21. 김병선 등, 2016. 마학(馬學), 대한미디어
22. http://science.dongascience.com/

# 제18장
# 동물분자육종의 미래

# 18.1 서론

동물분자육종은 기존의 통계육종의 한계를 극복하기 위해서 차세대염기서열분석기법 (next-generation sequencing, NGS)등의 보다 고도화된 분자유전학적인 분석기술을 도입하여 마커도움선발(marker-assisted selection, MAS) 및 유전체선발(genomic selection, GS) 등을 적용할 수 있게 되었다. 그 결과 선발의 정확도를 획기적으로 높이고 보다 정밀한 개체의 육종가 추정이 이루어질 수 있는 학문적 기틀을 마련하였다(그림 18-1). 이러한 분자유전학기술의 도입과 새로운 선발방법의 도입을 통해서 그동안 축산업은 가축생산성의 현저한 증가를 이루었으며, 유제품, 육제품, 달걀 및 동물성 섬유산업 등의 비약적인 발전을 이룩할 수 있었다 (Neeteson-van Nieuwenhoven *et al*., 2013; García-Ruiz *et al*., 2016).

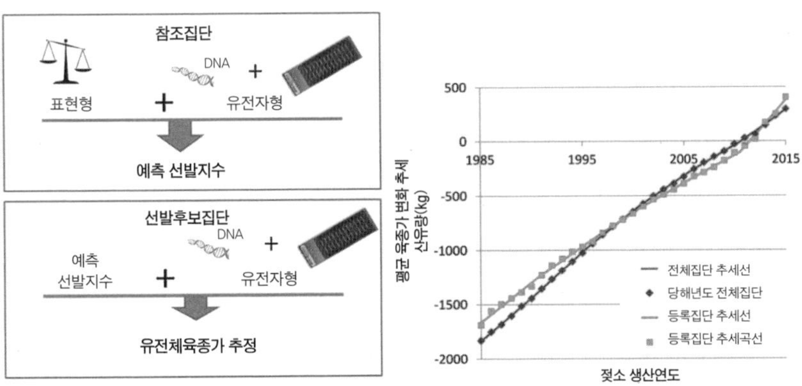


그림 18-1. 유전체선발(GS)의 개념(왼쪽, Boichard *et al*., 2016)과 2010년부터 유전체선발을 적용한 젖소 산유량의 평균 육종가 추세(오른쪽, García-Ruiz *et al*., 2016)

그러나 생산성 위주의 품종개량으로 종의 다양성 측면에서 오히려 취약한 점을 드러내게 되었고, 최근 지구온난화에 따른 사육환경변화와 다양한 바이러스성질환 및 복잡한 질병 등의 위기에 직면하게 되었다. 또한, 산업적 생산성향상과 맞물려 과도한 밀집사육 및 공장형 생산방식으로 인하여, 질병저항성 감소와 품질저하는 물론, 최근 중요하게 대두되고 있는 동물복지를 손상시키게 되어, 친환경제품 소비를 원하는 소비자의 기호에 상반되는 문제들이 제기되고 있다.

이러한 문제점들 앞에서 동물분자육종학을 통한 새로운 시도와 도전이 당면한 과제로 떠오르고 있다. 다양한 오믹스데이터(omics data)를 기반으로 한 빅데이터를 중심으로 생물정보학(bioinformatics), 시스템생물학(system biology) 등을 접목한 가축의 유전체정보해석과 주요유전인자발굴의 연구가 요구되어지고 있으며, 정확한 육종가추정 및 향상의 일환으로 후성유전학(epigenetics)적인 방법론도 중요하게 다루어질 것으로 예측된다. 최근 형질전환기술의 발달로 세포수준의 유전체편집(genome editing)도 가능하게 되었으며, 유럽을 중심으로 불고 있는 동물복지의 구현과 가축종의 유전적 다양성 회복 등은 미래를 준비하는 동물분자유전육종분야에 있어서 새로운 화두로 떠오를 전망이다. 또한, 인공지능(artificial intelligence, AI)과 이를 구현하는 기계학습(machine learning)은 동물분자육종에서 가축의 유전능력을 보다 더 정확하게 평가하고, 유전체선발을 적용하는데 있어 중요한 기반기술이 될 것이다. 따라서, 본 장에서는 이러한 주제들을 구체화하여 다가올 미래에 동물분자육종학이 나아가야할 방향을 제시하고 다루게 될 내용들을 함께 그려보고자 한다.

## 18.2 —— 오믹스데이터 통합과 기능유전체분야 접목

차세대염기서열분석기법(next-generation sequencing, NGS) 등의 분자유전학기술이 급속도로 진보하면서 가축의 각종 유전체데이터를 대규모로 양산할 수 있게 되었고, 기존의 유전체데이터 만으로는 시도될 수 없었던 다양한 연구도 동시에 이루어질 수 있게 되었다(그림 18-2). 동물분자육종분야에서도 다양한 오믹스데이터 양산과 기능유전체분야와의 접목을 통해서 기존에 유전학적인 배경지식을 토대로 오직 유전적인 요인만으로 추정할 수 밖에 없었던 개체의 육종가를, 유전과 환경간의 상호작용을 정밀하게 추정할 수 있게 됨으로써 가축의 유전능력평가에 있어 새로운 접근이 가능하게 되었다(Ibanez-Escriche & Simianer, 2016).

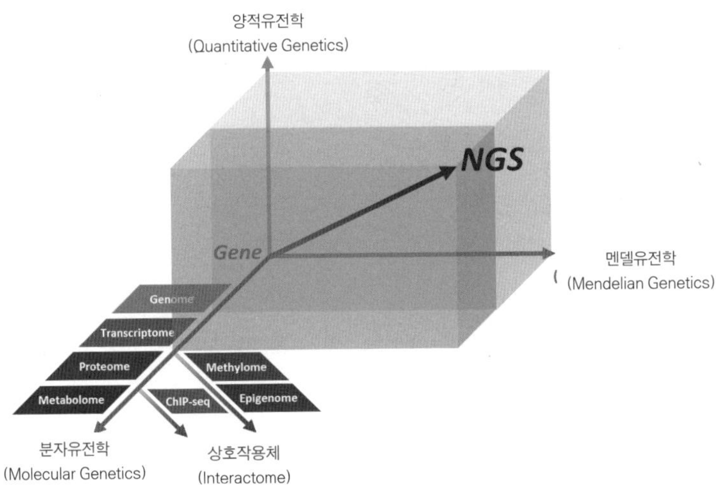


그림 18-2. NGS 데이터를 기반으로 한 다양한 기능유전체분야

## 18.2.1
## 오믹스데이터 통합(Integrative Omics)

분자유전학용어에 '오믹스(omics)'를 추가하는 것은 분자집합에 대한 포괄적이고 전체적인 평가를 의미한다(http://omics.org/). 최초의 오믹스 분야로서, 유전체연구(genomics)는 개개의 변종이나 단일유전자를 조사하는 유전학과 대조되며, 멘델유전양상 및 복합질병에 기여하는 특정 유전변이의 지도작성연구에 매우 유용한 틀을 제공하기도 했다. 이후, 1990년대 후반에 개발된 cDNA발현 마이크로어레이기술(microarray)을 통해서, 특정조직내 전사단백질을 코딩하는 모든 RNA를 정량화 할 수 있게 되었고, 이후 전체유전자 발현양상(전사체, transcriptome)을 조사하는 기술은 질병유전체 분석을 포함하여 생물학분야의 많은 분야에서 빠르게 적용되었다. 또한, 2000년대 초에 마이크로어레이를 이용한 전사체 데이터는 전장유전체관련성연구(genome-wide association study, GWAS)를 통해서 생물학적 네트워크의 모델링을 기반으로 '발현수준양적형질유

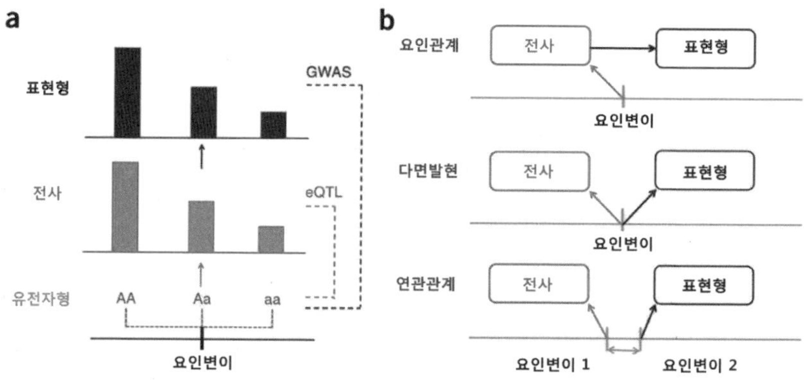


그림18.3. 유전체와 전사체간의 데이터통합 기본개념. 유전자형에 의한 표현형과 유전자발현의 관계(a)와 세가지 설명 유형(b)(Zhu *et al.*, 2016)

전자좌위(expression quantitative trait loci, eQTL)'라고 불리는 유전자발현을 제어하는 유전자좌위지도작성이 이루어지게 되었고, 유전체와 전사체 간의 데이터통합분석이 이루어질 수 있었다(그림 18-3).

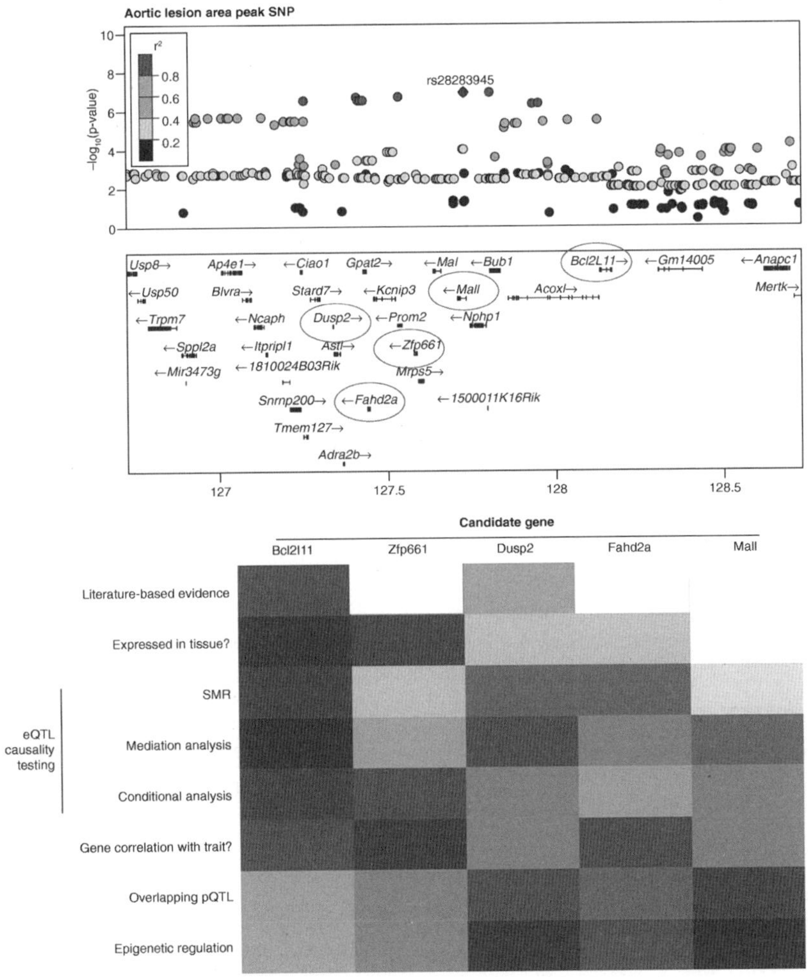


그림 18-4. GWAS 결과를 기본으로한 다양한 오믹스데이터 통합분석 사례(Hasin *et al.*, 2017);
(Aortic lesion: 대동맥질환, SMR: summary data-based Mendelian randomization)

그 이후로 전사체 뿐만 아니라 단백질체(proteome) 및 대사체(metabolome), 후성유전체(epigenome) 등의 전체풀을 조사 할 수 있는 다양한 오믹스기술이 개발되면서(상자18-1 참조), 유전체수준의 GWAS결과를 기반으로 다양한 오믹스데이터와의 통합분석이 가능하게 되었다(그림 18-4).

상자 18-1. 오믹스데이터 유형

**유전체학**(Genomics)은 오믹스의 가장 포괄적이고 오래된 개념이자 연구분야이다. 전체 게놈의 DNA염기서열을 해독하는 것으로부터 비롯되었으며, 표준유전체지도작성에 방점을 둔다. 유전체정보를 활용한 GWAS연구는 복잡한 표현형질과 연관된 유용유전자원 및 변이를 발굴하는데 광범위하게 활용되고 있다(GWAS catalog https://www.ebi.ac.uk/gwas/home). 연관 기술로는 genotype array, NGS전장유전체염기서열분석, exome sequencing 등이 있다.

**후성유전체학**(Epigenomics)은 DNA메틸화나 히스톤단백질 아세틸레이션 등에 의해서 가역적으로 변형되는 DNA서열을 유전체전장에 걸쳐서 확인하여 지도로 작성하는 연구이다. DNA의 변성은 유전자발현을 조절하거나 세포의 사멸을 결정하기도 한다. 이러한 DNA변성은 유전요인과 환경요인에 의해서 일어날 수 있으며, 다음세대로 유전될 수 있어서, 유전과 환경의 상호작용을 설명할 수 있는 후성적 유전요인으로 간주된다. EWAS(epigenome-wide association study) 등에 의해서 DNA메틸화가 유의적의 높게 일어난 유전자와 metabolic syndrome에 의한 다양한 질환이나 질병의 발병기작에 관한 연관성연구가 행해지고 있으며, 이러한 유효한 후성적인 흔적(epigenetic signature)들은 각 조직별 후성유전체지도(epigenome map) 작성을 통해서 이루어질 수 있다(Roadmap Epigenomics(http://www.roadmapepigenomics.org/) and International Human Epigenome Consortium(http://ihec-epigenomes.org/)). 연관기술로는 NGS를 이용한 WGBS, RRBS, MeDIP-seq, MBD-seq 등이 있다.

**전사체학**(Transcriptomics)은 유전체전장에 걸친 유전자들에 대해서 RNA수준에서의 양적, 질적 발현프로파일링이다. 센트럴도그마(central dogma)에서 DNA와 단백질 사이의 중간자로써, RNA는 DNA의 기능성을 확인할 수 있는 가장 첫번째 과정이 될 수 있다. RNA-seq분석을 통해서, 특정 처리군과 대조군의 전사체의 차등발현수준(DEG, differential expressed gene)을 비교하는 연구가 주로 행해지고 있다. 단백질코딩전사체 뿐만 아니라, non-coding RNA발생과정과 기능성을 새로이 개척할 수 있게 되었고, 최근에는 다양한 기능성을 갖는 것으로 밝혀진 lncRNA (long non-coding RNA)에 대해서 활발한 연구가 진행되고 있다(http://www.gencodegenes.org/). 연관 기술로는 마이크로어레이, RNA-seq 등이 있다.

**단백질체학**(Proteomics)은 발현된 전체단백질의 질적, 양적 특성과, 변형, 상호작용등을 정량화하는 것으로부터 시작된다. 특정조건과 특정한 시점에 한 시료(조직, 기관, 세포, body fluid)가 갖는 단백질의 총체를 말한다. 단백질체의 정량화분석은 NGS기법과는 크게 다르게 Mass spectrometry(MS)를 이용하며, 전기장 혹은 자기장에서 전하를 가진 입자의 분자량(molecular weight)을 측정하여, 입자의 질량을 결정하고 펩타이드나 여타 화학물질의 화학구조를 결정함으로 발현된 단백질 총체를 확인한다. 특정 DNA (또는 유전자)와 단백질 간의 상호작용하는 총체를 이해하기 위해서, ChIP-seq 등이 이루어지고 있으며, 전사후단백질 변형이나 proteolysis, glycosylation, phosphorylation, ubiquitination 등 단백질의 구조 및 화학적인 변이체 전반에 걸친 분석도 포함한다.
**대사체학**(Metabolomics)은 개체 및 조직내의 저분자대사물질(metabolite) 총체를 포괄적으로 프로파일링하는 연구분야이다. 아미노산이나 지방산, carbohydrates 또는 기타 기능성 세포대사 산물들이 대사물질에 포함될 수 있으며, 이들을 정량화하고 기능을 구명하는 것이 주요연구에 속한다. 따라서, 이러한 대사체(metabolome)는 환경변화와 세포 및 조직간 차이에 의해서 다양한 변화를 보이게 되며, 그 종류 또한, 이전의 오믹스데이터들에 비해 훨씬 광범위하다. 주로 MS 기반의 기술을 이용하여 정량하는 방법을 취한다.
**미생물체학**(Microbiomics)은 유전과 환경의 상호작용을 설명하는데 있어 아직까지 거의 밝혀지지 않은 미지의 영역으로써, 앞으로 가장 주목받게 될 분야이다. 주로 동물의 생체내 장관조직이나 후각상피, 피부조직, 생식기관 등에서 존재하는 모든 미생물의 유전체를 분석하고 정성화(microbiota composition)하여, 미생물집단의 기능적 특성을 이해하는 학문이다. 가축에서는 주로 장관미생물과 소화효율, 메탄가스생성 등과의 연관성연구가 행해지고 있으며, 최근에는 기타 바이러스성질병에 의한 매개 숙주의 반응성연구 및 생식능력과의 연관성 등 다양한 분야로의 활발한 연구가 시도되고 있다. 미생물유전체(microbiome)는 박테리아의 16S rRNA유전자의 염기서열분석에 의해서 기본적인 프로파일링이 이루어지고, NGS분석방법에 의해서, QIIME와 같은 Metagenomics분석과 타겟16S분석 등의 분석이 주를 이룬다.

이 같은 다양한 오믹스데이터는 상자 18-1에서 정리된 바와 같이, 유전자의 발현 전반에 걸친 과정과 환경과의 상호작용 및 생체내 미생물 유전체(metabolomics)까지 아우르게 되었고, 각 유형의 오믹스데이터는 일반적으로 표현형질과 연관된 차이를 목록화하여 관계를 제공하고. 유전과 환경이라는 큰 범주안에서의 표현형을 생물학적인 형성경로 또는 과정의 세분화된 요소로써 설명할 수 있게 되었다(그림 18-5).

따라서, 하나의 오믹스데이터 유형만으로 분석하면 단순한 1차원적

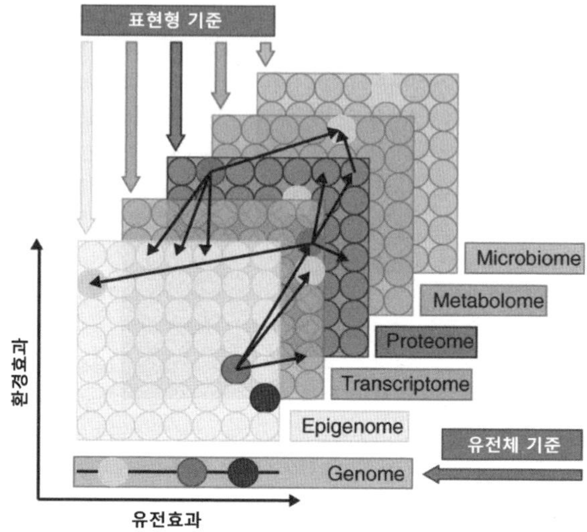


그림 18-5. 다양한 오믹스데이터 통합의 기본 개념도(Hasin *et al*., 2017)

인 상관관계에 국한될 수 밖에 없지만, 여러 개의 오믹스데이터 유형을 통합함으로써 복합적인 차원에서의 생물학적인 설명이 가능하게 되었다. 이를 통해서 표현형질 형성 및 변이에 관한 보다 고차원적인 해석과 또는 잠재적인 원인을 밝히는 연구가 가능하게 되었다. 이를 구현하기 위한 구체적인 방법으로는 유전자상호발현네트워크(Gene co-expression network, GCN) 분석방법을 이용한 알고리즘적용(WGCNA 및 PCIT 등) 및 시스템생물학(systems biology)적인 접근 등이 거론되어지고 있다(Langfelder & Horvath, 2008; Watson-Haigh *et al*., 2010; Bersanelli *et al*., 2016). 그러나 현재까지는 방법론적인 면에서 다양한 오믹스데이터를 통합할 수 있는 획기적인 기술이 뚜렷하게 보고되어지고 있지 않으므로 앞으로 개선의 가능성이 더욱 크다고 볼 수 있다.

## 18.2.2

## 질병유전체

주요 전염성질병들이 양적형질양상을 보이게 되면서, 유전체수준의 연구가 요구되고 있다. 더욱이 가축육종에 있어서 이러한 전염성질병은 여러가지 이유로 중요한 의미를 지닌다. 예를 들어, 전염성질병의 발생은 가축생산체계에 있어서 본질적으로 모든 생산시스템의 마비를 불러일으키며, 결과적으로 큰 비용을 부과시키게 된다. 이러한 개별질병발생에 의한 직접비용을 근거로 총질병비용을 산정해 봤을 때 선진국에서는 축산부문 매출액의 20%까지, 개발도상국에서는 매출액의 35-50% 정도까지 높은 것으로 드러났다. 그러나 직접비용 뿐만 아니라, 간접비용 및 질병통제조치에 의해 발생하는 추가비용에 따라서, 질병발생에 의한 실제소요비용은 이보다 더욱 복잡하고 방대하다(Perry & Grace, 2009). 이러한 가축의 전염성질병은 이종간을 통해서도 전파될 수 있으며, 인수공통전염병(zoonosis)같은 몇몇 동물의 유행성감염성질환은 다른 종의 감염을 위한 심각한 매개체로 작용할 수 있다. 우리나라는 지난 수 년간의 구제역(foot and mouth disease, FMD)과 조류인플루엔자(avian influenza virus, AIV) 발병에 의해서 이를 절실하게 확인하였다. 또한 동물복지문제를 해결하고 광범위한 항생제 및 화학 물질을 이용한 질병조절전략에 의한 생산체계의 의존도를 줄이기 위한 요구가 분자육종분야에도 점차 커지고 있다

이러한 유행성전염병(epidemic disease)은 전통적인 방제전략의 실패에 의해서 더욱 그 피해가 커진다는 점에서 더 큰 도전과제로 직면하게 되었다. 구제역이나 조류인플루엔자 이전에 전세계적으로 중요한 사례로는 가축의 진드기와 선충류를 예로 들 수 있으며, 이로 인해 살충제의

과도한 이용과 구충제저항성증가가 수반되었다. 따라서 이를 대체 또는 보완할 수 있는 제어전략이 필요하며 감염이나 질병에 대한 숙주저항성증대를 위한 육종전략수립이 접근법 중 하나가 될 수 있다. 질병저항성을 갖는 숙주의 유전적변이는 감염에 대한 숙주의 면역반응의 가변성 때문에 대부분 변함없이 존재한다(Bishop & Woolliams, 2010). 따라서, 원칙적으로는 이미 감염되어 질환이 발병된 현장상황에서는 저항성표현형을 확인하는 것이 어려울 수 있지만, 대부분의 질병에 대한 숙주의 유전적저항성을 개량하는 것이 가능할 수 있다.

질병저항성증진을 위한 분자육종연구의 일환으로, 저항성을 갖는 유전능력을 가진 개체를 선발하기 위하여 저항성관련 표현형질을 선정하고 측정할 수 있을 것이며, 선발지수 등 육종전략을 수립함에 있어 그러한 형질들을 포함시키는 것은 충분한 경제적 가치를 얻을 수 있을 것이다. 그러나 충분한 질병저항성관련 유전적지표를 확인하기 위해서는 부득이하게 광범위한 집단을 대상으로 다양한 양상의 감염형태의 표현형관찰이 필요하며, 이는 감염성질병을 그대로 방치하는 것과 같은 정도의 시간과 비용소요를 요구할 수 있다. 즉, 이러한 연구는 산술적으로 경제성이 떨어지며 지나친 논리적 비약으로 인해 현실적으로 실현이 어렵다. 따라서 이러한 이유로 질병저항성형질의 개량은 유전체정보를 활용한 분자육종연구의 일환으로 고려대상이 될 수 있다. 유전체분석의 이점은 시험축을 감염에 노출시키지 않거나 혹은 자연적으로 전염병에 일부가 노출 되었더라도 가축의 유전능력을 평가하고 선발할 수 있다는 것이다. 이는 저항성관련 주요유전자(major gene)나 QTL탐색과 SNP칩 기반 유전체선발기법 등을 통해서 정확하게 개체의 육종가추정을 통해서 이루어 질 수 있다(Meuwissen *et al*., 2001).

이러한 질병유전체연구 사례로 가축에서는 최근 돼지호흡기증후군

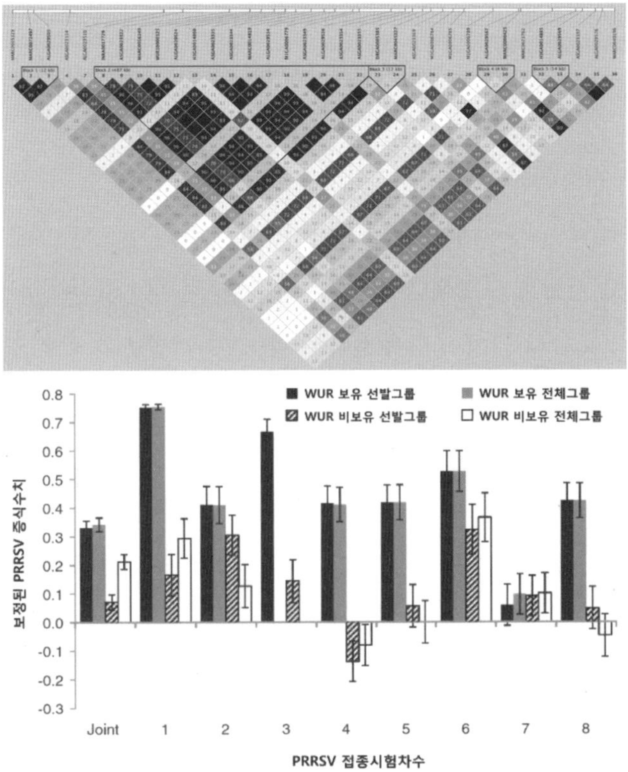


그림 18-6.돼지염색체 4번내 PRRSV저항성관련 연관(linkage disequilibrium, LD)된 영역(좌)과 WUR좌위의 효과(우) (Boddicker *et al.*, 2014).

바이러스(porcine reproductive and respiratory syndrome virus, PRRSV) 감염에 따른 숙주의 저항성과 관련된 육종가추정과 후보유전자발굴 연구를 들 수 있다 (Boddicker et al., 2014). 이 연구를 통해서 PRRSV에 대한 숙주의 저항성과 관련하여 돼지염색체 4번내에서 QTL을 탐색했으며, 주요 유전자마커로써 WUR을 선정하였다(그림 18-6).

## 18.2.3
## 영양유전체

영양유전학(nutrigenetics)은 사료의 조성이나 영양소(nutrient) 혹은 맛의 원료(미각원, tastant)에 따라서 유전자발현수준의 변화와 그에 따른 상호작용 및 기능성 구명에 초점을 둔 연구분야이다(그림 18-7). 동물분자육종에 적용함에 있어 영양유전학은 질병 및 계절변화 등 다양한 환경에서의 맞춤형 사양환경을 이해하고 적절히 유전능력을 평가하는데 유효하다. 특히, 가축의 중요한 경제형질로써 사료효율 및 성장이라는 축산업 본연의 과제에 있어서, 유전요인과 영양환경간의 상호작용 및 관련역할을 이해함으로써 새로운 접근법을 제시할 수 있다. 따라서, 영양유전체학(nutrigenomics)에서는 기본적으로 영양환경의 변화를 처리군으로한 집단을 대상으로 체내의 생리활성 및 지질대사와 산화과정 등과 관련된 유전체전장에 걸친 유전자들의 발현에 어떻게 영향을 미치는지 보여주는 연구를 수행한다. 궁극적으로는 사료섭취와 소화효율, 육류 및 우유의 품질과 조직구성이 어떻게 바뀔 수 있는지 예측함으로써, 가축의 유전능력평가에 활용하는데 그 목적을 둘 수 있다.

본래 영양학분야에서 비만이나 심혈관질환 및 암과 같은 질병의 근원적인 요인으로 유전요인와 영양요소 또는 식이유형간의 상호작용의 결과를 이해하는 것을 주목적으로 인간과 쥐에서 많은 연구가 수행되어져 왔다(Lopez *et al*., 2003; Ordovas & Corella, 2004). 그러나 최근 기능유전체학의 발달로 인하여 전사체(transcriptome) 및 단백질체(proteome), 대사체(metabolome) 등의 다양한 기능유전체데이터의 접목이 가능하게 되었고, 또한 영양학, 생물정보학, 분자생물학, 역학 및 후성유전학과 같은 많은 분야의 통합으로, 가축의 유전육종 분야에서도 영양유전체에 관

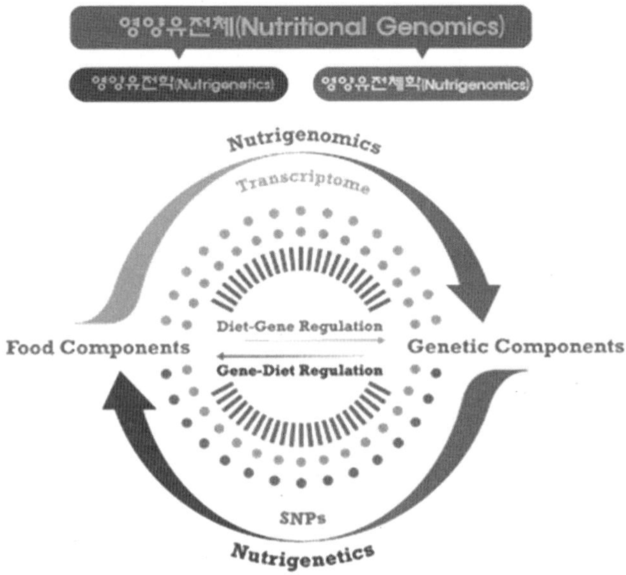


그림 18-7. 영양유전체 개념도(https://www.acecgtnutrigene.com/genomics.htm)

해 연구할 수 있는 기술적기반이 충분히 마련되었다. 이를 통해 가축의 중요한 사양환경요소의 하나인 영양소와 유전자간의 상호작용을 이해하고 기능성을 구명하는 연구는 물론, 유전체의 서열 및 구조적 변이가 식이효과에 미치는 직접적인 영향성을 구명하는 연구도 가능하게 되었다(표 18-1).

무엇보다 영양유전체학은 유전학연구와 영양학연구를 유전요인과 환경요인간의 상호작용(genotype x environment interaction)의 관점에서 통합한다는 점에서 큰 의의를 둘 수 있다. 지금까지 가축을 생산함에 있어서 영양학과 유전학은 생리학적 및 신진대사과정에서 발생하는 다양한 상호작용을 고려하지 않은 채, 독립적인 학문으로 여겨져 왔다. 영양유전체 연구를 통해서 이 둘의 상호작용에 대한 지식을 근거로 깊이있는 학술적 교류기반을 마련할 수 있게 되었고, 궁극적으로는 맞춤형 품종

개량과 사양관리 개발이라는 공동의 목표를 지향할 수 있을 것으로 기대한다.

표 18-1. 가축에서의 영양유전체 연구사례

| 축종 | 오믹스 | 분석조직 | 영양소 처리 | 참고문헌 |
|---|---|---|---|---|
| 돼지 | Transcriptomics | Muscle | Low protein (14.5%DM) | (Hamill *et al.*, 2013) |
| 돼지 | Transcriptomics | Leukocytes | Selenium | (Ovilo *et al.*, 2014) |
| 돼지 | Proteomics | Muscle | Linoleic acid | (Benitez *et al.*, 2015) |
| 돼지 | Transcriptomics | Muscle | l-Carnitine | (Keller *et al.*, 2011) |
| 돼지 | Transcriptomics | Intestine | Glutamine | (Joseph *et al.*, 2010b) |
| 소 | Transcriptomics | Adipose | Level of protein | (Joseph *et al.*, 2010a) |
| 소 | Transcriptomics | Adipose | Pasture with corn oil vs corn grain vs concentrate | (Laible, 2009) |
| 소 | Transcriptomics | Adipose | Omega-6 | (Dervishi *et al.*, 2010) |
| 닭 | Transcriptomics | Liver | Inulin | (Xiao *et al.*, 2011) |
| 닭 | Transcriptomics | Muscle | Algae based antioxidant and vitamin E | (Pavlovic *et al.*, 2009) |
| 닭 | Transcriptomics | Intestinal lymphocyte | Carvacrol, cinnamaldehyde, Capsicum or oleoresin | (Zhang *et al.*, 2014) |

## 18.2.4 후성유전체

동물분자육종분야에 있어서 후성유전체(epigenomics)는 복합형질(complex traits)이나 유전력추정이 매우 어려운 형질 및 질병관련 유전형질과 관련이 높으므로 적용의 이점이 크고, 가축의 유전능력을 추정함에 있어 새로운 유전분산 요인으로써 중요하게 다루어질 수 있다. 따라서, 이러한 후성유전학적 정보가 DNA서열변이정보 외에도 전반적인 표현형을 결정한다는 것은 최근에 더욱 분명해지고 있다(그림 18-8).

토마스 헉슬리(Thomas Henry Huxley, 1853)의 '세포이론(The Cell-Theory)'에서 세포표현형의 특징이 반드시 유전자서열과 관련이 있는 것은 아니라는 것이 주장된 이래로, 후성유전학(epigenetics)이라는 용어는 1940년대에 콘라드 와딩턴(Conrad Waddington)에 의해 정의되었으며, 표현형 변이를 야기하는 유전자에 작용할 수 있는 인과적 메커니즘의 개념에 적용되었다. 그 이후로 후성유전학의 개념과 정의는 점차적으로 유전

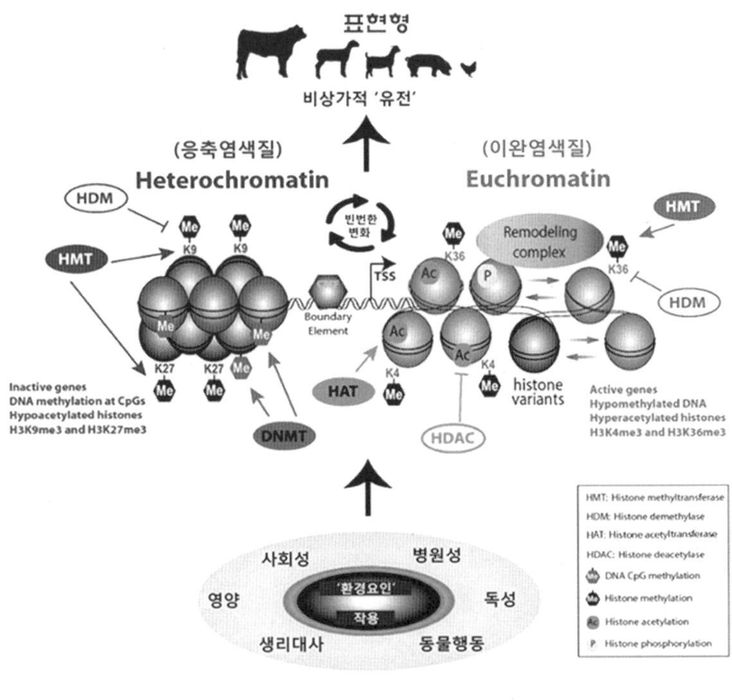


그림 18-8. 가축에서의 후성유전체에 의한 분자유전연구 모식도 (Triantaphyllopoulos *et al.*, 2016)

자 자체의 염기서열에 영향을 미치지 않으면서 어떻게 유전자의 발현이 변화되고 안정적으로 유지될 수 있는지를 설명하는 개념으로 진화되었다. 또한, 이러한 후성유전적 돌연변이(이후, 후성적변이)는 '기억'으로 유지되며, 유사분열과 감수분열을 통해서 세대간에 전달이 가능하므로 유전학의 범주안에 머무를 수 있게 되었다.

후성적변이는 DNA변이와 마찬가지로 이로운 또는 해롭거나 중립적인 유전적 특성을 가질 수 있으며, 유전 및 육종에 큰 영향을 미치는 환경신호에 적응하고 대응할 수 있다는 점에서 매우 큰 잠재력을 가질 수 있다. 이러한 후성적변이는 그림 18.9에서 보는 바와 같이, DNA메틸화(DNA methylation)나 non-coding RNA등에 의한 RNA발현조절변이(RNA interference), 또는 히스톤단백질변형(histone modification) 등에 의한 크로마틴 리모델링기작(chromatic remodeling) 등으로 관찰되어지며, 정확한 후성적 조절 메커니즘분석을 통하여 적용 가능성을 결정해야 한다.

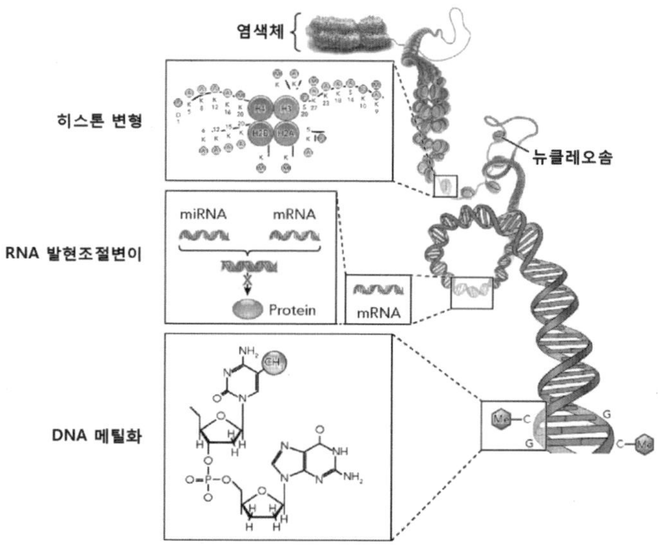


그림 18-9. 주요 후성유전적 조절 메커니즘(Hagood, 2014)

현재까지 가축의 후성유전체연구는 안타깝게도 인간과 모델생물체에서의 광범위한 연구에 비해 매우 제한적으로 이루어지고 있다. 가축분야에서의 이러한 주요연구의 부재는 후성유전체 지도작성에 대한 제한적 연구능력의 한계로부터 비롯된다. 최근에 Couldrey and Cave (2014)에 의해서 가축의 DNA메틸화수준을 평가하는데 사용할 수 있는 기술들을 검토하였으나, 현재의 기술수준이 가축에서 광범위하게 응용되기 전에 많은 선행작업이 필요할 것으로 결론지었다. DNA메틸화 같은 후성적변이는 전사인자활성화 같은 일차원적인 기능변화만을 수반하지 않고, 각 세포유형으로부터 다방면적인 변이형태를 분석함으로써, 유용하고 적용가능한 정보형태로 정리되어야 한다. 즉, 각 세포유형, 기관 및 조직 안에서 일어나는 전체유전체수준에서의 후성적변이(후성유전체, epigenome)를 관찰하고 유전체지도를 생산하는 것이 반드시 선행되어야 한다. 인체에서는 대규모 글로벌 연구네트워크팀의 자금과 참여의 뒷받침으로 광범위하고 다양한 후성유성체지도(epigenome map)를 만들 수 있었다(Rivera & Ren, 2013). 이 지도로 인하여 여러 생물학적 후성유전학적 기작에 대한 이해를 촉진시킬 수 있게 되었으며, 인간에서 후성유전학연구를 용이하게 하는 중요한 도구로써 다양한 표현형 등에 대한 진화적양상 등을 설명할 수 있는 계기를 마련하게 되었다(그림 18-10). 따라서 가축에 있어서도 후성유전체 분석연구를 위한 컨소시엄구성과 같은 국제협력연구 등이 앞으로 광범위한 연구를 촉진하는데 필요할 것이다.

또한, 후성유전체지도작성 연구와 별도로 최근 유전체각인(genomic imprinting)연구도 활발히 진행되고 있다(O'Doherty *et al.*, 2015). 유전체 각인은 후성유전적 조절메커니즘의 일환으로 자손이 동일한 유전자형을 갖더라도 양 부모 각각의 성별(대립)유전자를 기원으로 한 후성유전적

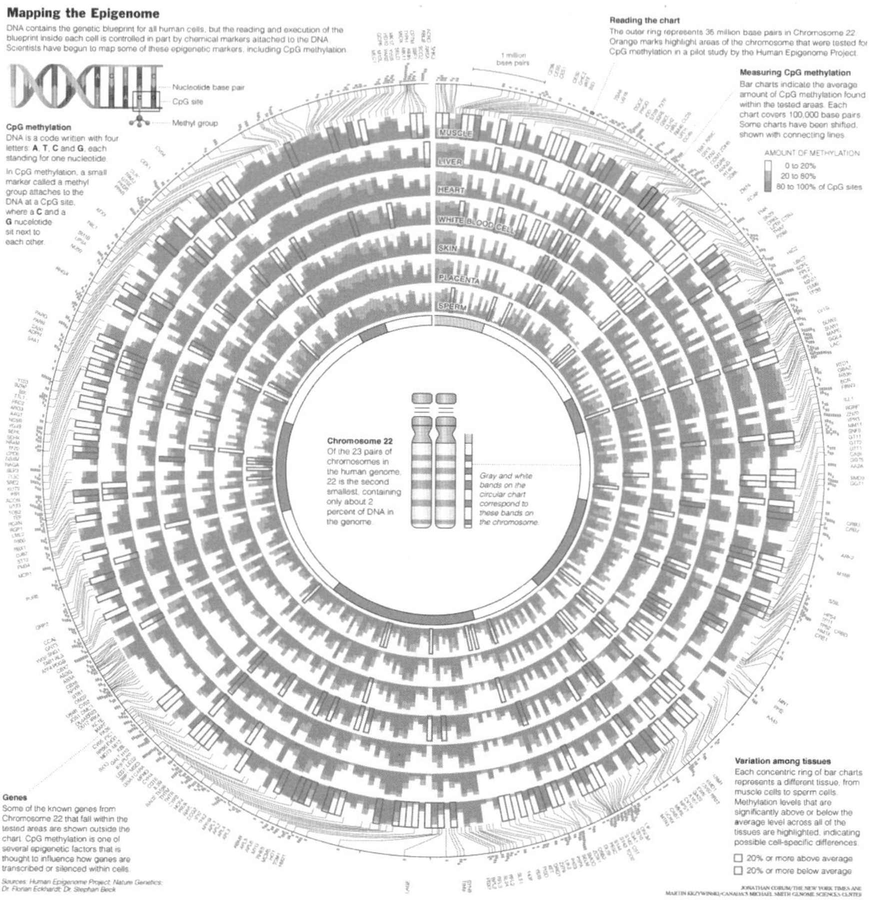


그림 18-10. 인간 22번 염색체의 후성유전체지도(New York times, 2008). 주요조직(근육, 간, 심장, 백혈구, 피부, 태반, 정자 등)의 유전자별 CpG 메틸화 정도와 조직간 차등메틸화영역(differentially methylated region, DMR)을 원형으로 도식화함

변이에 의해서, 유전자의 차등발현양상이 관찰되는 것을 일컫는다(그림 18-11). 동물분자육종학분야에서 유전체 전반에 걸친 각인유전자 발굴과 기능을 이해하는 것은 한성형질을 해석하고 이용하는데 매우 유용할 것이다.

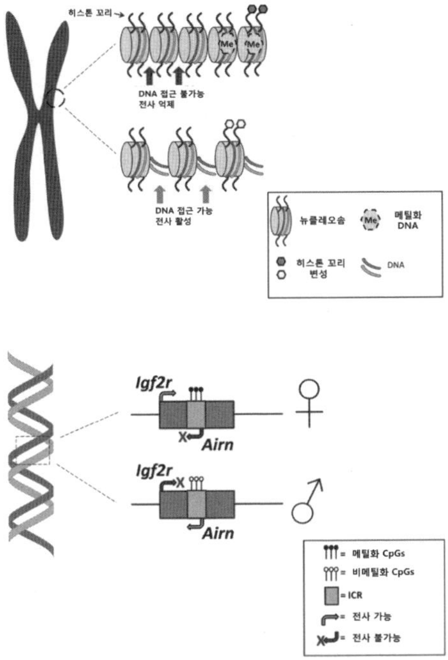


그림 18-11. 유전체각인과 연관된 가축의 후성유전기작연구 사례(Autuoro *et al.*, 2014)

## 18.3 동물복지와 기후변화대응

지속가능한 미래의 축산은 개량목표에 식량안보, 경제적이익, 분뇨 등 환경부담, 축산물의 식품안전성, 가축의 질병, 복지 및 윤리적인 사항 등 여러가지 해결해야하는 문제를 얼마나 효과적이고 균형있게 담아 낼 수 있을 것인가에 달려 있다. 그러나 이러한 목적들이 이해관계가 서로 상충하거나 생물학적으로 부의 상관관계에 있는 경우가 많고, 정책적인 이해관계까지 고려해야하는 상황이 발생할 수 있어서, 균형있게 이들을 모두 고려하여 목표에 담기에는 많은 어려움이 있다. 한 예로 1950년대부터 2025년까지 유럽의 가축개량목표에서 고려하는 여러 형질에 대한 가중치가 기술발달과 함께 어떻게 변해 왔는지를 살펴볼 수 있다(그림 18-12). 1950년대에는 생산성에 초점을 맞추었으나, 다양한 형질에 대한 능력검정과 유전능력추정방법 등의 발달에 힘입어 2025년에는 다양한 형질에 대해 어느 정도 균형을 맞추어 개량을 추진할 수 있게 되어 축산업의 지속가능성이 달성될 수 있다는 것을 보여준다(Neeteson-van Nieuwenhoven *et al*., 2013).

이렇게 새로이 고려해야할 다양한 개량대상형질 중에서도 동물복지(animal welfare)에 대한 관심은 소비자의 축산물품질에 대한 질적요구도 증가와 그에 걸맞는 도덕적 소비형태와 맞물려 그 어느 때보다 중요한 주제로 부각되고 있다. 동물분자육종분야에서도 미래에는 이러한 동물복지에 대한 관심과, 가축의 건강, 사육환경 등에 대한 고려가 더욱 늘어날 것으로 예측된다. 돼지와 닭과 같이 여러 마리가 같은 공간에서 함

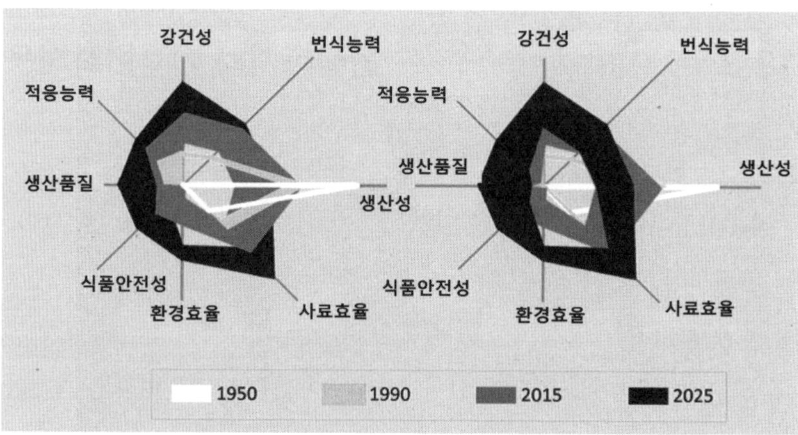


그림 18-12. 돼지와 닭의 개량목표에서 형질별 상대적 가중치 변화추세 (Neeteson-van Nieuwenhoven *et al*. 2013)

그림 18-13. 닭과 돼지의 밀집사육에 의한 사회적 환경요소 형성 (Rodenburg & Turner, 2012)

께 살아가는 경우에는 가축의 사회적환경(social environment)이 하나의 유전요소로 다루어질 수 있으며(그림 18-13), 닭의 식우행동(feather pecking)과 돼지의 동기군내 투쟁행동을 대표적인 예로 들 수 있다. 구체적으로 예를 들어, 산란능력이 우수한 닭이지만 성격이 괴팍하여 다른 닭을 공격하고 먹이를 빼앗는 등의 행동을 보인다면, 이러한 유전자를 물려받은 닭을 한 공간에서 사육하게 될 때 서로 싸움이 격해지게 되어 폐사되는 개체가 늘어날 것이다. 결과적으로 이는 계군전체의 산란성적의 저하를 초래할 수 있게 될 것이다. 이러한 개념을 도입하여 개체간의 상호작용을 고려한 유전능력(사회성육종가, social breeding value)을 측정하고 평가하는 방법들이 개발되고 있다(Muir, 2005; Bijma *et al.*, 2007).

가축의 사회성육종가 추정에 있어서 개체의 표현형은 다른 개체로부터 받는 사회적인 효과가 합쳐져서 나타나는 것으로, 아래 회귀식(18.1)처럼 개체의 육종가를 직접능력과 간접능력인 사회성능력(IGE, indirect genetic effect)으로 나누어 추정하게 된다(Lipschutz-Powell *et al.*, 2012).

$$y_{jh} \sim \text{mean} + (\text{direct effect})_j + \sum_{m=1}^{n-1} (\text{indirect effect})_{mh} + (\text{group effect})_h + e_{jh}. \quad (18.1)$$

이의 적용 예로써, 산란능력이 우수한 개체를 선발하는 것보다 사이가 좋은 그룹을 선택하는 것이 산란계의 폐사율(mortality) 감소에 더욱 효과적이라는 연구결과를 들 수 있다(그림 18-14).

가축의 동물복지에 있어서 동물분자육종분야에서 다루어야 할 또 다른 큰 주제로 기후변화, 구체적으로는 지구온난화에 대비한 적응능력 향상에 관한 논의는 향후 더욱 많아질 것이며, 이에 따른 가축사양 및 축산물생산에 관한 규제가 늘어날 전망이다. Gerber 등(2011)은 젖소의 산유량(지방단백질 보정)과 온실가스(메탄 및 이산화탄소 등)의 배출량과의 상관관계를 조사하였고, 젖소의 산유량이 증가하면 온실가스의 배출량도 함께 증가하지만 산유량 증가비율에 비해 온실가스배출량 비율은 크게 증가하지 않는 것을 확인하였다. 이는 같은 생산량확보를 위해서 온실

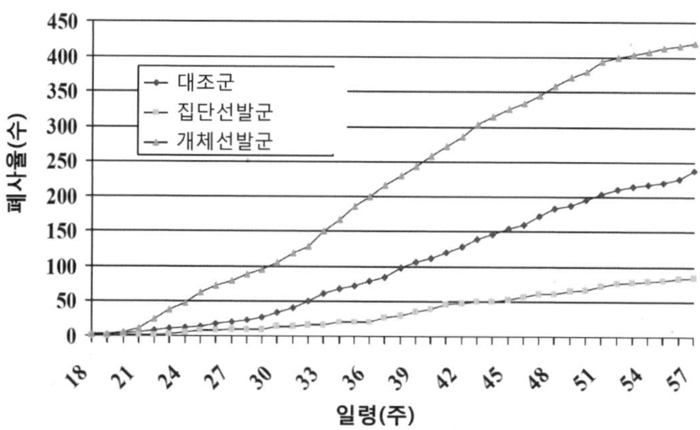


그림 18-14. 사회성능력 위주 선발과 단순개체선발간의 산란계 폐사율 비교 (Piter Bijma, http://jvanderw.une.edu.au/lecture1_introduction.pdf)

가스배출량에 비해 높은 생산성을 갖는 개체를 선발할 수 있는 가능성이 있다는 것을 의미한다. 즉, 영양성분을 더 효율적으로 활용함으로써 온실가스 저감량을 향상시킴과 동시에 생산량이 우수한 개체를 선발하는 쪽으로 개량방향을 설정할 수 있었다(그림 18-15).

또한, 김 등(2017)은 최근에 지구온난화에 대비해 가금류의 고온 스트레스에 따른 적응능력향상과 관련해서, 전사체의 변화양상를 이용한 후보유전자탐색연구도 최근 진행하였고, 그 외의 고도변화 등 다양한 환경변화에 따른 적응능력관련 연구도 다양하게 시도되고 있다(Zhang *et al*. 2016). 이 밖의 또 다른 동물복지이슈들로써 거세를 하지 않고도 웅취를 제거할 수 있는 신규형질발굴이나 개량방법의 수요가 증가할 것으로 예상되며, 가축분뇨저감이나 친환경적인 축산기술개발도 동물분자육종분야에서 새로이 다루어질 수 있는 연구분야이다.

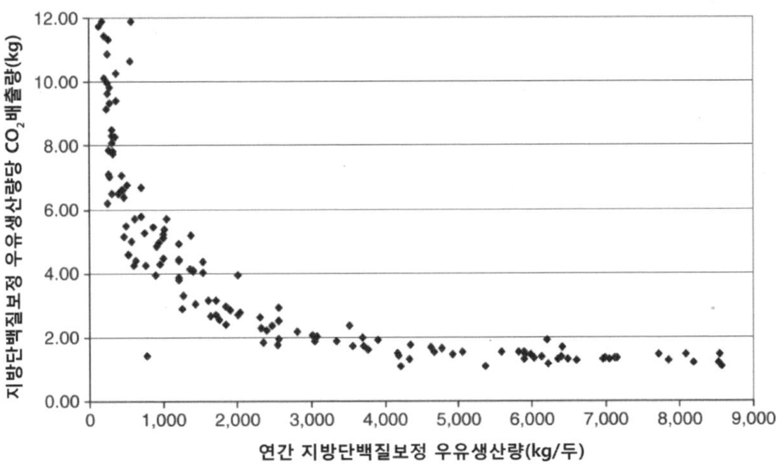


그림 18-15. 젖소의 두당 지방단백질보정 우유생산량과 온실가스배출량 (Gerber *et al*., 2011)

## 18.4 유전체교정(genome editing)에 의한 유전적개량량 증대

유전체교정(genome editing)이란 가축 종내에 있는 유용유전자원을 인위적으로 주입하는 기술로써, 최근 각광받는 CRISPR/cas9을 이용한 유전자교정(gene editing)에 의한 유전체서열 조작기법을 일컫는다. 이는 기존의 가축 종에 없던 외래유전자를 도입하는 방식인 유전자변형(genetic modified, GM)에 의한 형질전환동물(transgenic animal, TG animal) 생산과는 기술적, 산업적인 면에서 큰 차별점을 두고 있어 소비자들의 거부감을 줄일 수 있는 방법으로써 동물분자육종분야에서 중요하게 고려될 수 있는 기술로 간주된다. 일반적으로 육종프로그램에서 표현형 및 유전자형정보를 기반으로 높은 육종가를 가진 개체를 다음세대의 부모로써 선발하게 되는 방식으로 유용한 대립유전자의 빈도가 서서히 세대를 거듭하며 증가하게 된다. 이러한 방식의 육종프로그램의 효능과 효율성은 정확한 유전능력추정과, 선발강도, 세대간격, 기존의 유전적다양성이 유지되는 방식 등 단위시간당 유전적개량량을 높일 수 있는 전통의 4가지 중요요소에 달려 있다. 그러나 최근에 유전체교정기술의 발달로 개량대상으로 하는 유전자이입(gene introgression)을 가속화 할 수 있게 되었고, 가축육종프로그램에서 유리한 대립유전자빈도를 획기적으로 늘림으로써, 유전적개량량을 극대화 할 수 있을 것으로 모의시뮬레이션을 통해서 확인되었다(Jenko *et al.*, 2015).

유전체교정은 세포수준의 유전체내 특정위치에서 대립유전자의 정확한 삭제, 추가 또는 변경을 유도하고, 이러한 유전자부분교정이 접합체 또는 배아 세포에서 만들어지면 영구적으로 유전되는 방식을 취하게 된다. 식물과 가축 등에서 유전체교정과 관련된 다양한 적용사례가 보고되고 있으며(Carroll & Charo, 2015), 유채종의 제초제 저항성 교정 및 돼지, 소, 양의 이중근육형성(double muscle)을 위한 Myostatin 유전체교정, 젖소에 무각(polled) 유전자를 도입하고 돼지호흡기증후군바이러스(porcine reproductive and respiratory syndrome virus, PRRSV) 및 아프리카돼지열병바이러스(African swine fever virus, ASFV)에 대한 내성을 부여하기 위한 유전체교정 등을 구체적 사례로 들 수 있다(Lillico *et al.*, 2013; Proudfoot *et al.*, 2014; Lillico *et al.*, 2016; Whitworth *et al.*, 2016).

현재까지 가축에서 적용된 유전체교정의 사례로 볼 때, 주요유전자에 의해 큰 영향을 미치는 형질들만을 대상으로 단일유전자편집이 이루어진 것을 알 수 있다. 이는 가축에 있어서 대부분의 관심있는 형질들이 수없이 많은 유전적이거나 환경적 요인들에 의해서 조절되는 양적변이로 이루어진 점을 감안할 때, 유전체교정을 가축의 일반적인 경제형질대상으로 확대적용하기는 어려울 것으로 예측이 된다. 그러나 유전체교정에 의한 대립유전자빈도의 증가 방법인 페이지전략(promotion of alleles by genome editing, PAGE)을 사용하는 최근의 시뮬레이션연구는 각 형질에 많은 변이요인들이 있음에도 불구하고, 상대적으로 적은 수의 변이요인을 발굴하고 교정하는 것이 장단기 유전전개량량 증대에 있어서 단일선발에 비해 두 배 가까운 이득을 얻을 수 있을 것으로 전망하기도 하였다(그림 18-16).

그러나 PAGE의 유전적개량량 증가가 효과적임에도 불구하고 실제로 유리한 대립유전자의 고정은 단기간에 걸쳐져 이루어지지 못하고 여러 세대에 걸친 교정작업에 의해 이루어질 수 있었다. 이것은 원하지 않는 대립유전자가 각 세대의 교정되지 않은 부모에서 계속 분리되어 존재하기 때문이었다. 따라서, 기존의 번식프로그램내에서 우량한 대립유

| | 집단 | 세대 | 돌연변이 | 선발 | 페이지전략(PAGE) |
|---|---|---|---|---|---|
| 과거 | 진화 | 10만년 | 2.5 X $10^8$ | 완전 임의선발 | - |
| 과거 | 현대 육종 | 20년전 | - | 유전체선발<br>1000 후보<br>500암컷 X 25숫컷<br>선발 | - |
| 미래 | 미래 육종 | 20년후 | - | 유전체선발<br>1000 후보<br>500암컷 X 25숫컷<br>선발 | 상위 5, 하위 5 또는 10, 또는 25 숫컷 모두 선발<br>숫컷당 0, 1, 5, 10, 20, 25, 50, 100 유전자교정 |

그림 18-16. PAGE에 의한 시뮬레이션 시나리오(Jenko *et al.*, 2015)

전자를 보다 빨리 고정시킬 수 있는 방법이 필요하고 이러한 방법 중 하나로 유전자구동(gene drives)을 이용한 유전체 교정이 제시되고 있다.

인위적인 방법에 의한 유전자구동의 개념은 2003년 버트(Austin Burt)에 의해 처음 제안되었고, CRISPR/Cas9시스템에 의해 인위적으로 유전자구동이 완벽하게 구현되어질 수 있게 되었으며 자연집단에서 매우 빠르게 유용한 대립유전자를 확산시킬 수 있는 방법으로 최근 각광받고 있다. CRISPR/Cas9을 기반으로하는 표적유전자구동 메커니즘은 98% 이상의 전환효율을 가지고 있다고 보고되고 있으며(Gantz *et al.*, 2015), 개체군에서 표적대립유전자를 획기적으로 전파할 수 있는 가능성을 보여주었다. 이를 적용하기 위한 일환으로 말라리아기생충의 모기숙주 집단에 CRISPR/Cas9을 이용해 유전자구동을 적용하여 해로운 대립유전자를 빠르게 집단에 퍼트림으로써, 말라리아기생충뿐만 아니라 모기 개체군을 동시에 제거하는 것이 최근에 제안되기도 하였다(Gantz *et al.*, 2015).

가축의 육종에 있어서 유전자구동은 유전체교정기술과 결합하여 양적형질과 관련한 유용대립유전자를 보다 신속하게 고정시킬 수 있는 장점을 갖는다. 각각의 교정된 대립유전자는 CRISPR/Cas9에 의해 유전자구동을 가질 수 있으며, 그림 18-17에서 볼 수 있듯이 유전자구동에 의해 교정된 대립유전자가 여러 세대에 걸쳐서 확대 고정되어 나갈 것이고, 이를 통해 획기적인 단위시간당 개량량 증대를 이룰 수 있을 것으로 기대된다. 그러나, 이러한 장점에도 불구하고 다유전자성(polygenic) 형질에 대해서는 유전체교정기술의 적용이 어렵고, 알려져 있지 않는 다면발현(pleiotropy)에 의한 원치 않는 부작용 등이 발생할 수 있다. 따라서 여전히 유전체고정이 기술적인 에러로 인하여 목적하지 않은 유전체위치에 잘못 적용될 수 있는 가능성을 전혀 배제할 수는 없으므로 유전체교정을 적용함에 있어 신중한 접근이 동시에 요구된다.

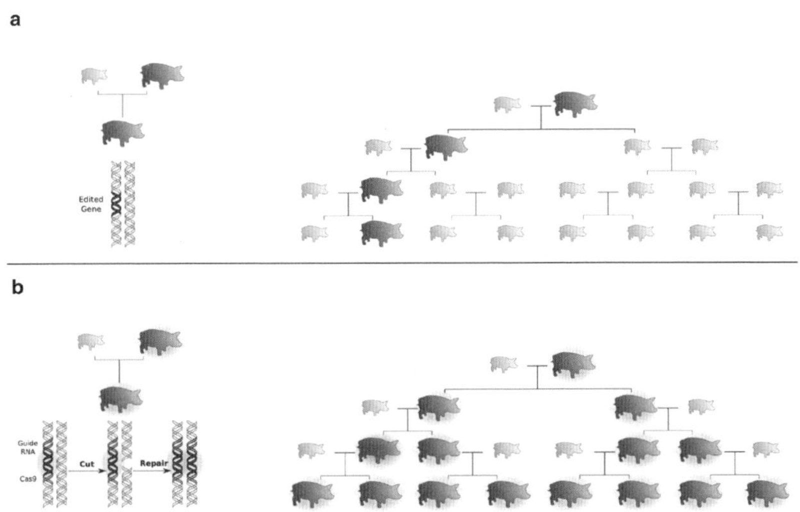


그림 18-17. 단순유전체교정에 의한 유전양상과 CRISPR/Cas9을 이용한 유전자구동에 의한 유전양상 비교모식도(Gonen *et al.*, 2017)

## 18.5 인공지능(AI)의 기계학습을 이용한 유전능력평가

인공지능(artificial intelligence, AI)의 개념은 1956년 존 매카시(John McCarthy, 1927~2011)가 개최한 다트머스회의에서 처음 등장했다. 기계학습(machine learning) 기능과 딥러닝(deep learning) 기술의 발달로 인하여 다양한 분야로의 접목이 가능해지게 되면서 최근 4차산업혁명이라 일컬어질만큼 폭발적으로 성장하는 과학기술분야이다. 특히 2015년 이후 신속하고 강력한 병렬처리성능을 제공하는 그래픽처리장치(graphics processing unit, GPU)의 도입과 모든 영역의 데이터가 범람하게 된 빅데이터시대의 도래로 인공지능기술의 활용가능성은 가히 무궁무진하다고 할 수 있다.

기계학습은 기본적으로 대량의 데이터와 알고리즘을 통해서 컴퓨터 그 자체를 '학습'시키고, 학습한 내용을 기반으로 기계 스스로가 판단이나 예측을 하는 것을 목표로 하고 있다. 초기의 기계학습을 위한 알고리즘은 인공지능을 구현하기 위한 구체적인 접근방식을 제시하였다. 초기 알고리즘방식에는 의사결정트리학습(decision tree learning)과 귀납논리프로그래밍(inductive logic programming), 데이터 군집화(clustering), 강화학습(reinforcement learning), 베이지안 네트워크(Bayesian network) 등이 시도되었다. 그러나 이들은 최종목표인 인공지능을 달성하는데에는 모두 한계가 있었고, 오직 '코딩(coding)'된 분류기로부터 이미지를 인식하고, 정지된 동작만을 '학습'하는 방식으로만 작동되는 방식이었다. 이후 완전한 기계학습을 실현시킬 수 있는 딥러닝기술이 개발되었고, 이를 통해 인공지능을 구현할 수 있게 되었다(그림 18-18).

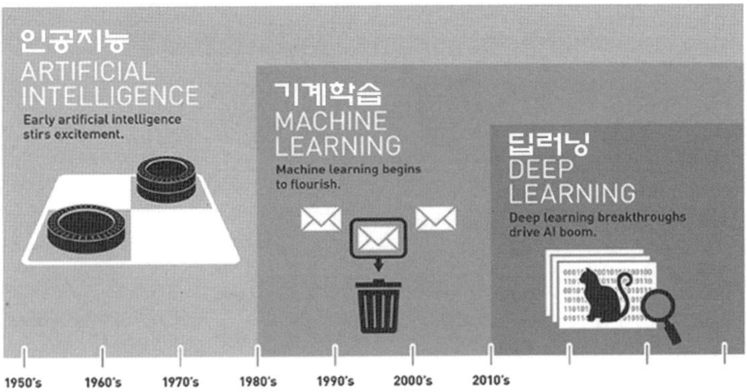


그림 18-18. 인공지능을 향한 기계학습의 역사(http://sumo.ly/mAnf)

딥러닝은 초기의 인공신경망(artificial neural network) 알고리즘에서 발전한 형태의 인공지능으로, 뇌의 뉴런과 유사한 정보입출력계층을 활용해 데이터를 학습하는 방식이다. 그러나 굉장한 양의 컴퓨팅연산을 필요로 하는 탓에 실현이 요원하였으나, 토론토 대학의 죠프리 힌튼(Geoffrey Hinton) 연구팀을 중심으로 슈퍼컴퓨터를 이용하여 딥러닝 알고리즘을 병렬화하는데 성공하였다. 힌튼 연구팀은 병렬연산에 최적화된 GPU를 적용한 가속컴퓨팅방식(GPU-accelerated computing)을 이용하여 인공신경망의 연산속도를 획기적으로 끌어올릴 수 있게 되었고, 딥러닝 기반의 인공지능이 비소로 등장하게 되었다.

구글과 스탠퍼드 대학의 앤드류 응우옌(Andrew Nguyen, 2012)은 1만 6,000개의 컴퓨터로 약 10억개 이상의 신경망으로 이루어진 '심층신경망(Deep Neural Network)'을 구현했고, 이를 통해 유튜브(http://youtube.com)에서 이미지 1,000만개를 뽑아 분석한 뒤, 컴퓨터가 사람과 고양이 사진을 분류하도록 하는데 성공함으로써, 딥러닝기반의 인공지능을 완성시켰다(그림 18-19)

가축에서는 현재 딥러닝수준에서의 인공지능구현은 행동학(animal

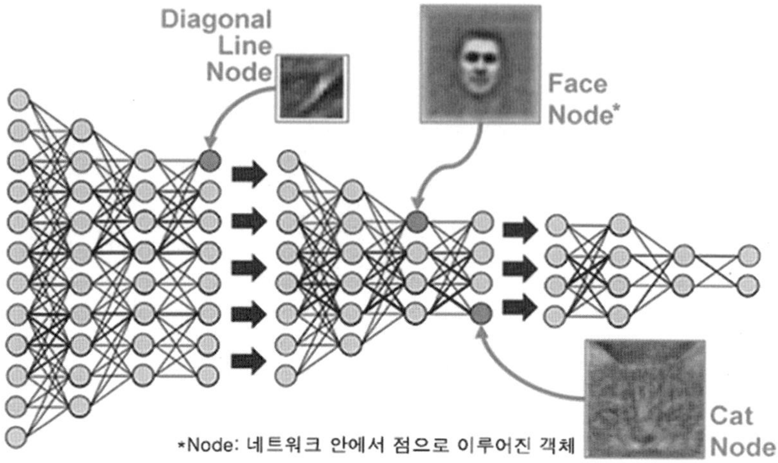


그림 18-19. 딥러닝의 심층신경망 알고리즘

behavior)적인 관찰이나(Valletta *et al*., 2017), 질병진단수준에서만 시도되고 있다(Ghahramani, 2015). 그러나, 최근들어 동물분자육종분야에서도 복잡한 경제형질에 대해서 초기의 기계학습 알고리즘에 베이지언추론 및 회귀분석법을 접목하여 유전체유전능력예측(genomic prediction) 연구가 시도되고 있다(Okser *et al*., 2014). 기계학습을 이용하여 유전체육종가(GEBV)를 추정하기 위한 예측모델을 구현할 때 일반적으로 유전체선발(genomic selection)시 소요되는 데이터를 training data set(유전자형과 표현형 모두 보유)과 testing data set(유전자형만 보유)으로 구분짓는다. 다시 이를 지도학습(supervised learning)과 비지도학습(unsupervised learning)의 일종으로 간주하여 자가학습모형(self-training models)에 적용함으로써, 육종가를 추정해내는 방법을 취하게 된다(Libbrecht & Noble, 2015; Yao *et al*., 2016). 그림 18-20은 돼지에서 기계학습을 이용해 유전능력을 평가한 사례이며, 이러한 기계학습연구는 동물육종분야에서 딥러닝기술의 적용과 맞물려 앞으로 더 확대될 전망이다.

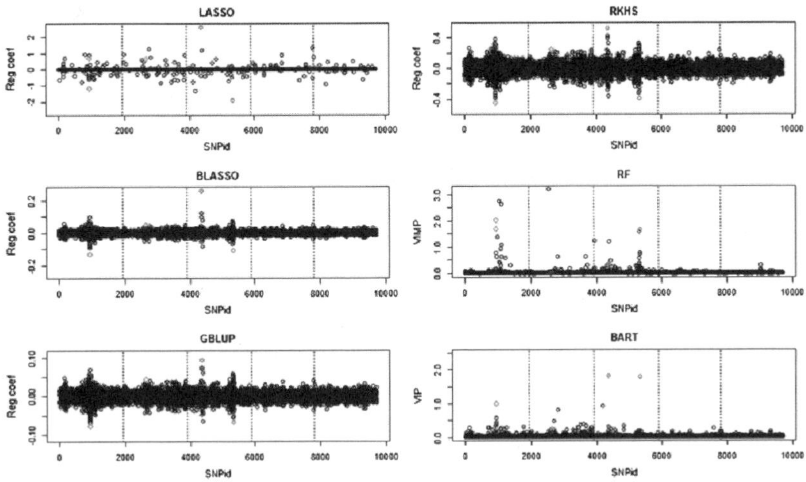


그림 18-20. 기계학습을 이용한 돼지의 유전능력평가 사례(Waldmann, 2016); 기계학습을 포함한 다양한 방식으로 전장유전체에 걸친 상가적유전분산을 추정. 주요 상가적유전효과(major addtive genetic effect)를 갖는 좌위는 분홍색 점으로 상위성효과(epistatic effect)를 갖는 좌위는 파란색 점으로 표시.

## 〈참고문헌〉


1. Autuoro J.M., Pirnie S.P. and Carmichael G.G. (2014) Long Noncoding RNAs in Imprinting and X Chromosome Inactivation. *Biomolecules* 4, 76-100.
2. Benitez R., Nunez Y., Fernandez A., Isabel B., Fernandez A.I., Rodriguez C., Barragan C., Martin-Palomino P., Lopez-Bote C., Silio L. and Ovilo C. (2015) Effects of dietary fat saturation on fatty acid composition and gene transcription in different tissues of Iberian pigs. *Meat Sci.* 102, 59-68.
3. Bersanelli M., Mosca E., Remondini D., Giampieri E., Sala C., Castellani G. and Milanesi L. (2016) Methods for the integration of multi-omics data: mathematical aspects. *BMC Bioinformatics* 17, S15.
4. Bijma P., Muir W.M. and Van Arendonk J.A.M. (2007) Multilevel Selection 1: Quantitative Genetics of Inheritance and Response to Selection. *Genetics* 175, 277-88.
5. Bishop S.C. and Woolliams J.A. (2010) On the Genetic Interpretation of Disease Data. *PLoS One* 5, e8940.
6. Boddicker N.J., Bjorkquist A., Rowland R.R., Lunney J.K., Reecy J.M. and Dekkers J.C. (2014) Genome-wide association and genomic prediction for host response to porcine reproductive and respiratory syndrome virus infection. *Genet. Sel. Evol.* 46, 18.
7. Boichard D., Ducrocq V., Croiseau P. and Fritz S. (2016) Genomic selection in domestic animals: Principles, applications and perspectives. *Comptes Rendus Biologies* 339, 274-7.
8. Burt A. (2003) Site-specific selfish genes as tools for the control and genetic engineering of natural populations. *Proceedings of the Royal Society B: Biological Sciences* 270, 921-8.
9. Carroll D. and Charo R.A. (2015) The societal opportunities and challenges of genome editing. *Genome Biol.* 16, 242.
10. Couldrey C. and Cave V. (2014) Assessing DNA methylation levels in animals: choosing the right tool for the job. *Anim. Genet.* 45, 15-24.
11. Dervishi E., Serrano C., Joy M., Serrano M., Rodellar C. and Calvo J.H. (2010) Effect of the feeding system on the fatty acid composition, expression of the Delta9-desaturase, Peroxisome Proliferator-Activated Receptor Alpha, Gamma, and Sterol Regulatory Element Binding Protein 1 genes in the semitendinous muscle of light lambs of the Rasa Aragonesa breed. *BMC Vet. Res.* 6, 40.
12. Gantz V.M., Jasinskiene N., Tatarenkova O., Fazekas A., Macias V.M. and Bier E. (2015) Highly efficient Cas9-mediated gene drive for population modification of the malaria vector mosquito Anopheles stephensi. *Proc. Natl. Acad. Sci. USA* 112.

13. García-Ruiz A., Cole J.B., VanRaden P.M., Wiggans G.R., Ruiz-López F.J. and Van Tassell C.P. (2016) Changes in genetic selection differentials and generation intervals in US Holstein dairy cattle as a result of genomic selection. *Proc. Natl. Acad. Sci. USA* 113, E3995-E4004.
14. Gerber P., Vellinga T., Opio C. and Steinfeld H. (2011) Productivity gains and greenhouse gas emissions intensity in dairy systems. *Livestock Sci.* 139, 100-8.
15. Ghahramani Z. (2015) Probabilistic machine learning and artificial intelligence. *Nature* 521, 452-9.
16. Gonen S., Jenko J., Gorjanc G., Mileham A.J., Whitelaw C.B.A. and Hickey J.M. (2017) Potential of gene drives with genome editing to increase genetic gain in livestock breeding programs. *Genet. Sel. Evol.* 49, 3.
17. Hagood J.S. (2014) Beyond the Genome: Epigenetic Mechanisms in Lung Remodeling. *Physiology* 29, 177-85.
18. Hamill R.M., Aslan O., Mullen A.M., O'Doherty J.V., McBryan J., Morris D.G. and Sweeney T. (2013) Transcriptome analysis of porcine M. semimembranosus divergent in intramuscular fat as a consequence of dietary protein restriction. *BMC Genomics* 14, 453.
19. Hasin Y., Seldin M. and Lusis A. (2017) Multi-omics approaches to disease. *Genome Biol.* 18, 83.
20. Huxley T.H. (1853) The Cell-Theory. *British and Foreign Medico-Chirurgical Review* 12, 221–43.
21. Ibanez-Escriche N. and Simianer H. (2016) Animal breeding in the genomics era. *Anim. Frontiers* 6, 4-5.
22. Jenko J., Gorjanc G., Cleveland M.A., Varshney R.K., Whitelaw C.B.A., Woolliams J.A. and Hickey J.M. (2015) Potential of promotion of alleles by genome editing to improve quantitative traits in livestock breeding programs. *Genet. Sel. Evol.* 47, 55.
23. Joseph S.J., Pratt S.L., Pavan E., Rekaya R. and Duckett S.K. (2010a) Omega-6 fat supplementation alters lipogenic gene expression in bovine subcutaneous adipose tissue. *Gene. Regul. Syst. Bio.* 4, 91-101.
24. Joseph S.J., Robbins K.R., Pavan E., Pratt S.I., Duckett S.K. and Rekaya R. (2010b) Effect of diet supplementation on the expression of bovine genes associated with fatty acid synthesis and metabolism. *Bioinformatics and Biology Insights* 4, 19-31.
25. Keller J., Ringseis R., Priebe S., Guthke R., Kluge H. and Eder K. (2011) Dietary L-carnitine alters gene expression in skeletal muscle of piglets. *Mol. Nutri. Food Res.* 55, 419-29.
26. Kim J.-M., Lim K.-S., Byun M., Lee K.-T., Yang Y.-r., Park M., Lim D., Chai H.-H., Bang H.-T., Hwangbo J., Choi Y.-h., Cho Y.-M. and Park J.-E. (2017) Identification

of the acclimation genes in transcriptomic responses to heat stress of White Pekin duck. *Cell Stress Chaperones* 22, 787-797.

27. Laible G. (2009) Enhancing livestock through genetic engineering--recent advances and future prospects. *Comp Immunol Microbiol Infect Dis* 32, 123-37.
28. Langfelder P. and Horvath S. (2008) WGCNA: an R package for weighted correlation network analysis. *BMC Bioinformatics* 9, 559.
29. Libbrecht M.W. and Noble W.S. (2015) Machine learning applications in genetics and genomics. *Nat. Rev. Genet.* 16, 321-332.
30. Lillico S.G., Proudfoot C., Carlson D.F., Stverakova D., Neil C. and Blain C. (2013) Live pigs produced from genome edited zygotes. *Sci Rep* 3, 2847.
31. Lillico S.G., Proudfoot C., King T.J., Tan W., Zhang L. and Mardjuki R. (2016) Mammalian interspecies substitution of immune modulatory alleles by genome editing. *Sci Rep* 6, 21645.
32. Lipschutz-Powell D., Woolliams J., Bijma P., Pong-Wong R., Bermingham M. and Doeschl-Wilson A. (2012) Bias, Accuracy, and Impact of Indirect Genetic Effects in Infectious Diseases. *Frontiers in Genetics* 3, 215
33. Lopez I.P., Marti A., Milagro F.I., Zulet Md Mde L., Moreno-Aliaga M.J., Martinez J.A. and De Miguel C. (2003) DNA microarray analysis of genes differentially expressed in diet-induced (cafeteria) obese rats. *Obes Res* 11, 188-194.
34. Meuwissen T.H., Hayes B.J. and Goddard M.E. (2001) Prediction of total genetic value using genome-wide dense marker maps. *Genetics* 157, 1819-1829.
35. Muir W.M. (2005) Incorporation of Competitive Effects in Forest Tree or Animal Breeding Programs. *Genetics* 170, 1247-1259.
36. Neeteson-van Nieuwenhoven A.-M., Knap P. and Avendaño S. (2013) The role of sustainable commercial pig and poultry breeding for food security. *Animal Frontiers* 3, 52-57.
37. O'Doherty A.M., MacHugh D.E., Spillane C. and Magee D.A. (2015) Genomic imprinting effects on complex traits in domesticated animal species. *Frontiers in Genetics* 6. 156
38. Okser S., Pahikkala T., Airola A., Salakoski T. Ripatti S. and Aittokallio T. (2014) Regularized machine learning in the genetic prediction of complex traits. *PLoS Genet* 10, e1004754
39. Ordovas J.M. and Corella D. (2004) Nutritional genomics. *Annu. Rev. Genomics Hum. Genet.* 5, 71-118.
40. Ovilo C., Benitez R., Fernandez A., Isabel B., Nunez Y., Fernandez A.I., Rodriguez C., Daza A., Silio L. and Lopez-Bote C. (2014) Dietary energy source largely affects tissue fatty acid composition but has minor influence on gene transcription in Ibe-

rian pigs. *J. Anim. Sci.* 92, 939-954.

41. Pavlovic Z., Miletic I., Jokic Z. and Sobajic S. (2009) The effect of dietary selenium source and level on hen production and egg selenium concentration. *Biol. Trace Elem. Res.* 131, 263-270.
42. Perry B. and Grace D. (2009) The impacts of livestock diseases and their control on growth and development processes that are pro-poor. *Philos. Trans. R. Soc. Lond. B Biol. Sci.* 364, 2643-55.
43. Proudfoot C., Carlson D.F., Huddart R., Long C.R., Pryor J.H. and King T.J. (2014) Genome edited sheep and cattle. *Transgenic Res.* 24. 147-153.
44. Rivera Chloe M. and Ren B. (2013) Mapping Human Epigenomes. *Cell* 155, 39-55.
45. Rodenburg T.B. and Turner S.P. (2012) The role of breeding and genetics in the welfare of farm animals. *Animal Frontiers* 2, 16-21.
46. Triantaphyllopoulos K.A., Ikonomopoulos I. and Bannister A.J. (2016) Epigenetics and inheritance of phenotype variation in livestock. *Epigenetics and Chromatin* 9, 31.
47. Valletta J.J., Torney C., Kings M., Thornton A. and Madden J. (2017) Applications of machine learning in animal behaviour studies. *Animal Behaviour* 124, 203-220.
48. Waldmann P. (2016) Genome-wide prediction using Bayesian additive regression trees. *Genetics Selection Evolution* 48, 42.
49. Watson-Haigh N.S., Kadarmideen H.N. and Reverter A. (2010) PCIT: an R package for weighted gene co-expression networks based on partial correlation and information theory approaches. *Bioinformatics* 26, 411-413.
50. Whitworth K.M., Rowland R.R.R., Ewen C.L., Trible B.R., Kerrigan M.A. and Cino-Ozuna A.G. (2016) Gene-edited pigs are protected from porcine reproductive and respiratory syndrome virus. *Nat. Biotechnol.* 34, 20-22.
51. Xiao R., Power R.F., Mallonee D., Crowdus C., Brennan K.M., Ao T., Pierce J.L. and Dawson K.A. (2011) A comparative transcriptomic study of vitamin E and an algae-based antioxidant as antioxidative agents: investigation of replacing vitamin E with the algae-based antioxidant in broiler diets. *Poult Sci* 90, 136-146.
52. Yao C., Zhu X. and Weigel K.A. (2016) Semi-supervised learning for genomic prediction of novel traits with small reference populations: an application to residual feed intake in dairy cattle. *Genet. Sel. Evol.* 48, 84.
53. Zhang H.B., Wang Z.S., Peng Q.H., Tan C. and Zou H.W. (2014) Effects of different levels of protein supplementary diet on gene expressions related to intramuscular deposition in early-weaned yaks. *Anim. Sci. J.* 85, 411-419.
54. Zhang Q., Gou W., Wang X., Zhang Y., Ma J., Zhang H., Zhang Y. and Zhang H. (2016) Genome Resequencing Identifies Unique Adaptations of Tibetan Chickens to Hypoxia and High-Dose Ultraviolet Radiation in High-Altitude Environments.

*Genome Biol. Evol.* 8, 765-776.

55. Zhu Z., Zhang F., Hu H., Bakshi A., Robinson M.R., Powell J.E., Montgomery G.W., Goddard M.E., Wray N.R., Visscher P.M. and Yang J. (2016) Integration of summary data from GWAS and eQTL studies predicts complex trait gene targets. *Nat. Genet.* 48, 481-487.

## 찾아보기

## N



## O



## P



## Q



## R

# 동물분자육종학


초판발행 2018년 9월 7일
초판 2쇄 2019년 9월 2일



지은이 홍기창 외



펴낸곳 고려대학교출판문화원
www.kupress.com
kupress@korea.ac.kr
02841 서울특별시 성북구 안암로 145
02-3290-4230, 4232
Fax 923-6311

찍은곳 (주)동화인쇄

ISBN 978-89-7641-965-1 93470

값 32,000원

* 잘못 만들어진 책은 바꿔드립니다.